雄安数字建造模式

赵雪锋 付勇攀 周 志 李 业 著

中国建筑工业出版社

图书在版编目（CIP）数据

雄安数字建造模式 / 赵雪锋等著．— 北京：中国建筑工业出版社，2023.8

ISBN 978-7-112-28792-5

Ⅰ．①雄…　Ⅱ．①赵…　Ⅲ．①城市规划－建筑设计－系统建模－雄安新区　Ⅳ．①TU984.222.3

中国国家版本馆CIP数据核字（2023）第102006号

本书对雄安数字建造进行了全面细致的梳理。全书共分为6章，包括雄安数字建造概述，雄安数字建造组织体系，雄安数字建造法规、政策体系，雄安数字建造技术体系，雄安数字建造标准体系，雄安数字建造案例。案例部分对雄安新区数字建造的不同工程项目进行介绍，在每个案例中对其基本项目概况、运用相关数字建造技术以及运营现况等进行了阐述。

雄安新区被打造成为城市建设的典范。本书很好地介绍和总结了雄安新区运用数字建模，可为之后新区建设或者其他工程项目建成提供参考价值。

责任编辑：牛　松　王砾瑶
责任校对：党　蕾
校对整理：董　楠

雄安数字建造模式
赵雪锋　付勇攀　周　志　李　业　著

*

中国建筑工业出版社出版、发行（北京海淀三里河路9号）
各地新华书店、建筑书店经销
北京鸿文瀚海文化传媒有限公司制版
建工社（河北）印刷有限公司印刷

*

开本：787毫米×1092毫米　1/16　印张：20¼　字数：504千字
2023年10月第一版　2023年10月第一次印刷
定价：**88.00**元
ISBN 978-7-112-28792-5
（41110）

序　一

雄安新区作为我国的千年大计，国家大事，致力于打造全国高质量发展新样板，建成“妙不可言，心向往之”的未来之城，习近平总书记亲临考察并多次发表重要讲话，指出“雄安新区将是我们留给子孙后代的历史遗产，必须坚持‘世界眼光、国际标准、中国特色、高点定位’理念，努力打造贯彻新发展理念的创新发展示范区”“高起点规划、高标准建设雄安新区”，为雄安新区规划建设指明了方向。在中央的坚强领导下，雄安新区汇聚国内外顶尖人才，集思广益、深入论证，在绿色、现代、智慧等技术性标准之上，雄安在全球首先提出“数字孪生城市”概念，并从雄安建设伊始就坚持探索数字孪生城市的建造模式，为未来城市的规划建设指引道路。

雄安新区规划建设以起步区先行开发，在起步区中又率先建设一定范围的启动区，条件成熟后有序稳步推进中期发展区建设，并划定远期控制区为未来发展预留空间。雄安新区自规划批复以来，呈现出塔式起重机林立、热火朝天的新图景，目前，雄安新区大规模建设全面提速。当然，对于一座全新的城市而言，雄安新区在相当长的时间段内还将处于高强度的建设期。

数字孪生城市是人类城市建设的一次质变，其内涵丰富，系统复杂，如何在建设期打好数字孪生城市的基础底座，是决定成败的关键，从雄安新区规划设计之初，我们就一直在开始思考和探索。针对数字孪生城市的建设，在国家相关部委的指导帮助下，雄安新区管理委员会陆续出台了一系列与数字建造相关的法规、政策，这在国际上也是领先的。我在雄安新区任雄安集团总经理时，也有幸参与了一些实际工作，感触颇多。

赵雪锋教授一直跟踪数字建造的最新发展，始终关注雄安数字建造的探索和实践，并一直在努力从理论高度进行总结和提炼。看到本书的初稿，深刻感受到雪锋教授严谨规范的治学风格，翻阅之后，觉得本书有以下特点：

一是视角独特。本书坚持以学者视角客观地描绘参与雄安新区建设的各个组织主体，以专业的方法全面检索梳理了各级政府和各类主体针对雄安建设发布的各项数字建造政策规章和技术标准，以建设性的方式完整系统地勾勒出雄安数字建造新模式的整体架构。

二是信息多元。数字孪生城市是复杂的巨系统，其复杂程度前所未有。因此，雄安数字建造模式，既不是单纯的技术体系，也不是单纯的管理体系，而是一个多维度的复杂系统，就像本书所描述的是“一个技术社会体系”。我很欣喜地看到了在本书中对于管理、制度、主体、技术、平台等都有涉及，并能比较清晰地描述出它们之间的联系。这些创新性的认知，必然会带来业内专家的思考和共鸣。

三是实践案例丰富。本书结合雄安新区绿博园、白洋淀、金湖公园等典型项目案例，简要介绍了雄安新区项目数字建造相关的体系应用过程与技术落地过程，见微知著，从这些案例就可以看出整个雄安新区的数字建造过程，为新一代城市的规划建设提供样板。

结识雪锋教授是在雄安新区建设之初，之后曾多次与他一起探讨研究BIM、CIM等新兴技术发展应用，共同分析雄安新区在落地应用时所面临的问题，讨论展望未来城市的发展趋势。赵老师团队研究风格比较务实，此次看到《雄安数字建造模式》的书稿，更加深化了我的认知。这样的一本专著是一项高水平的专业成果，很多专业人士也是等候已久，我们也为作者和他的团队感到高兴。作为雄安新区第一批建设者，我们有幸参与了这一段难得的理论创新和建设实践，为这座未来之城做了很多设想、尝试和努力，有些成果已经展现，更多的验证还要在未来逐步展现。雄安新区的宏伟工程大幕拉开还在推进，希望有更多像赵老师这样有理想的学者关注雄安、研究雄安、建设雄安，形成更多的专业成果，从理论和实践方面为这座正在迅速成长的数字孪生城市提供智慧，使其不断展现出令人难以拒绝的吸引力。

河北省科学院党组书记 刘春成

2023年4月11日

序 二

习近平总书记在党的二十大报告中强调，“必须坚持科技是第一生产力、人才是第一资源、创新是第一动力。”雄安新区作为继深圳经济特区和上海浦东新区之后又一具有全国意义的新区，在建立初期就定位于科技的制高点、人才的聚集地以及创新的发动机，旨在成为新时代高质量高水平社会主义现代化城市的样板。在城市建设方面，雄安新区首次提出了建设“数字孪生城市”的理念，数字建造贯穿于数字孪生城市建设始终，是雄安新区打造数字孪生城市的基础。数字建造的成功实施不仅仅需要技术支撑，还需要管理规则和制度保障等，可以说是一种新型的建造模式。

北京城建集团作为北京市建筑业龙头企业，始终致力于融入国家战略和首都发展，以高度的政治责任感和历史使命感，积极投入雄安新区各项建设中。在雄安新区进行大量工程实践过程中，我们对雄安新区全域、全程、全参与方数字化的要求，以及数字建造的组织方式、法规政策、技术标准，也存在一些困惑。本书作者北京工业大学的赵雪锋教授及其团队，长期致力于BIM和智能建造方面的研究与探索，这本《雄安数字建造模式》全景式地勾勒出雄安新区整体的数字建造技术和管理体系架构，在雄安新区大规模建设的背景下，本书的诞生恰逢其时且意义重大，能够较好地回答雄安新区数字建造谁来建、建什么、如何建、谁来管、管什么、如何管等困扰我们的问题。

该书从雄安数字建造的组织结构、法规政策、关键技术、标准体系等多方面系统地构建了雄安新区数字建造理论框架和方法体系，并结合了数字建造在雄安新区工程项目建设中的具体实践应用。本书体现了下面几个特点：

一是内容新颖。本书第一次比较完整地总结阐述了雄安新区是如何构建和管理维护BIM管理平台、CIM管理平台、区块链体系等数据底座核心平台。其中雄安新区区块链体系是该技术在国内外建设工程中首次大规模应用，具有创新意义。而且BIM技术成建制地融入建设工程政府各项审批流程，也是一种创新探索。

二是体系完整。本书对于雄安新区数字建造理论体系没有仅仅囿于具体技术领域，而是构建了一个包含具体技术应用、综合平台搭建、标准规范制订、行政管理引领、企业及市场管理配套的多元技术社会体系。

三是实践案例丰富。本书不但有理论探讨，还有丰富的实际调研信息和实践案例。书中系统调研了雄安数字建设的各个组织机构、各项政策文件以及各种技术标准，同时还介绍了雄安绿博园雄安馆主体工程、雄安白洋淀码头改造工程、雄安容东环卫综合体、雄安金湖公园、雄安容东综合管廊工程等典型数字建造案例。

雄安新区作为我国的千年大计，国家大事，是全国高质量发展的新样板。雄安新区数字建造的示范效应将辐射全国，乃至全世界。相信本书对广大读者理解与应用数字建造理论框架和技术体系具有重要的参考价值，对于智慧城市、绿色低碳、韧性城市、数字孪生城市等方面的实践也具有较强的借鉴意义。

北京城建集团有限责任公司总工程师 李久林

2023年4月12日

自 序

习近平总书记指出，“建设雄安新区是千年大计”“要全面贯彻新发展理念，坚持高质量发展要求，努力创造新时代高质量发展的标杆”。同时，雄安新区在全国范围内首次提出“数字孪生城市”概念，要打造与新区同生共长的数字孪生城市，使之成为世界上第一个从城市原点就开始构建全数字过程的城市。一开始接触到这些概念，我充满了困惑。作为从事智能建造专业教学研究工作的我开始思考，要实现数字孪生运营，就必须在建设之初留存基础信息和信息接口，也就是说城市诞生甚至是孕育之初就带有“数字化”基因，因此数字建造是数字孪生城市的必经之路。

带着“雄安数字建造是如何开展的”疑问，我带领团队多次来到雄安新区，学习政策、文件、规章、标准，接触访谈政府管理人员、规划设计人员、工程建设人员，并参与了部分项目的BIM咨询和智慧工地工作，参与编审了部分标准指南。同时，我邀请相关专家进行了交流研讨。2021年6月23日我发起召开了“雄安数字建设模式学术高峰论坛”，会议上原住房和城乡建设部总工程师许溶烈对论坛提出了要求，北京工业大学副校长杜修力做了欢迎致辞，中国工程院院士丁烈云做了题为《智能建造重塑建筑未来》的报告，河北省科学院党组书记（原中国雄安集团总经理）刘春成做了题为《雄安新区建设数字孪生城市的逻辑与创新》的报告，北京城建集团总工李久林做了题为《智慧建造关键技术与双奥工程实践》的报告、北京构力科技董事长马恩成做了题为《多源BIM/CIM数据融合技术研究与雄安实践应用》的报告，我做了题为《智能建造专业支持雄安数字建设》的报告。2021年12月8日，中国城市规划设计研究院未来城市实验室执行主任杨滔做了《城市信息模型平台的实践》前沿讲座。2022年1月12日，雄安新区规划院常务副院长夏雨做了题为《BIM技术在城市规划建设中的应用思考》前沿讲座。

经过调研和学习，我逐步认识到，雄安的数字化建设已经构建出自己一套独特的模式。这种模式能在保障每一个具体项目数字化的基础上，通过合同约束、行政审批发展到建设全过程数字化，并通过规建管BIM平台和城市CIM平台，形成城市数字档案和区域数字平台，筑实了数字孪生城市的数字基座。这个粗浅的认识触发我试图写一本书来粗略勾画出雄安新区数字建造的轮廓。这本书就这样应运而生，应该说这本书主要是在记录、整理和汇集，主要内容都是雄安新区建设者们自己创造出来的。

成书过程中，要非常感谢原住房和城乡建设部总工程师许溶烈、原中国雄安集团总经理刘春成和北京城建集团总工李久林，他们高屋建瓴的指导使我明确了方向。还要感谢雄安新区规划院常务副院长夏雨、数字城市所负责人郭乾坤，他们的务实建议给了我很多启发。

感谢北京工业大学副校长杜修力院长、北京工业大学城建学部许成顺主任、北京工业大学重庆研究院彭凌云院长、北京工业大学智能建造所孙哲老师，昆明理工大学章胜平教授在学术方面给予我的指导和支持。

感谢本书第二作者时任北京城建集团土木工程总承包部雄安指挥部指挥长付勇攀，他高超的指挥艺术以及对于工程的深刻认知对我们有很大启发。感谢第三作者北京华筑建筑科学研究院周志院长，他深邃的思想使我们洞察到许多文件文字背后的意义。感谢北京数字人间孪生科技有限公司总经理李业的参与，她对于建筑行业的宽阔认知拓宽了团队的视野。

感谢北京城建集团土木工程总承包部总经理刘奎生；北京城建集团土木工程总承包部BIM中心主任李忠泽；绿博园雄安馆项目经理罗科庭；雄安新区金湖公园项目经理寇春雷、雄安新区金湖公园项目总工刘明英、雄安新区金湖公园项目总经王建伟；雄安容东片区环卫综合项目项目经理陈秋爽；雄安新区白洋淀码头及周边道路景观改造提升工程项目经理张鹏；北京华筑建筑科学研究院副总工李丹洋，他们的具体项目实践丰富和验证了书中的观点。

还要感谢中国矿业大学工程管理专业陈钦煌博士，以及我的研究生李梦璇、张萌、黄玲莉、厉望秉、陶艺冰、刘思雨、杨千太、彭云飞，他们为本书的出版做了大量文字工作。

最后感谢我的家人，他们是漫长艰辛的学术之路上我永远的动力源泉。

水平有限，请各位读者不吝赐教，如有错漏之处，请发邮件至：zhaoxuefeng@bjut.edu.cn。

北京工业大学　赵雪锋

2023年4月10日于萧太后河畔

目 录

第1章 雄安数字建造概述

1.1 雄安建设概述

1.1.1 雄安新区建设的意义

中国特色社会主义进入新时代以来，以习近平同志为核心的党中央立足国家未来发展全局，以疏解北京非首都功能、推动京津冀协同发展为蓝图设立雄安新区。雄安新区的成立是推动我国经济转型升级、优化京津冀空间结构和城市布局的关键一步，是千年大计、国家大事。习近平总书记亲自谋划、亲自决策、亲自推动，倾注了大量心血，且亲临实地考察并发表重要讲话，多次主持召开会议研究部署并作出重要指示，为雄安新区规划建设指明了方向。

在党中央坚强领导下，雄安新区坚持世界眼光、国际标准、中国特色、高点定位，紧紧围绕打造北京非首都功能疏解集中承载地，创造"雄安质量"、成为新时代推动高质量发展的全国样板，培育现代化经济体系新引擎，建设高水平社会主义现代化城市，借鉴已有成功经验，汇聚顶尖人才，集思广益、深入论证，开展雄安新区建设。

（1）国家级新区建设的历史经验

国家级新区是一个有中国特色的城市新区概念，由国务院批准设立，承担国家重大发展和改革开放战略任务的综合功能区，肩负着探索"中国特色城市发展道路"的国家战略意图和使命。2015年，国家发展改革委会同有关部门明确国家级新区的内涵是：由国务院批准设立的以相关行政区、特殊功能区为基础，承担着国家重大发展和改革开放战略任务的综合功能区，在改革创新等方面发挥试验示范作用。

1）国家级新区建设时空分布

从1992年10月浦东新区成立到2017年4月雄安新区的提出，我国先后设立了19个国家级新区，各新区批复时间如图1-1所示。从这19个国家级新区的批复时间来看，批复速度整体有所加快，1992-2013年的22年间总计批复了6个，而2014年和2015年两年就批复了10个。相比我国依托经济和科研实力较为雄厚的直辖市、省会城市的大多数国家级新区，雄安新区的建设一切从"零"开始，实现了物理与数字化建设的同步进行，也正是得益于这一先天的优势，使得雄安新区数字孪生城市建设规划站位高远、独具特色。我们将对典型国家级新区建设路径的经验进行梳理总结，以为雄安新区规划建设提供参考。

图 1-1　国家级新区批复时间

2）典型新区建设情况

早在1980年，国家就设立了深圳特区，深圳作为我国设立的第一个经济特区，是改革的“试验场”与开放的“窗口”，它证明了非均衡发展成为中国社会制度变迁的最佳路径选择，为国家级新区的建设打下了良好的基础。而在19个国家级新区中，浦东新区、滨海新区与两江新区三个国家级新区具有里程碑式的重大意义。浦东新区作为我国第一个国家级新区，它的设立标志着我国国家级新区建设的兴起，而滨海新区与两江新区的设立标志着国家级新区建设进入深化探索阶段，之后国家级新区由局部试点转到推广建设，开始进入稳步推广阶段。深圳特区以及这三个国家级新区为后期国家级新区的建设汲取了宝贵经验，现从发展战略、产业特征与信息化方面分析这四个地区的建设情况。

① 深圳特区

深圳经济特区于1980年8月正式成立，因毗邻香港，交通便利，在利用外资发展经济方面，具有得天独厚的条件。如今，深圳特区已发展成为现代化国际化大都市，创造了举世瞩目的“深圳速度”，对珠江三角洲地区、港澳地区乃至全国而言都有重要的意义。

在发展战略上，从新阶段深圳特区内部建设发展需要和国家要求它发挥的功能作用出发，深圳将继续保持“特中之特”的战略地位，建设成一个以高新技术为龙头，外向型工业为主导，第三产业为主体的多功能经济特区和综合性的现代化国际城市。在产业特征上，深圳形成了文化、高新技术、物流和金融四大支柱产业，在文化产业上提出各区域要集约发展当地十大文化产业；在高新技术产业上呈现“一带两级多园”与“1+7+N”全域创新空间格局；在物流产业上形成“两区三中心”；在金融产业上形成全市“一主两副一基地”的发展格局；在信息化方面，深圳市鼓励特区内编制信息化建设规划，制定信息产业发展政策，建设信息网络及信息应用系统，开发和利用信息资源，并以信息产业作为科技兴市的突破口，使数字产业、数字市场和数字政府三部门全面发展，相互促进，实现数字经济的跨越式推进。

② 上海浦东新区

浦东新区是中国海岸线的中点和长江入口的交点，浦东新区成立以来，逐渐成为上海新兴战略产业和现代工业化基地。今天的浦东坚持经济、社会与环境协调发展，是我国现代化建设的重要功能支点和战略载体，成为世界上真正的“东方明珠”。

在发展战略上，浦东新区承载着“开发浦东，振兴上海，服务全国，面向世界”的历史责任，以浦东新区开发为龙头进而带动长江沿岸城市，带动长江三角洲乃至整个长江流域的跨越式发展，这也是由上海的区位优势所决定的。在产业特征上，浦东新区围绕高端服务业形成“7＋1”的生产力布局特点，重点发展金融、航运、商贸等为主的现代服务业，形成和优化以服务经济为主的产业结构。在信息化方面，浦东新区强调要全面促进信息化和社会经济发展深度融合，建设自上而下顶层设计和自下而上共建共治相结合的数字城市，着力构建“1314”的“十四五”浦东新区城市数字化转型总体框架，城市数字化转型1底座、数字化应用场景3领域、1批超级应用示范场景新地标与数字化长效运营支撑4体系全面推动城市数字化转型与经济社会发展深度融合。

③ 天津滨海新区

自从滨海新区成立以来，其作为带动我国北方经济增长极的集聚效应明显增加，对京津冀范围内城市的辐射带动作用也明显加强。目前，滨海新区已经成为我国北方对外开放的门户、北方物流中心、全国综合配套改革试验区、北方国际航运中心。

在发展战略上，滨海新区依托京津冀地区的经济优势和区位优势，将其打造为我国北方实施对外开放的门户，积极发挥带动环渤海经济圈发展的作用。在产业特征上，滨海新区围绕各类产业划分九大功能区，形成以产业为主导的“一城、双港、三片区”的新区空间布局结构，引入制造业和加强交通建设引导新区发展，以工业发展兴城。在信息化方面，滨海新区高质量推进智慧城市建设，坚持以“善政、兴业、惠民”为目标，以“大数据一张图”“大平台一张网”“大运营一条链”三条主线为牵引，打造40余个应用场景，持续深化政务、经济、民生等领域智慧新应用，为美丽“滨城”建设提供强力信息化支撑。

④ 重庆两江新区

两江新区是继浦东新区和滨海新区成立之后，我国在西部地区成立的第一个国家综合配套改革试验区。在“十二五”期间，两江新区争取了国家西部地区国家知识产权试点园区和重庆留学人员回国创新创业园区。

在发展战略上，两江新区建设“一门户两中心三基地”的城市空间发展格局，具有先进制造业基地、现代服务业基地、长江上游地区的创新中心等多项功能，成为新一轮西部大开发的“发动机”。在产业特征上，引导人口迁入和新区内产业更新，强调建设金融和高端产业与服务业的结合；加快建设战略性新兴产业基地，加强对需要依托特定交通资源的战略性产业用地的控制。在信息化方面，以工业互联网推动制造业数字化转型和高质量发展，奠定数字产业化、产业数字化的坚实基础，同时搭建广阔的工业互联网应用场景，企业级工业互联网正在全面启动并向行业级转变；围绕新一代信息基础设施和智慧生活、智慧经济、智慧治理、智慧政务等重点领域，搭建“+N”信息化架构体系，完善信息化建设运营管理体制机制。

3）历史经验总结

通过上文围绕深圳特区以及上海浦东、天津滨海、重庆两江三大国家级新区进行发展战略、产业特征与信息化方面的分析和总结，河北雄安作为最近期间批复，且是全新建设、从“零”开始的新区，其建设可以得到以下借鉴经验。

① 发展战略方面

雄安新区的建设与发展是国家在区域经济发展战略层面上设立的“增长极”。深圳特区、浦东新区、滨海新区与两江新区的建设明显带动了当地与周边区域经济的发展，巩固了城市增长极的地位。而雄安新区集聚了京津冀优质的资源和巨大的发展潜能，它的建设将担当起打造京津冀世界级城市群的重要角色，是优化京津冀空间结构和城市布局的关键，可为解决河北省经济发展滞后问题建立一个新的增长极，同时又可为缓解北京与天津的城市膨胀问题建立一个具有示范作用的疏解承接地。

② 产业特征方面

雄安新区作为京津冀协同发展的重要节点城市，必须设立高端、合理的产业体系。深圳特区与三个典型国家级新区均以当地原有的产业特征为基础，进一步打造出新阶段的产业空间布局。雄安新区的建设将在有限的区域范围内集聚大量的优质要素、技术与产业，促进京津冀协同发展与优化京津冀产业空间布局，未来产业发展重点不能仅是承接北京、天津低端产业，而是要利用国家给予的优惠政策、特殊权限，重点承接与北京首都功能不相关的产业环节，如高新技术成果转化落地、金融机构、高等院校以及部分政府机构、央企总部。

③ 信息化方面

雄安新区建设最重大的创新是要打造与新区同生共长的数字孪生城市，使之成为世界上第一个从城市原点就开始构建全数字过程的城市。深圳特区与三个典型国家级新区难以做到现实城市与数字城市的共同生长，但其对信息化建设搭建的体系架构可为雄安新区信息化建设提供参考。雄安新区要坚持数字城市与现实城市同步规划、同步建设，应着力发展面向未来的新一代信息技术，加强数字城市信息化的顶层设计，紧紧围绕新区建设发展，积极探索区块链等信息化新技术的创新应用，形成以知识、技术、信息、数据等新生产要素为支撑的经济发展新动能。雄安数字孪生城市建设不仅需要考虑城市内部自身新基础设施的完善，而且要考虑如何依托数字城市建设实现城市间的横向协同，利用数字孪生属性，有利于实现京津冀城市群内城市间的适应性协同发展，为京津冀“数字孪生城市”建设提供良好开端。

（2）雄安新区建设的时代背景

实现雄安新区创新发展，需要深刻认识当前的时代背景，通过把握现阶段背景特点，推动雄安新区创新发展，对于探索新时期中国经济改革发展和可持续增长之路，具有重要探索意义。雄安新区建设的时代背景可以从以下三个方面来介绍。

1）我国的工业化、城镇化发展和市场化改革

国内已经进入工业化后期、城镇化后期和市场化改革后期阶段。当前中国已经进入工业化的后期阶段，传统制造业的增长空间必然长期受限；中国整体城镇化速度正在放缓，前期快速城镇化相关的产业链已经过了历史发展的最佳时期；同时中国贸易顺差仍将逐年递减，这就意味着雄安新区也不能像深圳特区、浦东新区那样，享受出口快速增长带来的红利。工业化后期、城镇化后期和市场化改革后期阶段的新特点决定了雄安新区要走一条新经济之路，当前蓬勃发展的新技术，如5G、人工智能、新能源、新材料等，给雄安新区的发展带来了广阔的空间。

2）我国经济的高质量发展

我国经济正处在转变发展方式、优化经济结构、转换发展动力的攻关期，已由高速增长阶段转向高质量发展阶段，不断面临着体制机制深度改革及结构性转型升级的多重考

验。北京市2022年人口达到了2100多万，由此导致交通拥堵、房价高涨、资源超负荷等大城市病。在此背景下，疏解北京非首都功能、助推京津冀协同发展已成为国家层面的重大课题。

3）京津冀协同发展

以习近平同志为核心的党中央提出以疏解北京非首都功能为“牛鼻子”推动京津冀协同发展这一重大国家战略。习近平总书记指出，考虑在河北比较适合的地方规划建设一个适当规模的新城，集中承接北京非首都功能，采用现代信息、环保技术，建成绿色低碳、智能高效、环保宜居且具备优质公共服务的新型城市。在京津冀协同发展领导小组的直接领导下，经过反复论证、多方比选，党中央、国务院决定设立河北雄安新区。

（3）雄安新区建设试图解决的问题

自2014年京津冀协同发展战略正式提出以来，北京、天津、河北及周边区域的发展迅速，但随之而来也产生了很多问题。京津两地高速发展带来了远超容量的人口，城市病日益显现；过度发展也导致生态环境破坏日益严重；与此同时，河北与京津的发展差距越拉越大也导致协调发展愈加困难；发展新常态下传统发展模式渐显疲态。雄安新区的建设正是为了试图解决这些问题。

1）解决北京城市病的问题

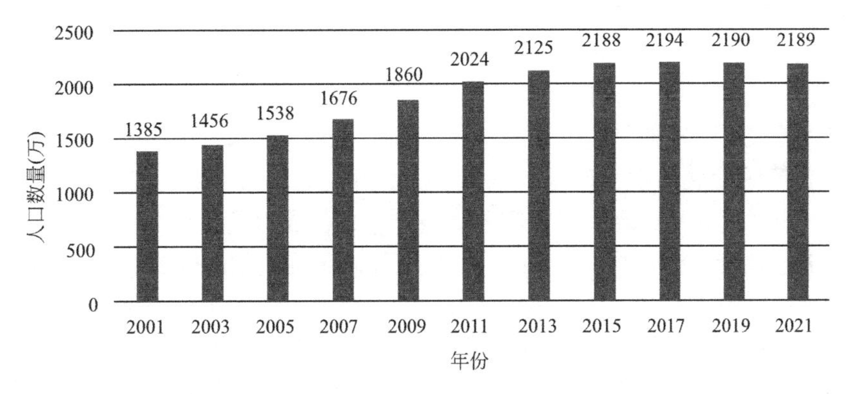

图 1-2　2001-2021 年北京市总常住人口数量

改革开放尤其是21世纪以来，北京城市病日益加重。首先是北京人口过度增加，2000年时北京总常住人口为1365.3万，截至2021年，常住人口已有2189万人，如图1-2所示；其次随着人口增加，北京机动车保有量也随之提高，自2000年以来，北京机动车保有量呈爆发式增长，10年间增长了3倍，2011年时已达到498万辆，并且在实施限购政策之后机动车保有量仍以每年10万辆的速度增长，《2021年度中国城市交通报告》指出：2021年北京仍是全国交通最拥堵的城市；另外北京房价仍然居高不下，最后导致资源环境承载力也严重不足。

由于北京市的发展地位和优势在全国城市体系中过于明显，大量要素仍然会不断流向北京。设立雄安新区作为北京非首都功能疏解集中承载地，一方面，北京市可以通过直接向雄安新区疏解部分非首都功能，转移不符合首都定位的一般性产业、部分企事业单位，以及部分公共设施，来实现自身发展的减压；另一方面，由于产业的转移，也能吸引大量原本流向北京的各种要素来缓解北京城市病。

2）解决京津冀内部发展差距过大的问题

京津冀三个行政区域之间以及内部不同地区之间发展差距过大，且落后病与城市病并存。与京津两个发达城市地区相比，河北省的发展水平落差十分大，几乎是“悬崖式”的。京津两个城市地区的经济活动与人口膨胀，交通拥堵、环境污染与资源短缺等城市病症状突出，而河北还存在大片“环京津贫困带”，落后病比较严重。

经济总量上，据河北省统计局消息，2021年河北省经济总量为40391.3亿元。2021年北京市的经济总量为40269.6亿元。京津冀另一组成地区的天津市2021年经济总量为15695.05亿元。而作为面积最广、人口最多的河北省，其经济总量并不十分突出。尤其是在高等教育和医疗等方面，与北京、天津两座直辖市的差距很大。目前河北省内还没有一座GDP过亿的城市，GDP最高的城市唐山2021年经济总量大概为8230亿元。排名第二的省会石家庄目前的经济总量大概为6490亿元。

北京与天津作为京津冀地区的核心城市，吸附了河北乃至全国的经济要素，尤其是北京，由于具有多方面优势，吸引力更大。从理论上说，分布于京津周围的河北理应接受到京津所产生的强大辐射和扩散效应，但事实正好相反，河北因靠近京津而损失了大量的发展机会，与京津的发展水平越拉越大。

建设雄安新区可以疏解北京与天津过度集聚的经济活动与人口，成为河北发展的一个新增长极。这样既能缩小京津冀内部发展差距，又可治疗目前存在的突出区域病，克服京津冀不同地区间的利益冲突并扭转发展要素的流动方向。

3）解决区域性生态环境的问题

受人口过度聚集，产业结构、能源结构不合理等因素影响，区域的生态环境污染已成为制约京津冀区域发展的主要问题。到目前为止，北京、天津和河北地区水资源严重短缺，地下水严重过度开采，环境污染问题日益严峻，已成为我国东部人与自然关系最为紧张、资源环境超载矛盾最为严重、生态联防联治要求最为迫切的区域。

在生态环境保护需求方面，京津冀区域水生态环境问题突出。一是区域水资源极度匮乏导致水生态系统接近崩溃，“有河皆干”现象突出，生态系统破损严重。连续多年，京津冀水资源总量仅占全国约0.5%。河湖水系连通性被破坏，水生态系统难以维系。二是区域水环境污染程度为全国最重，“有水皆污”问题明显。京津冀区域所在海河流域是我国水污染最严重的流域，因天然径流缺乏，再生水成为地表水体主要补给来源。

大气环境方面，虽然经历多年的环境协同治理，京津冀地区依然是目前我国大气污染最为严重的区域。根据生态环境部发布的《2020年全国生态环境质量简况》，2020年京津冀及周边地区“2+26”个城市平均优良天数比例仅有4%，区域内的主要污染物排放量均超出了环境容量的50%以上，部分城市甚至超出80%–150%。

新区需要通过注重生态环境保护与优良人居环境创建，建设宜居生态智慧新型城市。做到大流域生态保护与修复优先，以优良环境、高质量与创新发展为核心，将白洋淀区域提升发展成为以游憩产业为核心的生态绿心，形成新区的绿极而支撑新区生态化发展，使其成为京津冀区域生态化转型发展的样板和国际绿色创新城市发展的典范，解决京津冀区域环境问题。

4）解决新时代下缺少的高质量发展的全国样板问题

目前我国经济发展已经进入新常态，传统发展模式已经开始面临环境容量下降、劳动力成本上升、土地等非流动要素价格上涨、传统产业产能过剩、宏观经济“脱实向虚”、发达国家技术封锁、国际经济发展不确定因素增加等一系列问题。如何在新常态下打造出高质量发展的全国样板已经成为迫切的问题。

就数字信息化方面而言，虽然中国已经成为世界上最大的智慧城市实践国。但自2012年住房和城乡建设部发布《关于开展国家智慧城市试点工作的通知》以来，截至2016年，我国95%的副省级城市、76%的地级城市，总计超过500座城市明确提出了构建智慧城市的相关方案。尽管试点建设如火如荼，但具体实践普遍存在四类问题：缺乏统一设计，局限于业务模块；数据来源不一，城市信息碎片化；忽视需求应用，流于形象工程；以单向信息为主，智能化程度不高。严格意义上来说，当前智慧城市项目主要是对政府职能和工作流程的信息化改造，但仍然没有跳出机械还原式的城市认知，难以真正实现智慧发展。

雄安新区的建设不仅指明了未来我国经济发展的主要思路，也提出了我国未来改革的重点领域。未来雄安新区将完全按照五大发展理念的要求进行发展，在实际发展过程中探索正确的发展模式，成为推动高质量发展方面的一个全国样板。

（4）雄安新区建设的目标与意义

1）雄安新区建设的目标

在以习近平同志为核心的党中央的殷切关注下，雄安这座未来之城的规划蓝图已经绘就，未来雄安新区建设的目标为完成以下七个方面的重点任务：

① 建设绿色智慧新城，建成国际一流、绿色、现代、智慧城市；

② 打造优美生态环境，构建蓝绿交织、清新明亮、水城共融的生态城市；

③ 发展高端高新产业，积极吸纳和集聚创新要素资源，培育新动能；

④ 提供优质公共服务，建设优质公共设施，创建城市管理新样板；

⑤ 构建快捷高效交通网，打造绿色交通体系；

⑥ 推进体制机制改革，发挥市场在资源配置中的决定性作用和更好发挥政府作用，激发市场活力；

⑦ 扩大全方位对外开放，打造扩大开放新高地和对外合作新平台。

为有序开展规划建设雄安新区七个方面的重点任务，实现雄安新区功能定位和角色定位，2018年4月21日，《河北雄安新区规划纲要》全文公布，2018年12月25日，经党中央、国务院同意，国务院正式批复《河北雄安新区总体规划（2018–2035年）》，描绘了一幅蓝绿交织、清新明亮、水城共融的美好图景，凸显了打造高质量发展全国样板的决心，承载着千年大计的未来之城呼之欲出。根据规划纲要部署，雄安新区规划建设分为“两步走”的阶段目标，期限调至2035年，并展望21世纪中叶发展远景。

到2035年，基本建成绿色低碳、开放创新、信息智能、宜居宜业、具有较强竞争力和影响力、人与自然和谐共生的高水平社会主义现代化城市；城市功能趋于完善，新区交通网络便捷高效，现代化基础设施系统完备，高端高新产业引领发展，优质公共服务体系基本形成，白洋淀生态环境根本改善；有效承接北京非首都功能，对外开放水平和国际影响力不断提高，实现城市治理能力和社会管理现代化，“雄安质量”引领全国高质量发展作用明显，成为现代化经济体系的新引擎。

到21世纪中叶，全面建成高质量高水平的社会主义现代化城市，成为京津冀世界级城市群的重要一极；集中承接北京非首都功能成效显著，为解决“大城市病”问题提供中国方案。新区各项经济社会发展指标达到国际领先水平，治理体系和治理能力实现现代化，成为新时代高质量发展的全国样板；彰显中国特色社会主义制度优越性，努力建设人类发展史上的典范城市，为实现中华民族伟大复兴贡献力量。

2）雄安新区建设的意义

2017年4月1日，在京津冀协同发展上升为国家重大发展战略并在交通、生态、产业等重点领域初见成效之际，党中央、国务院决定设立河北雄安新区，举国震动，世界瞩目。2017年2月23日，习近平总书记在安新县主持召开座谈会时指出雄安新区的规划建设，要能够经得起千年历史检验，这也是我们这一代中国共产党人留给子孙后代的历史遗产。5年来，习近平总书记多次深入地方考察调研，多次主持召开会议研究和部署实施，作出一系列重要指示批示。习近平总书记强调，规划建设雄安新区一定要保持历史耐心，有功成不必在我的精神境界。在新的历史阶段，集中建设北京城市副中心和雄安新区这两个新城，形成北京发展新的骨架，是千年大计、国家大事。

雄安新区规划建设的重大意义主要体现在以下两大方面：

① 规划建设雄安新区是具有重大历史意义的战略选择，是疏解北京非首都功能、推进京津冀协同发展的历史性工程。规划建设北京城市副中心和河北雄安新区，将形成北京新的两翼，共同承担起解决北京“大城市病”的历史重任，有利于拓展京津冀区域发展新空间、探索人口经济密集地区优化开发新模式。

② 雄安新区的规划建设，肩负着全面深化改革和扩大对内对外开放的重任，其历史使命契合国家推进京津冀协同发展、实现中华民族伟大复兴中国梦的奋斗目标。中国特色社会主义进入新时代，我国经济由高速增长阶段转向高质量发展阶段，一个阶段要有一个阶段的标志，雄安新区要在推动高质量发展方面成为全国的一个样板。

1.1.2 雄安新区建设的基本原则

《中共中央 国务院关于支持河北雄安新区全面深化改革和扩大开放的指导意见》对雄安新区有着明确的定位：把雄安新区建设成为北京非首都功能集中承载地、京津冀城市群重要一极、高质量高水平社会主义现代化城市。这三个定位科学准确，意义重大，不仅牢牢把握住北京非首都功能疏解集中承载地这个初心，而且着力推动雄安新区在创新发展、城市治理、公共服务方面先行先试、率先突破，为全国改革开放大局作出贡献。

（1）雄安新区建设功能定位

设立雄安新区，是以习近平同志为核心的党中央深入推进京津冀协同发展作出的一项重大决策部署，对于集中疏解北京非首都功能，探索人口经济密集地区优化开发新模式，调整优化京津冀城市布局和空间结构，培育创新驱动发展新引擎，具有重大现实意义和深远历史意义。

1）作为北京非首都功能集中承载地

北京作为全国政治中心、文化中心、国际交往中心和科技创新中心，在京津冀地区处于绝对的优势地位，对其他区域产生极化效应，吸引了京外大量人财物进京。北京的大城市病越来越严重，人口膨胀、交通拥堵、房价高企、资源紧张、环境污染等，严重影响首都居民的生活质量。

党中央、国务院决定设立雄安新区，最重要的定位、最主要的目的就是打造北京非首都功能疏解集中承载地。以疏解北京非首都功能为“牛鼻子”，推动京津冀协同发展，抓住了京津冀地区建设的主要矛盾。作为北京非首都功能的集中承载地，雄安新区高标准建设为京津冀地区空间结构优化提供了可能，为协同解决“大城市病”和中小城市功能性萎缩问题提供了中国方案。

2）作为京津冀城市群重要一极

京津冀地区是我国北方最重要的人口和经济活动聚集区，与长三角城市群、珠三角城市群并列的中国三大城市群。改革开放以来，京津冀地区经济、政治、文化建设取得了重大成就。同时也产生了一些问题，其中最主要的问题是北京作为首都聚集了过多的人口和功能，使资源要素处于紧平衡状态，致使京津冀地区核心城市辐射带动效应有限、公共服务资源分布不均衡、地域结构松散、城市体系结构不合理、地区发展差距明显等。

设立雄安新区，顺应了京津冀城市群结构优化演进的趋势，雄安新区在集中疏解北京非首都功能的同时，通过优化城市布局和空间结构，将会产生二次极化效应，形成新的经济增长极，使京津冀城市群能够长远有序地良性发展。

（2）雄安新区建设角色定位

雄安新区作为继深圳经济特区和上海浦东新区之后又一具有全国意义的新区，肩负着将雄安新区建设成为绿色生态宜居新城区、创新驱动发展引领区、协调发展示范区、开放发展先行区这四大角色定位。雄安新区的角色定位充分体现了创新、协调、绿色、开放、共享的新发展理念，成为新时代高质量高水平社会主义现代化城市的一个样板。

1）将雄安新区建设成为绿色生态宜居新城区

雄安新区秉承绿色发展、生态文明理念，坚持把绿色作为高质量发展的普遍形态，充分体现生态文明建设要求，坚持生态优先、绿色发展，贯彻绿水青山就是金山银山的理念，创造优良人居环境，实现人与自然和谐共生，建设天蓝、地绿、水秀美丽家园。建立健全绿色生态城区指标体系，为全国绿色城市发展建设提供示范引领。让城市融入大自然，让居民望得见山、看得见水、记得住乡愁。

2）将雄安新区建设成为创新驱动发展引领区

坚持把创新作为高质量发展的第一动力，实施创新驱动发展战略，推进以科技创新为核心的全面创新，积极吸纳和集聚京津冀国内外创新要素资源，发展高端高新产业。明确承接重点并营造好承接环境，完善硬件配套设施并制定切实可行的创新驱动政策。重点承接国家重点实验室等科技创新平台，积极引进创新型、复合型人才。推动产学研深度融合，建设创新发展引领区和综合改革试验区，布局一批国家级创新平台，打造体制机制新高地和京津冀协同创新重要平台，建设现代化经济体系。

3）将雄安新区建设成为协调发展示范区

京津冀地区作为首都经济圈，在经济、文化、政治等方面均取得了重大成就，但由于京津冀区域人口和功能过度向北京市集中，导致京外地区资源过度向北京市倾斜，京外经济发展也遭受了一定反噬。坚持把协调作为高质量发展的内生特点，通过集中承接北京非首都功能疏解，发挥对河北省乃至京津冀地区的辐射带动作用，推动城乡、区域、经济社会和资源环境协调发展，提升区域公共服务整体水平，打造要素有序自由流动、主体功能约束有效、基本公共服务均等、资源环境可承载的区域协调发展示范区，为建设京津冀世界级城市群提供支撑。

4）将雄安新区建设成为开放发展先行区

坚持把开放作为高质量发展的必由之路，顺应经济全球化潮流，积极融入“一带一路”建设，加快政府职能转变，促进投资贸易便利化，形成与国际投资贸易通行规则相衔接的制度创新体系；主动服务北京国际交往中心功能，培育区域开放合作竞争新优势，加强与京津、境内其他区域及港澳台地区的合作交流，打造扩大开放新高地和对外合作新平台，为提升京津冀开放型经济水平作出重要贡献。

1.2 雄安数字化建设概述

《中华人民共和国国民经济和社会发展第十四个五年规划和2035年远景目标纲要》提出：要加快数字化发展，建设数字中国。而雄安新区作为千年大计，国家大事，是顺应历史发展大势而为，要积极响应时代的召唤。另外，经过几百年来的城市发展，物理城市建设已经有了一定规律，但数字城市建设还处在摸索中，且随着近年来海量数据爆发也暴露出来一些问题。而雄安几乎是“从零到一”建设一座新城，具有起点优势，有必要、有条件以“探路者”的姿态先试先行，将数字技术与城市建设发展紧密结合，转变社会经济发展模式，创新城市治理方式，为数字时代的城市发展做出有益探索。了解雄安新区数字化建设的总体目标、阶段目标和数字化建造目标，在宏观上对数字化建设有更加清晰的认识，进而助力雄安新区数字化城市建设。

1.2.1 雄安数字化建设的目标

（1）总体目标

坚持数字城市与现实城市同步规划、同步建设，适度超前布局智能基础设施，推动全域智能化应用服务实时可控，建立健全大数据资产管理体系，打造具有深度学习能力、全球领先的数字城市。

1）加强智能基础设施建设

与城市基础设施同步建设感知设施系统，构建城市物联网统一开放平台；打造地上地下全通达、多网协同的泛在无线网络，构建完善的城域骨干网和统一的智能城市专网；搭建云计算、边缘计算等多元普惠计算设施，实现城市数据交换和预警推演的毫秒级响应，打造汇聚城市数据和统筹管理运营的智能城市信息管理中枢。

2）构建全域智能化环境

推进数字化、智能化城市规划和建设，建立城市智能运行模式，建设智能能源、交通、物流系统等；构建城市智能治理体系，建设全程在线、精准监测、高效处置的智能环保、数字城管等。建立企业与个人数据账户，探索建立全数字化的个人诚信体系。搭建普惠精准和定制服务的智能教育医疗系统，打造以人为本、全时空服务的智能社区。

3）建立数据资产管理体系

构建透明的全量数据资源目录、大数据信用体系和数据资源开放共享管理体系。建设安全可信的网络环境，打造全时、全域、全程的网络安全态势感知决策体系，加强网络安全相关制度建设。

（2）阶段目标

为打造具有深度学习能力、全球领先的数字城市，需要将城市的所有数据汇集起来，由源头形成高质量数据，实现智能化应用场景。其中，由雄安城市计算（超算云）中心与块数据平台、物联网平台、视频一张网平台、CIM平台共同构成的“一中心四平台”，是雄安新区数字城市基础的框架核心，需要持续推进、分阶段完成，具体建设目标如表1–1所示。

表1-1 雄安数字化建设阶段目标

时间节点	重点任务
到2022年	（1）雄安新区城市计算（超算云）中心项目（包括互联网数据中心、云平台、超算系统三部分建设内容）完工并投入使用。 （2）雄安新区开放式智能城市大数据平台——块数据平台基本建成。 （3）物联网平台基本建成，具备终端接入、终端管理、端到端运维、开放共享等七大能力。 （4）视频一张网平台（建设有感知汇聚中心、感知治理中心、感知解析中心、感知赋能中心和感知规划中心）建成并进入试运行；基于视频一张网平台的建设工地视频监控平台建成并投入使用。 （5）建成数字雄安CIM基础平台，初步具备提供数据汇聚、城市运营服务的能力
到2035年	通过多维感知数据融合汇聚，形成全域全时、互联互通的感知体系，加强业务协同和业务深度对接融合，实现智能化服务和智慧化监管

（3）数字建造目标

雄安新区首次提出“数字孪生城市”，重要建设任务是在虚拟空间再造一座城，用大数据来描绘雄安新区全生命周期成长过程。而数字孪生城市数据来源于数字建造的全过程、多层级项目数据，数字孪生城市的运行需要依照区域级、单体建筑级、空间级和构件级应用场景来灵活调用数字建造数据，因此，数字建造的目标是数字孪生城市建设目标的一部分。

1）全过程“写实”

要全过程“写实”，建立起统一和广泛的数据源。建造过程中要将人、机、物等各类城市主体，从建设开始就接入数字化系统，并能实时或定期动态更新，代表完整的过程状态。

2）同步生长

数字建造过程要与实体城市建设过程有同步的生命周期和建设时序，能够不断更新。雄安新区从地上到地下，从生态环境到基础设施，从产业发展到公共服务都要随着建设时序在数字建造过程中同步构建。

3）可计算

数字建造应嵌入到数字孪生城市中，数字建造过程中应以既有实体城市为计算基础，利用数字城市中的人工智能，结合实体城市中的人类智慧，实现虚实交互，为科学合理的数字建造过程提供支持。

（4）雄安数字建造概述

1）数字建造概述

什么是数字建造，目前还没有一个统一的表述。对此，不少学者和业界人士从不同的视角进行了有益探索，并提出了许多概念，例如“智慧工地”“智慧建造”“智慧城市”等。这些概念对建造数字化的理解各有侧重，包括技术、管理、工程产品与服务等。

袁烽等关注的数字建造是在建筑设计领域通过计算机技术与传统建构技术的有机结合而获得新生的建造方法。他认为，数字化建造是运用“新工艺、性能化建构和产业化”的手段对建筑全生命周期管理中设计、制造及施工建造等上下游环节的整合。与他的视角不同，早在2001年，丁烈云等就提出要开展建设项目管理的数字化，他强调这不仅仅是一个技术问题，还涉及组织结构、管理模式、人员素质等一系列因素。

可以从三个维度来体会数字建造的内涵：

① 从技术创新维度看数字建造

随着CAD（计算机辅助设计）、CAE（计算机辅助工程）、计算机辅助工艺规划（Computer Aided Process Planning, CAPP）、计算机辅助生产（Computer Aided Manufacturing, CAM）等技术越来越多地在工程建造领域得到应用，工程设计、施工技术也在不断进步，如计算设计方法（Computational Design）、数字加工技术（Digital Fabrication）、数字建构（Digital Tectonics）和数字工匠（Digital Crafting）等。由计算设计形成的复杂工程造型，对传统的工程施工技术提出了巨大挑战。

② 从技术与管理的集成维度看数字建造

在数字技术逐渐从工程设计向施工领域渗透的同时，人们也开始在更大的范围内探索数字技术在工程建造全寿命周期集成管理中的应用。

虚拟设计与施工（Virtual Design and Construction，VDC），是由斯坦福大学集成设计施工中心于2001年提出来的。旨在利用建筑信息建模、多维信息集成、可视化虚拟仿真、信息驱动的协作，以及施工自动化等数字化技术，将工程建设项目中独立的、各业务部门的工作连接与集成起来，增强工程项目各参与主体间的沟通、交流与合作，协调处理项目交付过程中可能遇到的各类问题，实现项目的综合目标。除了工程设计与施工，工程运营服务也逐渐被纳入工程建造数字化的范围，Fred Mills于2016年提出了数字建造（Digital Construction）概念，主张利用数字工具来改善工程产品的整个交付和运维服务流程，使建筑环境的交付、运营和更新更加协调、安全、高效，确保在建造过程全寿命周期的每一个阶段都能获得更好的结果。在他的理解中，数字建造是利用信息技术（如互联网、BIM、云计算）、传感器技术及其他先进的数字化技术进行建筑设计、施工、运营等新型建造模式。这是目前比较完整表述数字建造内涵的概念。

③ 从产品服务维度看数字建造

在工程产品由自动化迈向智能化的过程中，数字技术功不可没，因为人们找到了在数字世界里面建构现实工程产品的方式，那就是虚拟建筑，随着实体建筑与虚拟建筑日益融合，建筑越来越具有了某种自主决策的能力，于是出现了智能建筑（Intelligent Building）的概念。当前，智能建筑越来越关注“以人为本、绿色可持续”，而不仅仅局限于一个靠网络连接的自动化技术装置的集合。借助智能化程度更高的控制系统，实现对多种技术进行有机整合，不断提升工程产品对环境的感知与自适应调节能力，例如实时的能效控制，或舒适性的优化等，并推动智能建筑往更开放、更优化的方向发展，从而进入了更高的发展阶段——智慧建筑（Smart Building）。

以上从三个不同角度阐述了对数字建造的理解，可以看出数字建造内涵处在一个不断完善和丰富的发展过程中，且三个维度彼此之间并不是孤立的，而是有着密切联系的，技术要素、业务过程以及产品服务等共同构成一个有机的整体。总的来说，数字建造是在新一轮科技革命大背景下，数字技术与工程建造系统融合形成的工程建造创新发展模式。即利用现代信息技术，通过规范化建模、全要素感知、网络化分享、可视化认知、高性能计算以及智能化决策支持，实现数字链驱动下的工程项目立项策划、规划设计、施（加）工、运维服务的一体化协同，进而促进工程价值链提升和产业变革，其目标是为用户提供以人为本、绿色可持续的智能化工程产品与服务。可以看出数字建造不仅是建造技术的提升，更是经营理念的转变、建造方式的变革、企业发展的转型以及产业生态的重塑，框架体系如图1-3所示。

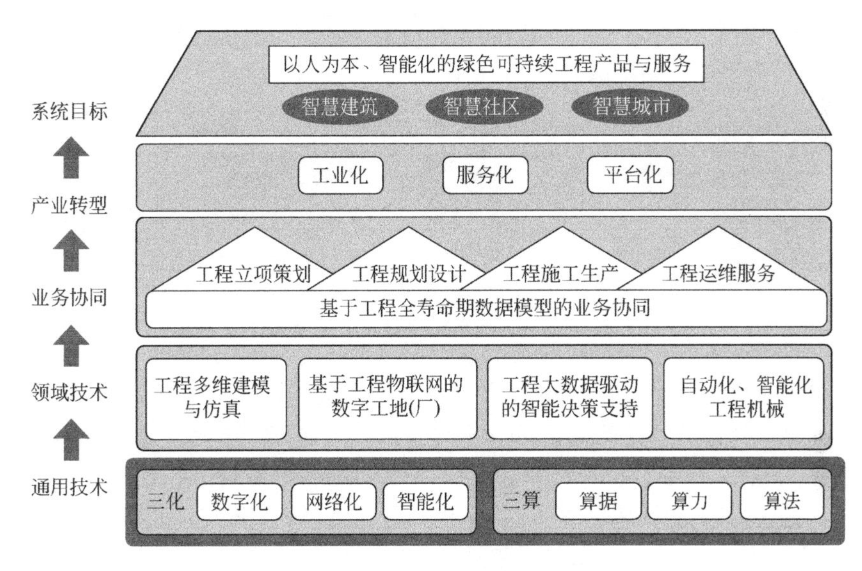

图1-3 数据建造框架体系

2）雄安数字建造概述

雄安作为中国第一个全域实现数字城市与现实城市同步建设的城市，它在全国范围内首次提出“数字孪生城市”概念。

首先介绍一下数字孪生（Digital Twin），它是指构建与物理实体完全对应的数字化对象的技术、过程和方法。这一概念包括三个主要部分：物理空间的实体；虚拟空间的数字模型；物理实体和虚拟模型之间的数据和信息交互系统。数字孪生的应用价值在于实现了现实世界的物理系统与虚拟世界的数字系统之间的交互和反馈，通过数据收集、挖掘、存储和计算等技术确保在全生命周期内物理系统和数字系统之间的协同和适应。

而数字孪生城市则是数字孪生技术在城市层面的应用，构建一个与城市物理空间一一对应的复杂系统。在打造数字孪生城市的过程中，数字建造是不可或缺的手段，而在数字建造过程中，雄安有着得天独厚的优势，由于在规划阶段就想要把雄安打造成一座“数字之城”，所以数字建造能够贯穿城市建造始终。假如每一个建筑刚开始都像是小树苗，那

么采用数字建造就像在给它们不断浇水施肥，使得它们不仅长成了一棵棵参天大树，并且最终连成了像海洋一般茂密的森林。由于所有建筑设计的时候都是以BIM数字模型为基础，而数字模型在后续的施工、交付、运维阶段都发挥着重要作用，并且再通过CIM、GIS技术最终也能并入数字孪生城市之中，因此雄安打造数字孪生城市的成本是最低的。

图 1-4　数字建造、数字孪生城市、智慧城市关系图

雄安的数字建造、数字孪生城市与智慧城市基本框架如图1-4所示，雄安的数字建造与传统的某个单独项目的数字建造不同，城市作为一个复杂的系统，它的数字建造是以海量建造大数据为基础，通过数字孪生等方法，形成数字模型资产，建立一个与城市物理实体几乎一样的“城市数字孪生体”，并且相关数据能够汇总到雄安新区智慧城市中枢的“一中心四平台”中，并由数字模型为驱动，全过程的数字孪生数据流可以顺畅完整地在参与雄安城市建设各方（政府、投资建设方、咨询设计方、咨询单位等）中根据一定的规则传递共享，所谓的规则包括对应的组织模式、政策体系、技术体系、标准体系等，雄安数字建造框架如图1-5所示。

而随着大数据、物联网、人工智能等新兴技术的发展，雄安数字建造不仅满足于打造数字孪生城市，并且希望达到数字城市建设的新高度——真正意义上的智慧城市。

1.2.2　雄安数字化建设的步骤

自《中华人民共和国国民经济和社会发展第十四个五年规划和2035年远景目标纲要》提出“加快数字化发展，建设数字中国”的要求以来，各大城市数字化建设取得重大进展。建设雄安新区的七大任务之首是建设绿色智慧新城，即建成国际一流、绿色、现代、智慧城市。这里的“智慧”一词不仅突出了建设高质量高水平社会主义现代化城市的建设要求，而且着力突出雄安的数字化建设，以数字化为手段，围绕智慧城市对数据开放、共融共享的核心需求，引领政务服务、经济发展、社会治理、生态保护、政府运行等各个

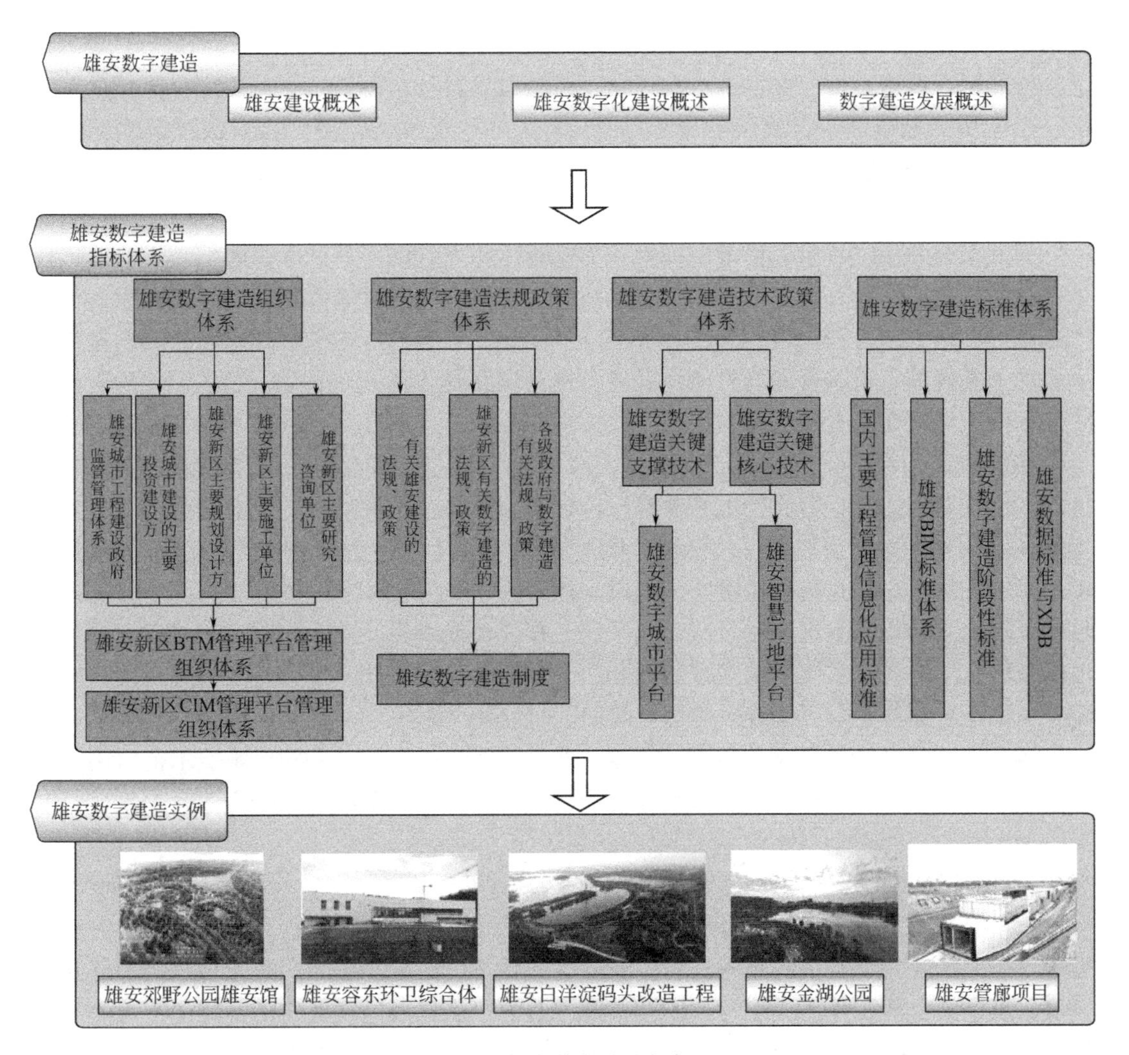

图 1–5 雄安数字建造框架图

领域的整体性转变和全方位改革，从根本上引领治理方式、生产方式和生活方式的大幅提升。

（1）雄安新区建设功能定位

1）公共服务功能

在《中共中央关于制定国民经济和社会发展第十四个五年规划和二〇三五年远景目标的建议》中明确提出“加强数字社会、数字政府建设，提升公共服务、社会治理等数字化智能化水平”，数字手段赋能公共服务创新成为“十四五”期间推进国家治理体系和治理能力现代化的关键力量，也为公共服务高质量发展指明了方向。

构建城市基本公共服务设施网络。雄安新区通过建设“城市—组团—社区”三级公共服务设施体系，形成多层次、全覆盖、人性化的基本公共服务网络。城市级大型公共服务设施布局于城市中心地区，主要承担国际交往功能，承办国内大型活动，承接北京区域性公共服务功能疏解；组团级公共服务设施围绕绿地公园和公交枢纽布局，主要承担城市综合服务功能，提供全方位、全时段的综合服务；社区级公共服务设施布局于社区中心，主要承担日常生活服务功能，构建宜居宜业的高品质生活环境。

雄安新区以普惠性、保基本、均等化、可持续为目标，创新社会保障服务体系，组建了三个层次的城市基本公共服务设施网络，使基本公共服务均等，提升人民群众的获得感、幸福感、安全感。

2）交通管控功能

智能交通系统，是以完善的设施设备为基础，将先进的信息技术、通信技术、传感技术、控制技术以及计算机技术等有效地集成运用于整个交通运输管理体系，建立起一种在大范围内、全方位发挥作用的，实时、准确、高效、综合的运输和管理系统。目的是在最大程度上发挥城市道路资源的价值和功能，提升道路利用率，在满足人们多元化的出行需要的基础上保证交通安全。

雄安新区的数字化交通系统以数据流程整合为核心，适应不同应用场景，以物联感应、移动互联、人工智能等技术为支撑，构建实时感知、瞬时响应、智能决策的新型智能交通体系框架；通过交通网、信息网、能源网“三网合一”，基于智能驾驶汽车等新型载运工具，实现车车、车路智能协同，提供一体化智能交通服务；示范应用智能驾驶运载工具，发展需求响应型的定制化公共交通系统，智能生成线路，动态响应需求；建立数据驱动的智能化协同管控系统，探索智能驾驶运载工具的联网联控，采用交叉口通行权智能分配，保障系统运行安全，提升系统运行效率。

雄安新区通过搭建智能交通体系框架、建设数字化智能交通基础设施、示范应用共享化智能运载工具，探索建立智能驾驶和智能物流系统，打造全局动态的交通管控系统，提高交通运输系统的安全与效率。

3）安全防灾功能

借助新兴技术的发展和国家政策的有力支持，在智慧城市建设过程中，智慧防灾应运而生。智慧防灾是结合新兴技术，将传感器、摄像头、GPS、RFID、激光扫描器等感知设备嵌入城市致灾源、生命线工程及应急指挥中心等层面，通过现代通信网络建立与海量数据分析中心的联系，搭建智慧化平台，实现灾害的实时感知、状态推演及应急管理。相较于传统防灾，智慧防灾可弥补以往自然、经济、社会等系统各自为营、“独立作战”的短板和不足。

雄安新区通过构建城乡覆盖、区域协同，陆、水、空、地下全方位消防系统，加强“智慧消防”建设，建立安全可靠、体系完备、平战结合的人防工程系统，实现人防建设与城市建设融合发展；结合数字城市建设，利用信息智能等技术，构建全时全域、多维数据融合的城市安全监控体系，形成人机结合的智能研判决策和响应能力，做到响应过程无缝隙切换、指挥决策零延迟、事态进展实时可查可评估；运用互联网、物联网融合技术，推进能源管理智慧化、能源服务精细化、能源利用高效化，打造新区智能能源系统，提高能源安全保障水平。

雄安新区通过数字化建设，搭建了防灾规划支持系统、智能监控预警系统、综合风险评估系统以及智能能源系统，全面提升了新区监测预警、预防救援、应急处置、危机管理等综合防范能力，形成全天候、系统性、现代化的城市安全保障体系，充分保障了雄安人民的安全。

（2）雄安新区建设角色定位

2017年4月1日设立河北雄安新区，其七大重点任务中“建设绿色智慧新城，建成国际一流、绿色、现代、智慧城市”位列第一条。雄安新区着力打造首座“数字孪生城市”，定位好“全过程的记录者、高质量建设目标的助力者、全生命周期的伴随者、整体运营的仿真和优化者”这四大角色。

1）全过程的记录者

在雄安新区实体工程建设过程中，建立与雄安新区的实体城市同步规划、同步建设的数字孪生城市，雄安的数字化建设充当着雄安新区建设全过程的记录者的角色。

搭建智能体系框架，将数字孪生的理念贯穿新区建设的始终。数字孪生城市最核心的要素首先就是将物理世界映射到数字世界，因此在建设初期便要将物理世界包括地面的基础设施、房屋建筑等物理实体进行智能化升级，并将物联网传感设施提前进行布局以及预留。其次，在城市总体规划阶段，将图纸通过三维的方式在统一的数字平台上展示；在控制性详细规划阶段，将不同片区的控规都以三维的方式在数字化平台上展示，并且用于后续的规划审批，控制性详细规划本身也要在三维的层面和二维以及城市总体规划进行比对；在控制性详细规划阶段的下面是设计，将每一个设计作为一个项目，并将项目本身与控规进行比对，精细化管理设计的过程。再次是施工阶段，此阶段核心是BIM，将BIM与之前设计的模型对比，提升精细化管理水平。最后便是竣工检查，在传统的竣工检查之外，还要考虑到物联网的存在，以及今后城市运营的方式，将BIM进行拆解，形成物理城市的真实映射，作为今后城市运营底层。

2）高质量建设目标的助力者

在加快建设速度、提高建设质量，实现低能耗、绿色化施工等目标方面，雄安新区的数字化建设起着重要的作用，充当着建设目标的助力者的角色。

雄安新区按照绿色、智能、创新要求，推广绿色低碳的生产生活方式和城市建设运营模式，使用先进环保节能材料和技术工艺标准进行城市建设，同步规划建设数字城市，筑牢绿色智慧城市基础。借助数字孪生技术，对规模大、周期长、涉及面广的城市建设项目，进行全要素真实还原复杂的施工环境，并基于数字孪生平台对城市建设项目进行交互设计、模拟施工、运维管理，推动整个项目进度和质量的科学管控，让城市的基础建设工作高效率、高质量、高水准推进。当前，我国正处于高质量发展和新旧动能转换的关键期、深度工业化和数字经济高速发展的双轮驱动期。雄安新区的数字化建设不仅将记录历史，更将创造历史。

3）全生命周期的伴随者

在城市的生命周期中，数字孪生城市不仅与实体城市具有同步的建设时序，更有同步的生命周期，能够在城市运行过程中不断更新，担任城市全生命周期的伴随者的角色。

不同于在一些已建成的城市基础上片段式地打造数字化，雄安新区的数字化与实体城市具有共同的生命周期，数字孪生城市随着城市发展而不断更新，始终与城市建设发展中的问题、需求和任务共同迭代，是一个不断进化的生态系统。雄安新区利用信息智能等技术，构建全时全域、多维数据融合的城市安全监控体系，形成人机结合的智能研判决策和响应能力，做到响应过程无缝隙切换、指挥决策零延迟、事态进展实时可查可评估。新型的数字孪生突出强调双向互动与动态互动两个方面：双向互动强调虚拟城市如何针对现实城市所面临的管理问题和发展诉求，通过仿真模拟和分析反作用于现实城市的规划、建设、运营与治理；而动态互动则是借助物联网致力于实时感知现实城市的动态运营信息并随时输入虚拟城市，以便通过虚拟城市来随时监测、分析和揭示现实城市运营中存在的问题。

4）整体运营的仿真和优化者

对雄安新区进行多维度、多层次精准监测，在整体运营过程中进行数字化仿真并对暴露出的问题加以优化，雄安的数字化建设充当着城市整体运营的仿真和优化者这一角色。

数字孪生城市的本质是城市级信息模型赋能体系，通过建立基于立体感知的数据闭环赋能新体系，利用物联网、大数据、云计算、视频感知、数字化仿真、AR/VR、区块链等关键技术，以积木式组装拼接，生成城市全域数字虚拟镜像空间，实现对物理世界的实时监测。运用模拟仿真技术，可进行自然现象的仿真、物理力学规律的仿真、人群活动的仿真、自然灾害的仿真等，为城市规划、管理、应急救援等制定科学决策，促进城市资源公平、快速调配，支撑建立更加高效智能的城市现代化治理体系。

数字孪生城市对人工智能领域进行数据挖掘、深度学习、自我优化技术的应用，可使城市从以往单域智能、被动响应的模式逐步转变为全域协同治理、智能响应、趋势预判的模式，构建起高效、智慧的城市运行规则。从已有城市数据中挖掘出新的数据，并将数据联系起来，形成决策的基础模型。经过不断地试错，推动系统不断自优化，实现数字孪生城市内生迭代发展，最终为城市提供智能预测与优化，呈现数字孪生城市发展的高阶智慧。

1.3 数字建造发展概述

1.3.1 国家政策导向

（1）BIM支持和推广政策

建筑信息模型BIM（Building Information Modeling）是以三维数字技术为基础，集成建筑项目各种相关信息的产品信息模型，是对工程项目设施实体与功能特性的数字化表达。在21世纪初，BIM作为一种新的概念和技术，引起了国内外众多专家学者的关注。BIM技术在以美国、英国、日本为代表的发达国家得到了迅速的发展。

我国自2003年起开始重视BIM技术，《2003–2008年全国建筑业信息化发展规划纲要》标志着BIM技术在我国建设行业的应用正式拉开了帷幕。自2003–2008年建筑业信息化发展纲要发布以来，住房和城乡建设部、交通运输部及国务院等有关部委对BIM推广发展给予了高度关注和支持，陆续发布了数十项BIM相关政策，表1–2列举了部分十年来住房和城乡建设部等国家机关发布的BIM支持与推广政策。由表可见，BIM技术的应用已然成为国家和行业建设工程信息化发展的重要趋势。

表1-2 BIM支持与推广政策

发布时间	发布单位	政策名称	相关内容
2011-05	住房和城乡建设部	《2011-2015年建筑业信息化发展纲要》	第一次将BIM纳入信息化标准建设内容。目标在“十二五”期间，基本实现建筑企业信息系统的普及应用，加快BIM、基于网络的协同工作等新技术在工程中的应用
2014-07	住房和城乡建设部	《关于推进建筑业发展和改革的若干意见》	提到推进建筑信息模型在设计、施工和运维中的全过程应用，探索开展白图代替蓝图、数字化审图等工作
2015-06	住房和城乡建设部	《关于推进建筑信息模型应用的指导意见》	指出到2020年末，建筑行业甲级勘察、设计单位以及特级、一级房屋建筑工程施工企业应掌握并实现BIM与企业管理系统和其他信息技术的一体化集成应用，新立项项目集成应用BIM的项目比率达90%
2016-08	住房和城乡建设部	《2016-2020年建筑业信息化发展纲要》	强调BIM与大数据智能化、移动通信、云计算、物联网等信息技术的集成应用能力，BIM成为“十三五”建筑业重点推广的五大信息技术之首
2017-02	国务院	《关于促进建筑业持续健康发展的意见》	加快推进BIM技术在规划、勘察、设计、施工和运营维护全过程的集成应用，实现工程建设项目全生命周期数据共享和信息化管理
2017-08	住房和城乡建设部	《工程造价事业发展“十三五”规划》	大力推进BIM技术在工程造价事业中的应用，运用BIM、大数据、云技术等信息化先进技术提升工程造价咨询服务价值
2018-03	交通运输部	《关于推进公路水运工程BIM技术应用的指导意见》	推动BIM在公路水运工程等基础设施领域的应用
2019-02	住房和城乡建设部	《关于印发〈住房和城乡建设部工程质量安全监管司2019年工作要点〉的通知》	指出推进BIM技术集成应用。支持推动BIM自主知识产权底层平台软件的研发。组织开展BIM工程应用评价指标体系和评价方法研究，进一步推进BIM技术在设计、施工和运营维护全过程的集成应用
2020-04	住房和城乡建设部	《住房和城乡建设部工程质量安全监管司2020年工作要点》	提出“试点推进BIM审图模式”“推动BIM技术在工程建设全过程的集成应用”
2021-10	住房和城乡建设部	《中国建筑业信息化发展报告（2021）——智能建造应用与发展》	大力发展数字设计、智能生产、智能施工和智慧运维，加快BIM技术研发和应用
2022-03	住房和城乡建设部	《“十四五”住房和城乡建设科技发展规划》	以支撑建筑业数字化转型发展为目标，研究BIM与新一代信息技术融合应用的理论、方法和支撑体系，研发自主可控的BIM图形平台、建模软件和应用软件，开发工程项目全生命周期数字化管理平台

（2）智能建造相关政策

2020年7月，住房和城乡建设部、国家发展改革委等13部门联合下发《关于推动智能建造与建筑工业化协同发展的指导意见》，提出“以大力发展建筑工业化为载体，以数字化、智能化升级为动力，创新突破相关核心技术，加大智能建造在工程建设各环节应用，形成涵盖科研、设计、生产加工、施工装配、运营等全产业链融合一体的智能建造产业体系，提升工程质量安全、效益和品质，有效拉动内需，培育国民经济新的增长点”。此外，住房和城乡建设部等部门也发布了一些与智能建造相关的政策，如表1-3所示。

表 1-3　国家部门与智能建造相关的政策

发布时间	发布单位	政策名称	相关内容
2020-08-28	住房和城乡建设部等9部门	《住房和城乡建设部等部门关于加快新型建筑工业化发展的若干意见》	大力推动装配式建筑技术、建筑信息模型（BIM）技术，加快应用大数据、物联网等新型建筑技术，全面以智能建造技术为核心，实现我国新型建筑工业化时代
2020-11-20	交通运输部	《关于中国铁道建筑集团有限公司开展智慧建造等交通强国建设试点工作的意见》	同意中国铁建集团开展智慧建造试点工作，推进装配式混凝土桥墩关键技术及智能化施工装备研发，推进装配式中低速磁浮轨道梁及桥墩关键技术研究
2021-02-05	住房和城乡建设部	《关于征集智能建造新技术新产品创新服务案例（第一批）的通知》	目的是指导各地住房和城乡建设主管部门及企业全面了解、科学选用智能建造技术和产品，加快智能建造发展
2021-02-02	住房和城乡建设部	《关于同意开展智能建造试点的函》	将上海市、重庆市住房和城乡建设（管）委，广东省住房和城乡建设厅申请的项目列为住房和城乡建设部智能建造试点项目
2021-04-23	住房和城乡建设部	《2021年政务公开工作要点》	要做好推动智能建造与新型建筑工业化协同发展政策信息发布，及时公布智能建造创新服务案例
2021-07-28	住房和城乡建设部	《智能建造与新型建筑工业化协同发展可复制经验做法清单（第一批）》	总结各地围绕数字设计、智能生产、智能施工等方面经验做法，形成智能建造与新型建筑工业化协同发展可复制经验做法清单（第一批）
2021-11-22	住房和城乡建设部	《关于发布智能建造新技术新产品创新服务典型案例（第一批）的通知》	为总结推广智能建造可复制经验做法，指导各地住房和城乡建设主管部门和企业全面了解、科学选用智能建造技术和产品，经企业申报、地方推荐、专家评审，确定124个案例为第一批智能建造新技术新产品创新服务典型案例
2022-05-24	住房和城乡建设部	《关于征集遴选智能建造试点城市的通知》	目标是通过开展智能建造试点，加快推动建筑业与先进制造技术、新一代信息技术的深度融合，拓展数字化应用场景，培育具有关键核心技术和系统解决方案能力的骨干建筑企业，发展智能建造新产业，形成可复制可推广的政策体系、发展路径和监管模式，为全面推进建筑业转型升级、推动高质量发展发挥示范引领作用

（3）智慧城市、CIM政策

我国坚持稳中求进工作总基调，坚持新发展理念，坚持以供给侧结构性改革为主线，围绕建筑业高质量发展总体目标，以大力发展建筑工业化为载体，以数字化、智能化升级为动力，创新突破相关核心技术，加大智能建造在工程建设各环节应用，形成涵盖科研、设计、生产加工、施工装配、运营等全产业链融合一体的智能建造产业体系，提升工程质量安全、效益和品质，有效拉动内需，培育国民经济新的增长点，实现建筑业转型升级和持续健康发展，为此国家从2009年开始先后发布多条意见或建议，以保证我国智慧城市的高效稳定发展。

但智慧城市建设不是一个独立的任务，其中涵盖城市智能交通、安全管理、规划国土应用、市政设施管理等各个方面，均需要智慧化的决策平台进而辅助城市管理。因此就需要城市信息模型（CIM），它是以地理信息系统（GIS）、物联网（IoT）和建筑信息模型（BIM）等技术为支撑，结合数字建造技术，整合城市二三维数据、地上地下数据、室内与室外数据、城市社会、经济人文等公共专题数据、城市动态感知数据等多源数据，构建数字孪生空间有机体。因此CIM通过数字建造手段，能够为智慧城市建设提供完整、精细、准确的信息，为城市的健康发展提供科学合理的决策，为城市管理者提供新技术支撑下的智慧化决策平台，因此智慧城市、CIM、数字建造相关的政策研究很有意义。

1）智慧城市

2012年11月，住房和城乡建设部首次出台《关于国家智慧城市试点暂行管理办法》，其中明确指出智慧城市试点申报、评审、创建过程管理和验收办法，由此开启了我国智慧城市建造的新篇章。同年12月，为进一步加快城市信息化进程，推动智慧城市时空信息云平台建设，国家测绘地理信息局发布《关于开展智慧城市时空信息云平台建设试点工作的通知》，决定组织开展智慧城市时空信息云平台建设试点工作。

2014年至2017年，国家先后发布《关于促进智慧城市健康发展的指导意见》和《关于组织开展新型智慧城市评价工作务实推进新型智慧城市建设快速发展的通知》等多部政策法规或通知意见，为具有中国特色的智慧城市建造确立了指导思想、基本原则和主要目标；为推动我国智慧城市的健康发展做出重要部署，对各部门、各领域的分工协作进行了统筹安排；且逐步明晰了智慧城市的评价指标、评价工作要求及组织方式等，确定了科学合理的评价体系。

2018年至今，国家通过《智慧城市 顶层设计指南》和《关于支持国家级新区深化改革创新加快推动高质量发展的指导意见》等多项法规政策或通知意见，相较于意见标准，主要根据实际情况和发展要求，进行局部调整和完善，同时也更加强调要充分利用好新技术手段，提升智慧平台与百姓生活的关联度。

2）CIM

在智慧城市的运行管理中，由建筑信息模型（BIM）、地理信息系统（GIS）和物联网（IoT）等技术为基础，形成CIM基础平台。

2019年12月《全力推进住房和城乡建设事业高质量发展为夺取全面建成小康社会伟大胜利实现第一个百年奋斗目标作出贡献》全国住房和城乡建设工作会议在京召开，会议强调要着力提升城市品质和人居环境质量，建设“美丽城市”。建立和完善城市建设管理和人居环境质量评价体系，开展“美丽城市”建设试点。要加快构建部、省、市三级CIM平台建设框架体系。

2020年9月住房和城乡建设部印发《城市信息模型（CIM）基础平台技术导则》的通知。通知指出，在以后的建设工程中，项目建设立项用地规划、设计方案模型报建、施工图模型、竣工验收模型备案等内容都要在城市信息模型（CIM）基础平台进行审查和审批。这在一定程度上，为CIM基础平台技术的发展提供了强大驱动力，为CIM平台在新建建筑上的应用提供了有力的政策支持。2021年6月，为进一步指导地方做好城市信息模型（CIM）基础平台建设，推进智慧城市建设，住房和城乡建设部在总结各地CIM基础平台建设经验的基础上，对《城市信息模型（CIM）基础平台技术导则》进行了修订和完善。

1.3.2 相关技术发展情况

（1）BIM技术

1）BIM概念

BIM的全称是“建筑信息模型（Building Information Modeling）”，这项称之为“革命性”的技术，源于美国佐治亚理工学院（Georgia Institute of Technology）建筑与计算机专业的查克伊斯曼（Chuck Eastman）博士提出的一个概念：建筑信息模型包含了不同专业的所有的信息、功能要求和性能，把一个工程项目的所有信息包括在设计过程、施工过程、运营管理过程的全部信息整合到一个建筑模型中。

近年来，BIM技术得到了国内行业内及业界各阶层的广泛关注和支持，在《建筑信息模型应用统一标准》和《建筑信息模型施工应用标准》中，将BIM定义如下：建筑信息模型是指在建设工程及设施全生命期内，对其物理和功能特性进行数字化表达，并依此设计、施工、运营的过程和结果的总称。这是目前国内最普遍的一种对BIM定义的解释。

building SMART International（bSI）对BIM的定义是：BIM是英文短语的缩写，它代表三个不同但相互联系的功能：建筑信息模型化（Building Information Modeling）；建筑信息模型（Building Information Model）；建筑信息管理（Building Information Management）。美国国家BIM标准（NBIMS）对BIM的定义中，BIM有三个层次的含义：BIM是一个设施（建设项目）物理和功能特性的数字表达；BIM是一个共享的知识资源，是一个分享有关这个设施的信息，为该设施从概念到拆除的全生命周期中的所有决策提供可靠依据的过程；在项目不同阶段，不同利益相关方通过在BIM中插入、提取、更新和修改信息，以支持和反映其各自职责的协同作业。

2）BIM技术国外发展情况

21世纪初，随着计算机硬件水平及3D图形处理分析技术的飞速发展，在工程建设领域中引入建筑信息技术开始兴起，发展至今，BIM技术的工程应用已得到全世界建筑领域的普遍认同和应用。BIM技术起源于美国，美国国家BIM标准NBIMS是全世界范围内较为先进的BIM国家标准，为使用者提供BIM过程适用标准化途径，整合项目全周期的各个参与方，依据统一的标准，签订项目需要的所有合同，合理共享项目风险，实质上是实现了经济利益的再分配。美国在建筑信息化技术研究和应用方面处于世界领先地位。截至2020年，全球BIM行业市场份额主要被两大参与者占据，Autodesk占据67.92%的全球市场，而Bentley Systems占据14.37%的全球市场。综合来看，仅美国两家企业占据超过80%的市场份额。

在很多欧洲国家，比如英国在美国的标准基础上针对自己国家的特点做了修改，可操作性较强，在实际工程中的应用较多，经验也较丰富。同时，其他欧洲国家（如德国、挪威、芬兰、澳大利亚等国家）也制定了相关的标准和应用指南。根据2014年2月英国建设行业网发表的调查报告显示：截至2014年1月，在英国的AEC（Architecture，Engineering & Construction）企业，BIM的使用率已达到57%，增幅显著。据2021年英国NBS（National Building Specification）国家BIM调查显示，71%的企业表示已经采用了BIM技术，25%表示未来会采用；从2011–2021年，随时间变化英国的各界企业对BIM的使用率在逐年提高并趋于稳定。

3）BIM技术国内发展情况

近十年来，我国BIM技术的发展在国家政策推动和社会各界的努力下取得了长足的进步，深刻改变着工程建设行业的信息化水平和科技贡献度，下面将从标准体系、学术研究以及行业应用三方面分别对国内BIM技术的发展情况作详细阐述。

在标准体系方面，我国BIM国家标准体系制定分3个层面：统一标准、基础标准和执行标准。其中，《建筑信息模型应用统一标准》GB/T 51212–2016是唯一一部国家统一标准，为最高标准。目前我国发布的国家标准主要参考欧美等国外标准，且集中在实施层，针对引用层和交换层的BIM标准较少，导致行业标准、地方标准、团体标准、企业标准等多层次标准体系尚未形成，仍然缺乏国家层面强制性的BIM技术推广政策和完善的建筑工程BIM技术国家标准，各地技术标准参差不齐，现有BIM相关国家标准如表1–4所示。

表 1-4 BIM 国家标准

发布时间	实施时间	发布部门	标准名称	标准类型
2016–12–02	2017–07–01	住房和城乡建设部	《建筑信息模型应用统一标准》GB/T 51212–2016	国家统一标准
2017–05–04	2018–01–01	住房和城乡建设部	《建筑信息模型施工应用标准》GB/T 51235–2017	国家执行标准
2017–10–25	2018–05–01	住房和城乡建设部	《建筑信息模型分类和编码标准》GB/T 51269–2017	国家基础标准
2018–12–26	2019–06–01	住房和城乡建设部	《建筑信息模型设计交付标准》GB/T 51301–2018	国家执行标准
2019–05–24	2019–10–01	住房和城乡建设部	《制造工业工程设计信息模型应用标准》GB/T 51362–2019	国家执行标准
2021–09–08	2022–02–01	住房和城乡建设部	《建筑信息模型存储标准》GB/T 51447–2021	国家基础标准

在学术研究方面，我国对于BIM技术的研究起步较晚，但近几年来掀起了对BIM研究的热潮。图1–6为在中国知网数据平台统计的2009–2021年关于BIM研究的文章数量变化图，从图中数据可以看出国内对BIM技术的研究是趋于快速增长又缓慢下降的趋势，特别是自2015年起，对于BIM技术的关注呈现指数上升趋势，可见，自2015年起，BIM的概念和价值逐渐被学术研究者和建筑从业者们认知和认可。

在行业应用方面，BIM技术与其他技术的集成应用推动了其他价值的落地，随着应用不断深入，国内建筑行业对BIM技术不断革新和深度开发的需求极为迫切。BIM技术广泛应用于建设领域的规划设计、施工建造、运维管理等全产业链条，它在场地分析、方案论证、协同设计、施工进度模拟、投资估算、成本控制等方面拥有强大的生命力，对提升建筑建造效率和降低成本具有不可替代的作用，为实现建造全程信息化、智能化、项目全过程精细化管理提供强大的数据支持和技术支撑，它已成为当今建筑业转型升级的革命性技术。

《中国建筑业BIM应用分析报告（2021）——智能建造应用与发展》中给出了BIM技术在全国建筑业企业的应用情况，通过对报告中的数据进行解读，得出如下分析：从企

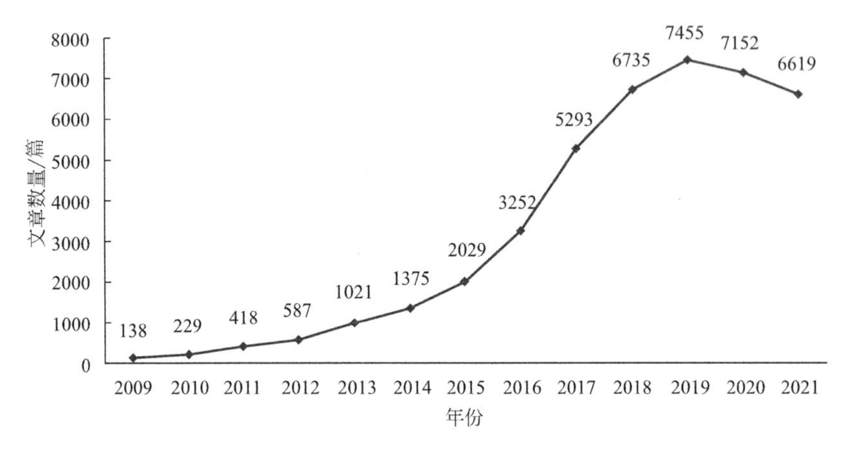

图 1-6 中国知网数据平台 2009-2021 年关于 BIM 研究的文章数量变化图

业应用BIM技术的情况来看，有14.56%的企业在项目上全部应用了BIM技术；17.55%的企业在项目上应用BIM技术的比例超过75%；19.19%的企业在项目上应用BIM技术的比例超过50%；18.51%的企业在项目上应用BIM技术的比例超过25%；25.36%的企业在项目上应用BIM技术的比例低于25%。与2020年对比，项目应用BIM技术比例高于25%的企业均有增加，低于25%的比例大幅减少，印证建筑领域企业在不断扩大BIM应用规模。

国内建筑行业内各企业均积极践行、加快推进企业数字化转型的步伐，深入开发BIM技术。目前较具代表性的有北京构力科技有限公司、广联达科技股份有限公司等。

北京构力科技有限公司于2021年推出国内首款完全自主知识产权的BIM平台软件-BIMBase系统，产品体系如图1-7所示。在BIM关键核心技术方面，项目完成了自主BIM Base三维图形引擎研发，目前平台及系列BIM软件的各项技术性能指标已达到国外成熟软件的80%以上，软件功能完全满足国内建筑工程的数字化建模、自动化审查、数字化应用等需求，可以支持规模化推广和应用。

广联达科技股份有限公司于2020年正式发布了施工建模设计软件——BIMMAKE，该产品是基于广联达自主知识产权图形平台和参数化建模技术，全新打造的聚焦于施工阶段的BIM建模、专业深化设计与应用软件，产品体系如图1-8所示。该体系有助于建筑企业的精细化管理，提高建筑行业的整体数字化水平。公司还于2022年重磅发布了广联达数维设计产品集，旨在为设计行业提供高效数字化设计整体解决方案，进而推动行业数字化转型升级。

总之，国内各界均正为BIM技术成为建筑领域的一股新力量而不断努力。随着工程建设行业信息化的全面推进，BIM技术的发展已经进入新阶段，在雄安新区规划建设、打造成为智慧型创新城市的过程中，BIM技术发挥着不可替代的应用价值。

（2）物联网技术

1）物联网概念

1995年，美国微软公司联合创始人比尔·盖茨（Bill Gates）在其著作《未来之路》中提及“物物互联”的设想。但受限于当时无线网络、硬件及传感设备的发展水平，并未引起当时人们的重视。物联网的概念则起源于1999年，由麻省理工学院Auto-ID实验室提

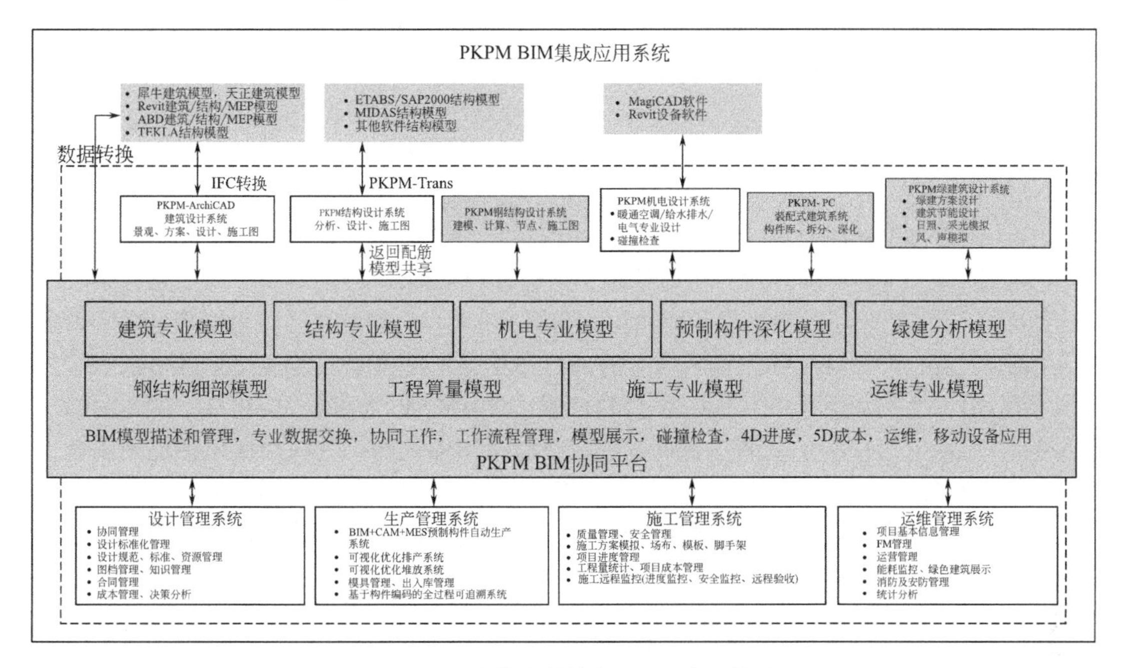

图 1-7 北京构力科技有限公司产品体系

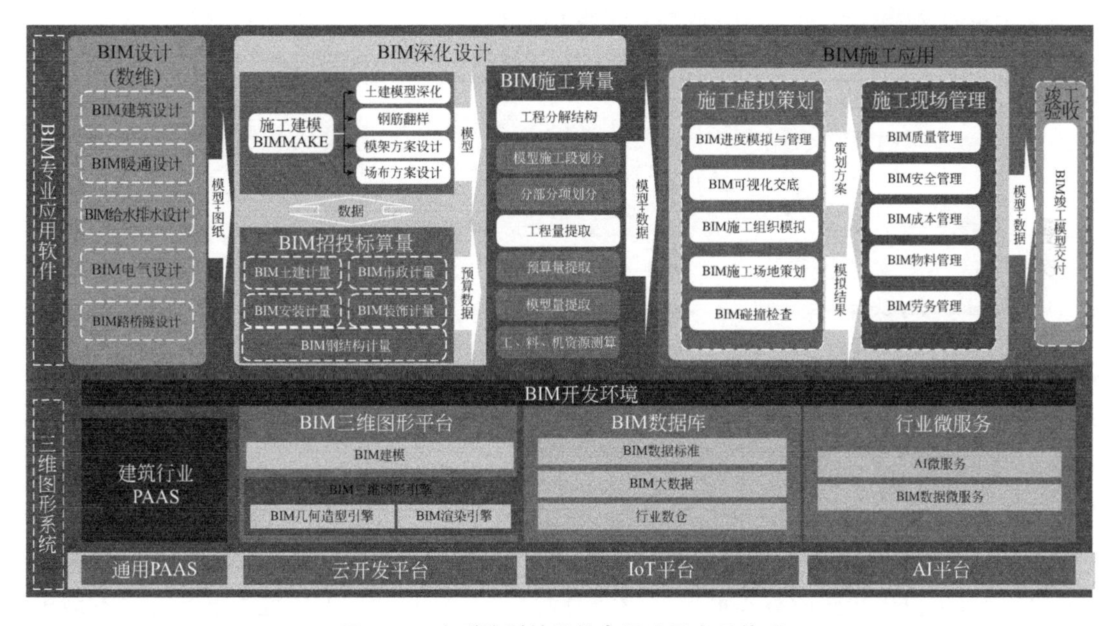

图 1-8 广联达科技股份有限公司产品体系

出，最早的物联网思想是利用无线射频识别（RFID）对物品编码和互联网技术，组建一个全球信息共享的实物性互联网“Internet of Things”。2005年，国际电信联盟（ITU）正式确定了物联网的概念，发布《ITU互联网报告2005：物联网》，将物联网定义：物联网是通过智能传感器、射频识别（RFID）设备、卫星定位系统等信息传感设备，按照约定的协议，把任何物品与互联网连接起来，进行信息交换和通信，以实现对物品的智能化识别、定位、跟踪、监控和管理的一种网络。显而易见，物联网所要实现的是物与物之间的互联、共享、互通，因此又被称为“物物相连的互联网”，英文名称是“Internet of Things（IoT）”。

2011年，我国工业和信息化部电信研究院发布的《物联网白皮书》中认为“物联网是通信网和互联网的拓展应用及网络延伸，它利用感知技术与智能装置对物理世界进行感知识别，通过网络传输互联，进行计算、处理和知识挖掘，实现人与物、物与物信息交互和无缝链接，达到对物理世界实时控制、精确管理和科学决策目的。”白皮书将物联网架构分为三层，感知层、网络层和应用层，如图1-9所示。感知层实现对物理世界的智能感知识别、信息采集处理和自动控制，并通过通信模块将物理实体连接到网络层和应用层。网络层主要实现信息的传递、路由和控制，包括延伸网、接入网和核心网，网络层可以依托公众电信网和互联网，也可以依托行业专用通信网络。应用层包括应用基础设施/中间件和各种物联网应用。应用基础设施/中间件为物联网应用提供信息处理、计算等通用基础服务设施、能力及资源调用接口，以此为基础实现物联网在众多领域的各种应用。

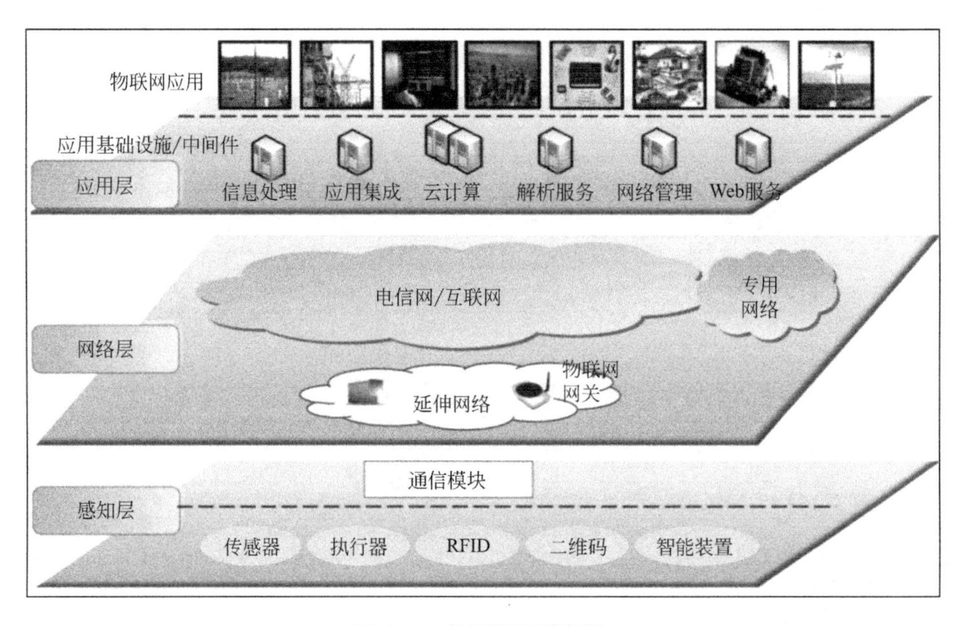

图1-9　物联网网络架构

在清华大学刘永浩教授出版的专著《物联网导论》中，根据信息生成传输、处理和应用的原则，可以把物联网分为四层：感知识别层、网络构建层、管理服务层和综合应用层。①感知识别是物联网的核心技术，是联系物理世界和信息世界的纽带。②网络构建层的主要作用是把感知识别层数据接入互联网，供上层服务使用。③而在高性能计算和海量存储技术的支撑下，管理服务层将大规模数据高效、可靠地组织起来，为上层行业应用提供智能的支撑平台。④在综合应用层上，从早期的以数据服务为主要特征的文件传输、电子邮件，到以用户为中心的万维网、电子商务、视频点播、在线游戏、社交网络等，再发展到物品追踪、环境感知、智能物流、智能交通、智能电网等。网络应用数量激增，呈现多样化、规模化、行业化等特点。物联网各层之间既相对独立又紧密联系。

2）物联网技术国外发展情况

物联网的迅速发展引起了工业界巨大变革，被认为是继计算机、互联网之后世界信息产业的第三次浪潮。①在2009年，美国IBM首席执行官彭明盛在“圆桌会议”中首次提出“智慧地球”这一概念。②欧盟执委会发表题为“Internet of Things—An action plan for Europe”的物联网行动方案。③韩国通信委员会于2009年出台《物联网基础设施构建基本规划》。④日本在2004年提出“u-Japan”构想，与如今的物联网概念相似；在2009年，日本政府IT战略本部将其升级为“i-Japan”战略。

根据中国工业和信息化部电信研究院2015-2016年发布的《物联网白皮书》，物联网国外发展情况如表1-5所示。

表1-5 《物联网白皮书（2016年）》中物联网国外发展情况（2015-2016年）

国家/地区	发展情况
美国	美国物联网重点聚焦于以工业互联网为基础的先进制造体系构建。据2016年上半年统计，美国物联网支出将从2320亿美元增长到2019年的3570亿美元，复合年增长率达到16.1%。2016年6月，由美国能源部和加利福尼亚州大学洛杉矶分校共同牵头成立的第九家制造业创新中心“智能制造创新中心”在洛杉矶成立，联邦机构和非联邦机构各投资7000万美元用于重点推动智能传感器、数据分析和系统控制的研发、部署和应用
欧盟	欧盟尝试“由外及内”方式打造开环物联网的新策略。通过构造和提高外部生态环境来间接作用于行业整体，力图实现“欧盟数字化单一市场战略（DSM）”中所提出的一个单一的物联网市场、一个蓬勃的物联网生态系统、一个以“人”为中心的物联网方法。欧盟为此先后在2015年重构物联网创新联盟（AIoTI），在2016年组建物联网创新平台（IoT-EPI）。同时，欧盟通过“地平线2020”研发计划在物联网领域投入近2亿欧元，建设连接智能对象的物联网平台
其他国家	日本、韩国、俄罗斯等国家持续加大物联网推进力度。在日本总务省和经济产业省指导下由2000多家国内外企业组成的“物联网推进联盟”在2016年10月与美国工业互联网联盟（IIC）、德国工业4.0平台签署合作备忘录。韩国选择以人工智能、智慧城市、虚拟现实等九大国家创新项目作为发掘新经济增长动力和提升国民生活质量的新引擎，未来十年间韩国未来创造科学部将投入超过2万亿韩元推进这九大项目，同时韩国运营商积极部署推进物联网专用网络建设。俄罗斯首次对外宣称启动物联网研究及应用部署，俄罗斯互联网创新发展基金制定了物联网技术发展“路线图”草案

根据《物联网白皮书（2020年）》，当前物联网产业仍处于爆发前期向爆发期的过渡阶段，爆发前期仍将持续数年。物联网规模化加速演进必须解决碎片化、安全、成本三大发展难题。

2018年前，各国物联网安全策略均以自愿性、政策文件等方式推进，2018年之后主流国家策略发生重大改变，国家对物联网安全监管力度更具强制性。美国通过《物联网网络安全改进法案》，要求政采物联网设备必须遵守安全性建议，对向政府提供物联网设备的承包商和经销商采用漏洞披露政策。日本从2019年起在全国开展“面向物联网清洁环境的国家行动”，在不通知设备所有者的情况下强制测试全国物联网终端设备的安全性。英国发布《消费类物联网设备行为安全准则》13条，推进安全认证，提出物联网产品和服务零售商应仅销售具有安全认证标签的消费型物联网产品，其后又将13条中的3条纳入立法。

2018年9月，美国联邦通信委员会提出6G将使用太赫兹频段，6G基站容量将可达到5G基站的1000倍。2019年4月韩国通信与信息科学研究院正式宣布开始开展6G研究并组建了6G研究小组。日本则计划通过官民合作制定2030年实现“后5G（6G）的综合战略”。

芬兰率先发布了全球首份6G白皮书。2019年11月中国成立国家6G技术研发推进工作组和总体专家组。华为、电信运营商开始着手研发6G技术。2020年2月，国际电信联盟无线电通信部门（ITU-R，International Telecommunication Union Radiocommunication Sector）正式启动面向2030年及6G的研究工作。

3）物联网技术国内发展情况

在我国物联网概念的前身是传感网，中国科学院早在1999年就启动了传感网技术的研究。2009年，温家宝提出“感知中国”的战略构想。2012年，工业和信息化部、科技部、住房和城乡建设部再次加大了支持物联网和智慧城市方面的力度。自2013年《物联网发展专项行动计划》印发以来，国家鼓励应用物联网技术来促进生产生活和社会管理方式向智能化、精细化、网络化方向转变。2016年12月，《“十三五”国家信息化规划》明确指出“积极推进物联网发展的具体行动指南：推进物联网感知设施规划布局，发展物联网开环应用”，将“智能制造2025”“互联网+”上升至国家战略；2017年1月，工业和信息化部发布的《物联网“十三五”规划》明确了物联网产业“十三五”的发展目标；2017年6月，工业和信息化部下发了《关于全面推进移动物联网（NB-IoT）建设发展》，全面推进广覆盖、大连接、低功耗移动物联网建设。2021年9月，工业和信息化部等八部门印发《物联网新型基础设施建设三年行动计划（2021-2023年）》，明确到2023年底，在国内主要城市初步建成物联网新型基础设施，社会现代化治理、产业数字化转型和民生消费升级的基础更加稳固。

我国工业和信息化部电信研究院在2011年首次发布《物联网白皮书（2011年）》，重点对物联网的概念和内涵进行了澄清与界定，系统梳理了物联网架构、关键要素、技术体系、产业体系、资源体系等，并从应用、产业、技术和标准化角度阐述了全球和我国物联网发展现状，综合分析了我国物联网发展面临的机遇和挑战，并对我国物联网的发展提出了若干思考和建议。截至目前，工业和信息化部电信研究院在把握全球物联网最新发展态势的基础上，结合我国时代发展的要求，已发布六版物联网白皮书。在我国物联网发展过程中，对遇到的新问题、新趋势进行研讨并提出相应的解决策略，助力我国互联网的发展。

（3）智慧工地技术

1）智慧工地概念

智慧工地是智慧地球理念在工程领域的行业具现，是一种崭新的工程全生命周期管理理念，是指运用信息化手段，通过三维设计平台对工程项目进行精确设计和施工模拟，围绕施工过程管理，建立互联协同、智能生产、科学管理的施工项目信息化生态圈，并将此数据在虚拟现实环境下与物联网采集到的工程信息进行数据挖掘分析，提供过程趋势预测及专家预案，实现工程施工可视化智能管理，以提高工程管理信息化水平。

就国内智慧工地技术的实际情况来看，智慧工地的整体架构多采用一个统一平台加上多种方案，配合各种详细应用产品的组合形式。目前较具代表性的分别是广联达科技股份有限公司与品茗科技股份有限公司两个公司所使用的智慧工地技术。广联达“智慧工地”“一台四方N应用”整体架构如图1-10所示。“一台”由算法中心、数据中心、物联中心组成，作为工地“智慧”的载体。“四方”即智慧劳务、智慧安全、智慧物料、智慧协同四大解决方案。“N应用”主要包括广联达自有产品，以及广联达外部合作产品。广联达“智慧工地”通过对施工现场的全面感知，使工地可视、可管、可控、可测，实现管理升级。

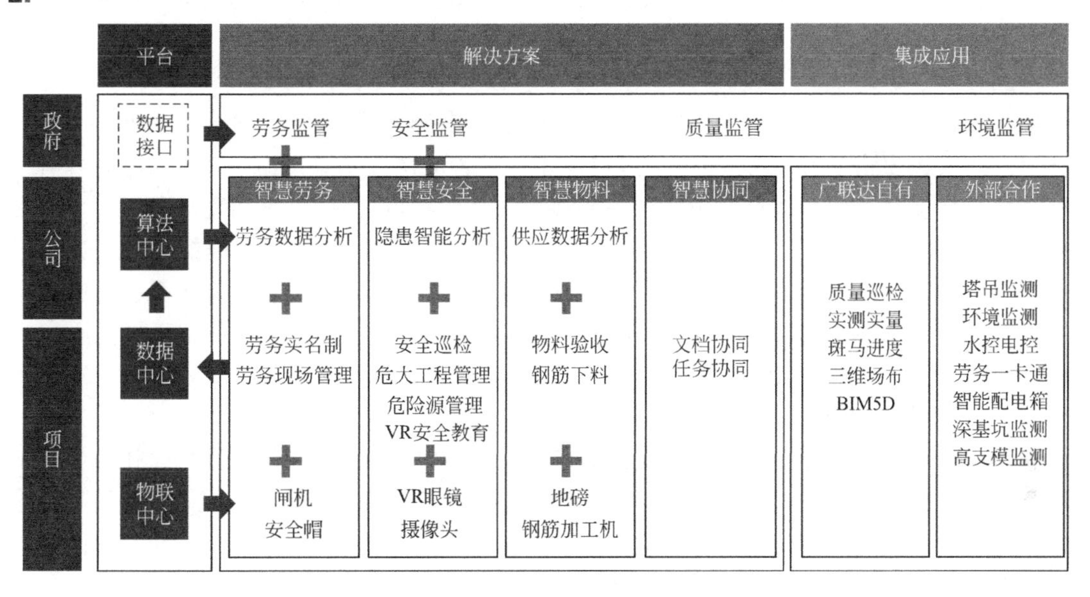

图1–10 广联达“智慧工地”“一台四方N应用”整体架构示意图

品茗软件智慧工地采用“1+1+N”的整体架构，建立以一个平台，一个指挥监控中心，拓展多个业务系统的解决方案，如图1–11所示。充分利用物联网技术及时采集施工过程中的人、机、料、法、环等关键要素的动态信息，利用移动互联网和大数据、云计算技术、BIM技术实现施工现场海量数据的实时上传、汇总、分析、展示，并植入大数据及AI能力，使得工地管理和服务从传统的被动、低效的方式逐步转变为统一、主动和高效的智慧管理模式，快速建立工地“管理+服务”的智慧体系，从而实现从传统管理工地到智慧工地的转型。

图1–11 品茗“智慧工地”“1+1+N”整体架构示意图

2）国外研究现状

在国外，建筑行业信息化建设方面发展较早，美国、日本等发达国家在数据标准、行业规范、工程管理等方面都已经比较成熟。在发达国家建筑工地管理的发展中，虽然存在众多信息化、智能化管理工具与平台，但对国外相关文献检索后发现，并未曾提出智慧工地的概念。而“智慧城市”“智能地球”“信息化”等概念相对普及。但与智慧工地相关的工程信息化管理系统、RFID技术、视频监控、GPS等技术都已在国外建筑业领域得到十分广泛应用。

2001年，斯坦福大学设施集成化工程中心CIFE首次提出了虚拟设计与施工（Virtual Design and Construction，VDC）理论，认为这是未来建筑业信息化研究和发展的方向。2011年，美国Shin－Ming Chen等学者提出了一种智能调度系统（ISS），项目经理可借助该系统，在项目目标和项目约束下，找到接近最优的调度计划。ISS系统整合了大部分重要的施工因素，包括进度、成本、空间、人力，设备和材料等，使用模拟技术来分配资源。系统为每个模拟周期中的不同活动分配不同级别的优先级，以找到接近最优的解决方案，从而使得最终的进度更接近最优。同年，Numan Khan等研究了一种基于视觉语言的规则翻译方法，并在建筑信息模型中实现了基于多维度的建筑消防安全规划仿真。

3）国内研究现状

2012年“智慧工地”的概念首次被提出，上海市宝山区提出探索运用“制度＋科技”的方法，构建“四位一体”的监管体系，不断完善建筑市场管理的长效机制，建设工程综合管理信息系统，共享全部项目信息，实现在同一个平台上共同监管。2013年，中国联通打造的工地远程视频监控系统，可以对工地施工全过程进行监督，有效提高工作效率，并解决了各级对工地管理中人力物力不足造成的监管难的问题。2015年，薛延峰提出，在物联网技术的应用下，智慧工地的实施将实现对工地施工进度的全面掌控，工地的各级管理人员将不必到工地现场便可及时、准确掌握工地现场的具体进展情况。2017年，毛志兵分析了智慧工地的技术和管理特征，提出智慧工地应用划分为感知、替代、智慧三个阶段，提出了中国建筑在智慧工地中的系统应用总结经验。2019年，丘涛分析了智慧工地协同应用中数据信息协同管理的需求，提出构建智慧工地数据信息协同管理的思路。2020年，鲍继春提出“BIM+智慧工地”的项目管理模式，实现虚拟到现实，从理论到实际数据的整合分析。

截至目前，行业内对智慧工地的应用主要是对工地现场的管理，对劳动人员、施工机械、施工材料等关键要素进行管理，但智慧工地目前应用的功能相对分散，智慧工地的建设并未形成一个有机的整体。

4）智慧工地技术标准

智慧工地是运用信息化手段进行项目现场管理的集成化系统。随着互联网技术的不断发展和建筑信息化建设的不断深入，更多的建筑施工企业对智慧工地有较为深入的应用。并且各地也出台了不少智慧工地相关的技术标准，如表1-6所示。

表1-6　各地智慧工地技术相关标准

地区	日期	名称	主要内容
北京市	2021-12	《智慧工地评价标准》	本标准的主要技术内容包括人员管理评价、施工机械设备管理评价、物料管理评价、环境与能耗管理评价、视频监控管理评价、进度管理评价、质量管理评价、安全管理评价、集成管理评价

续表

地区	日期	名称	主要内容
浙江省	2020-06	《智慧工地评价标准》	智慧工地定义；评价原则；评价要素分值及权重划分；要素评价方法；指标评价计分方式定义；指标评价算分方法；各评价要素基本指标；信息化方式的评价
青岛市	2021-03	《青岛市建筑工程智慧化工地建设实施方案（试行）》	该方案按照“3级平台、3A分类、3年分步”的总体思想，以分步建设“项目-企业-政府”为主线的集成化协同三级平台体系为落地支撑，将工程项目建设管理过程中的各项工作与智慧化建设提升逐一对应，形成共8大类别、76项应用的总体格局
烟台市	2021-05	《烟台市智慧工地建设指南（试行）》	智慧工地建设内容分为标准级和提升级，主要包含人员管理、安全隐患排查、机械设备管理、监测、质量管理、视频监控管理、环境监测，共7大类19项具体内容及应用场景要求，为推进智慧工地建设提供了重要依据和指导
重庆市	2021-08	《智慧工地建设与评价技术细则》	规定智慧工地概念，制定智慧工地评价方案（建设方案评价与应用实施评价）；划分智慧工地等级为一、二、三星级；规范智慧工地建设原则

5）智慧工地应用现状

虽然各地都对智慧工地出台了相关政策与技术标准，但相关调查显示，虽然将智慧工地应用于重点项目的意愿比较强烈，但普通项目智慧工地的应用意向并不高，环境的浮渣程度也影响着智慧工地的应用。当前，我国建筑行业在智慧工地方面的探索与研究发展还处于初级阶段，但随着粗放式项目管理不能满足企业发展需求、施工安全管理压力大等问题越发突出。

目前，国内已有不少行业专家、学者、研究机构与公司开展了智慧工地的理论与技术研究，并进行了广泛的实践与推广应用。同时，已经出现了各种信息管理系统与配套设备，基本覆盖了项目安全、质量、进度、成本管理等多个方面，且在实际过程中得到了应用，但主要以单点、单项应用为主，尚未形成相对完善的集成应用与系统。

（4）数字孪生技术

数字孪生的概念最早可以追溯到2002年美国密歇根大学教授Michael Grieves在PLM中心的一次演讲提出“与物理产品等价的虚拟数字化表达”的概念。Michael Grieves教授于2005年将该概念模型命名为镜像空间模型（Mirrored Spaces Model，MSM），于2006年将其命名为信息镜像模型（Information Mirroring Model，IMM），于2011年将其命名为数字孪生（Digital Twin，DT），该名称由美国国家航空航天局（NASA）的John Vickers提出，并一直延续至今。

Michael Grieves教授最初仅对数字孪生的模型进行定义，即由物理实体、虚拟实体以及两者之间的连接共同组成，并没有对其具体定义进行描述。而后，在NASA撰写的空间技术路线图中对数字孪生定义如下：数字孪生是一种面向飞行器或系统的高度集成多学科、多物理量、多尺度、多概率的仿真模型，能够充分利用物理模型、传感器更新、运行历史等数据，在虚拟空间中完成映射，从而反映实体装备全生命周期过程。NASA对于数字孪生的定义受到了广泛的关注和认可，在此基础上，不同领域的研究人员也提出了自己的理解和定义，如表1-7所示。

表 1-7　不同研究领域对数字孪生的定义

研究机构/科研人员	数字孪生的定义
美国空军研究实验室等/Gockel B等	机身数字孪生是一种用于建造和维护飞机超写实的模型，该模型与用于建造和维护特定机身的材料、制造规范、控制以及流程紧密相关
英属哥伦比亚大学等/Liu Z等	数字孪生实际上是有形资产或系统的生命模型，它基于收集的在线数据和信息不断适应业务变化，并可以预测相应有形资产的未来
中国北京航空航天大学等/陶飞等	数字孪生是一种集成多物理、多尺度、多学科属性，具有实时同步、忠实映射、高保真度特性，能够实现物理世界与信息世界交互和融合的技术手段
中国北京航空航天大学/张霖	数字孪生是物理对象的数字模型，该模型可以通过接收来自物理对象的数据而实时演化，从而与物理对象在全生命周期保持一致

随着信息技术的飞速发展，数字孪生技术的应用层次也在不断提升。从数字孪生产品的发展到进一步提出“数字孪生车间”的应用概念，到整个企业的应用。数字孪生与车间的结合，为“数字孪生城市”概念的提出提供了宝贵的启示和借鉴。下面将国内外数字孪生技术发展情况分数字孪生产品、数字孪生车间、数字孪生企业、数字孪生城市四个维度对该技术发展做详细介绍。

1）数字孪生技术国外发展情况

在数字孪生产品方面，数字孪生技术真正得以运用是在2011年美国空军研究实验室（AFRL），利用数字孪生体的概念来解决服役环境下飞行器的维护和寿命预测问题。之后Sun等利用数字孪生技术解决高精度产品（HPP）组装效率低和质量一致性差的问题。在数字孪生车间方面，Liu等为车间开发了一种智能调度方法，以快速有效地生成流程计划。Yan等提出一种实体——JavaScript对象表示法（JSON）方法，将调度结果应用到DT系统中，结果表明所提出的有限运输条件对车间调度具有显著影响。在数字孪生企业方面，Li等针对当前智能制造企业遇到的现实问题，基于智能制造项目实体与模型的映射、数字孪生信息的集成以及智能制造量化绿色绩效评估方法的交互，构建了绿色绩效评估框架。Gao等设计了一种基于数字孪生体的新能源配电网企业供电线路选择决策体系，实验结果表明动态响应速度更快。在数字孪生城市方面，从J.On-Hyok开始提出了数字孪生智慧城市建设方案，2018年，法国巴黎、雷恩等也开始了数字孪生城市建设，其中巴黎以街道和建筑物数字化建设为主。2022年，Lv等从城市公共排水设施、公共照明系统、智能交通系统等方面考察公共设施的智能化。

2）数字孪生技术国内发展情况

在数字孪生产品方面，2020年，丁华等通过数字孪生技术完成在线数据驱动的采煤机行为高精度仿真。2020年，曹宏瑞等公开了一种基于数字孪生的航空发动机主轴承损伤检测和诊断方法。在数字孪生车间方面，魏一雄等采用面向事件响应的数据管理方法构建模块化、通用化的数字孪生车间系统，为数字孪生技术在智能制造领域的应用提供了关键支撑。在数字孪生企业方面，焦勇等提出基于数字孪生技术的制造业企业决策的多维支撑。陆剑峰等从制造企业数字孪生系统构建需求视角提出制造企业数字孪生生态系统构建和演化，并结合某液压缸工厂智能化升级案例进行验证。在数字孪生城市方面，2022年发布的《京津冀蓝皮书：京津冀发展报告（2022）——数字经济助推区域协同发展》指出雄安新区在全国范围内首次提出“数字孪生城市”概念。“数字孪生城市”概念提出后，我国各个企业机构也纷纷对其进行深入了解并发布了一系列相关文件，对数字孪生城市进行了深入描述，如表1-8所示。周瑜等以雄安新区为例，对其技术背景、构建逻辑和概念框架进行论述，提出数字孪生城市通过构建实体城市与数字城市相互映射、协同交互的复杂系统，能够将城市系统的“隐秩序”显性化。陶飞等认为借助数字孪生技术来构建数字孪生城市，将极大改变城市面貌，重塑城市基础设施，实现城市管理决策协同化和智能化。

表1-8 相关机构发布的数字孪生城市相关文件

<table>
<tr><th>机构名称</th><th>名称</th><th>主要内容</th></tr>
<tr><td rowspan="4">中国信息通信研究院</td><td>《数字孪生城市研究报告（2018年）》</td><td>聚焦于数字孪生城市概念和架构，并介绍出现背景、典型场景，以及数字孪生城市的核心、前提、支撑和重点，提出推进数字孪生城市发展的建议</td></tr>
<tr><td>《数字孪生城市研究报告（2019年）》</td><td>聚焦于关键技术和核心平台，并介绍数字孪生城市的发展概况、典型应用场景，以及未来发展展望</td></tr>
<tr><td>《数字孪生城市白皮书（2020年）》</td><td>从政产学研用多视角系统分析了数字孪生城市发展十大态势及九大核心能力，并针对当前发展中面临的问题提出策略与建议</td></tr>
<tr><td>《数字孪生城市白皮书（2021年）》</td><td>从政产学研用五大技术领域多视角系统分析今年以来数字孪生城市发展十大态势，梳理数字孪生城市发展中的标准体系和应用场景，并提出了具体创新举措</td></tr>
<tr><td>阿里云研究中心</td><td>《城市大脑探索“数字孪生城市”白皮书》</td><td>介绍对智慧城市建设的困难，以及城市大脑的特征优势、应用场景和社会价值</td></tr>
<tr><td rowspan="2">中国电子技术标准化研究院</td><td>《数字孪生应用白皮书2020》</td><td>针对当前数字孪生的技术特点、应用领域、产业情况和标准化工作进展进行了分析，其中涵盖了6个领域共计31个数字孪生应用案例</td></tr>
<tr><td>《城市数字孪生标准化白皮书（2022）》</td><td>在系统研究城市数字孪生内涵、典型特征、相关方等基础上，构建了城市数字孪生技术参考架构，并梳理了城市数字孪生关键技术和典型应用场景。同时，总结了城市数字孪生发展现状、发展趋势、面临的问题与挑战及国际国内标准化现状</td></tr>
</table>

（5）GIS、CIM、智慧城市技术

在雄安新区数字建造的过程中，BIM技术、智慧工地技术与数字孪生技术起到了至关重要的作用，这些技术偏重于在单体项目中得到应用；针对一定区域范围内的片区建设，一些信息技术也扮演着不可或缺的角色，主要有GIS技术、CIM技术与智慧城市技术，下面就这三项技术的发展情况做出简要介绍。

1）GIS

在新兴的信息产业中，GIS（Geographic Information System，地理信息系统）是集计算机科学、地理学、测绘遥感学、环境科学、城市科学及相关学科等为一体的新兴边缘学科，其发展可分为四个阶段，包括起始阶段、发展阶段、推广应用阶段、社会普及阶段。

20世纪60年代为地理信息系统起始阶段，注重于空间数据的地学处理。初期地理信息系统发展的动力来自于诸多方面，如学术探讨、新技术的应用、大量空间数据处理的生产需求等。对于这个时期地理信息系统的发展来说，专家兴趣以及政府的推动起着积极的引导作用，并且大多地理信息系统工作限于政府及大学的范畴，国际交往甚少。

20世纪70年代为地理信息系统发展阶段，注重于空间地理信息的管理。其发展应归结于以下几方面的原因：一是资源开发、利用乃至环境保护问题成为政府首要解决之难题，而这些都需要一种能有效地分析、处理空间信息的技术、方法与系统；二是计算机技术迅速发展，数据处理加快，内存容量增大，超小型、多用户系统出现，第一套利用关系数据库管理系统的软件问世，新型的地理信息系统软件不断出现；三是专业化人才不断增加，许多大学开始提供培训，一些商业性的咨询服务公司开始从事相关工作。这个时期地理信息系统发展的总体特点是充分利用了新的计算机技术，但系统的数据分析能力仍然很弱；专家个人的影响被削弱，而政府影响增强。

20世纪80年代为地理信息系统推广应用阶段，注重于空间决策支持分析。地理信息系统的应用领域迅速扩大，从资源管理、环境规划到应急反应，从商业服务区域划分到政治选举分区等，涉及了许多的学科与领域，如景观生态规划、土木工程以及计算机科学等。这个时期地理信息系统发展最显著的特点是商业化使用系统进入市场。

20世纪90年代为地理信息系统社会普及阶段。一方面，地理信息系统已成为许多机构必备的工作系统，尤其是政府决策部门由于受地理信息系统影响而改变了现有机构的运行方式。另一方面，社会对地理信息系统认识普遍提高，需求大幅度增加 。随着计算机可视化技术的发展和2D GIS的成熟，3D GIS也在这一时期开始为人们所关注。3D GIS从数据结构到空间查询再到建模分析，都建立在三维数据模型基础上。现在国内外比较成熟的3D GIS软件也有多种，如美国的ArcGIS、Terra Vista、Skyline，中国的SuperMap、VRMap等。

目前GIS在国内外应用领域已相当广泛，不但成功地应用于测绘、制图、资源和环境等领域，而且已成为城市规划、公共设施治理、工程建设等的重要工具。GIS已被认为是21世纪的支柱性产业，是信息产业的重要组成部分。

2）CIM

CIM（City Information Modeling，城市信息模型）以BIM、GIS、IoT（Internet of Things，物联网）等技术为基础，整合城市地上地下、室内室外、历史现状未来多维多尺度信息模型数据和城市感知数据，构建起三维数字空间的城市信息有机综合体。整体来说，CIM技术的研究在国内外都处于初级阶段。

在2007年，Khemlani提出CIM，也就是城市信息模型这一概念。随着BIM技术的逐渐成熟，Khemlani希望在城市规划中运用到类似BIM的技术，将信息模型从建筑层次提升到城市层次。因此，在很长一段时间里，CIM被简单理解为是BIM在城市范围的应用。

在2014年，Xu等提出通过集成BIM和GIS来建立CIM，并将CIM的建模方法分为三种：城市实体测量、集成CAD和GIS、集成GIS和BIM。如果BIM与宏观GIS数据结合，将形成包含建筑内外的、微宏观的、跨尺度的CIM模型。因此，集成BIM与GIS建立CIM成为重要趋势。

在2015年，我国同济大学吴志强院士等将CIM的概念延伸为City Intelligent Model，即城市智能信息模型。吴院士提出，“城市智能信息模型在城市信息模型的基础上进一步提出了智能的目标，其内涵不仅是指城市模型中海量数据的收集、储存和处理，更强调基于多维模型解决发展过程中的问题”。之后，IoT技术也逐渐与BIM、GIS一并成为CIM的主要技术支持。此外，云计算、大数据、虚拟现实等先进技术也逐渐应用在CIM当中。

在2018年11月，国家住房和城乡建设部将雄安、北京城市副中心、广州、南京、厦门等列入“运用建筑信息模型（BIM）进行工程项目审查审批和城市信息模型（CIM）平台建设”五个试点城市，这标志着CIM在我国由概念阶段开始正式进入到建设阶段。从这些城市数字化治理的建设目标来看，CIM凭借其全面的信息集成特征会成为智慧城市和数字孪生城市的重要模型基础。

2020年3月，“新基建”战略的实施会为智慧城市以及数字孪生城市提供更加强大的数字动力，CIM行业将迎来快速发展期。CIM作为智慧城市以及数字孪生城市的重要模型基础，其重要性日益突出，面临空前的发展机遇。

3）智慧城市

智慧城市是以一种更智慧的方法通过利用以物联网、云计算等为核心的新一代信息技术来改变政府、企业和人们相互交往的方式，对于包括民生、环保、城市服务在内的各种需求做出快速、智能的响应，实现信息化、工业化与城镇化深度融合，有助于缓解“大城市病”，提高城市运行效率，为居民创造更美好的城市生活。

2008年11月，IBM（International Business Machines Corporation，国际商业机器公司）总裁兼首席执行官彭明盛首次提出“智慧地球”的概念；2009年8月，IBM发布《智慧地球赢在中国》计划书；2010年，IBM正式提出了“智慧城市”愿景——21世纪的“智慧城市”，能够充分运用信息和通信技术手段感测、分析、整合城市运行核心系统的各项关键信息，从而对于包括民生、环保、城市服务在内的各种需求做出智能的响应，为人类创造更美好的城市生活。

自IBM首先提出“智慧城市”这一概念后，中国诸多城市借鉴其“智慧城市”的理念（通过新一代信息技术的应用，将物联网与互联网相联，并通过超级计算机和云计算将物联网整合起来，使人类能以更加精细和动态的方式管理生产与生活的状态），大力推进智慧城市建设。2010年11月，科技部等单位举办“2010中国智慧城市论坛”。2010年12月，“2010中国物联网与智慧城市建设高峰论坛”在北京召开。2012年9月，IBM在北京正式启动“慧典先锋”计划，大力推进其“智慧城市”项目。2013年10月，在工业和信息化部的指导支持下，中国智慧城市产业联盟在北京成立。

传统智慧城市是智慧城市建设的初级阶段，强调的是“信息化”和“技术”。2016年3月，中央政府文件中第一次提出新型智慧城市，它的“新”主要体现在三个方面：一是实现信息互联互通，二是实现跨行业大数据的真正融合和共享，三是构建城市信息安全体系，保障城市安全。2016年10月习近平总书记指出，要“以推行电子政务、建设新型智慧城市等为抓手，以数据集中和共享为途径，建设全国一体化的国家大数据中心”。2018年，中国的智慧城市建设已进入新阶段，数据统计显示，中国超过500个城市均已明确提出或正在建设智慧城市，我国已经成为世界智慧城市建设的“主战场”。2020年底，我国新型智慧城市呈现出多维度的特点，完善城市信息模型平台和运行管理服务平台，探索建设数字孪生城市；构建基于5G的应用场景和产业生态，并在智慧能源、智能交通、智慧物流、智慧医疗等重点领域开展试点示范等。

第2章 雄安数字建造组织体系

2.1 雄安城市工程建设政府监管管理体系

2.1.1 雄安新区政府的上级管理部门

设立河北雄安新区，是以习近平同志为核心的党中央深入推进京津冀协同发展作出的一项重大决策部署，是继深圳经济特区和上海浦东新区之后又一具有全国意义的新区。2021年7月29日，《河北雄安新区条例》已在河北省第十三届人民代表大会常务委员会第二十四次会议通过。条例确定由河北人民政府的派出机构——雄安新区管理委员会，行使设区的市人民政府的行政管理职权，行使国家和省赋予的省级经济社会管理权限，即雄安新区政府的上级管理部门为河北省人民政府。

《河北雄安新区条例》针对雄安新区的管理体制、规划与建设、高质量发展、改革与开放、生态环境保护、公共服务、协同发展、法治保障做出了详细具体的要求，以下为河北省人民政府或国家针对雄安新区管理委员会在雄安新区管理发展各方面的要求。

（1）管理体制方面。雄安新区管理委员会按照国家和省有关规定设置所属管理机构，依法依规归口统筹行使设区的市人民政府行政管理部门的行政执法、监督管理等行政管理职权。

（2）规划与建设方面。雄安新区规划建设应当根据国家和省确定的发展规划及功能定位，坚持以资源环境承载能力为刚性约束条件，统筹生产、生活、生态三大空间，科学确定开发边界、人口规模、用地规模和开发强度，构建蓝绿交织、和谐自然的国土空间格局。

（3）高质量发展方面。雄安新区应当按照国家和省有关规定，建设创新型雄安，强化创新驱动，推进供给侧结构性改革，大力发展高端高新产业，促进数字经济和实体经济深度融合，构建现代产业体系，推进高质量发展。

（4）改革与开放。雄安新区应当按照国家有关政策，支持金融业实施更大力度的对外开放举措。

（5）生态环境保护。雄安新区应当建立全面节约和循环利用资源制度，落实国家和省资源节约指标要求。

（6）公共服务。雄安新区应当运用现代信息技术，推进政务信息共享和业务协同，提高政务服务信息化、智能化、精准化、便利化水平。雄安新区应当采取措施引进北京市和其他地区优质医疗资源。

（7）协同发展。省人民政府及其有关部门应当支持雄安新区与周边地区建立生态环境协同治理长效机制，加强重点流域水污染协同治理、大气污染联防联控、生态系统修复与环境管理等方面协作。

（8）法制保障。省人民政府、雄安新区管理委员会应当建立有利于鼓励改革创新的容错纠错机制，明确适用于容错纠错的具体情形和认定程序。

2.1.2 雄安新区政府权属、级别、组成组织机构与职责

河北雄安新区管理委员会（以下简称雄安新区管委会）是河北雄安新区的行政管理机构，是河北省人民政府的派出机构，属于副省级政府。

本次新区规划范围包括雄县、容城、安新三县行政辖区（含白洋淀水域），任丘市鄚州镇、苟各庄镇、七间房乡和高阳县龙化乡。雄安新区规划建设以特定区域为起步区先行开发，在起步区划出一定范围规划建设启动区，条件成熟后再有序稳步推进中期发展区建设，并划定远期控制区为未来发展预留空间。雄安新区规划起步区面积约100km^2，中期发展区面积约200km^2，远期控制区面积约2000km^2。《河北雄安新区起步区控制性规划》作为指导雄安新区起步区规划建设的基本依据，明确了起步区规划期限至2035年，发布了雄安新区总体规划图。

河北雄安新区管理委员会与中共河北雄安新区工作委员会合署办公，负责组织领导、统筹协调雄安新区开发建设管理全面工作，主要设置机构如图2-1所示，以下为机构相应的职责：

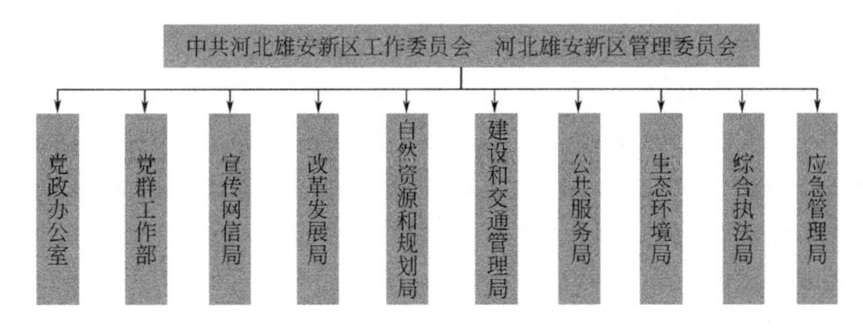

图 2-1 雄安新区政府机构设置

（1）党政办公室。党政办公室负责新区党工委、管委会综合运行工作职责；负责政策研究和深化改革工作职责；负责国家安全工作职责等。

（2）党群工作部。负责基层党建、组织人事、审计和机构编制管理；负责统战、对台事务、工商联工作；负责政法司法、信访稳定和群众工作等。

（3）宣传网信局。负责统筹协调党的意识形态工作、理论武装工作；规划组织全局性思想政治工作；统筹指导精神文明建设工作；统筹分析研判和引导社会舆论；负责新闻宣传和对外宣传工作等。

（4）改革发展局。主要有发展改革职责、科技发展职责、工业和信息化职责、商务工

作职责、统计工作职责、金融监管工作职责、粮食和物资储备工作职责、军民融合发展工作职责、财政和国资监管工作职责。

（5）自然资源和规划局。主要有规划工作职责、住建和人防工作职责、自然资源领域相关职责、交通运输工作职责、水利工程建设工作职责、林业草原工作职责、规划建设技术应用工作职责。与建设和交通管理局合署办公。

（6）建设和交通管理局。主要有规划工作职责、住建和人防工作职责、自然资源领域相关职责、交通运输工作职责、水利工程建设工作职责、林业草原工作职责、规划建设技术应用工作职责。与自然资源和规划局合署办公。

（7）公共服务局。负责开展人口监测预警工作，负责完善新区生育政策，研究提出与生育相关的人口数量、素质、结构、分布方面的政策建议；参与制定人口发展规划和政策，落实新区人口发展规划中的有关任务；负责农业农村、扶贫开发工作；负责民政和就业、社会保障、教育、医疗卫生、退役军人管理及其他社会事业等。

（8）生态环境局。负责建立健全新区生态环境基本制度；负责新区重大生态环境问题的统筹协调和监督管理；负责督促新区减排目标的落实；负责提出生态环境领域固定资产投资规模和方向、新区级财政性资金安排的意见，配合有关部门做好组织实施和监督工作等。

（9）综合执法局。主要有综合执法工作职责、市场监管职责（不含行政许可）、自然资源管理领域的国土空间用途管制职责、耕地保护职责、国土空间生态修复职责、自然资源调查监测职责、地质和矿产资源管理职责、科学管控工作职责。

（10）应急管理局。负责应急管理工作，指导各级各部门应对安全生产类、自然灾害类等突发事件和综合防灾减灾救灾工作；负责安全生产综合监督管理和工矿商贸行业安全生产监督管理工作等。

2.1.3 雄安新区政府部门在数字建造方面的职责

为满足《雄安新区规划纲要》中对雄安新区数字化建设的要求，河北雄安新区管理委员会与中共河北雄安新区工作委员会合署办公，设立多个部门，开展雄安新区开发建设管理的全面工作，重点由改革发展局与自然资源和规划局（与建设和交通管理局合署办公）负责雄安新区数字建造的相关工作，包含智慧城市的政策、制度、建设标准制定及信息化平台打造等数字化内容。

（1）改革发展局在数字建造方面的职责

改革发展局的工业和信息化职责与数字建造工作密切相关，为以下职责：

1）负责研究制定新区产业发展规划；负责研究提出新区产业发展政策，协调解决产业发展中的重大问题，推进高新技术产业化，推进产业结构战略性调整和优化升级；推进信息化和工业化融合。

2）负责研究提出新区优化工业产业布局、结构的政策建议；组织实施行业技术规范和标准，指导行业质量管理工作；指导中小企业和民营经济发展，监测分析工业运行态势。

3）制定、起草新区智慧城市政策规划、制度机制，并负责组织相关制度在新区智能城市建设和发展的应用。

4）统筹新区智能基础设施、信息化系统平台、智能化应用、工程智能化建设等项目的立项审批、验收、监督管理和系统运行等相关工作。

5）负责新区政务数据资源建设、管理，负责推动政务数据与社会数据汇聚、融合、共享。

6）负责统筹推动电子信息技术创新发展，培育新业态、新产品、新应用发展环境，打造数字经济领术发展高地。

（2）自然资源和规划局（与建设和交通管理局合署办公）在数字建造方面的职责

自然资源和规划局（与建设和交通管理局合署办公）的规划建设技术应用工作职责与数字建造工作密切相关，为以下职责：

1）承担规划建设、自然资源（土地供应、测绘地信）、交通运输、水利工程、人防、林草、岩土工程勘察等领域有关信息化工作，拟订相关信息化建设发展规划并组织实施。

2）推动新区数字城市与现实城市同步规划、同步建设，打造规划建设BIM管理平台，促进BIM技术在规划、设计、建设、管理、运营等城市全生命周期的广泛应用，确保一张蓝图干到底。

3）统筹新区智能基础设施规划建设，适度超前布局智能基础设施，在规划编制、方案设计、项目审查、工程验收中全方位落实智能城市基础设施建设标准，打造全球领先的数字城市。

4）负责新区空间数据的统一管理，承担空间数据采集、汇聚、共享、开放以及相关建设和管理活动，推进空间数据的资源整合，促进空间数据的综合利用。

2.2 雄安城市建设的主要投资建设方

2.2.1 雄安新区对投资建设项目的要求

2017年习近平总书记在河北讲话时提出雄安新区建设的七大重点任务，这也指明了雄安新区要求投资建设方建设绿色智慧新城、打造优美生态环境、建设优质公共设施、构建快捷高效交通网。

（1）建设设计要求

投资建设方应当坚持以资源环境承载能力为刚性约束条件，严守生态保护红线、严格保护永久基本农田、严格控制城镇开发边界。应当加强城市设计，坚持中西合璧、以中为主、古今交融，保留中华文化基因，彰显地域文化特色，塑造中华风范、淀泊风光、创新风尚的城市风貌，形成体现历史传承、文明包容、时代创新的新区风貌。

（2）高质量发展要求

投资建设方应当投资建设符合雄安新区功能定位和发展方向的本地传统产业，重点承接能够疏解北京非首都功能的产业项目。如在京高等学校分校、研究生院、国家重点实验室、创新中心；高端医疗机构及其分院；软件和信息服务等优势企业；金融机构总部及其分支机构和创新型民营企业、高成长性科技企业等。

（3）生态环境要求

投资建设方应根据规划要求，注意建设过程中的水生态环境保护，减少扬尘、废气排放，减少对大气环境污染，严守土壤环境安全底线。同时，投资建设项目也应融入雄安新区创新生态环境保护体制机制、有助于加快国内碳达峰碳中和进程，符合新区生态资源管理制度。

（4）公共服务要求

投资建设应有助于推动雄安新区建立多层次、全覆盖、人性化的基本公共服务网络，提升雄安新区公共服务水平。集中建设多层次公共文化服务设施、高标准配套建设公共服务设施以及满足多层次个性化需求的新型多元化住房的基础设施。

（5）交通建设要求

雄安新区投资建设方应合理布局综合交通枢纽，加快建立连接雄安新区与北京市、天津市及周边地区的轨道和公路交通网络。坚持公交优先，综合布局各类城市交通设施，提高绿色交通和公共交通出行比例，打造便捷、安全、绿色、智能的交通系统。

2.2.2 雄安新区的主要投资建设方概述

据雄安官网资料显示，其新区大部分建设项目的建设单位均为中国雄安集团的子公司，如中国雄安集团基础建设有限公司、中国雄安集团生态建设投资有限公司、中国雄安集团城市发展投资有限公司等；其余建设项目由各区县政府、各企业以及各学校作为建设方开展项目投资建设。

（1）中国雄安集团

2017年7月18日，中国雄安建设投资集团有限公司在河北省工商局注册登记，领取营业执照；2018年4月27日，中国雄安建设投资集团有限公司更名为中国雄安集团有限公司（简称“雄安集团”）。注册资本100亿元，是经河北省政府批准成立，具有独立法人资格，自主经营、独立核算的国有独资公司。

1）集团简介

按照河北省委、省政府确定的雄安集团组建方案、运行模式及主营业务，在新区党工委、管委会领导下，中国雄安集团以打造疏解北京非首都功能集中承载地、带动河北发展进而推动京津冀协同发展为首要任务，努力把集团发展成为新区投资、融资、开发、建设、经营的主体力量、主导力量、核心力量，在高起点规划、高标准建设新区中发挥决定性先导作用和关键性引领作用，是雄安新区开发建设的主要载体和运作平台。

2）集团主要负责投资建设子公司

按照“政府主导、市场运作、企业管理”原则，雄安集团谋划布局了“政务与公共服务、金融与投资、基础设施、城市发展与城市资源运营、生态环境建设和绿色发展、数字城市”六大板块。以上六大业务板块既相对独立又相辅相成，共同构成雄安集团新区开发建设的主体业务框架。其六大业务板块相关的投资建设主要由城市发展投资有限公司、生态建设投资公司、基础建设公司。

城市发展投资有限公司是城市综合投资运营服务商，积极参与城市综合开发和城市资产运营管理，业务涵盖房产开发、产业开发、投资管理、商业管理、现代服务、城市资产经营、公共资源管理等模块。

生态建设投资公司是雄安新区主要的环境治理和生态建设平台，以自有资金对环境工程、生态工程、水利工程及农业、林业、信息技术服务业、文化旅游业建设项目的开发投资、运营管理、技术咨询、信息咨询服务，主要负责园林绿化、水环境治理及水务、垃圾处理三大板块。

基础建设公司是市政和能源等基础设施业务开发、投资及建设的管理主体，有市政建设、能源、产业、交通四大业务板块，负责市政路桥、综合管廊及管网、轨道交通、通信、电力、供热、燃气、新能源、给水排水、雨污水、再生水、物流、产业设施、片区TOD开发等基础设施建设。

中国雄安集团数字城市科技有限公司，系中国雄安集团的全资子公司。公司以雄安新区数字孪生城市建设发展为使命，以践行“数字中国”与“智慧社会”国家战略为主要任务，以数字化、信息化的咨询、研发、建设、运营为导向，主营业务覆盖大数据、物联网、区块链、IDC等领域，重点聚焦块数据、CIM、IoT、超算云、城市光网等智能城市基础设施和公共平台建设业务。

中国雄安集团公共服务管理有限公司所属行业为商务服务业，经营范围包含：公共设施管理服务；人力资源管理咨询、人力资源管理服务外包；工业与专业设计及其他专业技术服务、工程技术与设计服务。中国雄安集团部分负责投资建设项目如表2–1所示。

表 2-1 中国雄安集团部分负责投资建设项目

日期	投资建设方	资金（万元）及来源	项目
2019–06–28	中国雄安集团基础建设有限公司	63286.8147（新区财政资金）	容易线（新区段）公路一期工程
2019–07–30	中国雄安集团基础建设有限公司、中国雄安集团生态建设投资有限公司	119090.663212（政府投资）	雄安新区棚户区改造容东片区安居工程（A、F社区）配套市政道路、综合管网、排水管网系统RDSG–1标段工程施工
2019–08–05	中国雄安集团基础建设有限公司	2271.642957（政府投资）	“三校一院”交钥匙项目“三通一平”工程设计施工总承包
2020–01–22	中国雄安集团生态建设投资有限公司	3350.553188（政府投资）	雄安新区高质量建设实验区未来公园项目施工总承包
2020–08–19	中国雄安集团基础建设有限公司	80620.9888（政府财政投资）	环淀路（一期）工程施工
2020–12–23	中国雄安集团城市发展投资有限公司	7579.006334（企业自筹）	容东片区D2组团安置房及配套设施项目园林景观及小市政工程（二次）
2021–03–23	中国雄安集团基础建设有限公司、中国雄安集团生态建设投资有限公司	51494.284495（政府财政投资）	启动区（A组、B组、C组、D组）市政次干路、支线综合管廊（网）、给水、排水工程施工四标段
2021–07–07	中国雄安集团城市发展投资有限公司	5057.765265（新区财政资金）	容西片区消防站项目施工总承包
2021–10–21	中国雄安集团生态建设投资有限公司	2842.594919（政府投资）	白洋淀淀区码头及航道区域底泥生态治理试点工程施工总承包
2022–06–16	中国雄安集团生态建设投资有限公司	1805.122835（财政资金）	潴龙河连通马棚淀水域工程施工总承包
2022–07–27	中国雄安集团公共服务管理有限公司	312.964965（新区财政资金）	启动区西北部初中项目高低压变配电工程设计施工总承包

（2）其他主要建设方

虽然雄安新区的建设投资主要是以雄安集团为主，但是随着国家与地方政策的引导扶持，更多的各区县政府、其他企业、各高校也陆续加入了对雄安新区的投资建设中。

1）雄安新区下级政府

各区县政府除政府本身，也有其各个职能部门如住房和城乡建设局、环境保护局、教育局、交通局以及公安局等。建设项目多为城镇乡村环境治理、老旧建筑改造、道路维护等方面。雄安新区下级政府部分负责投资建设项目如表2–2所示。

表 2-2　雄安新区下级政府部分负责投资建设项目

日期	投资建设方	资金（万元）及来源	项目
2019–06–12	安新县住房和城乡建设局	90（财政资金）	2019年安新县建档立卡贫困户房屋修缮
2019–07–15	雄县雄州镇人民政府	2162.9028（省级水污染防治专项资金）	雄县雄州镇古庄头村、马蹄湾村、南马庄村、十里铺村农村污水治理及淀边村岸带整治工程EPC总承包
2019–08–16	雄县住房和城乡建设局	1884，919292（中央水污染防治专项资金）	雄县马庄干渠黑臭水体治理工程EPC总承包
2019–9–9	安新县生态环境局	7245.9388（财政资金）	新县雁翎沟综合治理工程总承包
2020–10–21	雄县双堂乡人民政府	1857.77989（政府财政资金）	雄县双堂乡2020年农村生活污水治理项目EPC总承包
2021–01–11	雄县双堂乡人民政府	683.039434（财政资金）	雄县双堂乡2020年度23条主要道路改建提升工程
2021–05–19	雄县农业农村局（河湖管理科）	1546.892009（财政资金）	雄县南三乡应急防洪排涝工程施工一标段
2021–08–16	雄县雄州镇人民政府	619.282195（新区财政专项资金）	古淀梨湾村庄特色街巷建筑风貌改造工程
2022–02–22	容城县住房和城乡建设局	1883.20311（财政资金）	津海文化公园建设项目EPC工程总承包
2022–04–07	雄县雄州镇人民政府	2078.8195（专项资金）	雄县雄州镇环白洋淀水体生态保护修复工程设计施工总承包第三标段

2）企业

除上述建设单位外，也有许多企业响应政策号召，为疏解北京非首都功能、助力河北正义发展、治理京津冀环境污染与提高协同发展水平，分别在雄安新区各方面进行投资建设。企业部分负责投资建设项目如表2–3所示。

表 2-3　企业部分负责投资建设项目

日期	投资建设方	资金（万元）及来源	项目
2019–06–28	国家开发银行河北省分行	833.931692（企业自筹）	国家开发银行河北雄安分行营业用房装修改造工程施工

续表

日期	投资建设方	资金（万元）及来源	项目
2020-01-02	唐山市新城市建设投资集团房地产开发有限公司	179.9000（企业自筹）	河北雄安绿博园唐山园项目工程总承包（EPC）
2020-04-21	北京公交集团资产管理有限公司	13978.8600（自筹资金）	白洋淀码头及周边道路景观改造提升工程
2021-02-19	河北建投雄安建设开发有限公司	100811.121322(自筹资金）	容东片区3号地项目设计施工第三标段总承包
2022-05-24	中国卫星网络集团有限公司	100762.634805(企业自筹）	中国卫星网络集团有限公司雄安新区总部大楼建设项目施工总承包
2022-07-15	中能建雄安城市发展有限公司	154129.7077（企业自筹）	昝岗枢纽片区1号地项目一期设计施工总承包

3）学校

为深入贯彻京津冀协同发展战略，持续对接北京市的优质教育资源，辐射带动、全面促进雄安新区教育质量提升。北京市教委与河北省教育厅展开协作，已规划建设多所高校落户雄安，对提高雄安新区教育水平、改善新区办学条件、精准开展教育对口帮扶和显著提升新区学校干部、教师素质等都发挥了重要推动作用。学校部分负责投资建设项目如表2-4所示。

表 2-4 学校部分负责投资建设项目

日期	投资建设方	资金（万元）及来源	项目
2022-05-19	北京交通大学	待规划	北京交通大学雄安校区总体规划设计（占地约2600亩）
2022-05-20	北京科技大学	待规划	北京科技大学雄安校区总体规划设计（占地约2450亩）
2022-05-24	北京林业大学	待规划	北京林业大学雄安校区总体规划设计（占地约2200亩）
2022-07-04	中国地质大学（北京）	待规划	中国地质大学（北京）雄安校区总体规划设计（占地约1600亩）

2.2.3 雄安主要建设方的组织结构与分工

随着雄安新区一批批重大项目的全面推进，其建设过程中涉及的投资主体较多，包括政府、企业、高校等。但大多数建设项目为政府性投资项目，主要投资建设方为雄安新区政府下属的中国雄安集团及其下设的各级子公司。因此，本节主要介绍雄安集团内部的组织结构与各层级的职责分工。

（1）雄安集团组织结构

雄安集团自成立以来，按照党中央、国务院和省委、省政府赋予的职责任务，不断完善公司治理结构，成立了集团党委会和监事会共同管理，下设董事会，组建经理层，快速搭建集团业务架构，形成“总部、二级公司、三级公司”的三级经营管理体系。集团总部下设16个部门，旨在打造精干高效的总部管理架构。

雄安集团结合新区近期及中长期建设任务，积极布局关键性资源和平台，设置金融与投资、城市发展与城市资源运营、基础设施建设、生态环境建设、公共服务、数字城市六大业务板块。至2021年，集团共有独资二级子公司10个，集团内部的组织架构如图2-2所示。

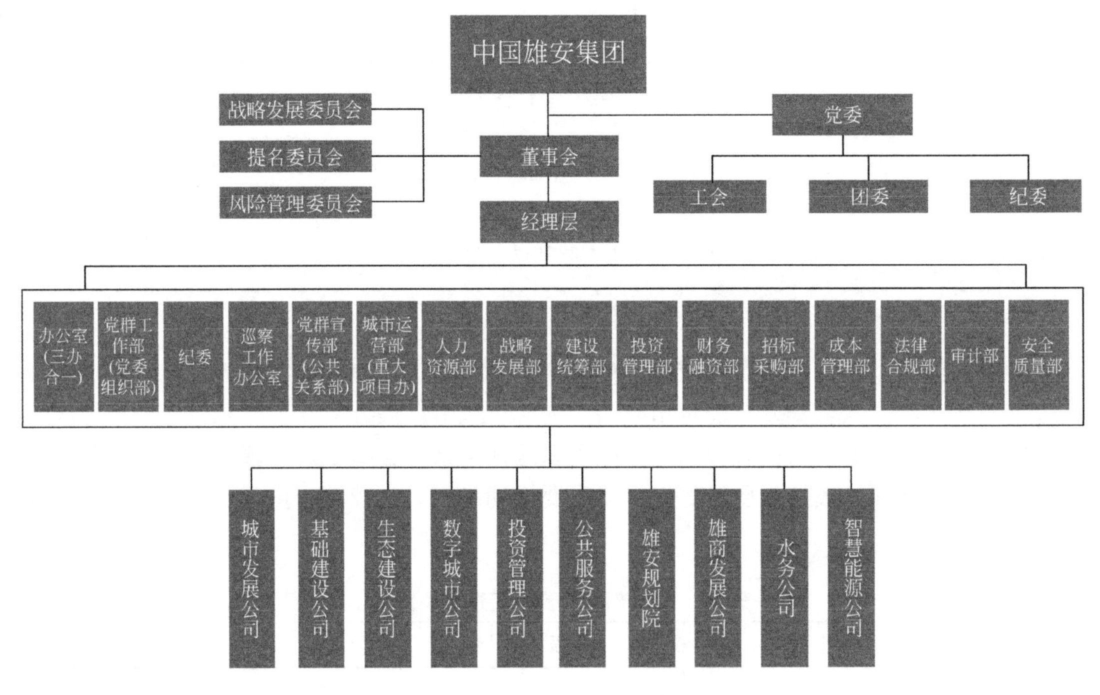

图2-2　中国雄安集团组织架构图

（2）雄安集团下设机构职责分工

雄安集团是雄安新区开发建设的主要载体和运作平台，按照“投资、融资、开发、建设、经营”五位一体的运行模式，推动新区基础设施、城市开发、数字城市、公共服务和生态环境建设，努力打造“管理规范、决策科学、专业高效、持续发展”的全国一流投融资公司。

雄安集团总部负责在人、财、事等方面对子公司进行统筹管理，对各级全资子公司的投资事项进行集中决策，对融资事项采取分级管理；对项目建设实行计划管理，对建设全过程进行监督管理；对资金使用实行集中管理；对干部任免、人员招聘、借调遴选等实行统一管理；对招采、成本和安全质量等建立专项领导小组，负责制度建设，统筹指导和监督管理等。

雄安集团党委会职责主要包括以下内容：充分发挥党组织的领导核心和政治核心作用，在企业决策、执行、监督各环节的权责和工作方式，支持董事会、监事会、经理层依法履行职责，保证党和国家方针政策的贯彻执行；坚持和完善“双向进入、交叉任职”的领导体制，落实党管干部和党管人才原则，在企业选人用人工作中起到领导和把关作用；落实重大决策党委会前置研究机制，发挥党委把方向、管大局、保落实的作用。

雄安集团董事会职责范围包括：按照公司章程和董事会议事规则，对战略、制度建设、投资融资、财务资金、重大项目、风险管理等全局性的重大决策事项行使决策权；根据公司发展需要，适时设立专门委员会，为董事会决策提供咨询；严格实行集体审议、独立表决、个人负责的决策制度，平等充分发表意见，实行决策跟踪落实和后评估制度；规范董事会议事规则，并与党组织议事规则、经理层工作流程相衔接。

雄安集团经理层具有经营自主权，董事会与经营层合理分离，实现集中决策、分散经营和专职经营并举的管理格局，建立了规范的经理层授权管理制度。总经理办公会对集团日常经营管理中的重大问题，按程序行使决策权，研究贯彻落实党委会、董事会的决策部署和有关决议，实行经营责任制。

（3）雄安集团投资子公司组织结构与职责定位

1）城市发展投资有限公司

城市发展公司通过不断完善公司治理结构，努力成为集建设开发、资产运营、集成服务及产业发展为一体的城市综合投资运营服务商，高标准高质量推进雄安新区城市开发建设和资产运营管理。城市发展公司以城市综合投资运营服务商的角色，积极参与新区城市综合开发和资产运营管理，现阶段主要承担大型商业综合体的开发运营，片区安置房及医院、学校等公共服务类项目的开发建设等。

2）基础建设有限公司

基础建设公司目前有1家全资子公司（中国雄安集团交通有限公司）、3家控股子公司（河北雄安容西混凝土有限公司、河北南水北调中线调蓄库建材有限公司、河北雄安寨里混凝土公司）、3家参股子公司（河北雄安交通投资有限公司、河北建投交通投资有限公司、河北雄安昝岗混凝土有限公司）。基础建设公司是雄安集团负责市政和能源等基础设施业务开发、投资、建设的独资子公司，目前公司有市政建设、能源、产业、交通四大业务板块。

3）生态建设投资有限公司

生态建设公司系雄安新区主要的环境治理和生态建设平台，认真贯彻落实习近平生态文明思想，重点发展园林绿化、水环境治理及水务、垃圾处理三大业务板块。主要是承接《白洋淀生态环境治理和保护规划》《雄安新区森林城市专项规划》《雄安新区防洪专项规划》《起步区市政基础设施专项规划》及容东等各组团相关专项规划落地和实施，开展环境治理与生态建设项目的投资、融资、开发、建设、经营等业务。

4）数字城市科技有限公司

数字城市公司围绕主营业务设立智能城市运营事业部、城市大数据事业部、基础设施智能化事业部、区块链事业部、网络与信息安全事业部、政务信息化事业部等13个部门，目前有2家控股子公司（雄安雄创数字技术有限公司、雄安云网科技有限公司），1家参股子公司（国网雄安思极数字科技有限公司）。数字城市公司以践行“数字中国”与“智慧社会”国家战略为己任，以成为“数字基础建设者、数据资源汇聚者、数字城市运营者、数字经济引领者”为目标，以云计算、大数据、物联网、区块链、CIM/BIM等数字孪生城市产业为导向，重点布局数字城市、大数据运营、IDC、ISP以及战略投资等几大主营业务板块。

5）公共服务管理有限公司

公共服务公司自成立以来始终秉持“高标准运营、一体化管理、社会化服务”的思路，承担雄安新区公共服务设施代建及运营管理任务，逐步发展文化、体育、教育、医疗、康养、人才发展、科技服务等相关业务，致力于成为雄安新区公共服务领域优质资源的整合者，通过提供优质公共服务，创造新区美好生活。公司目前有1家控股子公司（河北雄安人力资源服务有限公司）。

6）投资管理有限公司

投资管理公司主要经营范围包括：投资管理、资产管理及相关咨询服务，受托管理股权投资基金等。其下属全资子公司中国雄安集团基金管理有限公司是一家以从事商务服务业为主的企业，主要经营受托管理股权投资基金，从事投资管理及相关咨询服务。

7）雄安雄商发展有限公司

雄安雄商置业有限公司主要负责雄安国贸中心项目的投资、建设开发及运营管理；是雄忻高铁雄安新区地下段土建工程及相关配套工程项目（原雄安新区起步区东西轴线项目）的建设主体以及可经营性建设用地投融资开发建设和运营主体之一。雄商发展公司下属1家控股子公司（河北雄安轨道快线有限责任公司），1家全资子公司（雄安雄商置业有限公司）。

8）水务有限公司

水务有限公司是一家以从事水的生产和供应业为主的企业。公司按照专业化、市场化的原则，承担优化水资源配置、提高水资源开发利用效率、保障新区供排水安全的政治责任和社会责任，积极推进新区原水、给水、污水、雨水、再生水管网及供水厂、水资源再生中心等的投资、建设和运营，依托智慧水务物联网技术，打造国际领先、国内一流的城市水务综合服务商，为承接北京非首都功能疏解提供高质量、高标准的公共服务。

9）智慧能源有限公司

智慧能源公司是一家以从事电力、热力生产和供应业为主的企业，作为雄安新区供热、供气等能源业务的投资、建设、运营主体，以雄安新区建设和发展为己任，弘扬“四铁”文化、锤炼“四心”队伍，秉承“绿色优先、智能引领”的建设理念和核心价值观，践行“绿色低碳、智慧高效、安全稳定”的建设发展使命，全面推进能源业务各项工作，努力发展成为引领行业发展、具有国际一流水平的智慧能源现代化企业。

2.2.4 雄安主要建设方数字建造职责和要求

在雄安新区数字化建设过程中，政府、企业、高校等各大投资建设方均在不同方面贡献着力量。雄安集团所负责的数字化、信息化等相关的项目主要由其下属的数字城市公司负责投资建设，其他各投资建设方所负责的数字建造领域相关项目可分为建设工程项目和信息化项目。因此，本节将雄安新区在数字建造方面的主要投资建设方职责分为以下三个方面阐述。

（1）数字城市公司职责

“数字雄安”工作领导小组办公室与数字城市公司以及新区智能城市创新联合会以“一主、两轮”的创新模式，不断打通数据壁垒、优化信息化建设项目流程，联合推动新区数字城市建设。数城公司作为数字城市建设的主体建设者，主营业务覆盖大数据、物联网、区块链、IDC等领域，重点聚焦块数据、CIM、超算云、城市光网等智能城市基础设施和公共平台建设业务。其在数字建造中的职责主要有以下几方面：

1）提高站位，服务大局

始终践行“数字城市与现实城市同步规划、同步建设，打造全球领先的数字城市”的初心使命，做好顶层设计，搭建数字基础设施和智慧应用场景，以实实在在的工作成效服务好广大群众、服务好疏解企业、服务好政府现代化治理，打造好雄安高质量发展样板，树立好全国数字城市的建设典范。

2）加强沟通，高效协同

与政府部门“数字办”之间进一步健全双向对接机制，增强信息共享，加强协同联动，以有效赋能为目标，以两个工作清单为抓手，双方领导形成月度研讨会机制，部门、人员之间形成常态化交流机制，共同提升工作协同效率；与不同行业企业之间加强合作，深入交流，设置产业促进中心，深入研究数字经济，以数据招引企业，以项目引进企业，以基金导入产业，推动新区数字产业集聚发展。

3）压实责任，严抓落实

从过程角度出发，合理设置时间节点；从落地角度出发，阶段性进行目标分解；各事项要明确对接部门。明确责任人，压力层层传导，责任层层压实，加速推进新区数字基底、数字基础设施、智慧社区系统、便民服务平台等一系列数字城市核心部件的打造。

4）增强实干，提高质效

进一步夯实“一中心四平台”数字基底；加速数字基础设施建设，为城市发展提挡加速；负责集中建设管理信息化项目，从安全、经济等角度出发高起点谋划雄安新区全域智能城市光网，为新区政务管理、公共服务提供有力支撑；加强数据治理，发挥信息化数据赋能行业发展的作用，提高社会治理效果，提升公共服务水平；创新数字城市场景应用，提倡创新、支持创新、引导创新，探索形成具有雄安特色的数字城市发展之路。

5）锤炼自身，提升能力

数字城市公司作为新区未来经济发展的重要增长点，在服务好新区数字城市建设的同时，也要着眼于未来，着眼于市场，积极打造自身的核心能力；在新区数字办的指导下，数字城市公司要坚持“四者”战略定位，设立三个阶段性目标，着重打造四个能力，通过打造算力服务、优化算料服务、探索高端服务、提升政务系统运维能力、构建数字基础设施产维一体化流程、创新城市数字化场景六条路径实现自身能力的快速提升。

（2）建设工程项目投资建设方职责

建设工程项目投资建设方职责主要可分为以下五个方面。

1）实现BIM全过程应用

雄安新区的建设单位在BIM方面的职责主要体现为使用BIM管理平台时对BIM文件的提交、受理、审查、流转和归档。在工程建设项目申报阶段，建设单位应当持前期工作函等批复文件，向BIM管理平台管理机构（或者部门）申请提供BIM0、BIM1或BIM2文件；在工程建设许可阶段，建设单位应当依据相关资料，完成工程建设项目方案设计，编制BIM3文件提交BIM管理平台预检；在工程施工许可阶段，建设单位应当完成工程建设项目施工图设计和施工组织工作，编制BIM4文件提交BIM管理平台预检；在组织竣工验收前，建设单位应当制作预验收BIM5文件，并提交BIM管理平台管理机构（或者部门）预检；在取得预验收BIM5文件及工程档案认可文件后，方可组织工程竣工验收。在竣工验收后，建设单位应当制作准确反映工程建设项目竣工验收现状的竣工验收BIM5文件，提交BIM管理平台管理机构（或者部门）预检。建设单位应当依法及时收集、整理工程建设项目各环节的文件资料，建立健全工程建设项目BIM文件档案。

2）实现全域数据融合共享

根据《雄安新区工程建设项目招标投标管理办法（试行）》中的规定要求，招标人应当根据招标项目的特点和实际需要编制招标文件，招标文件应合理设置支持技术创新、节能环保等相关条款，并明确CIM技术的应用要求；在组织保障方面，建设单位负责监督与要求施工单位设置CIM管理部以及CIM经理，以CIM项目管理为核心、依据项目决策，制定工作计划；在项目施工管理过程中，建设单位负责监督和协助承包方对所有工程施工类项目进行全生命周期数字化管理，工程项目BIM模型按标准制作，BIM模型随项目实际施工进度实时更新，并将全过程产生的BIM数据统一接入数字雄安CIM管理平台。

3）实现工地精细化管理

根据《雄安新区智慧工地建设导则》中对建设单位的建设要求，建设单位需要做好统筹协调工作，通过对施工工地现场的实时把控和管理，实现投资控制、质量控制、进度控制和现场的内外部协调，确保工程实施严格按照计划安全顺利完成，将智慧工地建设贯穿于工程项目实施全过程，直至竣工验收；建设单位在对项目进行管理的过程中，要始终坚持智慧工地建设的原则，实现工地精细化管理，理清现场脉络、提高管理效率、降低管理成本、保障施工安全，助力新区在建以及新建工程高标准、高质量、高效率建设。

4）实现感知的集成管理

雄安新区的建设单位应当结合实际项目情况，针对物联网各部分的建设和应用情况，严格按照新区管委会发布的各专业物联网建设导则中的相关要求进行建设与落实。在《雄安新区物联网终端统一接入规范》中明确提出，雄安新区的物联网终端接入工作应以政府为主导统筹集约开展。在运维运营阶段，业主单位和建设单位应积极配合，坚持标准先行，实现全域感知设备的统一接入、集中管理和对感知数据的集中共享。建设单位负责依据项目的实际需要，按照新区的管理要求，将物联网终端接入XAIoT平台。城市物联网平台的发展并非一朝一夕，过程中可能涉及长达数年的运营运维工作，包含终端接入指导培训、平台技术运维及平台收费模式等，建设单位需建立健全平台运营长效机制，签订运营合同，来保证后续工作的持续投入。

5）实现项目“穿透式”管理

在工程建设过程中，建设单位通过与勘察、设计、施工等单位之间的相互协作，在雄安区块链管理平台实现项目全链条合同连续、工程进度明确、资金流转封闭、质量安全可溯源等效果，做到工程项目全流程“穿透式管理”。建设单位通过区块链资金管理平台对该项目进行资金管理，实现对承包人在平台上专用账户的监管，该账户作为工程唯一的收付款路径；建设单位负责定期组织召开区块链资金管理平台使用培训会，确保经办人员在平台内操作及时、准确；建设单位需要在承包人的协助下建立区块链信用管理体系，检查核实承包人及其分包人和供应商等本项目全部实施主体在区块链资金管理平台上提供信息的真实性和准确性；建设单位负责建立区块链平台建设者工资拨付机制和设立建设者工资保障金，实现建设者无感状态下的工资支付保障，解决雄安新区工程建设领域建设者工资拖欠问题。

（3）信息化项目投资建设方职责

雄安新区的信息化项目包括政务信息化项目和信息化基础设施建设项目。根据《河北雄安新区信息化项目管理办法（试行）》中的规定要求，项目建设单位在数字化、信息化方面的职责主要分为以下三个阶段：规划和审批管理阶段、建设和资金管理阶段、监督管理阶段。

1）规划和审批管理

项目建设单位应依据《雄安新区数据目录设计规范》编制数据资源目录，建立数据共享开放长效机制和共享数据使用情况反馈机制，确保数据资源共享和开放；项目建设单位在编报可行性研究报告、初步设计方案时，应根据规划条件要求将信息化基础设施建设内容独立编制成册，并提交给数字办及相关职能部门进行审查；项目建设单位应加强对三县的指导，统筹制定信息共享、业务协同的总体要求和标准规范。

2）建设和资金管理

项目建设单位应确定强化信息共享和业务协同，招标采购涉密信息系统的，应执行保密有关法律、法规规定；项目建设单位应建立网络安全管理制度，采取技术措施，加强信息系统与信息资源的安全保密设施建设；项目建设单位对使用密码技术、密码产品、密码服务等的信息化项目，应落实国家密码管理有关法律、法规和标准规范的要求，同步规划、同步建设、同步运行密码保障系统并定期进行评估。

3）监督管理

项目建设单位应接受项目审批部门及有关部门的监督管理，配合做好绩效评价、审计等监督管理工作，如实提供建设项目有关资料和情况，不得拒绝、隐匿、瞒报。对违反国家、省、新区有关规定或者批复要求的信息化项目，项目建设单位应限期整改。逾期不整改或者整改后仍不符合要求的，项目审批部门可以对项目建设单位进行通报批评、暂缓安排投资计划、暂停项目建设直至终止项目。

2.3 雄安新区主要规划方

2.3.1 雄安新区主要规划的组织方式

雄安新区规划编制是中华人民共和国成立以来，全国关注度最高、动用机构最多、涉及领域最广、集聚人才最多的一次城市规划编制。雄安新区规划编制最终确定为以《河北雄安新区规划纲要》为统领，雄安新区总体规划、起步区控制性规划、启动区控制性详细规划及白洋淀生态环境治理和保护规划4个综合性规划为主体，新区层面、起步区层面的10个重点专项规划和16个一般专项规划为基础，形成的新区顶层设计“1+4+N”规划体系[120]。

（1）“1”——一个总体性规划来统领

《河北雄安新区规划纲要》是中共河北省委、河北省人民政府编制的河北雄安新区发展和建设规划纲要。此次规划编制建立了多层次、全覆盖的规划评议咨询论证机制。吴良镛、张锦秋、邬贺铨等60多位院士和设计大师，300多名相关领域的专家参与新区规划编制和评审论证。为创新规划工作，33名国内顶级专家还组成规划评议组，进行三轮评议咨询，提出400多条意见建议。专题专项规划委托中咨公司逐一评估论证，并征求部委意见，确保每个重大问题都有明确结论，力求方案最优。2018年1月2日，京津冀协同发展领导小组召开工作推进会议，审议雄安新区规划；2018年2月22日，习近平总书记主持召开中央政治局常委会会议，听取雄安新区规划编制情况的汇报并发表重要讲话。会议原则通过规划框架，要求适时批复规划纲要；在正式公布前的一个多月时间里，规划纲要经领导小组办公室、国家发展改革委和河北省继续字斟句酌地打磨后，联合上报党中央、国务院并得到批准。2018年4月，中共中央、国务院做出关于对《河北雄安新区规划纲要》的批复。

（2）“4”——四个综合性规划来贯彻

《河北雄安新区总体规划（2018–2035年）》由中国城市规划设计研究院作为技术总牵头单位，组织国内规划及相关科研机构协同推进，历时一年多时间形成，是对规划纲要的细化深化、补充和完善。2018年12月，经党中央、国务院同意，国务院正式批复《河北雄安新区总体规划（2018–2035年）》。

按照高起点规划、高标准建设雄安新区的要求，河北省会同中央和国家机关有关部委、京津冀协同发展专家咨询委员会等方面，聚集全国乃至全球规划人才，从全球400多家著名规划设计团队中遴选24家分别开展城市设计国际咨询和方案征集，多次开展咨询论证和评审评议，编制完成了启动区控详规与起步区控规。2019年6月1日，《河北雄安新区启动区控制性详细规划》和《河北雄安新区起步区控制性规划》进行公示，征求公众意见建议。2019年12月得到国务院批复。2020年1月15日，公布《河北雄安新区启动区控制性详细规划》。

党中央、国务院始终把加强白洋淀生态环境治理和保护作为规划建设雄安新区的关键环节，把《白洋淀生态环境治理和保护规划（2018–2035年）》作为雄安新区规划体系的重要组成部分，提出了明确任务和具体要求。河北省委、省政府组织，由中国科学院生态环境研究中心牵头，以《河北雄安新区规划纲要》为基础，依法依规深化研究，形成了《白洋淀生态环境治理和保护规划（2018–2035年）》。2019年1月，经党中央、国务院同意，河北省委、省政府正式印发《白洋淀生态环境治理和保护规划（2018–2035年）》。

（3）“N”——26个专项规划来落实

雄安新区通过专项规划来落实规划纲要与4个综合性规划，为高标准建设雄安新区打牢了基础。专项规划种类多、涵盖范围全面，密切关系到民生的方方面面，涉及防洪、地震安全、能源、综合交通等共计26个方面。

在交通方面，主要有《雄安新区智能交通专项规划》，《河北雄安新区综合交通专项规划》，《雄安新区现代综合交通枢纽专项规划》等。为了推进信息化建设与交通运输基础设施工程同步规划、同步建设，实现交通基础设施建设与先进信息技术的深度融合，在10月16日，省交通运输厅组织召开雄安新区智能交通专项规划编制工作启动会，部署启动雄安新区智能交通专项规划编制工作。

在文化旅游方面，为了使雄安新区基本建成高水平社会主义现代化城市、城市功能趋于完善、有效承接北京非首都功能、对外开放水平和国际影响力不断提高，构建起绿色生态、创新驱动、协调发展、开放发展的现代旅游产业体系，率先在旅游领域打造成“雄安质量”全国样板，文化和旅游部组织成立工作专班，委托中国科学院地理所负责《河北雄安新区旅游发展专项规划（2019–2035年）》的具体编制。

在农业方面，坚持以数字农业为引领，加快数字技术推广应用，提升农业数字化生产力，将现代信息技术深入融合到农业生产、经营、管理等全产业链中，打造耕地管理信息平台、农情综合监测与监控平台、智慧农机管理平台、农业面源污染治理公共服务平台、农产品质量安全可追溯管理平台以及农产品电子销售平台等，强化关键技术装备创新和重大工程设施建设，推动政府信息系统和公共数据互联开放共享，全面提升农业农村生产智能化、经营网络化、管理高效化、服务便捷化水平。于2021年8月6日，雄安新区印发《河北雄安新区农业产业结构调整专项规划（2021–2025年）》。

在住房、燃气、物流、环境等密切关系到居民生活的方面，在雄安新区公共资源交易服务平台分别公开招标了《雄安新区住房发展（建设）专项规划》《雄安新区燃气专项规划》《河北雄安新区物流体系布局专项规划》《雄安新区环境卫生专项规划》等。

2.3.2 参与雄安规划的主要单位及其项目概述

中国城市规划设计研究院与雄安城市规划设计研究院是参与雄安规划的主要单位，以雄安新区的规划建设发展为使命。在雄安新区规划编制过程中，起着主导与牵头的重要作用；而顶层规划是由北京北林地景园林规划设计院、哈尔滨工业大学建筑设计研究院等为代表的实力雄厚的规划设计院，根据项目特点及要求来进行详细的规划。

（1）中国城市规划设计研究院

中国城市规划设计研究院（简称中规院）是中华人民共和国住房和城乡建设部唯一直属的城市规划科研、咨询机构。其隶属机构如图2–3所示。

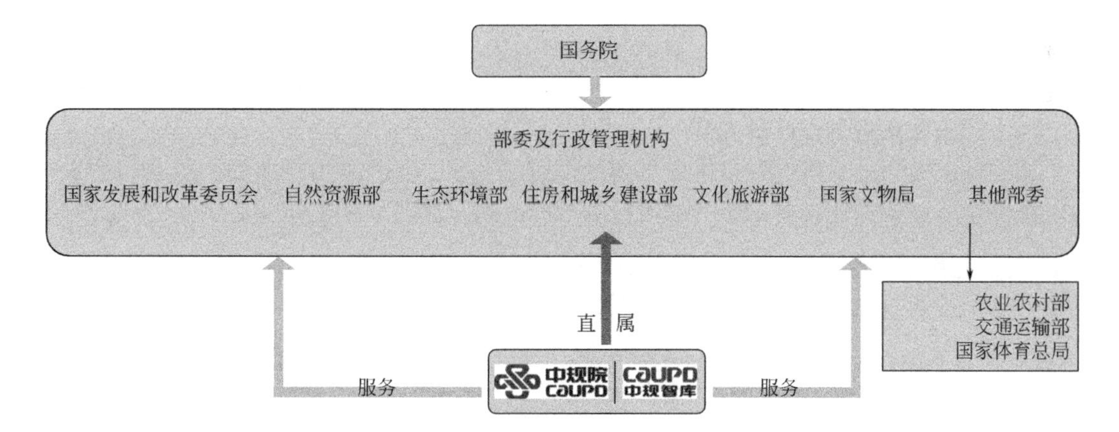

图 2–3 中国城市规划设计研究院隶属机构（来源：中国城市规划设计研究院）

中规院在为国家和部委服务、科研与标准规范研究、规划设计咨询、社会公益和行业服务等方面承担着重要职能，是住房和城乡建设部指定的全国城市规划标准规范技术归口单位、城市轨道交通标准规范技术归口单位，承担了城市交通工程技术、地铁和轻轨研究、城市水资源、城市供水水质监测（包括水质监测国家实验室）四个部级技术中心的工作。中国城市规划设计研究院组织框架如图2–4所示。中规院服务雄安新区的规划历程如图2–5所示。

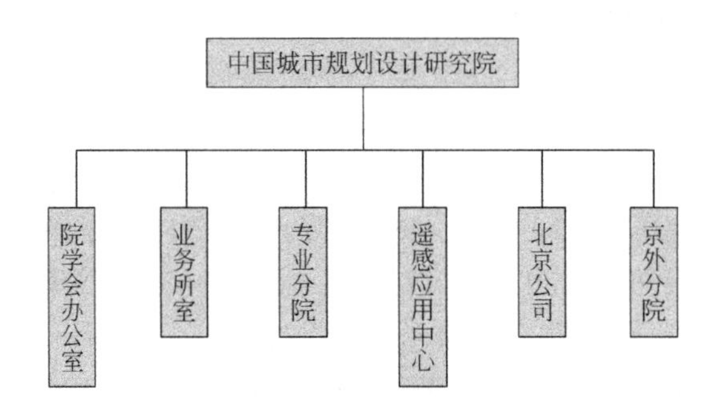

图 2-4　中国城市规划设计研究院组织框架

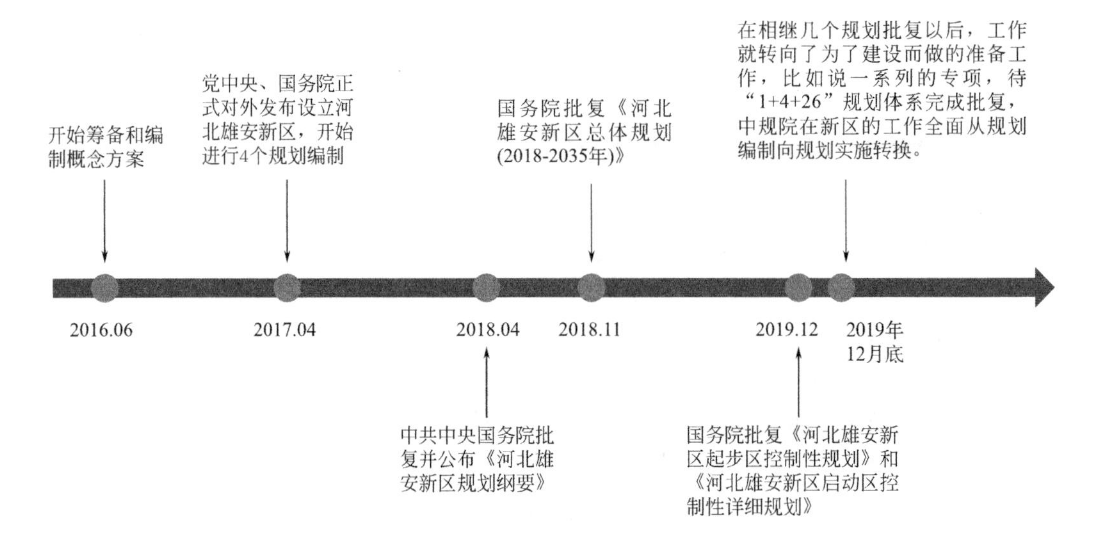

图 2-5　中规院服务雄安新区规划历程

（2）雄安城市规划设计研究院

雄安城市规划设计研究院是雄安集团的全资子公司，是技术力量多样、专业门类齐全的综合性城乡规划设计研究单位。院内设有一办九所，如图2-6所示。

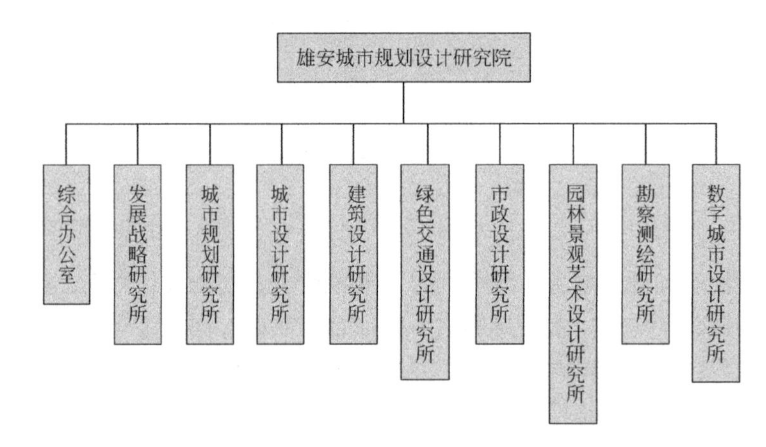

图 2-6　雄安城市规划设计研究院组织架构

雄安城市规划设计研究院以服务新区规划建设发展为核心使命，以技术性、政策性、引导性、创新性的业务理念为指导，承担新区管委会、雄安集团的指令性任务和各类市场性任务，为新区管委会各部门、雄安集团及其他企事业单位提供相关技术支撑及研究咨询服务。

（3）参与规划的代表性社会企业

雄安新区的顶层规划由多家实力雄厚、有着充足经验的规划设计院来实施落地，本节以北京北林地景园林规划设计院、哈尔滨工业大学建筑设计研究院为例，介绍其单位概况及参与的雄安新区相关规划设计项目。

1）北京北林地景园林规划设计院

北京北林地景园林规划设计院有限责任公司隶属于特大型央企中国交通建设集团有限公司（简称：中交集团）旗下中国城乡控股集团，企业前身为北京林业大学园林规划建筑设计院，是中华人民共和国住房和城乡建设部核准的国内首批风景园林工程设计甲级设计院之一。组织架构如图 2–7 所示。

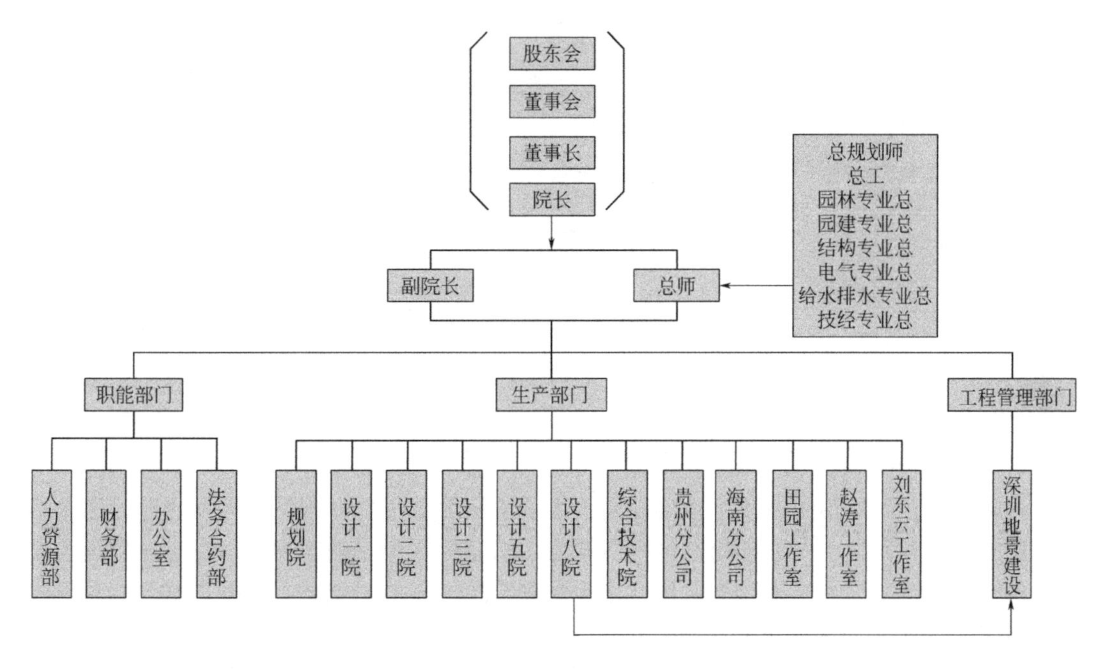

图 2–7　北京北林地景园林规划设计院组织架构图

雄安郊野公园由省林草局和新区管委会组织，在总规划师单位——北京北林地景园林规划设计院有限责任公司的统筹下，集结了规划、水利、市政、建筑、岩土、林业、智慧、运营等多个专业的几十个团队，聚焦一张蓝图，既保证了设计风格的多样性，又保证了“两纵三横二分区多组团”总体结构的统一性。

雄安郊野公园以其区位而论，相当于北京中轴线上的奥林匹克森林公园；以其体量而论，占地 2.68 万亩，面积约为雄安新区总面积的 1%；以资金模式而论，“聚河北全省之力共建雄安新区”，除公共区域由雄安新区出资建设之外，剩余的区域由包括雄安新区在内的河北省 14 个地市共同出资建设；以建设模式而论，采取“1+14”组织架构，雄安绿博园建设省前方指挥部+各市前方指挥部，统筹推进、上下联动。

2）哈尔滨工业大学建筑设计研究院

哈尔滨工业大学建筑设计研究院是全国知名大型国有工程设计机构。作为国家高新技术企业，立足国际寒地建筑工程设计前沿，关注低碳环保与绿色节能技术创新，依托寒地建筑科学重点实验室、东北寒地人居环境协同创新中心、中国–荷兰极端气候建造研究中心等国际联合研究机构，搭建了国内顶级寒地建筑人居环境科研平台，承担了国家科技支撑计划等一系列重大科技攻关项目，组织架构如图2–8所示。

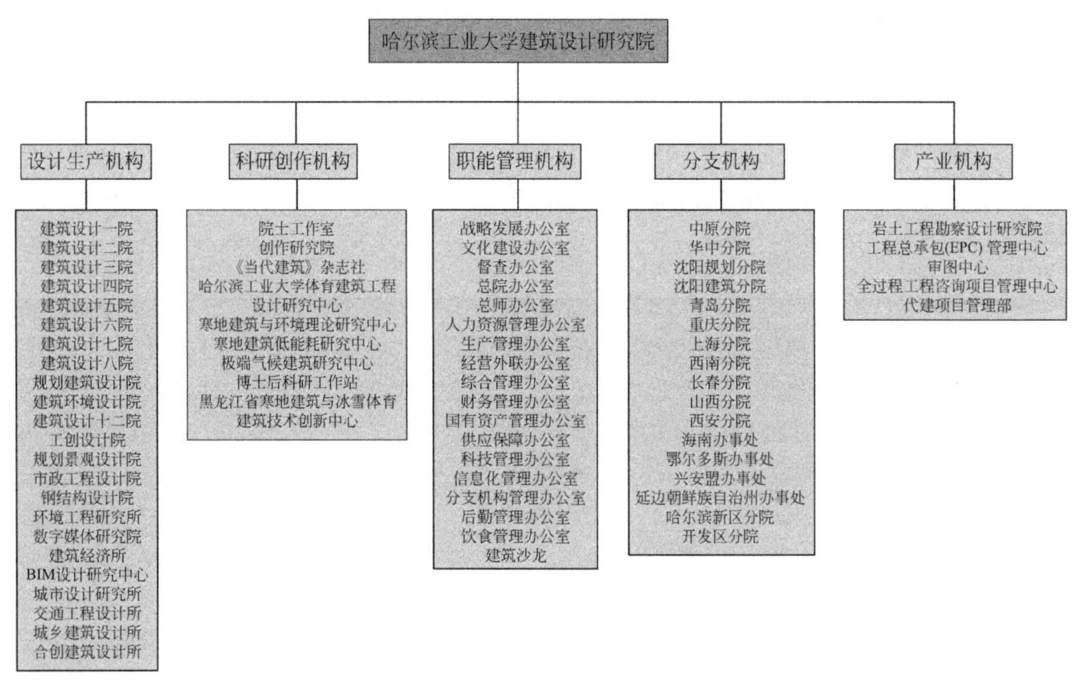

图2–8 哈尔滨工业大学建筑设计研究院组织架构图

河北雄安新区刘李庄特色小镇项目是为了响应河北雄安新区规划纲要所启动的四个特色小城镇建设项目之一，该项目与端村、赵北口、龙化特色小城镇建设项目一同肩负着实现有机结合村镇与淀泊风光，营造华北水乡图景，建设城淀共生共荣，促进城乡融合发展的重要使命。本方案立足于雄安新区的产业分布和空间布局，提出了“淀南大健康产业环带”的规划理念，并以刘李庄为重要产业节点，确定了以农业5.0体系为支撑的青春产业和农创产业相结合的基本格局。同时，以刘李庄为核心，确立了城乡生命共同体的区域空间格局。本方案以城镇为载体，尊重地域传承理念，结合现代设计手段再现传统文化的魅力。

2.3.3 雄安规划方的数字建造职责

为了建设好雄安新区，不论是进行顶层规划的中国城市规划设计研究院与雄安城市规划设计研究院，还是参与规划实施的社会性规划设计院，除了依照传统的规划体系来进行，雄安新区的规划方也要承担起贯彻数字化同步建设理念、提供数字化平台技术支撑、管理城市规划数据信息以及制定数字孪生城市标准的数字建造职责。以数字化手段参与雄安新区的规划，建好首座“数字孪生城市”。

（1）贯彻数字化同步建设理念

时代的发展使城市规划面临着从静态规划向动态规划、从物质规划向社会经济发展规划、从专家评审到公众参与、从行政管理到法制化管理等方面的重大转变。此外由于概念规划、弹性规划及滚动规划等模式的倡导，规划的制定和修改周期大为缩短。这些变化对城市规划和管理的技术手段与信息的规范化、智能化、可视化及现势性等提出了更高的要求。数字孪生城市的建设，不仅给城市规划提供了全新的数字平台与技术手段，更加深了我们认识城市本质的能力和程度。规划和管理工作者的观念逻辑思维需要发生重大变化，从单一思维转向多向思维，使规划从对区域和城市现象的发现转向对区域和城市特征的发现。城市规划和管理人员需要从整体上了解掌握城市各类信息，从更大和更广的范围研究和探讨城市发展的一般规律。根据数字化手段提供的多种分析手段和模型，对城市现象进行更多的定量分析，从而进一步提高规划的科学性、可操作性和前瞻性。

（2）提供数字化平台技术支撑

中国城市规划设计研究院与雄安城市规划设计研究院需承担新区规划建设BIM管理平台技术支撑服务工作，包括已入库各类成果数据动态维护、更新，待批复及新增各类成果数据审查、入库及动态维护，工程建设项目审批BIM模型预审核等。承担基于CIM平台的技术研究服务工作，开展城市规划建设数据融合分析研究，辅助支撑城市运行管理服务决策。承担雄安城市规划设计研究院信息化建设、管理及运维工作。参与雄安新区具体规划项目的规划设计院需在雄安新区搭建的数字化平台中进行新区的规划设计，进行数据成果报送等。以基础数据来支持平台的运行，并及时反馈意见与建议。

（3）管理城市规划数据信息

数字孪生城市的建立将同样改变城市规划的宣传、管理、实施的方式与公众监督机制。随着信息技术特别是基于GIS及Web-GIS技术的发展，城市各部门以及公众、企业等可以通过城市规划综合数据库共享规划部门的数据信息，起到宣传城市规划和服务于大众的作用；规划编制和规划管理机构在网上实时发布城市规划信息和法规草案等，公众可以及时了解城市规划实施进展状况，反映规划实施过程中出现的违背城市规划的现象和问题，达到引导公众参与城市规划和监督城市规划实施的目的。而在规划和实施的过程中，大量的信息和数据不断产生，而管理这些数据和信息也是现代城市规划的重要任务之一。通过数字化的技术手段，实现城市规划信息管理的规范化、智能化和可视化。

（4）制定数字孪生城市标准

参与顶层规划设计的中国城市规划设计研究院与雄安城市规划设计研究院需承担数字城市/智能城市相关领域的标准研究，包括智能基础设施标准研究、BIM平台标准指标体系研究，BIM模型轻量化标准研究等。这些数字化标准政策用于指导雄安新区的建设。参与雄安新区规划的所有规划设计院需要在相关数字化政策、标准的指导下进行相关项目的规划设计，把握好政策标准的方向与红线。

2.4 雄安新区主要勘察设计方

2.4.1 雄安新区对勘察设计单位的选择标准与要求

据雄安新区公共资源交易服务平台和中国雄安集团电子招标采购交易平台上的数据显示，雄安新区对勘察设计单位的选择主要采用的是公开招标和比选采购的方式，本节将选择标准和要求分为常规要求和数字建造相关要求两部分分别进行阐述。

（1）常规标准与要求

雄安新区对勘察设计单位的选择的常规标准与要求同其他地区对勘察设计单位的选择标准与要求大致相同，具体的要求标准视具体项目而定，可在全国公共资源交易平台（雄安新区）公共资源交易服务平台进行查看。本书主要关注雄安新区数字建造模式，因此对于勘察设计单位的常规标准与要求将不再展开阐述。

（2）数字建造相关标准与要求

本节以雄安新区招标文件和招标公告等为参考对雄安新区勘察设计方数字建造相关标准与要求进行了总结，分别从招标文件中数字建造相关标准与要求、招标公告中数字建造相关标准与要求的角度进行阐述。

1）招标文件中数字建造相关标准与要求

归纳总结了《雄安新区工程建设项目标准招标文件》（2020年版）有关勘察设计标准招标文件中与数字建造相关的要求。其中《雄安标准勘察设计招标文件》《雄安标准勘察招标文件》与《雄安标准设计招标文件》发包人均有智能化要求，包括BIM、CIM、块数据、物联网、区块链等要求；通用合同要求相关文件的智能化（包括BIM、CIM、块数据、物联网、区块链等）及其他要求在专用合同条款中约定。

2）招标公告中数字建造相关标准与要求

统计了2022年1月至7月全国公共资源交易平台（雄安新区）公共资源交易服务平台交易公开的所有关于勘察设计招标公告中的数字建造相关要求，主要有以下五个方面：①工作内容包括但不限于本工程所需的初步设计、施工图设计、概算文件编制、编制管线综合设计、形成BIM成果，设计单位应负责BIM设计咨询及审查（含设计阶段的应用，并对施工和运营阶段提供配合服务）；②数字化模型（BIM、CIM）建设及应用（包括但不限于模型效果展示、各专业管线碰撞检查）；③项目内容需充分考虑数字化、智能化的要求，以大数据和区块链为基础；④全过程中产生的建筑信息模型（BIM）数据需统一接入新区城市信息模型（CIM）管理平台；⑤通过区块链资金管理平台进行本项目的全过程资金管理。

2.4.2 参与雄安勘察设计的主要单位及其项目概述

雄安新区设有河北雄安新区勘察设计协会，由致力于雄安发展建设的工程勘察设计咨询及其关联业务行业相关的企事业单位、社会组织及相关人士自愿结成的专业性、行业性、非营利性社会组织，旨在为雄安新区建设提供一个勘察设计服务平台。

本节关于参与雄安勘察设计的主要单位及其项目概述的内容将根据雄安新区勘察设计协会二级分会并按照勘察设计的内容进行分类阐述。

（1）市政基础设施勘察设计主要单位及其项目概述

北京市市政工程设计研究总院有限公司创建于1955年，2013年完成转企改制，2014年对北京市勘察设计研究院实施重组，2016年与北京控股集团有限公司合并重组，2017年投资入股香港上市公司思城控股有限公司，进入国际资本市场，旗下拥有12家全资及控股企业，6家主要参股企业。该公司具有工程设计综合甲级、工程勘察综合甲级、城乡规划编制甲级资质和市政公用工程施工总承包一级资质，是以咨询设计为主业、具备覆盖工程项目全生命周期综合技术服务能力的现代咨询设计集团。在城市基础设施领域，服务于国家战略及首都功能定位，并以全球化的高端视野，致力于国内领先、国际一流的现代城市一体化综合技术服务，提供行业卓越水准的“一站式、多领域、全方位”综合解决方案。

代表项目：雄安高铁站设计——新区首个重大基础设施项目。雄安站，是雄安新区开工建设的第一个国家级重大工程，总建筑面积47.5万m^2，是目前亚洲最大的火车站。它既是实现疏解北京非首都功能和京津冀一体化的重要基础设施和节点，也是提供城市服务功能、带动城市集聚发展的门户。

（2）公共建筑勘察设计主要单位及其项目概述

同济大学建筑设计研究院（集团）有限公司（TJAD）的前身是成立于1958年的同济大学建筑设计研究院，是全国知名的大型设计咨询集团。依托百年学府同济大学的深厚底蕴，经过半个多世纪的积累和进取，TJAD拥有了深厚的工程设计实力和强大的技术咨询能力。在全国各地、非洲、南美有近万个工程案例。

代表项目：容东体育中心及综合运动馆。作为容东片区的重要民生配套工程，体育中心和综合运动馆，总占地面积约6.14hm^2，地上总建筑面积约20000m^2。体育中心位于容东片区东部（H2-17-02），规划用地面积约5.20hm^2、建筑面积约12000m^2，建筑高度不大于24m，座席数约1.2万人，乙级场馆，主要由足球场、篮球场、网球场、健身跑道等运动场地、辅助用房和看台组成。综合运动馆位于容东片区中南部（H2-05-02），规划用地面积约0.94hm^2、建筑面积约8000m^2，建筑高度不大于24m，主要建设游泳馆、健身房、冰球馆等运动场地及附属用房。将作为全民健身的活动中心，实现人民城市为人民的规划理想。

（3）景观生态环境勘察设计主要单位及其项目概述

上海市园林设计研究总院有限公司是一家有着70年悠久历史和丰富经验的专业设计院。拥有甲级风景园林工程设计资质、甲级建筑工程设计资质、甲级城乡规划资质、乙级工程咨询资质、林业调查规划设计资质、一级建筑装饰设计证书、市政行业（道路工程专业）乙级资质、市政行业（桥梁工程专业）乙级资质、工程总承包资质、工程建设监理资质、城市园林绿化企业资质，专业全面、实力雄厚。

代表项目：河北雄安新区起步区东西轴线城市建筑风貌及景观设计。雄安新区起步区位于容城、安新两县交界区域，东接白沟引河、西依萍河、南临白洋淀、北靠荣乌高速，规划面积约198km^2。起步区作为雄安新区的主城区，肩负着集中承接北京非首都功能疏解的重任，承担着打造“雄安质量”样板、培育建设现代化经济体系新引擎的历史使命，在深化改革、扩大开放、创新发展、城市治理、公共服务等方面发挥先行先试和示范引领作用。

（4）绿色人居环境勘察设计主要单位及其项目概述

深圳市建筑科学研究院股份有限公司是国家级高新技术企业、全国博士后科研工作站、全国绿色建筑先锋单位、国家绿色建筑华南基地、全国科普教育基地，自2000年以来专注于持续探索中国特色新型城镇化之路，构建绿色建筑、社区、城区，拥有低碳生态城市4个层面的“诊断”“规划”“建设”“运营”“更新”五位一体的业务能力和资质，通过科研、规划、设计、咨询、检测与公信、运营等多业务协同提供综合科技创新与技术服务，成为该领域的先行者和国内外知名领导者之一。

代表项目：河北雄安新区晾马台特色小城镇城市建筑风貌设计项目。晾马台特色小城镇位于雄安新区起步区东北侧，北至南水北调工程天津干渠和尾水渠，南至津保铁路生态廊道，东至西排干渠附近，西至南剧、北剧村东，规划面积3.8km^2。研究范围含小城镇周边远期拓展空间，共40km^2。晾马台特色小镇的定位是科技创新创业基地、智能技术创新集聚区和试验场、生态宜居宜业小城镇。

（5）装配式建筑勘察设计主要单位及其项目概述

北京市住宅建筑设计研究院有限公司组建于1983年，是北京城建集团所属的甲级设计与科研机构，具有建筑行业建筑工程甲级资质、风景园林工程设计专项甲级资质、城市规划编制乙级资质。该院始终以科技创新为引领，以营造高质量人居环境为使命，致力打造全国知名的绿色建筑全过程咨询与设计服务机构。

代表项目：容东片区G组团安置房及配套设施项目。雄安新区容东片区G组团安置房及配套设施项目位于容东片区最东端，组团内建设126栋安置房，预计安置回迁居民1.65万人。该院始终秉承“营造低碳环境 引领品质生活”的理念，以提高建筑节能、实现可持续性发展、追求美好生活为己任，在设计中建筑与环境完美结合，通过“两轴四带多中心”的空间结构及围合院落式的产品布局，因地制宜地营造小街坊、密路网的人性化空间尺度，以人民为中心，构建社区、邻里、街坊三级生活圈，打造可持续发展的绿色、健康、宜居的社区生活氛围。

2.4.3　雄安勘察设计方数字建造职责

总结了雄安新区地方标准、雄安新区地方管理办法、雄安新区工程建设招标公告等相关资料中对勘察设计方提出的数字建造职责要求，并分别从BIM职责、CIM职责、块数据职责、物联网职责、区块链职责五个方面展开阐述。

（1）BIM职责

以雄安新区地方标准、雄安新区工程建设招标公告等为参考对雄安新区勘察设计方数字建造BIM职责进行总结，分别从BIM应用内容、BIM应用流程、BIM模型等角度对勘察设计方的BIM职责进行展开阐述。

1）BIM应用内容

根据《中国雄安集团建设项目BIM技术标准》1.0版本的5大分册（即：建筑分册、市政分册、交通分册、园林分册、水利分册）按照不同的勘察设计对象总结了雄安新区对于BIM应用的内容要求。

《中国雄安集团建设项目BIM技术标准——建筑分册（一分册）》1.0版本在设计阶段对勘察设计方的BIM应用内容要求主要有场地分析，设计方案比选及优化，建筑指标计算，建筑性能模拟分析，工程量统计，参数化设计与分析，碰撞检测，管线综合设计优化；其中参数化设计与分析为可选项要求，其余BIM应用内容为基础项要求。

《中国雄安集团建设项目BIM技术标准——市政分册（二分册）》1.0版本在设计阶段对勘察设计方的BIM应用内容要求主要有场地仿真分析，规划方案比选，专业综合，工程量复核，性能分析；其中性能分析为可选项要求，其余BIM应用内容为基础项要求。

《中国雄安集团建设项目BIM技术标准——交通分册（三分册）》1.0版本在设计阶段对勘察设计方的BIM应用内容要求主要有规划方案比选，块地现状仿真，专业综合，工程量统计；交通分册的所有BIM应用内容要求均为基础项要求。

《中国雄安集团建设项目BIM技术标准——园林分册（四分册）》1.0版本在设计阶段对勘察设计方的BIM应用内容的基础项要求主要有方案优化，雨水分析和仿真，交通模拟分析，地质、地层分析，航拍建模，土方量计算，平衡运距，竖向设计分析；可选项要求主要有3D漫游+VR演示，日照模拟，系统分析，人员流动分析，面积分析，乔木生长模拟分析，洪水分析，移动模拟分析，钢筋设计和校核，管线连接分析，压力损失计算，需求负荷计算，设备表导出。

《中国雄安集团建设项目BIM技术标准——水利分册（五分册）》1.0版本在设计阶段对勘察设计方的BIM应用内容的基础项要求主要有场地分析、方案比选、专业综合、模型出图、工程量统计；可选项要求主要有水力计算、水工结构计算、岩土分析。

以上每一项BIM应用要求的具体应用内容均可在相应的技术标准中找到，因此本节不展开阐述。

2）BIM应用流程

设计阶段BIM应用贯穿整个设计阶段，具体包括项目建议书、可行性研究、初步设计、招标设计、施工图设计等阶段。勘察设计方可根据自身企业能力采用正向BIM设计，原则上鼓励采用正向BIM设计。

在BIM模型建设初期：勘察设计方应确立软件使用的版本，并向建设单位报备；在项目进行期间，原则上不允许更换软件版本；如因实际问题，必须升级软件版本时，需向建设单位书面提出申请，由提出方承担相应损失，并负责各相关单位的升级协调。设计方模型创建前，应提前进行项目坐标系转换，项目模型坐标系与雄安新区城市坐标系协调统一，相关要求应符合河北雄安新区管理委员会规划建设局的有关规定。勘察设计方必须派驻至少1名具备3年以上BIM实践及设计管理经验的专业技术人员常驻项目，专职服务于该项目建设，进场后及时提供BIM实施策划方案、工作流程等相关资料，负责项目设计数据到建设管理平台和数字雄安CIM平台的录入工作。

在BIM模型建设过程中：勘察设计方应提交详细的工作计划、BIM人员组织架构、BIM人员职责分工表、设计阶段BIM实施方案、设计阶段BIM建模制度及标准、BIM模型建设方案、专业协作方式和模型质量管理办法等，形成的BIM模型成果原始文件校审完成后应按工作计划提交给建设单位。勘察设计方需整合协调各专业模型，应对建筑、结构、给水排水、暖通、电气各专业进行，保证机电专业主管道无影响施工的碰撞及建筑与结构相关构造体开洞无遗漏；所有机电管线应考虑保温层及支吊架空间；碰撞后的标高应体现在施工图中，并提供碰撞报告，以提高设计量，减少错漏碰撞、提升设计合理性。在重要节点及大量修改后，服务商需按期向建设单位提供BIM变更修改准确的BIM模型，包含且不限于：报规节点、出图节点、变更等。当项目产生变更时，服务商应根据变更内容立即修改模型，并根据各方要求提供修改后的模型。

在BIM模型建设后期：勘察设计方需按建设单位要求，根据设计成果交付情况，同时提交相应BIM模型，保证模型的准确性、模型深度、模型精度，并需持续提供带材质BIM模型和满足工程计量的工程量清单，BIM模型应满足工程计量需要。竣工交付阶段，勘察设计方需配合建设单位和施工单位完成与竣工图纸保持一致性的BIM竣工模型，并负责审核竣工模型与竣工图纸一致性。BIM模型数据需经建设单位确定的资质单位审查以满足雄安新区规划建设BIM管理平台、数字雄安CIM平台、数字雄安建管平台等的应用需求。

3）BIM模型

BIM模型总体要求应参照《雄安新区规划建设BIM管理平台数据交付标准（试行）》及新区和雄安集团发布的相应BIM规范、标准、制度文件。

首先在BIM建模平台与格式要求方面，雄安新区勘察设计方应采用主流的BIM建模平台开展BIM建设工作，如Bentley，AutoDesk，Tekla，3DMAX，CATIA等，格式包括但不限于RVT，NWC，DWG，FBX，IFC，MAX，CATPart、CATProduct、CATdrawing，XDB（雄安项目数据）等。建筑主体部分建模应采用Autodesk Revit，可采用其他软件进行深化，软件版本宜采用近2-5年内推出的稳定版本。使用正版软件进行设计、深化、施工。

其次在BIM模型建设方面，BIM模型建设应按照《雄安新区××BIM模型成果技术导则》的要求进行（技术导则为系列文件，××代表不同工程类型，如：民用建筑工程等，下同）。BIM模型对象必须进行编码，编码应参照《雄安新区××数据对象编码技术导则》执行。各个阶段模型深度等级及模型规则应满足《雄安新区××BIM模型成果技术导则》中对各阶段的BIM模型成果要求，模型施工信息需要体现反映工程施工建设相关的进度、质量、安全、成本等内容，模型施工信息在工程施工建设过程中动态填入，以关联文档或数据库方式进行存储管理，模型施工信息通过编码实现对应关联。模型各专业工程对象单元的几何图形深度和属性信息深度根据不同功能要求均分为5个等级，工程交付时模型几何图形深度和属性信息深度应达到最高等级要求，即工程对象单元表达内容与工程实际竣工状态一致，应能准确表达其完整细节，能体现工程完建状态所需要的精确尺寸、形状、位置、定位尺寸和材质，机电设备宜采用厂商的最终生产模型。

最后在BIM模型交付方面，《中国雄安集团建设项目BIM技术标准》1.0版本的前4大分册（即：建筑分册、市政分册、交通分册、园林分册）均对设计阶段的BIM模型交付进行了规定，应分为BIM3和BIM4-1阶段进行交付，分别对应设计方案信息模型、施工图设计模型；市政分册对于BIM模型的交付则没有明确要求。

（2）CIM职责

本节以雄安新区地方标准、雄安新区工程建设招标公告等为参考对雄安新区勘察设计方数字建造CIM职责进行了总结，分别从CIM应用流程、CIM模型等角度对勘察设计方的CIM职责进行展开阐述。

1）CIM应用流程

在CIM应用初期：根据新区CIM平台定位，CIM平台为项目提供各类业务及功能服务，承包范围需要CIM平台提供数据服务时应提前7天提出，由CIM平台建设单位根据CIM服务能力决定；CIM建设单位会定期前往功能现场梳理应用需求，需要承包单位数字化业务部门积极配合，且勘察设计方在项目实施过程至少配备2名专职信息化管理人员，2名专职信息与数字化建设及应用人员，配合发包人开展数字城市建设管理工作。工作内容包括但不限于数据及模型移交、建设管理过程中的数字化成果移交、数字信息化等平台接口提供及对接、协助开展信息安全管理等。

在CIM应用过程中：为确保数字城市与现实城市的同生共长、同步建设，服务商应在签订服务合同后在施工前以月为周期采集并处理完成后提交倾斜摄影三维模型至数字雄安CIM平台，在竣工后提交项目最终面貌倾斜摄影三维模型。根据工程实际情况，建设过程中承包方应主动配合接入工地扬尘、环境、气象（PM2.5、降雨等）、工程监测类（变形、位移）等数据。同时为保障CIM平台数据的质量，BIM及GIS数据都需要CIM平台建设运营单位开展数据审查；BIM及GIS数据审查需要承包方提供与模型有关的矢量图纸、报告、产品质量控制文件等用于数据的审查，审查依据为模型数据与对应图纸、报告的匹配性，《雄安新区市政工程BIM模型成果技术导则》《雄安新区市政工程数据对象编码技术导则》建模要求，常规的碰撞检查及其他常识性错误等（如坐标、材质等）。

在CIM应用后期：汇入数字雄安CIM平台的BIM模型、倾斜摄影三维模型、地质三维模型等数据必须由CIM平台建设运营单位开展数据审查。勘察设计方应在竣工后，按照《城市建设工程竣工测量成果规范》CH/T 6001-2014配合提交竣工测量成果；按照《城市建设工程竣工测量成果更新地形图数据技术规程》CH/T 9025-2014对施工范围内的1 ∶ 500地形图进行测绘更新并提交地形图成果。竣工BIM模型传感器编码应与项目运营阶段数据采集编码一致，并配合试运营阶段传感器设备数据接入CIM平台。

2）CIM模型

CIM作为智慧城市融合中的一部分，CIM模型应用应满足雄安新区对智慧城市平台的相关要求，承包单位应全力配合CIM平台建设。需要汇入CIM平台的数据及要求：①全建设过程的BIM数据：包括结构、土建、幕墙、内饰、地质勘探模型及各类传感器模型，BIM模型应满足《雄安新区市政工程BIM模型成果技术导则》《雄安新区市政工程数据对象编码技术导则》和BIM建设及应用要求。②GIS数据：主要为三维倾斜模型、本项目有关的地形图及数字三维地形，三维倾斜模型反映工程建设面貌，因此至少要开展3次，开工前原始地貌、建设过程中、项目竣工。③IoT数据：根据工程实际情况，建设过程中承包方应主动配合接入工地扬尘、环境气象（PM2.5、降雨等）、工程监测类（变形、位移）等数据，根据承包人需要接入关键节点视频监控。

（3）块数据职责

块数据是指一个物理空间或者行政区域内形成的涉及人、事、物的各类数据的总和。以雄安新区地方管理办法等为参考对雄安新区勘察设计方数字建造块数据职责进行阐述，主要从数据质量的角度进行展开。

以《雄安新区岩土工程勘察资料管理办法（试行）》中对数据质量要求为例，勘察设计方应采用雄安新区城市坐标系和1985国家高程基准，勘探点坐标数据和高程数据应准确无误、无遗漏。场地地层划分和地层编码应符合《雄安新区岩土基准层划分导则》DB1131/T 019-2022的要求。数据库文件应符合《雄安新区岩土工程勘察数据分类与编码规则》DB1131/T 020–2022，以便完成数据入库工作。目前支持数家国内主流勘察软件数据库格式转换，汇交人可在雄安新区政务服务网自行下载使用转换工具。勘察设计方汇交人应在汇交之前通过自检工具检查数据库文件是否符合标准并生成自检报告，自检工具可在雄安新区政务服务网自行下载。

（4）物联网职责

以雄安新区工程建设招标公告等为参考对雄安新区勘察设计方数字建造物联网职责进行阐述。

勘察设计方应根据工程实际情况，建设过程中主动配合接入相关数据，根据建设方需要接入关键节点视频监控。新区正在建设IoT平台，此部分数据优先接入IoT平台，若在工程期间IoT平台还未投入使用，勘察设计方应主动协助CIM平台建设方将上述数据接入CIM平台，保证数据能及时收集展示。

（5）区块链职责

以雄安新区工程建设招标公告等为参考对雄安新区勘察设计方数字建造区块链职责进行阐述。

勘察设计方应接入雄安新区区块链资金管理平台，对合同管理、履约管理、资金支付等实施项目全流程管理，实现监控项目所有资金动向，透明项目支出和收入。勘察设计方及其分包人和供应商等本项目全部实施主体应分别选择一家已与区块链资金管理平台开通资金支付对接的银行开设专用账户作为本项目的收支账户。勘察设计方应在获得中标通知书后30日之内签订区块链资金管理协议；勘察设计方保证在确定分包人和供应商等其他参建方后，要求各参建方在15日之内签订区块链资金管理协议；勘察设计方须保证将用于本项目的所有收支账户纳入区块链资金管理平台的管理范围。勘察设计方须保证和承诺，勘察设计方及其分包人和供应商等本项目全部实施主体有义务按照发包人要求及时参加发包人组织的平台使用培训会，确保经办人员在平台内操作及时、准确。勘察设计方需保证和承诺，纳入区块链资金管理平台的单位保证所有开工项目均事先签订相关用工或采购合同，并在区块链上上传项目信息、合同要素信息、合同履约信息、合同扫描件、资金发票信息、资金支付及该项目融资信息等。勘察设计方保证其分包人和供应商中任一方有融资需求时在区块链资金管理平台上向相关金融机构进行申请。

2.5 雄安新区主要施工单位

2.5.1 雄安新区对施工单位的选择标准与要求

据雄安新区公共资源交易服务平台和中国雄安集团电子招标采购交易平台上的数据显示，雄安新区对施工单位的选择主要采用的是公开招标和比选采购的方式，但选择标准和要求基本上都遵循以下六点：即基本标准和要求、单位资质要求、单位业绩要求、单位所配备人员要求、单位财务要求和与数字化相关的要求。

（1）基本标准和要求

对施工单位的基本选择标准和要求主要表现为要遵守《中华人民共和国招标投标法》

中规定的对投标行为的规定、要遵守《雄安新区工程建设项目招标投标管理办法（试行）》对投标行为的规定及要符合招标人对投标人信誉方面的要求。比如：不应为招标人或采购人的不具有独立法人资格的附属机构（单位）等。

（2）单位资质要求

对施工单位的资质要求主要表现为要符合招标人对投标人的施工总承包企业资质或施工专业承包企业资质的要求，以及其他的对施工单位安全生产许可证、特种设备行业许可证等方面的要求。比如，雄安站枢纽片区综合管廊（一期）工程机电部分施工项目招标公告要求投标人：①具有住房和城乡建设主管部门颁发的市政公用工程施工总承包一级及以上资质；②具有有效的安全生产许可证。

（3）单位业绩要求

对施工单位的业绩要求主要表现为投标人要具有承担与招标或采购项目类似项目的能力，要符合招标人对投标人的近5年内所承担项目业绩的要求。比如，雄安商务服务中心项目一标段施工总承包项目招标中要求：近5年内应具有独立承担过1个已经完成的单体建筑面积4万m^2（含）以上或单体工程造价在人民币5亿元（含）以上的钢结构公共建筑施工业绩。

（4）单位所配备人员要求

对施工单位所配备人员的要求主要表现为要符合招标人对投标人所配备的项目经理或项目相关负责人的资质或业绩的要求，另外还有所配备的专职信息化管理人员数量上的要求。比如，雄安新区容东片区施工期间内部给水管线配套水表井工程施工项目比选公告中要求：①投标人为施工项目所配备的项目经理，最低具有市政公用工程专业二级注册建造师证书，具有工程师职称，具备建设行政主管部门颁发的安全生产考核合格证（B类）；②近5年内作为项目经理负责过一项市政给水工程的施工项目。

（5）单位财务要求

对施工单位的财务要求主要表现为投标人要具备良好的银行资信和商业信誉。比如，招标人要求投标人提供近三年（若为三年内成立，提供成立至当前采购或招标年度）经会计师事务所审计的财务审计报告，并包括资产负债表、现金流量表、利润表等材料的复印件，以确认投标人是否存在被责令停业、财产被冻结、接管或破产状态。

（6）数字化要求

对施工单位的数字化要求主要表现为投标人要能满足招标投标规定和招标文件中提出的对施工项目数字化和智能化的要求。比如：①在《雄安新区工程建设项目招标投标管理办法（试行）》中明确提到：要全面推行BIM、CIM技术，实现工程建设项目的全生命周期管理；而且招标文件应合理设置支持技术创新、节能环保等相关条款，并明确BIM、CIM等技术的应用要求。②在《雄安标准施工招标文件》（2020年版）、《雄安标准设计施工总承包招标文件》（2020年版）中也明确提到：招标文件应提出包括BIM、CIM、块数据、物联网、区块链等要求在内的对项目智能化的要求；且承包人有在项目施工过程中采用信息化和数字化的方式进行项目施工管理，并按照雄安新区相关规定和发包人要求配合开展数字雄安相关工作的义务。参与雄安新区项目的施工单位均应满足上述规定和招标文件中的要求。

2.5.2 参与雄安施工的主要单位及其项目概述

河北雄安新区建筑业协会（以下简称雄安建协）成立于2020年11月30日，由中国建筑、中国中铁、中国铁建、中国交建、中国电建、中国能建、中国中冶、北京城建、河北建工、河北建设十家集团联合发起成立。雄安建协以“千年大计、国家大事”为使命，协会内的十家集团均为中国特大型建筑集团，在雄安建设中占有重要地位。因此，本节内容所选定的参与雄安施工的主要单位均属于雄安建协成员，并以中国建筑集团有限公司和北京城建集团有限责任公司两个集团为例对其承担的项目进行展开，如表2-5所示。

表 2-5 参与雄安施工的主要单位及其部分项目概述

单位名称	项目名称	项目内容概述
中国建筑集团有限公司——中国建筑第一工程局有限公司	高铁站片区外部输水管线施工	工作内容为高铁站片区外部输水管线的施工（含数字化模型（BIM、CIM）建设及应用）、缺陷修复及保修等工作
	容东片区E组团安置房及配套设施项目园林景观和小市政工程一标段	建设内容包括园林景观工程、小市政工程、紧邻安置房一侧的支路绿化工程及其室外BIM工程
中国建筑集团有限公司——中国建筑第二工程局有限公司	容东片区3号地项目设计施工总承包第三、四标段	核心工作内容为数字化模型（BIM、CIM）建设及应用
	雄安郊野公园市政道路及配套综合管线工程监控照明工程施工	建设内容包括道路照明、交通数据采集系统等工程施工，并应按照雄安新区关于智能城市建设的相关要求，充分考虑数字化、智能化
中国建筑集团有限公司——中国建筑第三工程局有限公司	雄安市民服务中心项目施工	该项目是雄安新区成立后第一个建筑工程项目，该项目体现了很多未来城市的设计理念——海绵城市、综合管廊、绿色建造等
	雄安商务服务中心项目一标段施工总承包	该项目是雄安新区首批率先开工建设的房建项目，对全面启动雄安新区建设具有重要意义
中国建筑集团有限公司——中国建筑第五工程局有限公司	雄安新区棚户区改造容东片区安居工程（A、D、E、F、G社区）配套给水管网系统干线工程施工	建设内容包括社区内随干路敷设的给水和再生水管道等所有工程的施工（含数字化模型（BIM、CIM）建设及应用）、缺陷修复及保修等工作
中国建筑集团有限公司——中国建筑第六工程局有限公司	容东片区3号地项目设计施工总承包第六标段	核心工作内容为数字化模型（BIM、CIM）建设及应用
中国建筑集团有限公司——中国建筑第八工程局有限公司	启动区市政道路一期（史家胡同小学东侧道路）工程设计施工总承包	施工内容包括但不限于道路工程、雨水工程、监控及智慧工程预埋、照明工程预埋、交通工程等施工
	雄安站枢纽片区市政道路、综合管廊、排水管网系统（一期）工程一标段	核心工作内容为数字化模型（BIM、CIM）建设及应用
	容东片区再生水厂一期工程	建设内容包括污水处理及再生水处理设施、再生水回用设施等，且要充分考虑数字化、智能化
	容东片区3号地项目设计施工总承包第五标段	核心工作内容为数字化模型（BIM、CIM）建设及应用

续表

单位名称	项目名称	项目内容概述
北京城建集团有限责任公司	史家胡同小学西侧道路、给水排水工程EPC总承包	建设内容包含道路工程（包含智慧道路工程）及给水排水工程的勘察、测绘、物探、设计及施工（含施工阶段BIM（含CIM）建设及应用）、缺陷修复等工作
	起步区2#水资源再生中心工程（一期）土建施工总承包	建设内容包括设计施工图纸范围内的再生中心土建工程、配套道路管网等工程，且按照雄安新区关于智能城市建设的相关要求
	K1快速路一期及雄安站西侧干路道路外侧绿化项目施工总承包	建设内容包括绿化种植、排水工程、灌溉工程及有关配套设施、数字森林大数据系统、基于区块链技术的资金管理平台
	雄安站站体配套综合商业项目（A-06-01、A-06-03地块）主体工程施工	建设内容包括图纸范围内的基础、梁板柱结构、外装修等工程，包含数字化模型（BIM、CIM）建设及应用
	雄安站枢纽片区市政道路、综合管廊、给水排水管网系统（二期）二批次一标段施工	建设内容为道路、交通、桥梁、照明、监控、景观绿化及附属工程等施工、缺陷修复和保修等工作，包含数字化模型（BIM、CIM）建设及应用
	雄安新区棚户区改造容东片区安居工程（B、C社区）配套给水管网系统干线工程施工	社区内随干路敷设的给水和再生水管道等所有工程的施工（含数字化模型（BIM、CIM）建设及应用）、缺陷修复及保修等工作
	金湖公园项目——中央湖区标段施工总承包	所有的绿化工程、园路工程、景观建筑及小品等工程的施工、养护、缺陷修复、保护和数字化模型（BIM、CIM）建设、园林大数据及应用等工作
	河北雄安绿博园雄安园建设工程及配套设施项目三标段施工总承包	项目建设内容应按照雄安新区关于智能城市建设的相关要求，需充分考虑数字化、智能化
	白洋淀码头及周边道路景观改造提升工程（EPC）	包括白洋淀码头生态科技展示馆、游客中心、服务中心A+B四栋单体建筑及白洋淀码头绿化、景观、道路提升工程
	雄安城市计算（超算云）中心项目建筑施工总承包	该项目是雄安数字孪生城市“之脑”“之眼”“之芯”，是雄安数字孪生城市运行服务系统的重要载体

2.5.3 雄安施工方数字建造职责

施工方总体上要遵守雄安新区招标投标规定和各项目招标文件中提出的对项目数字化与智能化的要求，能够按照雄安新区关于智能城市建设的相关要求，需充分考虑数字化、智能化，将全过程产生的建筑信息模型（BIM）数据需统一接入新区城市信息模型（CIM）管理平台，并通过区块链资金管理平台对本项目的全过程资金进行管理。具体需要履行以下六方面的职责。

（1）与BIM相关的职责

雄安施工方需要履行的与BIM相关的职责主要可以分为以下三点，即BIM建模相关的职责、BIM成果移交相关的职责、配备BIM相关人员相关的职责。

1）施工方应采用主流的BIM建模平台开展BIM建设工作，建模过程中，项目坐标设置、项目文件命名、构件命名规则、模型信息细度等级等内容均应该遵守《中国雄安集团建设项目BIM技术标准》等系列BIM标准和施工合同中的相关规定。

2）施工方应按发包人要求，按照项目节点按时提交符合规定的BIM模型成果，同时应按发包人要求按时提交所编制的详细的工作计划、BIM模型建设方案、专业协作方式和模型质量管理办法等相关文件。

3）施工方应按照发包人要求，配备一定数量的BIM相关的专业人员，专职服务于所承担的项目建设工作，比如进行BIM模型建设方案的编制等工作。

（2）与CIM相关的职责

按发包人要求为CIM应用的实现按时提供所承担项目的BIM模型、地质三维模型、倾斜摄影三维模型等，BIM模型的建模要求如5.3.1节所述，倾斜摄影三维模型的模型数据格式、坐标系统等要符合发包人要求。同时，施工方要配合CIM平台运营方完成对需提交模型的审核校验工作。

（3）与智慧工地相关的职责

按雄安新区和发包人要求主动配合进行智慧工地相关设施的建设和业务内容的建设。相关设施的建设主要是施工方要主动配合感知系统建设和物联网络建设，具体的建设要求需要遵守《雄安新区智慧工地建设导则》《雄安新区物联网网络建设导则》中的相关规定。业务内容的建设主要是施工方能够实现劳务实名制管理、施工现场视频监控等，《雄安新区智慧工地建设导则》规定的和发包人要求的管理内容。另外，在工程施工期间，施工方的智慧工地管理平台应提供接口，具体的数据建设要求需要遵守《雄安新区智慧工地建设导则》中的规定和发包人要求的内容。

（4）与物联网相关的职责

雄安施工方应按雄安新区和发包人要求进行相关软硬件设施的建设和相关数据的上传。针对物联网体系，主要分为三大类，即应用系统集成类、点位信息共享类、设备直接接入类，施工方应按照招标要求建设相关设施，并应按照发包人要求向物联网平台上传相关数据。

（5）与块数据相关的职责

块数据平台旨在打通各部门间的信息壁垒，实现各部门间的数据共享和数据融合，实现多源异构数据在空间块上的汇聚。雄安施工方在进行智慧工地管理平台等智能化系统和平台规划设计时，应按照雄安新区相关规定和发包人要求对数据资源和数据服务进行统一规划。当施工方的智能化系统及平台涉及与其他信息化系统进行数据共享交换或涉及向外部提供专业数据服务时，均应先注册到块数据平台，并且应主动配合发包人进行智能化系统及平台在块数据建设方面的验收。

（6）与区块链相关的职责

施工方应在区块链资金管理平台上开通专用账户并接入雄安区块链资金管理平台，主动配合对合同管理、履约管理、资金支付等实施项目的全流程管理。同时施工方应主动配合发包人定期、不定期及在关键时间节点进行账户检查，透明项目支出和收入。施工方还应按照发包人要求搭建与工程质量相关的区块链账户，解决原材料生产、验收检测等各方面的数据安全和信任问题，从而实现全过程的工程质量溯源。

2.6 雄安新区主要研究与咨询单位

2.6.1 雄安新区对工程咨询单位的选择标准与要求

改革开放以来，我国经济快速发展，工程建设投资巨量增长，各类工程项目从策划准备到实施运营，从质量效益管理到成本工期控制，工程咨询都在其中发挥了独特而重要的作用。随着精细化管理的深入，片段式咨询服务短板日益凸显，项目全生命周期管理要求日益提升。近年来，国家大力推进工程项目全过程咨询和数字基础设施建设，工程咨询变革已成必然趋势。

（1）工程咨询概述

工程咨询是适应现代经济发展和社会进步的需要，充分利用准确、适用的信息，集中专家智慧和经验，运用现代科学技术、经济管理、法律和工程技术等方面的知识，为工程建设项目决策和管理提供的一种智力服务。工程咨询业是智力型服务行业，运用多学科知识和经验、现代科学技术和管理办法，遵循独立、科学、公正的原则，为政府部门和投资者对经济建设和工程项目的投资决策与实施提供咨询服务，以提高宏观和微观的经济效益。

工程咨询单位按参与项目实施的程度，可分为分阶段咨询和全过程咨询。分阶段咨询是工程咨询的传统方式，其组织结构成员主要由建设单位、勘察设计单位、招标代理单位、造价咨询单位、工程监理单位以及项目前期的咨询顾问单位等组成。在传统咨询方式下，业主会采用与上述单位分别签订合同的方式来进行工程咨询。而全过程工程咨询将离散的咨询服务进行整合，对建设项目全生命周期提供组织、管理、经济和技术等各有关方面的工程咨询服务。全过程工程咨询服务实际上是包含且不限于勘察、设计、造价咨询、招标代理、材料设备采购、合约管理、施工管理和工程监理的全过程一体化项目管理服务，为工程建设项目全生命周期提供服务，对阶段咨询内容的顺畅衔接，对节约建设投资、缩短建设周期、确保建设质量、提升工作成效、明晰人员职责都具有重要的现实意义。全过程咨询是工程建设市场成本效率健全发展的必然要求，也是参与国际竞争的必然选择。

2019年1月11日，河北雄安新区管理委员会发布的《雄安新区工程建设项目招标投标管理办法（试行）》明确指出“推行全过程工程咨询服务，使用财政性资金的项目应当实行全过程工程咨询服务”“依法必须招标的项目，可在计划实施投资时或项目立项后通过招标方式委托全过程工程咨询服务”。2020年6月18日，河北雄安新区管理委员会发布的《河北雄安新区建设工程质量管理规定（试行）》第八条规定“政府投资项目有序实施全过程工程咨询服务，鼓励社会资本投资项目逐步推进全过程工程咨询服务，开展投资咨询、招标代理、勘察、设计、监理、造价、项目管理等综合性、跨阶段、一体化咨询服务”。试行办法与规定拓宽了全过程工程咨询服务的推行范围。全过程工程咨询在这些政策的支持下成为雄安新区工程建设咨询服务的主流。这有助于在雄安新区建筑领域全面引入具备全过程咨询服务能力的企业，从而带动全过程工程咨询业的全面发展。

（2）基本资格要求

根据《中华人民共和国招标投标法》的规定，参与投标的单位不应当存在法律法规禁止的情形。这些要求决定了工程咨询单位咨询服务参与所有项目投标的资格，是法律法规规定的强制性要求。参与投标的单位不得存在下述法律法规禁止的情形：

1）投标人为招标人不具有独立法人资格的附属机构（单位）；

2）投标人与招标人存在利害关系可能影响招标公正性；

3）投标人单位负责人与同一标段或者未划分标段的同一招标项目的其他投标人的单位负责人为同一人；

4）投标人与同一标段或者未划分标段的同一招标项目的其他投标人存在控股、管理关系；

5）投标人为同一标段或者未划分标段的同一招标项目的代建人；

6）投标人为同一标段或者未划分标段的同一招标项目的招标代理机构；

7）投标人与同一标段或者未划分标段的同一招标项目的代建人或招标代理机构同为一个法定代表人；

8）投标人与同一标段或者未划分标段的同一招标项目的代建人或招标代理机构存在控股或参股关系；

9）投标人被依法暂停或者取消雄安新区投标资格；

10）投标人被责令停业，暂扣或吊销执照，或吊销资质证书；

11）投标人进入清算程序，或被宣告破产，或其他丧失履约能力的情形；

12）投标人在近3年内（从投标文件递交截止之日起倒算）有骗取中标或严重违约或重大咨询质量问题（以相关行业主管部门的行政处罚决定或司法机关出具的有关法律文书为准）；

13）投标人被市场监督管理部门在国家企业信用信息公示系统中列入严重违法失信企业名单；

14）投标人被最高人民法院在“信用中国”网站中列入失信被执行人名单；

15）在近3年内（从招标公告发布之日起倒算）投标人或其法定代表人、拟委任的负责人有行贿犯罪行为；

16）近1年内（从投标文件递交截止之日起倒算）投标人因串通投标、转包、以他人名义投标或者违法分包等违法行为受到行政处罚；

17）投标人因违反工程质量、安全生产管理规定等原因被给予行政处罚且在处罚期内（以“信用中国”网站公布的处罚及处罚期限为准，未列明处罚期限的视同不在处罚期内）；

18）投标人因拖欠工人工资被有关部门责令改正而未改正或被列入拖欠工资“失信主体”且在公示期内（以因拖欠工资被列入“信用中国”网站严重拖欠农民工工资失信主体的为准）；

19）投标人与同一标段或者未划分标段的同一招标项目的施工承包人以及建筑材料、建筑构配件和设备供应商有隶属关系或者其他利害关系；

20）投标人在同一标段或者未划分标段的同一招标项目投标中存在串通投标、弄虚作假、行贿等违法行为。

（3）专项资格要求

根据《河北雄安新区标准全过程咨询服务招标文件》的规定以及业主单位的需求，参与投标的单位应当满足相关工程招标文件对应资质要求、业绩要求、人员要求与信誉要求。这些要求决定了工程咨询单位参与雄安新区具体工程咨询服务项目的资格。

以河北雄安绿博园雄安园建设工程及配套设施项目监理招标为例，具体要求如下：

1）资质最低要求：具有建设行政主管部门颁发的市政公用工程监理甲级资质或工程监理综合资质；

2）业绩最低要求：投标人近5年（从招标公告发布之日倒算5年，正在实施的项目以合同签订时间为准，已完成项目以竣工或交工或完工验收报告签发时间为准）至少承担1个以下类型的监理业绩：

① 单项合同工程投资金额1亿元（含）及以上的景观工程或城市风景园林或造林项目监理业绩；

② 单项合同绿化面积2000亩（含）及以上的景观工程或城市风景园林或造林项目监理业绩；

3）总监理工程师最低要求：拟派的总监工程师具有市政公用工程专业注册监理工程师执业资格，同时应具有高级及以上职称，且注册单位与投标人单位一致；拟派总监理工程师自投标截止之日起不可以同时担任其他建设工程的总监理工程师；

4）财务要求：提供2017、2018、2019年度或成立至2019年度经会计师事务所审计的财务审计报告，且包括资产负债表、现金流量表、利润表的复印件（如果2019年度审计报告未出，则提供2016、2017、2018年度或成立至2018年度）；

5）信誉要求：有以下其中一条者，不得参加本项目的投标：

① 因违反工程质量、安全生产管理规定等原因被给予行政处罚且在处罚期内的；

② 近1年内（从投标截止之日起倒算）因串通投标、转包、以他人名义投标或者违法分包受到行政处罚的；

③ 以弄虚作假方式骗取中标被给予行政处罚且在处罚期限内的；

④ 拖欠工人工资被有关部门责令改正而未改正或被列入拖欠工资“黑名单”且在公示期内的；

⑤ 在雄安新区范围内，因涉嫌围标、串通投标被立案调查，尚未调查结束的；

⑥ 近3年内（从提交投标文件截止之日起倒算）投标人或其法定代表人或拟派总监理工程师有行贿犯罪记录的；

⑦ 近2年内（从提交投标文件截止之日起倒算）在本项目招标人实施的项目中存在无正当理由放弃中标资格、拒不签订合同、拒不提供履约担保情形的；

6）本次招标不接受联合体投标。

（4）选择标准

按照公平、公正竞争原则，根据比选申请人所提供的服务及管理方案和资质文件、业绩、价格等进行综合评选，评分标准如表2-6所示。

表 2-6　评分标准

<table>
<tr><th>评分内容</th><th colspan="2">评分标准</th><th>标准分</th></tr>
<tr><td>投标报价
（20分）</td><td colspan="2">（1）申请人报价参照国家计委关于印发《河北省工程造价咨询服务管理收费标准》暂行办法的通知（冀建市研［2017］2号）的标准，综合考虑单位招标采购项目的基本情况，请各申请人报出折扣率；
（2）投标报价最低的申请人折扣率为评标基准价，其价格分为满分。其他申请人的投标报价得分=（评标基准价／申请人报价折扣率）×20</td><td>0–20</td></tr>
<tr><td rowspan="4">商务部分
（25分）</td><td>加分项
（5分）</td><td>在雄安新区有办公场所的造价咨询单位申请人加5分。提供相关证明材料（营业执照或房屋租赁合同）加盖公章</td><td>0–5</td></tr>
<tr><td rowspan="2">企业业绩
（15分）</td><td>申请人每提供一个造价咨询类项目业绩得5分，满分10分。
申请人须在文件中提供本企业自2017年1月1日以来与业主签订单项合同投资金额在500万元以上（含500万元）的造价咨询类项目的合同扫描件。合同扫描件中必须体现双方签字盖章页及项目内容的关键页并加盖公章，否则合同不予计分</td><td>0–10</td></tr>
<tr><td>申请人每提供一个雄安新区范围内的造价咨询项目业绩得5分，满分5分。
申请人须在文件中提供本企业自2017年1月以来与业主签订的合同扫描件。合同扫描件中必须体现双方签字盖章页及项目内容的关键页并加盖公章，否则合同不予计分</td><td>0–5</td></tr>
<tr><td>项目负责人业绩
（5分）</td><td>项目负责人具备一个造价咨询类项目业绩得5分，满分5分</td><td>0–5</td></tr>
<tr><td rowspan="6">服务方案部分
（55分）</td><td>组织结构及项目团队
（10分）</td><td colspan="2">组织管理机构完善、合理，团队人员构成专业性强、专业齐全的得6.1–10；一般的得3.1–6分；欠合理的得0–3分</td></tr>
<tr><td>造价咨询服务总体工作思路
（10分）</td><td colspan="2">对项目的服务需求做深入分析，思路清晰，实施步骤明晰，措施完善可行，对实施过程有规范管理的得6.1–10；一般的得3.1–6分；欠合理的得0–3分</td></tr>
<tr><td>资源保障措施
（10分）</td><td colspan="2">按造价咨询现场人员及后台支持人员、人员专业配置的合理性、专业的齐全性、人员组织、人员素质、造价软件配置、材料价格询价渠道等方面相比较进行打分，保障措施合理得6.1–10；一般的得3.1–6分；欠合理的得0–3分</td></tr>
<tr><td>进度保障措施
（10分）</td><td colspan="2">按造价咨询工作时限、接受工作任务的响应时间等方面相比较进行打分，保障措施合理得6.1–10；一般的得3.1–6分；欠合理的得0–3分</td></tr>
<tr><td>质量保证措施
（10分）</td><td colspan="2">按造价咨询采用标准、依据文件、编制复核人员、检查复核制度、政策法规适用性、工作态度等方面相比较进行打分，保障措施合理得6.1–10；一般的得3.1–6分；欠合理的得0–3分</td></tr>
<tr><td>保密措施
（5分）</td><td colspan="2">根据保密措施相比较进行打分，合理得3.1–5分；一般得1.6–3.0分；欠合理的得0–1.5分</td></tr>
</table>

2.6.2　参与雄安工程咨询的主要单位及其项目概述

雄安新区建设是国家重大战略，中央对雄安新区的定位、要求以及重点建设任务都预示着工程咨询将在雄安新区规划、建设、管理、运营各环节中发挥巨大的作用。一方面，可以从专业化分工和项目全过程咨询服务出发，将工程咨询延伸到工程勘察设计、工程造价、工程监理、项目代建等项目实施全过程管理领域，组建成跨行业、跨地区的工程咨询联合体。另一方面，可向新型智库职能延伸，将工程咨询延伸到战略研究、规划编制领域，组建体现“思想库”“智囊团”功能的行业智库。在雄安新区的规划编制、实施过程中，工程咨询将有广阔的发展空间，在发展规划、产业规划、城市设计、空间规划等方面发挥巨大作用。本节以河北雄安绿博园雄安园、科创综合服务中心、雄安商务服务中心项目为例，介绍其项目概况与工程咨询的主要单位。

（1）河北雄安绿博园雄安园建设工程

1）项目概述

本项目建设地点位于雄安新区容城县东侧，容城北侧，北起南拒马河右岸，南至容东城市组团，西起贾光乡，东至京雄高速。建设内容包括雄安林、雄安展园、公共区域、临时绿化四部分区域，占地约11500亩，是起步区南北中轴线上北侧重要的景观门户。本项目业主为中国雄安集团生态建设投资有限公司，招标人为中国雄安集团生态建设投资有限公司和中国雄安集团数字城市科技有限公司。本工程分为四个标段，表2–7列举出了各标段相关咨询单位中标的基本情况。

表 2-7 绿博园雄安园各标段咨询服务基本情况

标段	服务	招标人	招标代理	中标人	投标报价（万元）
一标段	监理	中国雄安集团生态建设投资有限公司	北京北咨工程咨询有限公司	内蒙古华鸿项目管理有限公司	256.40
二标段	监理	中国雄安集团生态建设投资有限公司	北京北咨工程咨询有限公司	天津国际工程建设监理公司	527.00
三标段	监理	中国雄安集团生态建设投资有限公司	北京北咨工程咨询有限公司	江苏国兴建设项目管理有限公司	341.26
四标段一期A包	智慧工程	中国雄安集团数字城市科技有限公司	瑞和安惠项目管理集团有限公司	京东城市（北京）数字科技有限公司	4096.66
四标段一期B包	智慧工程	中国雄安集团数字城市科技有限公司	瑞和安惠项目管理集团有限公司	中移系统集成有限公司	2399.96
全标段	雄安主场馆精装修工程	中国雄安集团生态建设投资有限公司	北京北咨工程咨询有限公司	北京城建集团有限责任公司	8835.09

2）招标代理单位

北京北咨工程咨询有限公司（以下简称北咨公司）于1986年经北京市人民政府批准成立，是北京市属唯一的甲级综合性工程咨询机构，参与了北京市及部分国家级重大投资建设项目咨询服务，基本形成了贯穿规划研究、项目前期咨询、设计咨询、建设咨询的全过程工程咨询业务链条，构建了独具特色的咨询理论方法及服务体系，积累了一批经验丰富的专家团队，为政府和社会在工程建设项目的投资决策、投资控制和建设管理方面提供了强有力的智库支撑和服务保障。2019年10月18日，雄安新区改革发展局发布了工程咨询公司征集项目中标公告，北咨公司成功入选此次机构库，并在全部中标单位中名列第四名。

瑞和安惠项目管理集团有限公司（以下简称瑞和安惠集团）创建于2000年，是在国家工商总局核名注册的跨区域经营的专业工程咨询企业集团，服务范围集全过程工程咨询、PPP咨询、工程咨询信息化、管理人才培训认证于一体，是工程咨询行业业务范围较广、资质较全、服务项目较多的综合性工程咨询机构之一。2020年7月，雄安集团发布了雄安集团二级公司招标代理机构库中标公告，瑞和安惠集团成功在四标段入选此次机构库，名列第六名。

3）监理单位

天津国际工程建设监理公司的母公司为天津国际工程咨询集团有限公司，集团具备工程咨询资信综合甲级、工程监理综合甲级资质、工程造价乙级资质等多项行业准入资格，是天津市目前唯一具备国家发展改革委委托投资评估任务及工业和信息化部工业节能和绿色发展评价资格的咨询机构。该公司在雄安新区还承接了2020年植树造林项目（秋季）工程监理一标段、南拒马河（二期）生态景观提升工程（生态堤及河滩地部分）监理二标段、容东片区2号地（XARD—0050宗地、XARD—0051宗地、XARD—0052宗地）房屋建筑及配套设施项目监理一标段、雄东片区A单元安置房及配套设施项目监理等工程监理项目。

4）智慧工程单位

河北雄安绿博园雄安园项目四标段（智慧工程）一期分为A、B两包。A包内容包括：园区运营管理中心、智能管理体系、智能服务体系、基础平台层、基础设施层软硬件开发及采购安装。B包内容包括：基础设施层、园区运营管理中心装修及配套设施、智能安防系统采购及安装、雄安展园展馆内的智慧设施建设。

A包中标人为京东城市（北京）数字科技有限公司（以下简称京东城市）。京东城市是京东集团“智能城市”技术品牌的承载者，借助京东集团强大的数据基础和品牌优势，聚合整个集团在电商、物流、金融、大数据、人工智能和云计算等领域的技术优势。京东城市既为城市提供点线面结合的智能城市顶层设计，也为城市环境、交通、规划、能源、商业、安全、医疗、信用和电子政务等领域定制智能解决方案，推动城市从规划、到运维、到预测的可持续发展。京东城市已经为雄安、天津、南京、福州、宿迁等近30座城市提供技术服务，并承接数字雄安和信用城市等一系列国家战略任务，为提高城市运转效率和人民生活水平，确保城市生态的可持续发展做出了巨大的贡献。

B包中标人为中移系统集成有限公司。中移系统集成有限公司依托中国移动基础网络资源优势，聚焦系统集成、软件研发、业务运营与运维、网络安全服务、智慧城市研发等业务方向。公司专业资质完备，具备信息系统集成及服务一级资质、通信信息网络系统集成甲级资质、CMMI DEV V2.0 Level 5等系统集成关键资质与行业认证24项。现有员工近3000人，专业技术人员占比超90%，具备成熟完善的技术人才队伍[158]。该公司在雄安新区还承接了安新县主要连通道路交通设施提升优化工程、雄安新区公安局公安视频图像智能应用平台项目、容东片区城市运营管理中心信息化建设项目等十余项项目，在雄安的数字化建造中发挥了巨大的作用。

（2）科创综合服务中心

1）项目概述

科创综合服务中心项目位于雄安新区启动区科学园片区东部门户区，总建筑面积51188m^2，主导功能为国家级实验室及其配套办公，是承接北京非首都功能疏解的科技创新平台和科研机构，为科创产业园区建设提供配套服务保障。作为雄安新区重点实验室，科创综合服务中心是国家科技创新体系的重要组成部分，能够支撑雄安新区形成全球创新高地和服务雄安新区经济社会发展现实需求。

科创综合服务中心（一期）项目的业主和招标人为中国雄安集团公共服务管理有限公司，招标代理机构为中钢招标有限责任公司（以下简称中钢招标），施工总承包单位为中铁建设集团有限公司，项目监理为北京双圆工程咨询监理有限公司，项目勘察、设计方分别为华东建筑设计研究院有限公司、上海申元岩土工程有限公司。

2）招标代理单位

中钢招标的前身为中国国际钢铁投资公司的招标采购业务部，自1986年起开展招标业务。2002年，根据上级单位中国中钢集团公司战略调整，依托原有招标采购业务积累，成立了中钢招标有限责任公司。中钢招标是我国较早开展招标采购代理业务的专业公司，拥有商务部、财政部、国家发展改革委、住房和城乡建设部等行政主管部门颁发的全部招标代理甲级资质，国家国防科技工业局颁发的军工涉密业务咨询服务安全保密条件备案证书，北京市住房和城乡建设委员会颁发的工程造价咨询企业资质证书，是全国招标代理行业资质最全、等级最高的国有招标代理机构之一。2020年7月，雄安集团发布了雄安集团二级公司招标代理机构库中标公告，中钢招标在二、三、四标段均位列第一，参与了包括科创综合服务中心在内的百余项雄安工程项目的招标代理。

3）监理单位

北京双圆工程咨询监理有限公司于1987年成立，是全国首批工程建设监理试点单位之一，是伴随着中国的改革开放和工程咨询监理行业的发展而成长起来的大型工程咨询、管理服务企业，具有工程监理、工程咨询、工程造价咨询、工程招标代理等多项甲级资质。北京双圆工程咨询监理有限公司在工程监理服务中积累了大量的工程信息及管理经验，能够为各类项目投资者提供优质的监理服务，包括房屋建筑工程、市政公用工程、机电安装工程、化工石油工程、信息系统及其他工程，并能够提供相关的技术及管理咨询服务，使业主能够获得全过程的、增值的工程监理服务。北京双圆工程咨询监理有限公司在雄安还承接了雄安商务服务中心、容城县2022年雨污分流改造提升、市政道路提升改造工程项目、雄安宣武医院等数十项工程监理项目。

（3）雄安商务服务中心

1）工程概况

雄安商务服务中心是雄安新区首批社会服务配套设施，以“一芯、一环、一网、多点”的理念构建环境生态、产业生态、空间生态一体化，高度复合的未来型商务服务中心，实现三星绿色建筑全覆盖，是雄安新区的首个标志性城市综合体，也是雄安的一座新地标。

雄安商务服务中心坐落于雄安新区容东片区西部，位于市民服务中心正北方。总用地面积为21.73万m^2，总建筑面积约为89.86万m^2，其中地上建筑面积约57.90万m^2，地下建筑面积约31.96万m^2，是迄今为止全中国最大的全过程咨询项目。业主为中国雄安集团城市发展投资有限公司，全过程工程咨询服务项目的招标代理机构为北京北咨工程咨询有限公司，中标人为深圳市建筑科学研究院股份有限公司、北京双圆工程咨询监理有限公司联合体，中标金额为1.89亿元。

2）全过程咨询单位

深圳市建筑科学研究院股份有限公司是国家级高新技术企业、全国博士后科研工作站、全国绿色建筑先锋单位、国家绿色建筑华南基地、全国科普教育基地。2000年以来专注于持续探索中国特色新型城镇化之路，构建绿色建筑、社区、城区，到低碳生态城市4个层面的“诊断”“规划”“建设”“运营”“更新”五位一体的业务能力和资质，通过科研、规划、设计、咨询、检测与公信、运营等多业务协同提供综合科技创新与技术服务，成为该领域先行者和国内外知名领导者之一。

2.6.3 雄安工程咨询方数字建造职责

工程咨询的阶段繁多，自全过程工程咨询提出以来，工程咨询的内涵不断扩大，包含且不限于勘察、设计、造价咨询、招标代理、材料设备采购、合约管理、施工管理和工程监理。全过程工程咨询整合了各阶段咨询工作的内容，其职责包含对建设项目前期策划和决策以及实施和运营的全生命周期提供包含设计和规划在内的涉及组织、管理、经济和技术等各有关方面的解决方案及项目管理服务。本节根据《全过程工程咨询导则》《全过程工程咨询服务管理标准》《建设工程造价咨询规范》以及雄安新区工程建设招标公告等资料中对咨询方提出的职责要求，介绍咨询方在雄安建造以及数字建造中的职责。

（1）工程咨询方的职责

全过程工程咨询是指采用多种形式，为项目决策阶段、施工准备阶段、施工实施阶段和运营维护阶段提供部分或整体工程咨询服务。本小节以全过程咨询的各阶段为例，介绍工程咨询方在建造过程中的职责。

1）项目决策阶段

在项目决策阶段，咨询方的职责主要有编制项目建议书，进行可行性研究、经济分析、专项评估与投资确定，进行选址和选址勘察，编制选址报告，编制可行性研究报告，并进行建设场地的地震安全性评价和工程项目的环境影响评价。表2–8列出了项目决策阶段咨询方的主要职责。

表2-8 咨询方在项目决策阶段的主要职责

专业类别	职责组成	具体职责
项目管理	项目策划管理	进行项目全过程工程咨询服务前，要对工程咨询服务进行策划，对全过程工程咨询服务的模式及咨询服务的目标、内容、组织、资源、方法、程序和控制措施进行确定
	项目报批	全过程工程咨询单位应根据咨询服务合同约定内容承担项目报批工作
投资咨询	项目建议书	为政府投资项目立项的重要依据，应对项目建设的必要性进行充分论证，并对主要建设内容、拟建地点、拟建规模、投资估算、资金筹措以及社会效益和经济效益等进行初步分析
	可行性研究报告	分析项目的经济技术可行性、社会效益以及项目资金等主要建设条件的落实情况，应提供多种建设方案比选，提出项目建设必要性、可行性和合理性的研究结论
	其他专项咨询报告	环境影响评估、节能评估、水土保持评价、地质灾害危险性评估、交通影响评价
	社会稳定风险分析特殊说明	按照风险调查、风险因素识别、风险估计、风险防范化解措施、风险等级确认、风险分析结论的顺序归纳总结项目风险分析的主要结论并提出相关意见和建议

续表

专业类别	职责组成	具体职责
工程勘察	场地稳定性和适宜性评价	成果资料应包括实际材料图、综合工程地质图、工程地质分区图、综合地质柱状图、工程地质剖面图以及素描图、照片和文字说明
造价咨询	投资估算	编制和审核投资估算
	项目经济评价报告	编制和审核项目经济评价报告
	方案经济比选	结合建设项目的使用功能、建设规模、建设标准、设计寿命、项目性质等要素，运用价值工程、全寿命周期成本等方法进行分析，提出优选方案及改进建议

2）施工准备阶段

施工准备阶段是指为拟建工程的施工创造必要的技术、物资条件，动员安排施工力量，部署施工现场，确保施工顺利进行的过程。施工准备工作要有计划、有步骤、分期和分阶段进行，贯穿于整个施工过程的始终，包括技术准备、现场准备、物资准备、人员准备和季节准备。施工准备阶段咨询方的主要职责包括：场地勘察、工程设计、造价咨询、招标投标、签订施工合同、办理施工许可证及其他报建手续等工作。表2–9列出了施工准备阶段咨询方的主要职责。

表 2-9　咨询方在施工准备阶段的主要职责

专业类别	职责组成	具体职责
项目管理	项目策划管理	进行项目全过程工程咨询服务前，要对工程咨询服务进行策划，对全过程工程咨询服务的模式及咨询服务的目标、内容、组织、资源、方法、程序和控制措施进行确定
	开展组织管理工作	明确负责人、界定工作范围、制定流程、配备资源
	合同管理	建立合同管理体系、选择合同文本、关注合同界面、签订前审查
	招标投标管理	组织对勘察文件的审查、对设计单位的组建、对设计方面工作的管理、报批报建、各类设计文件的深度要求
工程勘察	勘察任务书	编制勘察任务书的重要性及主要内容
	勘察工作	负责组织编写方案、勘察工作的顺序、勘察工作的标准、初勘及详勘的重点工作内容
	勘察文件	编制勘察文件过程中的重点工作内容
工程设计	设计任务书	编制要求和内容、对设计任务书的审核
	项目方案设计	项目方案设计的编制
	方案设计	方案设计的开展和主要内容
	初步设计	初步设计的开展和主要内容
	施工图设计	施工图设计的开展和主要内容
造价咨询	设计概算	工作内容、编制和审核的执行标准、控制范围
	设计方案的经济优化	协助技术经济分析和论证、多方案经济比选、组织编制设计概算限额、基于造价管理的设计优化
	资金使用计划	编制项目资金使用计划、资金使用计划的要求、资金使用计划的常见编制方法

续表

专业类别	职责组成	具体职责
造价咨询	施工图预算	施工图预算的编制依据、施工图预算的编审标准、施工图预算的审核要求
	工程量清单	工程量清单编制依据、工程量清单编制要求、审核工程量清单的注意事项
	最高投标限价	编制和审核的基本要求、需要调整的情形
	清标	清标分析、清标报告的编写和作用
	合同条款	拟定合同条款的要求
	风险预警	风险预警
招标、采购咨询	招标策划	组织招标策划的依据、招标策划的开展时间、考虑因素和遵循原则、招标策划的实施和变更
	招标文件	招标文件的编制、各专业咨询的支持、组织招标的主要工作内容、评标委员会的组成、合同拟定原则

3）施工实施阶段

施工实施阶段是项目从无到有的实现过程，具体咨询工作包括：工程采购（招标投标）、合同管理、工程监理、竣工结算等。在施工阶段，工程咨询的主要任务是监督、管理、控制。表2–10列出了施工实施阶段咨询方的主要职责。

表2-10　咨询方在施工实施阶段的主要职责

专业类别	职责组成	具体职责
项目管理	合同管理	监督各方履约行为、合同跟踪和诊断、重视变更和索赔并制定措施、合同争议处理
	建立管理制度	组织制度建设
	进度管理	编制进度工作计划、确保界面合理衔接、进度管理程序、跟踪检查进度计划、变更进度计划
	成果文件管理	成果文件的标准
	质量管理	质量管理的要求、质量管理程序、质量控制的一般做法
	安全管理	安全管理的要求、签订安全责任书、监督施工过程避免安全事故、安全生产考核奖惩、安全事故的处理、安全文明措施费的支付和监督落实使用
	信息管理	建立信息管理体系
	档案管理	文件和档案管理、文件的内容和深度符合规范要求
	风险管理	风险管理的主要内容
	竣工验收	竣工验收的组织和参与、编制竣工验收计划、竣工验收的标准和要求、工程移交、组织工程资料移交、签订保修合同、结算管理
工程勘察	现场服务	技术指导
	不利情况处理	不利物质条件情况的处理
	工程验收	参与地基与基础工程、主体结构工程验收
工程设计	图纸会审	组织图纸会审
	设计交底	设计交底要求及相关工作

续表

专业类别	职责组成	具体职责
工程设计	危重大施工方案	危重大施工方案的审核过程和要求
	设计变更	审查设计变更的要求、重大变更审查备案
	现场服务	现场技术指导
	竣工图	监督竣工图编制
造价咨询	成本目标管控	制定资金使用计划、动态管理体系
	变更签证处理	工程变更管理、工程签证的审查、预防和处理工程索赔、材料询价
	结算和决算	竣工结算编审要求、竣工决算工作内容、要求及编制方式、项目总结
工程监理	监理准备工作	监理人员及设备准备、编制监理规划和细则
	监理工作要求	监理实施要求、人员稳定性、履行要求和依据
	监理审查工作内容	进度计划、施工组织设计和安全措施、隐蔽验收工程、进度款工程量统计、安全生产制度
	现场监理工作	检查施工过程是否符合方案、安全生产检查、监督安全文明措施费的使用、跟踪检查合同实施情况、档案管理
	竣工验收	提出竣工验收意见、对已完工程质量进行评估、工程质量检查核定、参加验收、档案归档

4）项目运营阶段

运维阶段是指项目全过程咨询的最后一个阶段，也是检验项目是否实现决策目标的关键环节。完成项目的竣工验收工作后，转入项目的试运营阶段，这时项目的使用方已经开始做使用前的准备工作，设备调试、人员培训等。

运维阶段工程咨询的主要任务是检查工程质量是否达到设计要求，复核工程投资是否合理。在投产或投入使用过程中验证项目的建设效果是否达到预期要求。同时与使用者结合并顺利交接。表2-11列出了项目运营阶段咨询方的主要职责。

表 2-11　咨询方在项目运营阶段的主要职责

专业类别	职责组成	具体职责
项目管理	运营阶段管理	制定评价制度、对运营进行评价和管理、参加设施和资产管理
造价咨询	缺陷责任期	缺陷责任期修复费用审核、未能及时履约保修费用的处理
	项目后评价	项目后评价报告的提出、项目后评价的基本内容、项目后评价开展的要求
设施管理	设施管理	设施管理的内容、设施管理是项目增值的具体途径
资产管理	资产管理	出具咨询方案的要求、资产管理的工作内容、运行维护成本规划的编制和落实

（2）工程咨询方的数字建造职责

工程咨询方应遵循在数字建造中遵守雄安《雄安新区工程建设项目招标投标管理办法（试行）》《中国雄安集团建设项目BIM技术标准》《河北省建筑工程造价管理办法》等文件中对项目数字化和智能化的要求。以大数据和区块链为基础，全过程产生的建筑信息模型（BIM）数据需统一接入新区城市信息模型（CIM）管理平台，通过区块链资金管理平台对本项目的全过程资金进行管理，落实雄安新区关于建设者工资保障等相关规定。以下从投资咨询、招标代理、工程监理、造价咨询以及BIM咨询分别简述工程咨询方的数字建造职责。

1）投资咨询

雄安投资咨询方需要履行的数字建造相关职责主要有：

① 投资决策咨询人应严格按照数字雄安建设管理平台的使用规定提交和填报数据；

② 应按照雄安新区BIM审批要求完成相关工作，并配合发包人完成BIM模型审批；

③ 应按照新区要求接入雄安相关区块链资金管理平台，对合同管理、履约管理、资金支付等实施项目全流程管理，实现监控项目所有资金动向，透明项目支出和收入。发包人定期、不定期及在关键时间节点进行检查。

2）招标代理

以雄安集团二级公司招标代理机构库的瑞和安惠项目管理集团有限公司为例，瑞和安惠项目集团在数字建造过程中的职责主要有：

① 推进招标投标交易全过程电子化，其中包括：参与研发“河北省招标投标公共服务平台”、自主研发“惠招标”电子交易平台，并在雄安新区许多项目的招标过程中使用。

② 在招标投标环节应用BIM技术。招标时建议建设单位将BIM技术应用的方案和要求写入招标文件，在评标环节增加了BIM方案和模型的演示汇报。基于BIM的招标在招标阶段招标人可以提供BIM模型或要求投标人自己建模，投标人可以借助该模型完成三维场地布置、动态漫游、碰撞检测、管线综合等可视化的辅助投标，能够有效为建设单位节约投资、缩短施工工期，实现智慧建造和项目建设的精细化管理，向着开放、共享、协调、绿色的目标努力。

③ 做好招标代理成果大数据的分析与整理。组织专门力量，自主研发的、先进的OA系统，将这些项目的经济技术指标、材料设备价格加以分析、整理、归类，建立了集团庞大的数据库系统。这个数据库系统可以为业主和审批部门提供投资决策的强有力的数据支撑，为集团其他业务（如前期咨询、设计、造价咨询、现场管理等）人员提供详细的参考数据，使项目投资概算更加准确，使造价控制量化目标更加精确。

3）工程监理

根据《标准监理招标文件》，雄安工程监理方需要履行数字建造相关职责主要有：

① 收到工程设计文件后编制监理规划（含BIM应用服务方案），并在第一次工地会议7天前报委托人。根据有关规定和监理工作需要，编制监理实施细则（含BIM应用服务实施要点）。

② 熟悉工程设计文件（含BIM模型），并参加由委托人主持的图纸会审和设计交底会议。

③ 在巡视、旁站和检验过程中，发现工程质量、施工安全存在事故隐患的，及时将相关信息录入BIM管理平台，要求施工承包人整改并报委托人。

④ 验收隐蔽工程、分部分项工程，及时将验收情况录入BIM管理平台。

⑤ 审查施工承包人提交的竣工验收申请及BIM竣工模型，编写工程质量评估报告。

⑥ 监理人需按雄安新区工程建设智慧监管服务平台、数字雄安建设管理平台、雄安新区规划建设BIM管理平台的使用要求，配置终端设备登录平台和提供合格数据，采用信息化手段进行监理。

4）造价咨询

根据《建设工程造价咨询规范》GB/T 51095-2015，工程造价咨询企业的数字化职责主要为信息管理，主要表现为：

① 工程造价咨询企业应充分利用计算机及网络通信技术进行有效的信息管理。工程造价的信息管理应包括工程造价数据库、工程计量与计价等工具软件、全过程工程造价管理系统的建设、使用、维护和管理等活动。

② 工程造价咨询企业应利用现代化的信息管理手段，自行建立或利用相关工程造价信息资料、各类典型工程数据库，以及在咨询业务中各类工程项目中积累的工程造价信息，建立并完善工程造价数据库。

③ 工程造价咨询企业应按标准化、网络化的原则，在工程项目各阶段采用工程造价管理软件。

④ 工程造价咨询企业承担全过程工程造价管理咨询业务时，应依据合同要求，对各阶段工程造价咨询成果和所收集的工程造价信息资料进行整理分析，并应用于下一阶段的工程造价确定与控制等环节。

5）BIM咨询

BIM技术是指依托数字技术构建建筑各方信息平台，在平台上存储各方信息，进而构建起一个信息库的相关技术。在工程咨询项目中应用BIM技术可以缩短项目建设工期、节约成本，有效提升工程咨询的质量和效率。表2-12展示了咨询方在不同阶段BIM技术应用的具体职责以及应用效果。

表 2-12　咨询方在项目 BIM 技术应用的主要职责

应用阶段	具体职责	应用效果
全过程	基于建筑信息模型的集成化管理手段	集成化手段
	实现从零散数据调用过渡到全生命周期信息管理	碎片化的整体性治理
	紧密围绕项目进行协同工作，获得与实体资产相对应的数字资产	
项目决策	文字信息、图纸资料等碎片化和抽象化整合	
	建设方案比选	阶段提升价值手段
工程建设准备阶段	设计方案比选	
	交付与设计图档相一致的BIM模型	
	协助分析建筑物地下及周边环境信息	
	分析建筑物性能	
	提升工作质量和效率	
	实现设计协同	增强设计能力
	协助深化设计，减少施工中的设计变更	
	直观理解设计意图	
	避免漏项，降低计算误差率，提高计算效率，提升工程量准确性	增强成本管控能力
	以施工模拟促进资源优化	
	进行成本辅助管理	

续表

应用阶段	具体职责	应用效果
工程建设实施阶段	模拟施工方案、安全施工方案，增强项目质量和安全可控性	协助施工现场管理
	对重点方案、复杂节点进行模拟实施	
	优化施工标段划分	
	施工方案优化	
	对比虚拟进度与现场实际进度，加以纠偏	
项目运营阶段	获得项目运营阶段模型	建设与项目运营相结合
	建筑空间管理	
	对资产进行信息化管理	
	形成建筑运行管理系统和方案	
	能耗数据分析	
	协助制定应急预案	

2.7 雄安新区BIM管理平台管理组织体系

2.7.1 雄安BIM管理平台组织架构

2020年11月11日，中国雄安集团数字城市科技有限公司组织召开了“雄安新区规划建设BIM管理平台（一期）项目”终验专家评审会，最终雄安新区规划建设BIM管理平台（一期）顺利通过终验。

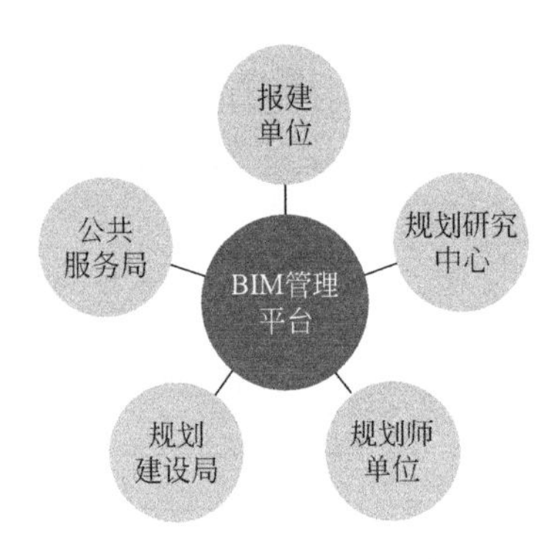

图 2–9 平台主要组织架构

从中国雄安集团获悉，雄安新区规划建设BIM管理平台覆盖现状空间、总体规划、详细规划、设计方案、工程施工、工程竣工六大环节的展示、查询、交互、审查、决策等服务，将实现对雄安新区生长全过程的记录、管控与管理，为新区建设绿色智慧城市打下坚实的基础。该平台链接了新区规划建设、管理运维等管理部门、建设单位以及规划师单位，该平台的主要组织架构如图2–9所示。

（1）报建单位

雄安新区的报建单位，是指负责雄安新区内工程项目建设的建设单位。在建设单位使用雄安新区规划建设BIM管理平台前，需在雄安新区政务服务网中进行项目申报；项目被受理后，建设单位负责编制并整理BIM管理平台所需BIM文件，提交至平台进行预检与正式审查。平台审查通过后可取得相应阶段的函件，才能进行下一步的工程建设。

（2）公共服务局

2017年7月，雄安新区综合设置7个内设机构，其中包括雄安新区管理委员会公共服务局（简称“公服局”），管理雄安新区的社会事务、政务服务。在雄安新区规划建设BIM管理平台中，公服局负责工程建设项目在行政许可事项方面的受理与制证发件，项目审查通过后，公服局需在规定的时间内向建设单位核发建设单位所申报的证件。

（3）规划建设局

2017年7月雄安新区设置的7个内设机构也包括雄安新区管理委员会规划建设局（简称“规建局”），是雄安新区规划建设BIM管理平台的主要管理部门。在雄安新区规划建设BIM管理平台中，规建局领导组成BIM管理平台工作领导小组，加强对BIM管理平台相关工作的领导，对BIM管理平台工作中的重大事项进行研究、决策。同时，规建局负责根据新区下发的管理指标体系进行审查，对雄安新区工程建设项目BIM文件进行预检、正式审查以及体检单的出具。

（4）规划师单位

为保障高质量高标准建设雄安，新区创新性地开展了规划师单位负责制，即搭建技术平台作为片区建设实施的技术支撑，向规建局和相关单位提供全流程、多专业技术咨询服务，保障规划落地。规划师单位需协助新区统筹区域层面“多规合一”，推动新区总体规划、控制性详细规划以及经审定的专项规划在责任片区内落地实施；建立管控数据，并录入雄安新区规划建设BIM管理平台，辅助平台的审查。

（5）规划研究中心

雄安新区规划研究中心（简称“规研中心”），负责将申报项目派发至规研中心相关领导，相关领导根据建设实际情况进行项目的初步审查；同时建设项目规划条件的技术审查工作，规划师单位如涉及重难点问题，经规研中心研究同意后，提请责任片区技术委员会或专家评审会审查。

2.7.2 雄安BIM管理平台运行机制

雄安新区工程建设项目BIM文件的提交、受理、审查、流转和归档应当在BIM管理平台上进行，在规划建设BIM管理平台中使用BIM文件对城市生长实行全过程、全要素、全生命周期的管理和记录，该平台运行机制如图2-10所示。

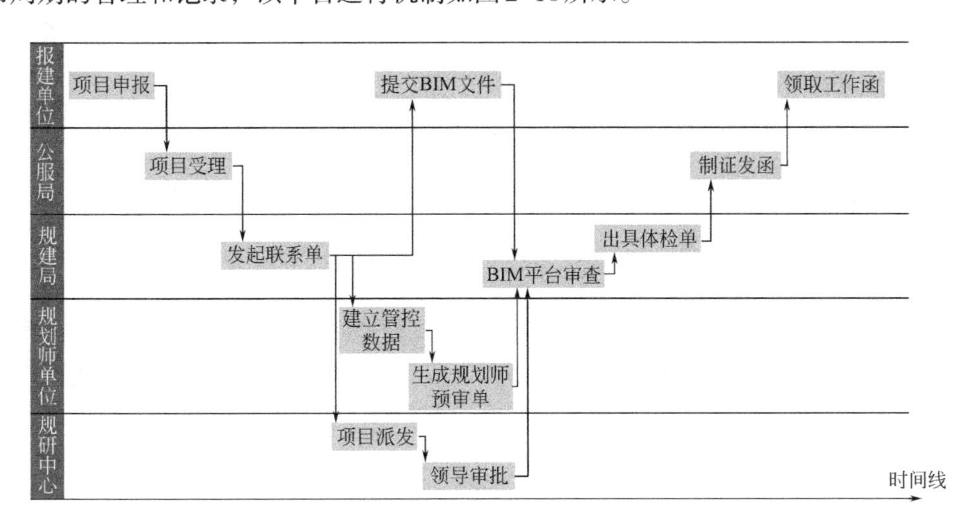

图 2-10 平台运行机制

2.8 雄安新区CIM管理平台管理组织体系

2.8.1 雄安CIM管理平台组织架构

地下一座城、地上一座城、云端一座城，CIM平台就是打造云端一座城的关键。雄安新区城市信息模型（CIM）平台的建设，是按照雄安新区“一中心四平台”的智能城市空间框架的要求，以数字孪生为理念，坚持数字城市与现实城市的同步规划、同步建设，构建起新区的三维空间信息模型，形成雄安新区数字空间底座。

雄安CIM基础平台以“多规合一”业务协同平台、工程建设项目业务协同平台等信息平台为基础，融合三维空间信息、建筑信息模型（BIM）、物联网感知信息，提供三维可视化表达和城市信息模型服务引擎、工程项目各阶段信息模型汇聚管理、审查与分析等核心功能，提供从建筑单体、社区到城市级别的模拟仿真能力，基于服务和接口支撑智慧城市应用的建设与运行。

城市信息模型（CIM）平台服务能力包括CIM基础平台与CIM+平台的扩展应用：CIM基础平台服务于城市体检、智能建造、智慧市政、城市安全；CIM+将服务于更为广泛的领域，如人口管理、政务服务、智慧医疗、智慧商业、智慧文旅、智慧交通、环境保护、疫情防控等。平台组织架构如图2-11所示。

为了更好地发挥CIM管理平台组织架构，以下两点十分重要：

一是优先推进CIM基础平台在城市建设管理领域的示范应用。以工程建设项目审批制度改革为契机，推进CIM基础平台与工程建设项目审批管理系统的交互融通，支撑工程建设项目BIM报建及计算机辅助审批，提升城市规划建设管理信息化、数字化、智能化水平。

二是积极拓展CIM基础平台在其他行业领域的智慧应用。将CIM基础平台作为城市基础性、开放性的信息平台，推动城市各行业、各部门的数据共享和业务协同，逐步深化CIM基础平台在其他各行业领域的应用，并且要明确不同CIM应用运行管理服务指挥工作的牵头部门，加强城市运行管理服务指挥队伍建设，切实做好平台建设、运行、管理、维护和综合评价等工作。因此，基于空间场所的规建管场景，融通各部门的条线，推动跨行业的协同，这是CIM基础平台建设的基础目标。

不同城市的CIM组织架构有所不同，如表2-13所示。

2.8.2 雄安CIM管理平台运行机制

CIM平台的建设坚持落实创新、协调、绿色、开放和共享的五大理念。要想发挥CIM平台推动城市物理空间数字化和各领域数据、技术、业务融合，推进城市规划建设管理的信息化、智能化和智慧化，对推进国家治理体系和治理，良好的运行机制必不可少，下面我们来探究一下CIM平台的运行机制。

（1）数据收集机制

雄安CIM平台强调全要素，以“空间”为坐标的方法创新。平台汇集地上地下空间数

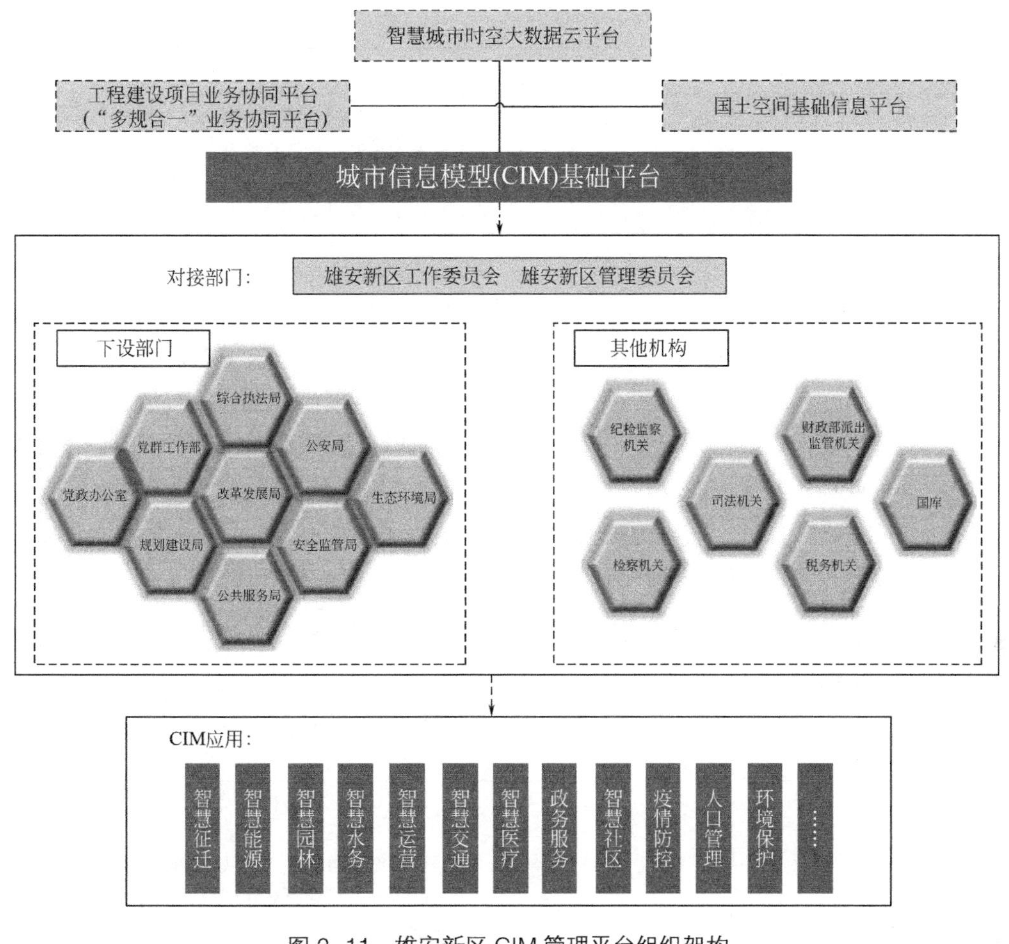

图 2-11 雄安新区 CIM 管理平台组织架构

表 2-13 不同城市 CIM 相关组织方式

CIM有关城市	牵头部门/公司	相关部门	主要内容
雄安	中国雄安集团数字城市科技有限公司	自然资源和规划局、改革发展局、建设和交通管理局等	数字雄安CIM平台是践行“同步规划建设数字雄安，努力打造智能新区”的重要工程，将充分发挥开放性、共享性、兼容性三大特性，围绕“1+N”（一个CIM平台，N个业务系统）总体架构，通过GIS+BIM+IoT等技术手段，实现物理空间数字化，映射现实雄安各类信息数据，建立起三维城市空间模型和城市时空信息的有机综合体，为“数字孪生城市”建设奠定扎实基础
广州	广州市住房和城乡建设局	广州市住房和城乡建设局会同市公安局、市规划和自然资源局、市政务服务数据管理局、市交通运输局、市城市管理和综合执法局、市工业和信息化局、市水务局、市应急管理局、市林业园林局等十个部门	CIM基础平台为“穗智管”城市建设、生态环境、智慧水务等主题建设提供数字底座，推动政务服务和城市管理更加科学化、精细化、智能化，通过“一网统管、全城统管”，建设感知智能、认知智能、决策智能的城市发展新内核。除此之外还建设了智慧工地、城市更新、智慧园区等典型CIM+应用

续表

CIM有关城市	牵头部门/公司	相关部门	主要内容
苏州	苏州市自然资源和规划局	苏州市大数据管理局、公安局、住房和城乡建设局、园林局、城管局、水务局、文广旅局	苏州市CIM基础平台以现状（测绘）数据、规划数据为基础，融合各业务部门的管理数据、社会经济数据形成公共的空间数据融通底板，实现全市公共数字底板共建；CIM平台一期将重点聚焦历史城区（19.2km^2），以城市更新为试点进行CIM+古城保护更新的应用建设；以可视化大屏为媒介，搭建CIM+驾驶舱应用，辅助领导直观高效决策；以重大项目为抓手，通过CIM+土地供应管理应用模块有效支撑省市级重点项目高效落地
南京	南京市规划和自然资源局	住房和城乡建设局、南京市大数据局、南京市大数据中心、南京市审计局、江苏省测绘工程院	立足规划和自然资源局多年基础测绘、规划、自然资源等业务数据成果的积累，汇聚全市地理信息、规划管控、地质、管线等近400个数据图层，实现主城区190km^{2}三维现状精模、全市6587km^{2}三维简模覆盖，全市地上、地表、地下和历史、现状、未来融为一体的全域全时空“城市空间数字底板”。建设完成南京市CIM基础平台，实现多源、异构海量数据和服务的统一管理与跨平台调用。充分发挥CIM在城市细节刻画、趋势推演、虚实融合互动等方面的特性，构建了一体化政务服务、城市设计、历史文化名城保护、不动产等一批CIM+业务应用
上海	上海市大数据中心	上海市住房和城乡建设管理委员会、上海市房管局、市绿化市容局等	应用CIM技术，构建“数字孪生城市”。围绕治理要素“一张图”，搭建CIM平台，通过科学布局通信网络、数据中心、城域物联感知设施等数字化基础设施，构建新城物理世界及网络虚拟空间相互映射、协同交互的数字系统，深化大数据技术应用，积极推进新城“数字孪生城市”建设试点示范。加快推进“一网统管”建设，保障城市智慧精细化治理。按照全市政务服务“一网统管”建设总体部署要求，加快新城现代化智慧运行平台的建设，推动新城相关系统平台与区级平台对接，强化问题预知预警、流程再造、联动处置，发挥“一网统管”智能治理功能，让新城更智慧。到2025年，至少打造智能创新试验区1片
成都	成都市政务服务管理和网络理政办公室	成都市新津区公园城市建设局、成都未来科技城发展服务局、成都市公安局	《成都市“十四五”新型智慧城市建设规划》提出，“十四五”期间，成都将围绕建立智慧蓉城运行管理架构、提升城市体征监测预警水平、提升事件处置指挥调度水平3大任务，加强态势实时感知、风险监测预警、资源统筹调度、线上线下协同等能力建设，促进城市运行“一网统管”，实现“一云汇数据、一屏观全域、一网管全城、一体防风险”
厦门	厦门市资源规划局、厦门市工信局	各区政府，市市政园林局、市建设局、市交通局、市通信管理局、市公交集团	启动城市信息模型（CIM）基础平台建设，基本建成CIM基础平台，开展智慧市政、智慧社区、智能建造等“CIM+”应用场景建设，加快建设城市市政基础设施普查和综合管理信息平台。加快实施智慧城市基础设施与智能网联汽车协同发展试点，实施BRT线路及车辆智能网联基本覆盖

据和动态信息，建立空间编码体系，促进数字城市全时空要素管理。以雄安实体空间为载体，纳入地质、自然地理、地理信息、市政管线、建筑模型等城市建设信息，完成雄安地上地下全息数字模型，统筹立体时空数据资产。转变城市开发与管理的传统思维，创新地下空间的共构模式，强化地上、地下空间资源的可视化管理，促进国土空间资源的立体化、综合化利用。推动雄安地上和地下双空间价值的倍增发展，探索无限延伸、无限活力、无限幸福的时空数字交易模式。

（2）数据汇集机制

雄安CIM平台强调全贯通，以“算法”为动力的应用创新。以数字化的方式，打破规建管六个阶段中不同行业、不同规则和不同数据的边界，实现协同式的全贯通治理模式。平台协同规划、市政、建筑、勘测等多领域专家全面梳理了行业知识图谱、技术应用、发展趋势等内容，以数字化技术为桥梁整合地质勘测、自然地理、市政交通、城市规划、建筑设计等多个类型的数据和信息，理顺从现状走向未来城市的全产业链条，建构全局敏捷联动和反馈的新机制，创新一体化迭代的管理和产业体系。

基于CIM基础平台的数据汇聚体系，利用平台汇聚的规划地理信息数据、多专业多领域其他数据，可以为更好开展规建管工作提供基础底板，继而提升规划编制成果的系统性、合理性，更加科学合理地做好动态监督规划调整及实施的全过程。基于多源数据融合，利用新技术手段，融合GIS、BIM等不同格式的数据内容的数字孪生城市，能够实现数字城市和现实城市同步规划、同步建设，在未来，数字城市将和现实城市互动共建，更加便于一览全局、及时发现问题、解决问题。基于统一的数字底板和数据汇聚内容，构建统一的数据建立标准化智能审查指标规则体系，以智能化指标规则体系实现对各级规划成果、各阶段设计方案数据内容进行审查，为通过计算机实现自动化审查奠定基础，提供可能性。

（3）工作协同机制

对于CIM平台本身而言，不同技术模块、不同部门之间的协同尤为重要。由于统一了各行业数据格式，涵盖规划、地质、建筑、市政、城市园林、城市家具等多领域，创造性地实现了以政府管控目标为界限、以政府管控指标为范围的覆盖城市建设全领域、贯穿城市运营全流程、横跨多个软件的公开格式（交换格式），解决了城市建设流程中多维度多领域建设数据与信息集合后的数据交互难题。

同时，平台也强调更为开放的多专业协同逻辑，在线提供包含地上、地表、地下的数字底板，形成三维规划设计条件以及相关的计算工具，推动不同专业在同一空间范围内的协同能达到最优，至少辅助各方发现各个专业在空间管控上潜在的矛盾点，最终形成可查询、可追溯、全透明的空间治理档案。不同技术模块将会共用一些数据或数据集，不同的专业也将共用一些数据或数据集，那么以此建构数据中台和微服务，将会更为高效地调用不同模型，进行仿真评估，助力形成全要素、全流程的CIM平台。

（4）管控机制

目前管控运行机制有待健全和完善。随着信息化技术不断发展，以数据为核心的治理逻辑逐渐成为治理手段升级的关键，而其中信息化的管控指标则是关键抓手。因此亟须建立完善的指标制定、执行、修改、监督与维护机制，确保管控指标的合理性、完备性、适用性，以不断适应不同阶段城市建设与城市治理要求。

建立全流程、全要素的多规合一分类体系，细化并整合每个阶段的多专业规则，搭建不同尺度的指标传导原则，实现城市管控要求的层层传递与落实。建立全局联动、敏捷迭代的智能决策规则库，根据不同阶段的城市建设需求，为规划设计方和建设方提供全专业的数据指标与管控要求。

重点解决多方审查、项目审批、监管城市建设等问题，推进多部门管理流程与制度的统一，线上支持多部门联审、多专家论证，不断完善城市各部门之间的多管合一机制，加强多部门的协调与沟通，更好地服务于雄安城市整体发展的综合型需求。

CIM基础平台与数字孪生城市的结合，使规划建设管理中便于以统一标准做出判断。基于统一的数字底板，整合多规合一成果，在一张底图上，对客观类指标进行机器自动判断，借助人机交互、态势推演等，更加客观地给出判断，将城市各方面信息数据在同一空间体系和标准下进行有效对照印证。针对流程体系构建监管监测体系，支撑空间规划编制、审批、实施、监测评估预警全过程，减少和消除权力寻租空间，规范政府行政审查。

以数字城市与现实城市同步规划、同步建设为目标，创新数字孪生城市"规、建、管、养、用、维"的新型框架体系、流程体系和标准体系，综合应用数字孪生、物联网、5G、区块链、低轨卫星等新兴信息技术，建立全程管控、智能协同的城市规划建设CIM管理一体化平台，如图2-12所示，以此强化城市全生命周期管理，促进城市治理模式创新。

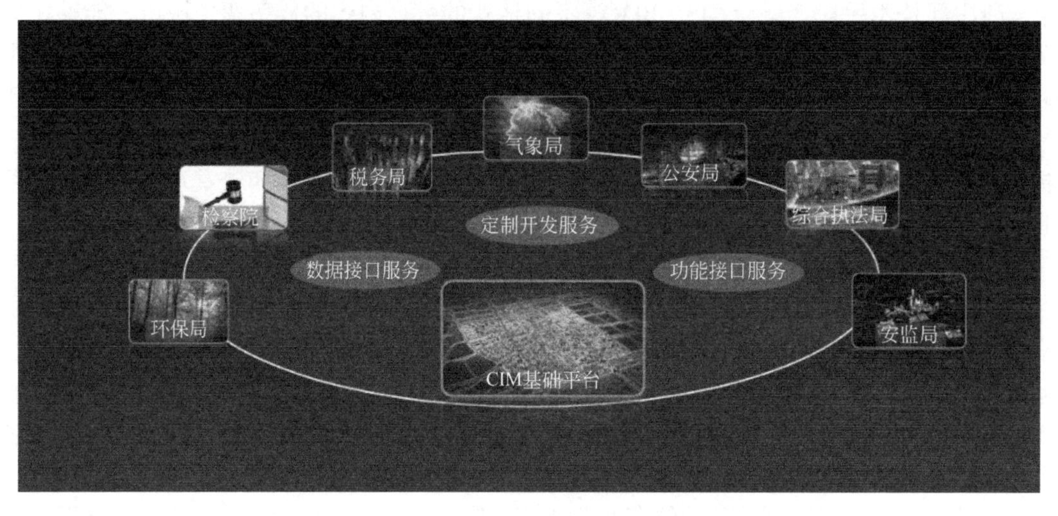

图2-12　雄安新区CIM管理平台

第3章 雄安数字建造法规、政策体系

3.1 有关雄安建设的法规、政策

3.1.1 中央政府出台的雄安建设法规、政策

（1）中央政府出台的涉及雄安建设的法规

雄安新区是由中共中央、国务院印发通知成立的国家级新区，于2017年4月1日正式成立。目前中央政府暂未出台针对雄安新区制定的法规，但在此之前出台过多个针对新区开发建设的法规，雄安新区作为国家级新区，同样需要满足相应的要求，具体内容如表3-1所示。

表3-1 中共中央、国务院出台涉及雄安新区建设的法规

序号	发布日期	发布文件	涉及雄安建设有关内容
1	2013-10-02	《城镇排水与污水处理条例》	（1）城镇新区的开发和建设，应当按照城镇排水与污水处理规划确定的建设时序，优先安排排水与污水处理设施建设；未建或者已建但未达到国家有关标准的，应当按照年度改造计划进行改造，提高城镇排水与污水处理能力。 （2）新区建设与旧城区改建，应当按照城镇排水与污水处理规划确定的雨水径流控制要求建设相关设施。 （3）除干旱地区外，新区建设应当实行雨水、污水分流；对实行雨水、污水合流的地区，应当按照城镇排水与污水处理规划要求，进行雨水、污水分流改造。雨水、污水分流改造可以结合旧城区改建和道路建设同时进行。 （4）在雨水、污水分流地区，新区建设和旧城区改建不得将雨水管网、污水管网相互混接
2	2010-11-19	《城镇燃气管理条例》	进行新区建设、旧区改造，应当按照城乡规划和燃气发展规划配套建设燃气设施或者预留燃气设施建设用地
3	2017-03-01	《城市市容和环境卫生管理条例》	城市人民政府在进行城市新区开发或者旧区改造时，应当依照国家有关规定，建设生活废弃物的清扫、收集、运输和处理等环境卫生设施，所需经费应当纳入建设工程概算
4	2017-07-16	《建设项目环境保护管理条例》	城市新区开发编制建设规划时，应当进行环境影响评价。具体办法由国务院环境保护行政主管部门会同国务院有关部门另行规定

（2）中央政府出台的针对雄安建设的政策

2018年7月6日，中央全面深化改革委员会第三次会议审议通过《中共中央 国务院关于支持河北雄安新区全面深化改革和扩大开放的指导意见》。国家发展改革委副主任林念修表示，“1+N”雄安新区政策体系初步形成，“1”是《中共中央 国务院关于支持河北雄安新区全面深化改革和扩大开放的指导意见》，“N”包括相关的配套实施方案，这也说明了该指导意见针对雄安新区的改革发展具有重大意义。指导意见针对雄安新区建设发展提出了总体要求、重点任务及保障措施，推动雄安新区实现更高质量、更有效率、更加公平、更可持续发展。

1）雄安新区建设发展的总体要求

雄安新区建设发展以习近平新时代中国特色社会主义思想为指导，全面贯彻党的十九大和十九届二中、三中全会精神，坚持党的集中统一领导、高点站位统筹谋划、大胆探索先行先试、立足当前着眼长远的基本原则完成以下目标。

① 总体目标

系统推进体制机制改革和治理体系、治理能力现代化，推动雄安新区在承接中促提升，在改革发展中谋创新，把雄安新区建设成为北京非首都功能集中承载地、京津冀城市群重要一极、高质量高水平社会主义现代化城市，发挥对全面深化改革的引领示范带动作用，走出一条新时代推动高质量发展的新路径，打造新时代高质量发展样板。

② 阶段性目标

到2022年，适应雄安新区定位和高质量发展要求、使市场在资源配置中起决定性作用和更好发挥政府作用的制度体系基本建立，重点领域和关键环节改革取得明显成效，优质宽松的发展环境和活跃高效的创新氛围基本形成，对北京非首都功能和人口吸引力明显增强，改革开放作为雄安新区发展根本动力的作用得到显现。

到2035年，雄安新区全面深化改革和扩大开放各项举措得到全面贯彻落实，构建形成系统完备、科学规范、运行有效的制度体系，疏解到新区的非首都功能得到进一步优化发展，“雄安质量”标准体系基本成熟并逐步推广，对推动高质量发展的引领带动作用进一步凸显。

到21世纪中叶，雄安新区社会主义市场经济体制更加完善，治理体系和治理能力实现现代化，经济发展的质量变革、效率变革、动力变革基本完成，社会充满活力又和谐有序，改革开放经验和成果在全国范围内得到广泛推广，形成较强国际影响力。

2）雄安新区建设发展的重点任务

《中共中央 国务院关于支持河北雄安新区全面深化改革和扩大开放的指导意见》明确了九个雄安新区发展的重点领域，提出了若干重点任务和政策举措。九个重点领域分别为创新驱动、城市治理、公共服务、选人用人、土地和人口管理、生态环保、扩大开放、财税金融、治理体制机制。雄安新区在建设发展过程中需完成以下重点任务，最终才能达到设立的总体及阶段性目标。

① 强化创新驱动，建设现代化经济体系

支持在京国有企业总部及分支机构向雄安新区转移；雄安新区国有企业除涉及国民经济命脉或承担重大专项任务外，原则上可以探索发展混合所有制经济；推动在京各类事业单位向雄安新区疏解；支持雄安新区吸引北京创新型、高成长型科技企业疏解转移；创造有利于一二三产业融合发展的新机制、新模式；对符合新区定位和发展方向的本地传统产业进行现代化改造提升；引导现有在京科研机构和创新平台有序向雄安新区疏解，新设立的国家实验室、国家技术创新中心等国家级科技创新平台优先在雄安新区布局，支持建设雄安新区中关村科技园；支持雄安新区企业联合金融机构、高校、科研院所和行业上下游共建产业协同创新共同体，建设产业创新中心，联合承担重大科研任务。

② 完善城市治理体系，建设现代智慧城市

研究在雄安新区建设国家级互联网骨干直联点，探索建设新型互联网交换中心；开展大数据应用综合性试验，推动建设跨部门、跨层级、跨业务的大数据中心，实现数据信息共享和深度应用；支持雄安新区在构建世界先进的城市信息基础设施基础上，深入推进“城市大脑”建设，探索建立基于全面感知的数据研判决策治理一体化智能城市管理模式；针对多层次住房需求建立多主体供应、多渠道保障、租购并举的住房制度，个人产权住房以共有产权房为主；严禁大规模开发商业房地产，严控周边房价，严加防范炒地炒房投机行为；探索不同供地方式下的不动产登记模式，创新购房与住房租赁积分制度；创新投融资机制，吸引各类社会主体参与雄安新区住房开发建设，支持专业化、机构化住房租赁企业发展，支持发行房地产投资信托基金等房地产金融创新产品，明确管理制度和运行方式，探索与之相适应的税收政策；支持在雄安新区设立住宅政策性金融机构，探索住房公积金制度改革；建立高效联动智能的新型城市综合防灾减灾救灾体系，完善重大安全风险联防联控、监测预警和应急管控处置机制；率先打造智慧公安。

③ 创新公共服务供给机制，提高保障和改善民生水平

支持雄安新区引进京津及国内外优质教育资源，推动雄安新区教育质量逐步达到国内领先水平；引导和支持在京高校、有创新特色的中等职业学校等通过整体搬迁、办分校、联合办学等多种方式向雄安新区疏解转移；支持“双一流”高校在雄安新区办学，以新机制、新模式组建雄安大学，努力建设世界一流大学和一流学科；支持在京医院通过整体搬迁、办分院、联合办医等多种方式向雄安新区疏解转移，允许在京医院在雄安新区设立法人机构；在京医院和雄安新区医院实行双向转诊、检验结果互认和影像资料共享制度，推进执业医师多机构备案，实现医疗人才在北京与雄安新区之间无障碍流动；允许设立外商独资的医疗咨询机构，支持境外医师来雄安新区行医；推动健康医疗大数据应用，实现全人群全生命周期的健康管理；支持京津优质文化艺术资源向雄安新区疏解；培育新时代雄安精神；探索公共文化服务新模式，实行公共图书馆、文化馆总分馆制，建设公共文化服务“云平台”；将文物保护措施相关审批权限向雄安新区下放；推动雄安新区基本公共服务和社会保障水平与京津相衔接。制定适合雄安新区的养老保险缴费政策；探索建立支持雄安新区失地农民就业创业新机制。

④ 创新选人用人机制，建设高端人才集聚区

面向全国选拔优秀人才到雄安新区工作，构建适应雄安新区定位和发展需要的干部人才管理制；建立雄安新区与北京市、天津市和长三角、珠三角等地区的常态化干部人才交流机制；创新人员编制管理，赋予雄安新区统筹使用各类编制资源的自主权和更多的用人自主权；对高校、科研院所、公立医疗机构等公益二类事业单位急需紧缺的高层次专业技术人才、高技能人才，可采用特设岗位等灵活方式聘用；赋予雄安新区科研机构和高校更多的收入分配自主权，建立以增加知识价值为导向的薪酬分配制度；建立健全前沿科技领

域人才和团队稳定支持机制，探索在科研经费和科技成果管理等方面实行负面清单制度；允许高校、科研院所等事业单位及国有企业的科技人才按规定在雄安新区兼职兼薪、按劳取酬；支持雄安新区开展国际人才管理改革试点，为外籍创新创业人员提供更多签证和居留便利，建立外籍高层次人才申请永久居留和工作居留直通车制度。

⑤ 深化土地和人口管理体制改革，推进城乡统筹发展

建立健全程序规范、补偿合理、保障多元的土地征收制度。建立土地利用全生命周期管理制度；制定有利于承接北京非首都功能疏解的人口迁移政策，建立以居住证为载体的公共服务提供机制，实行积分落户制度；建立科学的人口预测和统计体系，加强雄安新区人口全口径信息化管理，实行新型实有人口登记制度；将美丽乡村建设与特色小城镇发展有机结合起来，实现差异化特色发展，打造美丽乡村样板；支持雄安新区培育新型农业经营主体，创新农业绿色发展体制机制，发展都市型现代高效农业；深化农村土地制度改革，深入推进农村土地征收、集体经营性建设用地入市、宅基地制度改革；深入推进农村集体产权制度改革，允许农民转让土地承包权、宅基地资格权，以集体资产股权入股企业或经济组织，推动资源变资产、资金变股金、农民变股东，建立农民持续稳定的收入增长机制。

⑥ 推进生态文明改革创新，建成绿色发展城市典范

推进白洋淀及上下游协同保护和生态整体修复；支持将雄安新区纳入国家山水林田湖草生态保护修复工程试点；支持白洋淀上游开展新建规模化林场试点；合理划分白洋淀生态环境治理保护的财政事权和支出责任；探索在全国率先建立移动源污染物低排放控制区；实施最严格的水资源管理制度，实行能源、水资源消费总量和强度“双控”，开展地热等地质资源综合利用示范；建立具有国际先进水平的生活垃圾强制分类制度，探索和推广先进的城市资源循环利用模式，率先建成“无废城市”；将雄安新区植树造林纳入国家储备林，建设全国森林城市示范区，创建国际湿地城市；全面推行生态环境损害赔偿制度，探索企业环境风险评级制度；积极创新绿色金融产品和服务，支持设立雄安绿色金融产品交易中心，发展生态环境类金融衍生品；推进雄安新区国家生态文明试验区建设；建立绿色生态城区指标体系，为全国绿色城市发展建设提供示范引领；开展生态文明建设目标评价考核，探索将资源消耗、环境损害、生态破坏计入发展成本，实施生态环境损害责任终身追究制度。

⑦ 扩大对内对外开放，构筑开放发展新高地

支持引入国际国内各类资本参与雄安新区建设，充分保护投资者合法权益，加强供应链创新和应用，开展服务贸易创新发展试点，支持设立跨境电商综合试验区。建设面向全球的数字化贸易平台，便利跨境支付结算；支持在雄安新区设立外商独资或中外合资金融机构，在符合条件的情况下尽快放宽或取消股比限制；允许设立专业从事境外股权投资的项目公司，支持符合条件的投资者设立境外股权投资基金；创新本外币账户管理模式，允许跨国公司总部在雄安新区开展本外币资金集中运营；支持在雄安新区设立国际性仲裁、认证、鉴定权威机构，探索建立商事纠纷多元解决机制；雄安新区涉及企业生产经营的财政、科技、金融等支持政策同等适用内外资企业。拓宽中外金融市场合作领域，金融领域负面清单以外事项实行内外资统一管理；放宽外汇资金进出管制，促进雄安新区投融资汇兑便利化，稳步推进人民币资本项目可兑换；对标国际先进水平建设国际贸易“单一窗口”，推进雄安新区“智慧海关”建设，探索建立海关特殊监管区域；鼓励开放型平台、

"一带一路"建设相关国际合作平台优先在雄安新区布局。

⑧ 深化财税金融体制改革，创新投融资模式

加大起步建设阶段中央财政转移支付和河北省省级财政支持力度，加强北京市企业向雄安新区搬迁的税收政策引导，推动符合雄安新区功能定位的北京市高新技术企业加快转移迁入；对需要分步实施或开展试点的税收政策，凡符合雄安新区实际情况和功能定位的，支持在雄安新区优先实施或试点；在保持政府债务风险总体可控、坚决遏制地方政府隐性债务增量的前提下，加大对地方政府债券发行的支持力度，单独核定雄安新区债券额度，支持发行10年期及以上的雄安新区建设一般债和专项债；支持中国雄安集团有限公司提高市场化融资能力；优先支持符合条件的雄安新区企业发行上市、并购重组、股权转让、债券发行、资产证券化；支持在雄安新区探索推广知识产权证券化等新型金融产品；鼓励保险公司根据需要创新开发保险产品，推进京津冀地区的保险公司跨区域经营备案管理试点；吸引在京民营金融企业到雄安新区发展；支持设立雄安银行，加大对雄安新区重大工程项目和疏解到雄安新区的企业单位支持力度；研究建立金融资产交易平台等金融基础设施，筹建雄安股权交易所，支持股权众筹融资等创新业务先行先试；有序推进金融科技领域前沿性研究成果在雄安新区率先落地，建设高标准、高技术含量的雄安金融科技中心；支持建立资本市场学院（雄安），培养高素质金融人才。

⑨ 完善治理体制机制，打造服务型政府

逐步赋予雄安新区省级经济社会管理权限；完善大部门制运行模式，雄安新区党工委和管委会可根据建设需要按程序调整内设机构；逐步理顺雄安新区与托管雄县、容城、安新三县及周边区域的关系，实行扁平化管理；推动雄安新区逐步从新区管理体制过渡到城市管理体制；适时向雄安新区下放工程建设、市场准入、社会管理等方面的审批和行政许可事项；赋予雄安新区地方标准制定权限，构建适合雄安新区高标准建设、高质量发展的标准体系；推进投融资体制改革，在雄安新区开展工程建设项目审批制度改革试点，探索实行行政审批告知承诺制，推行容缺受理承诺；开展综合行政执法体制改革试点；探索实行城市管理非现场执法；探索建立覆盖所有机构和个人的诚信账户，实行信用风险分类监管，建立完善守信联合激励和失信联合惩戒机制。

3）雄安新区建设发展的保障措施

为保障雄安新区高质量建设发展，相关机构需按照党中央、国务院决策部署落实政策实施，京津冀协同发展领导小组需加强督促检查政策实施情况，密切跟踪雄安新区改革实际情况，并积极探索与行政体制改革相适应的实施机制，在此过程中加强各部门的信息沟通及工作配合。

① 督促政策落实

在京津冀协同发展领导小组的直接领导下，领导小组办公室加强综合协调和督促检查，密切跟踪了解雄安新区改革开放工作推进情况和实施效果，适时组织开展评估，及时协调解决遇到的困难和问题，重大事项及时向党中央和国务院报告。雄安新区要结合不同发展阶段和实际需要，放开手脚，大胆尝试，确保各项改革举措有效实施。各有关方面要及时总结提炼好的政策措施和做法，形成可复制可推广可操作的经验，在京津冀地区乃至全国范围内推广，发挥示范带动作用。

② 完善实施机制

按照党中央、国务院决策部署，京津冀协同发展领导小组加强对雄安新区改革开放工作的统筹指导，河北省委和省政府切实履行主体责任，雄安新区党工委和管委会承担雄安新区改革开放工作任务具体落实责任，并赋予其更大的自主发展、自主改革和自主创新的管理权限。各有关方面要按照职责分工，分领域分阶段逐项制定支持雄安新区改革开放的实施方案，明确具体任务措施和时间表、路线图、责任分工，成熟一项推出一项，成熟一批推出一批。

③ 加强协调配合

加强各领域政策措施之间的统筹协调和综合配套，建立多地区多部门信息沟通共享和协同推进机制，增强工作的系统性、整体性、协同性。河北省要全力支持雄安新区改革开放各项工作，积极主动与中央和国家机关有关部委、北京市、天津市等加强沟通衔接。中央和国家机关有关部委要牢固树立大局意识，积极作为、通力合作，在政策安排和举措落地等方面加强指导支持。北京市、天津市要积极主动对接和支持雄安新区改革开放各项工作。

（3）中央政府出台的涉及雄安建设的政策

雄安新区是由中共中央、国务院印发通知成立的国家级新区，于2017年4月1日正式成立，其定位为北京非首都功能疏解集中承载地、高水平社会主义现代化城市、现代化经济体系的新引擎、推动高质量发展的全国样板。为促进雄安新区的高质量发展，在国务院发布的政策中，部分政策会提出涉及雄安新区等国家重点区域的具体举措或目标，如表3-2所示。

表3-2　中共中央、国务院发布涉及雄安新区建设的政策

序号	发布日期	发布文件	涉及雄安建设有关内容
1	2018-07-03	《打赢蓝天保卫战三年行动计划》	提出开展重点区域秋冬季攻坚行动，雄安新区环境空气质量要力争达到北京市南部地区同等水平
2	2019-09-04	《促进全民健身和体育消费推动体育产业高质量发展的意见》	提出由体育总局、国家发展改革委和相关地方人民政府负责引导在京的全国性体育组织落户河北雄安新区
3	2019-02-23	《加快推进教育现代化实施方案（2018-2022年）》	提出高起点高标准规划发展雄安新区教育，优先发展高质量基础教育，加快发展现代职业教育，以新机制新模式建设雄安大学
4	2021-02-24	《国家综合立体交通网规划纲要》	提出要建设“轨道上的京津冀”，加快推进京津冀地区交通一体化，建设世界一流交通体系，高标准、高质量建设雄安新区综合交通运输体系
5	2021-11-02	《深入打好污染防治攻坚战的意见》	提出要强化京津冀协同发展生态环境联建联防联治，打造雄安新区绿色高质量发展“样板之城”
6	2021-10-08	《黄河流域生态保护和高质量发展规划纲要》	提出强化黄河“几”字弯地区至北京、天津大通道建设，推进雄安至忻州、天津至潍坊（烟台）等铁路建设，快捷连通黄河流域和京津冀地区
7	2021-12-09	《“十四五”现代综合交通运输体系发展规划》	提出建设多节点、网格状、全覆盖的京津冀一体化综合交通网络，基本建成轨道上的京津冀，高标准、高质量打造雄安新区对外交通网络
8	2021-08-12	《关于进一步加强非物质文化遗产保护工作的意见》	提出在雄安新区加强非物质文化遗产保护传承，生动呈现中华文化独特创造、价值理念和鲜明特色，实现可持续发展

3.1.2 各部委有关雄安建设的法规、政策

为推动雄安新区高质量发展，各部委多次开展会议讨论和实地调研工作，响应上级部署文件探索新区发展途径，并制定了相关政策，如表3-3所示。各部委发布有关雄安新区的政策主要针对新区交通和生态方面，并提出了相应的具体举措和发展目标等内容。

表 3-3 各部委发布有关雄安建设的政策

序号	发布日期	发布部门	发布文件	与雄安建设有关内容
1	2015-04-15	国家发展改革委 国土资源部 环境保护部 住房和城乡建设部	《关于促进国家级新区健康发展的指导意见》	提出从优化发展环境、推动产业优化升级、高效节约利用资源、推进体制机制创新和强化组织保障方面，进一步促进新区健康发展
2	2017-07-17	交通运输部办公厅、天津市人民政府办公厅及河北省人民政府办公厅	《加快推进津冀港口协同发展工作方案（2017-2020年）》	提出完善港口集疏运体系，明确加强津冀港航资源与雄安新区交通物流需求的有效衔接，大力支持雄安新区建设
3	2017-08-07	国家发展改革委办公厅	《关于在企业债券领域进一步防范风险加强监管和服务实体经济有关工作的通知》	对雄安新区等重点地区项目建设加大支持力度，鼓励符合条件的主体发行企业债券融资，推进重点项目建设，省级发展改革部门可主动探索，协调有关部门在降低债券发行成本等方面进行支持
4	2017-09-01	国土资源部	《关于加强城市地质工作的指导意见》	明确了雄安新区地质调查思路，提出了“构建世界一流透明雄安、打造地热资源利用全球样板、建成多要素城市地质调查示范基地、为雄安新区规划建设运行管理提供全过程地质解决方案”四大愿景目标
5	2019-06-25	工业和信息化部办公厅、国家发展改革委办公厅、生态环境部办公厅	《关于重点区域严禁新增铸造产能的通知》	在雄安新区等重点区域，严禁新增铸造产能项目，从严审核产能置换方案，有利于雄安新区改善环境空气质量
6	2019-09-25	生态环境部等18个部门	《京津冀及周边地区2019-2020年秋冬季大气污染综合治理攻坚行动方案》	提出调整优化产业结构、加快调整能源结构、积极调整运输结构、优化调整用地结构、有效应对重污染天气、加强基础能力建设六大主要任务，推进环境空气质量持续改善，印发给雄安新区管理委员会等京津冀及周边地区政府执行
7	2020-05-24	水利部	《关于高起点推进雄安新区节约用水工作的指导意见》	明确了雄安新区节约用水指标体系，有利于推进雄安新区节约用水工作，全面提高水资源集约节约利用水平，有力保障雄安新区高质量发展
8	2020-07-03	交通运输部	《关于河北雄安新区开展智能出行城市等交通强国建设试点工作的意见》	针对雄安新区的智能出行城市打造、通道资源综合利用、现代综合交通枢纽打造、智慧高速公路建设运营、点对点全程快递物流服务、绿色交通发展、新业态新模式培育等方面开展试点，并提出试点内容、实施路径及预期效果

续表

序号	发布日期	发布部门	发布文件	与雄安建设有关内容
9	2020-07-03	工业和信息化部	《京津冀及周边地区工业资源综合利用产业协同转型提升计划（2020-2022年）》	根据区域工业资源综合利用产业发展基础和转型提升目标要求，提出包含建设绿色雄安等主要任务
10	2020-07-16	国家发展改革委和交通运输部	《关于加快天津北方国际航运枢纽建设的意见》	主要任务中包含研究规划天津港至河北雄安新区的水运新通道，对于雄安新区建设具有重要意义
11	2021-05-10	国家发展改革委、教育部、人力资源社会保障部	《“十四五”时期教育强国推进工程实施方案》	提出优化高教资源布局，促进区域协调发展，支持一批在京中央高校疏解转移到雄安新区
12	2021-11-23	交通运输部、河北省政府	《支撑雄安新区交通运输高质量发展标准体系》	建立凸显新区地域特色、国内领先、接轨国际、面向未来的标准体系，其中包含60项标准，并提出到2023年初步构建雄安新区交通运输标准体系框架

3.1.3 河北省出台的雄安建设法规、政策

（1）针对雄安建设的法规、政策

1）河北雄安新区规划纲要

① 概况介绍

2018年4月14日，中共中央、国务院做出关于对《河北雄安新区规划纲要》的批复，2018年4月21日正式发布。

《河北雄安新区规划纲要》是中共河北省委、河北省人民政府编制的河北雄安新区发展和建设规划纲要。在党中央坚强领导下，河北省、京津冀协同发展领导小组办公室会同中央和国家机关有关部委、专家咨询委员会等方面，坚持世界眼光、国际标准、中国特色、高点定位，紧紧围绕打造北京非首都功能疏解集中承载地，创造“雄安质量”、成为新时代推动高质量发展的全国样板，建设高水平社会主义现代化城市，借鉴国际成功经验，汇聚全球顶尖人才，集思广益、深入论证，编制雄安新区规划。

② 内容介绍

《河北雄安新区规划纲要》是指导雄安新区规划建设的基本依据。在《河北雄安新区规划纲要》中，凸显出雄安建设的十大亮点：a.提出坚持生态优先、绿色发展，统筹生产、生活、生态三大空间，逐步形成城乡统筹、功能完善的组团式城乡空间结构，布局疏密有度、水城共融的城市空间，呈现“一主、五辅、多节点”的空间格局；b.提出严格控制建筑高度，不能到处是水泥森林和玻璃幕墙，根据城市功能布局和产业特点，在新区特定范围规划建设高层建筑，集中承载中央商务、金融、企业总部等功能；c.提出通过承接符合新区定位的北京非首都功能疏解，积极吸纳和集聚创新要素资源，高起点布局高端高新产业，建设实体经济、科技创新、现代金融、人力资源协同发展的现代产业体系，打造全球创新高地和改革开放新高地；d.未来雄安，将镶嵌在蓝绿交织的生态空间之中，蓝绿空间占比稳定在70%，成为生态典范城市；e.提出坚持以人民为中心、注重保障和改善民

生，建设优质共享的公共服务设施，提升公共服务水平，增强新区承载力、集聚力和吸引力，打造宜居宜业、可持续发展的现代化新城；f.提出加快建立连接雄安新区与京津及周边其他城市、北京新机场之间的轨道交通网络，打造便捷、安全、绿色、智能的交通体系；g.提出建立健全大数据资产管理体系，打造具有深度学习能力、全球领先的数字城市；h.提出按照绿色、智能、创新要求，推广绿色低碳的生产生活方式和城市建设运营模式，使用先进环保节能材料和技术工艺标准进行城市建设，营造优质绿色市政环境；i.提出保护历史文化，形成体现历史传承、文明包容、时代创新的新区风貌，留住乡愁；g.提出牢固树立和贯彻落实总体国家安全观，形成全天候、系统性、现代化的城市安全保障体系，建设安全雄安。

2）河北雄安新区总体规划（2018–2035年）

① 概况介绍

《河北雄安新区总体规划（2018–2035年）》是河北省委、省政府制定的河北雄安新区2018–2035年总体发展规划，是指导雄安新区规划建设的基本依据。2018年12月，经党中央、国务院同意，国务院正式批复《河北雄安新区总体规划（2018–2035年）》，该总体规划的批复是雄安新区全面启动建设的序曲，2019年1月2日正式发布。

② 内容介绍

《河北雄安新区总体规划（2018–2035年）》在《河北雄安新区规划纲要》基础上作了进一步补充完善，深化细化规划内容，包括总体要求、承接北京非首都功能疏解、加强国土空间优化与管控、打造优美自然生态环境、推进城乡融合发展、塑造新区风貌、提供优质公共服务、构建快捷高效交通体系、建设绿色低碳之城、发展高端高新产业、打造创新发展之城、创建数字智能之城、构筑现代化城市安全体系、保障规划实施等内容。为了精心推进不留历史遗憾，多部门、多专业协同推进《河北雄安新区总体规划（2018–2035年）》，编制本身就树起了一个标杆，成为新时代开展规划编制工作的典范。

《河北雄安新区总体规划（2018–2035年）》的编制呈现出了以下五个特点：a.多规合一。该总体规划充分融合经济社会发展、资源环境保护、城乡开发建设等方方面面，综合协调、统筹兼顾，形成一张统一的蓝图。b.多项支撑。该总体规划要想立得住，需要一系列专项规划支撑。在该总体规划编制的同时，同步推进专项规划编制，每个专项规划都汇聚了国内相关领域顶级专家开展深入研究，同时加强各专项规划编制之间的横向协调、相互协同。c.多层叠合。规划需要从总体层面、分区层面、详细层面分层次逐渐深入，不同层次的规划是互相叠合、相互衔接的；起步区、外围五组团的控制性规划是同步开展编制的。d.多部门协同。新区规划编制从零开始，短时间内要迅速摸清现状底数，理清规划思路，国土、交通、环保、水利、林业、农业等部门，能源、电力、铁路等企业共同参与、互相协调，使总体规划在短时间内迅速形成规划方案。e.多维考量。雄安新区要打造新时代全国高质量发展的样板，高质量不是用单一经济维度来衡量的，还要兼顾生态效益、社会效益、文化价值等。例如，有的城市把一块土地高价卖掉建高楼，经济效益有了，但可能使城市的景观价值或生态效益大打折扣，在雄安新区绝不能发生这样的事情。

3）河北雄安新区建设项目投资审批改革试点实施方案

① 概况介绍

为加快河北雄安新区发展步伐，有效推进投资项目建设，全面深化建设项目投资审批改革，河北省人民政府制定了《河北雄安新区建设项目投资审批改革试点实施方案》，并且在中央政治局常委会会议审议通过，于2019年1月4日印发给雄安新区管委会与省政府有关部门。

② 内容介绍

《河北雄安新区建设项目投资审批改革试点实施方案》包括总体要求、试点范围与主要措施三大部分。其中，总体要求中指出：按照党中央、国务院决策部署，紧紧围绕京津冀协同发展战略和雄安新区功能定位，探索建设项目投资审批制度改革创新，精简审批事项和办事环节，提高审批效率，构建决策科学、责任清晰、运行高效、监管到位的投资管理体制，保障雄安新区建设有序发展，发挥试验和示范作用。试点范围则是以雄安新区区域内的建设项目以及服务雄安新区的区域外交通、水利、能源等重大基础设施类建设项目为建设项目投资审批改革试点。该实施方案中主要措施有：下放审批权限，扩大雄安新区审批自主权；实施审批制度改革，提高科学决策水平；强化规划标准约束，取消部分评估审批事项；简化审批手续，精简审批环节；创新审批方式，探索实行有关事项承诺制；建立联动机制，加强事中事后监管。雄安新区企业分支机构、事业单位、社会团体等非企业组织、个人投资建设的项目，均须参照该方案执行。

4）河北雄安新区条例

① 概况介绍

伴随未来之城日新月异，雄安新区法治建设蹄疾步稳。2021年7月29日，河北省十三届人大常委会第二十四次会议全票审议通过《河北雄安新区条例》，这是全国第一部关于支持雄安新区改革创新和建设发展的综合性法规。

《河北雄安新区条例》的制定，是为了深入推进京津冀协同发展，有序承接北京非首都功能疏解，把河北雄安新区建设成为北京非首都功能疏解集中承载地、高质量高水平社会主义现代化城市，根据《中共中央 国务院关于支持河北雄安新区全面深化改革和扩大开放的指导意见》《河北雄安新区规划纲要》《河北雄安新区总体规划（2018-2035年）》和法律、行政法规以及国家有关规定，结合河北省实际，制定了该条例。

② 内容介绍

《河北雄安新区条例》聚焦将雄安新区建设成为北京非首都功能疏解集中承载地、高质量高水平社会主义现代化城市的功能定位，重点从管理体制、规划与建设、高质量发展、改革开放、生态环境保护、公共服务、协同发展、法治保障八个方面进行了系统规定，标志着法治雄安建设开启了新篇章。

《河北雄安新区条例》围绕构建雄安标准体系，创造雄安质量，明确管委会及其内设机构的法律地位，着力在创新发展、城市治理、生态环境、公共服务等方面先行先试、率先突破，这也是立法的重点和亮点。其中，明确雄安新区管理委员会是河北省人民政府的派出机构，参照行使设区的市人民政府的行政管理职权，行使国家和省赋予的省级经济社会管理权限；对产业准入制度、惩戒重点、产业空间布局、创新能力与科技成果转化、自然资源资产产权制度改革、土地供应政策、税收政策改革、税费服务、人才激励机制改革、对外开放、国际贸易等方面进行了一系列制度安排；明确要求塑造中华风范、淀泊风光、创新风尚的城市风貌，建设全球领先的智慧城市；明确要求创新生态环境保护体制机制，建立低碳循环发展经济体系，加快碳达峰碳中和进程；要求引入优质公共服务资源，高标准配套建设公共服务设施。

此外，该条例还明确，雄安新区应当加强区域交流合作，促进与北京市、天津市以及周边地区合理分工，辐射带动京津冀地区协同发展，打造要素有序自由流动、主体功能约束有效、基本公共服务均等、资源环境可承载的区域协调发展示范区，推进建设京津冀世界级城市群。应当坚持依法决策、依法行政，严格规范执法行为，营造公平公正的法治环境，构建符合高质量发展要求的法治保障制度体系，推进法治雄安和廉洁雄安建设。

（2）各机关与雄安建设相关的法规、政策

雄安新区作为河北省乃至全国重点发展对象，结合中央政府与各部委发布的一系列重要文件，河北省人民政府以及部分机关也出台了很多与雄安建设有关的法规、政策，如表3-4所示，这使得雄安新区的建设有法可依、有据可循。

表 3-4　河北省各机关发布有关雄安建设的文件

序号	发布日期	发布机构	发布文件	相关内容
1	2019-05-24	河北省住房和城乡建设厅	《河北省在冀建筑业企业招标投标信用评价管理暂行办法》	进一步规范雄安新区建筑市场秩序，完善建筑业企业信用评价体系。规定信用评价计分采用计算机每日自动计算分值的方式进行，在冀建筑业企业信用评价计分分值及其明细在河北省住房和城乡建设厅网站向社会公开等
2	2019-12-10	河北省财政厅、河北省公安厅、河北省政务服务管理办公室等	《关于严防严惩政府采购恶意串通和合同转包行为的指导意见》	提出雄安新区的采购人要依法履职、严格依法评审、加强对政府采购恶意串通和合同转包行为的查处打击力度等，以进一步建立公平、公正、诚实守信的政府采购市场环境
3	2020-06-05	河北省住房和城乡建设厅	《河北省建筑业行业监督管理办法》	对雄安新区大力推进建筑业“放管服”改革，积极转变工程建设组织模式，着力规范建筑市场秩序，加强事中事后监管，初步建立以信用为基础的新型监管机制
4	2021-02-22	河北省人民政府办公厅	《河北省国民经济和社会发展第十四个五年规划和二〇三五年远景目标纲要》	明确要加快推进雄安新区启动区、起步区和重点片区建设。容东片区加快与起步区交通互联互通，雄安站枢纽片区建成交通特色经济区和站城一体的发展示范区；启动区尽快形成高端产业核心集聚区、高端商务功能区，起步区加快构建城市发展骨架；统筹推进其他组团建设和雄县、容城、安新县城改造提升，分类发展特色小镇
5	2021-08-04	河北省人力资源和社会保障厅	《河北省人力资源和社会保障事业发展“十四五”规划》	提出支持雄安新区规划建设公共实训基地和技师学院，加强高技能人才培养力度；支持雄安新区建设国家级“中国雄安人力资源服务产业园”，打造优质人力资源服务集聚辐射基地
6	2021-08-30	河北省住房和城乡建设厅	《河北省住房城乡建设领域违法行为举报管理实施办法》	鼓励举报人实名举报，明确举报内容不属于本部门职责范围的；举报内容未提供被举报人信息或者无具体违法违规事实等四类情形不予受理
7	2022-01-15	河北省人民政府办公厅	《河北省制造业高质量发展“十四五”规划》	提出雄安新区按照京津冀协同发展总体部署和主体功能区规划总体要求，统筹雄安新区、张家口张北地区“两翼”协调发展，明确区域产业定位，构建与区域功能定位相适应、与资源环境承载力相匹配、与产业发展方向相契合的“一核（雄安新区高端高新产业发展核心区）、两极、四带、多集群”发展格局

续表

序号	发布日期	发布机构	发布文件	相关内容
8	2022-01-15	河北省人民政府办公厅	《河北省对外开放“十四五”规划》	提出高标准建设对外开放平台载体，包括四方面内容，重点在雄安新区、自由贸易试验区和开发区开放发展和搭建高能级会展平台方面有所突破。其中，在雄安新区建设方面，提出高标准建设雄安新区开放发展先行区
9	2022-03-20	河北省人民政府办公厅	《河北省“十四五”时期“无废城市”建设工作方案》	提出全省各市（含定州、辛集市）同步启动“无废城市”建设，有序纳入国家建设行列，形成雄安新区率先突破、各市梯次发展的“无废城市”集群
10	2022-03-30	河北省自然资源厅	《河北省土地管理条例》	提出雄安新区聚焦国土空间规划、耕地保护、集体经营性建设用地入市、集体土地征收、宅基地管理等重点领域和关键环节，落实耕地保护制度，完善宅基地管理制度，细化土地征收程序，细化土地征收程序，增加土地储备内容，明确集体经营性建设用地入市交易规则
11	2022-04-18	河北省自然资源厅	《全省持续提升不动产登记便利度实施方案》	明确雄安新区持续提升不动产登记便利度，全面服务全省一流营商环境体系建设十项重点工作，包括深化“一窗受理、并行办理”，加强信息共享获取数据应用，提供不动产登记数据共享服务，推广不动产登记电子证照应用，建立政府法院协作联动机制，延伸不动产登记服务场所等
12	2022-04-22	河北省自然资源厅	《河北省加强土地储备监管若干规定》	提出雄安新区落实统一行使全民所有自然资源资产所有者职责，进一步规范土地储备管理，加强土地储备监管，增强政府对城乡统一建设用地市场的调控和保障能力，促进土地资源高效配置和合理利用
13	2022-06-29	河北省自然资源厅	《河北省县级国土空间总体规划数据库规范（试行）》	提出雄安新区坚持统一底图、统一坐标体系，注重全域全要素信息数据建设，重点对国土空间规划的空间要素、文档资料信息、表格信息以及栅格图信息等方面进行了细化，为建设河北省国土空间规划“一张图”，提升数字化管理水平提供了技术支撑
14	2022-07-10	河北省住房和城乡建设厅	《关于严格履行监理职责保障工程质量的六条措施》	要求雄安新区有关部门以及雄县、容城、安新住房城乡建设部门全面落实项目总监理工程师负责制，建立项目监理自查巡查抽查制度，强化监理单位信用管理，落实工程质量的监理保障等
15	2022-07-13	河北省自然资源厅、河北省住房和城乡建设厅、国家税务总局河北省税务局等	《关于推进“交地即交证”“交房即交证”改革的指导意见》	提出雄安新区到2022年底，“交地即交证”“交房即交证”改革取得初步进展；到2023年底，各地工作机制基本建立；到2024年底，改革取得明显成效，新供地项目和新建商品房项目实现“交地即交证”“交房即交证”常态化

3.1.4 雄安新区出台的雄安建设法规、政策

新区政府负责组织领导、统筹协调雄安新区开发建设管理全面工作；对雄县、容城县、安新县及周边区域实行托管。其发布的法规、政策涵盖规划建设、项目投资、环境治理、政务服务等多个方面，具体文件名称和发布与实施时间如表3-5所示。

表 3-5 河北雄安新区管理委员会发布的雄安建设法规、政策

序号	文件名称	发布时间	实施时间
1	《雄安新区岩土工程勘察资料管理办法（试行）》	2022–07–20	2022–07–20
2	《河北雄安新区容西片区控制性详细规划（深化优化版）》	2022–06–01	2022–06–01
3	《河北雄安新区乡村全面振兴实施意见》	2022–05–26	2022–05–26
4	《河北雄安新区昝岗组团控制性详细规划》	2022–05–20	2022–05–20
5	《河北雄安新区晾马台特色小城镇控制性详细规划》	2022–04–28	2022–04–28
6	《河北雄安新区国有企业安全生产监督管理办法（试行）》	2022–03–24	2022–03–24
7	《河北雄安新区住宅物业服务企业考核办法（试行）》	2021–12–17	2021–12–17
8	《河北雄安新区无障碍环境建设管理办法》	2021–11–09	2021–11–09
9	《雄安新区数字道路分级标准》等7项第三批智能城市建设标准	2021–08–16	2021–08–16
10	《河北雄安新区雄县组团控制性详细规划》	2021–07–15	2021–07–15
11	《河北雄安新区容城组团控制性详细规划》	2021–07–15	2021–07–15
12	《河北雄安新区安新组团控制性详细规划》	2021–07–15	2021–07–15
13	《河北雄安新区寨里组团控制性详细规划》	2021–07–15	2021–07–15
14	《河北雄安新区建设项目规划条件管理办法》	2021–06–21	2021–06–21
15	《雄安新区“三线一单”生态环境分区管控的实施意见》	2021–06–10	2021–06–10
16	《河北雄安新区施工总承包企业信用评价管理办法（试行）》	2021–04–30	2021–08–01
17	《河北雄安新区外商投资股权投资类企业试点暂行办法》	2021–04–26	2021–04–26
18	《河北雄安新区临时用地和临时建设管理办法》	2021–04–14	2021–04–14
19	《雄安新区工程建设项目“多测合一”工作办法（试行）》	2021–04–02	2021–04–02
20	《全面深化服务贸易创新发展试点实施方案》	2021–03–26	2021–03–26
21	《河北雄安新区住宅专项维修资金管理办法（试行）》	2021–03–25	2021–03–25
22	《河北雄安新区2021年白洋淀生态补水工作方案》	2021–03–22	2021–03–22
23	《全面推进乡村振兴加快农业农村现代化的实施方案》	2021–03–15	2021–03–15
24	《河北雄安新区新建学校委托管理实施办法》	2021–02–25	2021–02–25
25	《河北雄安新区关于支持企业创新发展的若干措施》	2021–02–10	2021–02–10
26	《河北雄安新区公共工程项目跟踪审计实施办法（试行）》	2021–02–04	2021–02–04
27	《关于印发〈雄安新区多功能信息杆柱建设导则〉等6项第二批智能城市建设标准成果的通知》	2020–12–28	2020–12–28
28	《雄安新区政府性投资项目成本控制管理暂行办法》	2020–12–22	2020–12–22
29	《雄安新区智慧教育五年行动计划（2021–2025年）》	2020–12–14	2020–12–14
30	《关于印发〈雄安新区物联网终端建设导则（道路）〉等8项智能城市建设标准成果的通知》	2020–07–20	2020–07–20
31	《关于完善雄安集团法人治理结构和现代企业制度的意见》	2020–06–22	2020–06–22
32	《河北雄安新区建设工程安全生产管理规定（试行）》	2020–06–18	2020–06–18

续表

序号	文件名称	发布时间	实施时间
33	《河北雄安新区建设工程质量管理规定（试行）》	2020-06-18	2020-06-18
34	《河北雄安新区规划师单位负责制实施办法》	2020-05-09	2020-05-09
35	《河北雄安新区安全生产综合监管办法》	2020-04-30	2020-04-30
36	《河北雄安新区雄安站枢纽片区控制性详细规划》	2020-04-21	2020-04-21
37	《河北雄安新区容东片区控制性详细规划》	2020-04-20	2020-04-20
38	《河北雄安新区容西片区控制性详细规划》	2020-04-20	2020-04-20
39	《河北雄安新区雄东片区控制性详细规划》	2020-04-20	2020-04-20
40	《河北雄安新区启动区控制性详细规划》	2020-01-15	2020-01-15
41	《河北雄安新区起步区控制性规划》	2020-01-15	2020-01-15
42	《雄安新区地热资源保护与开发利用规划（2019-2025年）》	2020-01-11	2020-01-11
43	《雄安新区地质勘查规划（2019-2025年）》	2020-01-11	2020-01-11
44	《雄安新区建筑师负责制试行办法》	2019-02-02	2019-02-02

3.1.5 雄安新区各机关有关雄安建设的法规、政策

（1）党工委管委会党政办公室（表3-6）

表 3-6 党工委管委会党政办公室发布的雄安建设法规、政策

序号	文件名称	发布时间	实施时间
1	《传统产业转移升级工作的实施方案》	2022-02-22	2022-02-22
2	《关于服务承接非首都功能疏解 培育和支持雄安新区企业挂牌上市的实施意见》	2021-11-18	2021-11-18
3	《关于服务承接非首都功能疏解 促进雄安新区融资租赁业高质量发展的若干意见》	2021-11-13	2021-11-13
4	《雄安新区本级项目资金管理规程》	2021-05-14	2021-05-14
5	《河北雄安新区外商投资股权投资类企业试点暂行办法》	2021-04-26	2021-04-26
6	《河北雄安新区信息化项目管理办法（试行）》	2021-04-01	2021-04-01
7	《关于进一步优化雄安新区工程建设项目审批流程的实施方案》	2021-03-26	2021-03-26
8	《关于全面推进城镇老旧小区改造工作的实施方案》	2021-03-23	2021-03-23
9	《河北雄安新区地震应急预案》	2021-03-03	2021-03-03
10	《关于加快培育和发展住房租赁市场的实施意见（试行）》	2021-02-25	2021-02-25
11	《河北雄安新区公共工程项目跟踪审计实施办法（试行）》	2021-02-04	2021-02-04
12	《雄安新区政府投资管理办法（试行）》	2020-12-31	2021-03-01
13	《关于开展“三包四帮六保五到位”活动的实施方案》	2020-07-24	2020-07-24
14	《关于支持雄安城市规划设计研究院服务新区规划建设的若干意见》	2020-07-18	2020-07-18
15	《雄安新区建设者之家建设管理暂行规定》	2020-05-25	2020-05-25

续表

序号	文件名称	发布时间	实施时间
16	《关于加强雄安新区应急能力建设的工作方案》	2020-05-14	2020-05-14
17	《关于加强工程建设“四位一体”管理的意见（试行）》	2020-04-30	2020-04-30
18	《雄安新区党政领导干部安全生产责任制实施办法》	2020-04-30	2020-04-30
19	《雄安新区2020年落实“万企帮扶”百日行动方案》	2020-04-20	2020-04-20
20	《关于进一步规范工程建设项目招投标管理的工作方案》	2020-01-14	2020-01-14

（2）党工委管委会党群工作部（表3-7）

表 3-7　党工委管委会党群工作部发布的雄安建设法规、政策

序号	文件名称	发布时间	实施时间
1	《关于做好投资项目审批全流程帮办服务工作的通知》	2021-03-11	2021-03-11
2	《雄安新区企业变更（备案）秒批承诺制工作方案》	2021-03-01	2021-03-01

（3）自然资源和规划局+建设和交通管理局（表3-8）

表 3-8　规划建设局发布的雄安建设法规、政策

序号	文件名称	发布时间	实施时间
1	《河北雄安新区建设工程建设单位质量安全首要责任管理办法》	2022-06-24	2022-07-01
2	《雄安新区工程建设项目“多测合一”技术规程（试行）》	2021-04-15	2021-04-15
3	《雄安新区工程建设项目“多测合一”工作办法》实施细则	2021-04-15	2021-04-15
4	《雄安新区工程建设项目用地预审与选址意见书核发流程》	2021-04-01	2021-04-01
5	《雄安新区桥梁景观规划设计管理办法（试行）》	2020-12-07	2020-12-07
6	《关于进一步规范建设工程质量检测管理工作推动行业高质量发展的通知》	2020-09-07	2020-09-07
7	《关于进一步优化雄安新区工程建设项目审批流程的实施方案》	2020-09-07	2020-09-07
8	《雄安新区建设工程勘察设计管理办法（试行）》	2020-07-17	2020-07-17
9	《关于进一步规范工程建设项目审批系统（一会三函）报建要件报送的通知》	2020-04-17	2020-04-17
10	《雄安新区片区集中开发建设期道路交通管理暂行办法》	2020-02-28	2020-02-28

（4）公共服务局（表3-9）

表 3-9　公共服务局发布的雄安建设法规、政策

序号	文件名称	发布时间	实施时间
1	《关于建设项目用地预审与选址意见书等四个事项实行全流程在线审批的通知》	2020-12-31	2020-12-31
2	《中国（河北）自由贸易试验区雄安片区许可经营项目筹建登记办法（试行）》	2020-09-28	2020-09-28
3	《中国（河北）自由贸易试验区雄安片区商事主体变更登记确认制登记试点办法》	2020-09-28	2020-09-28
4	《河北雄安新区工程建设项目招投标活动后评估管理办法（试行）》	2020-07-16	2020-07-16
5	《河北雄安新区工程建设项目施工招标资格预审管理办法（试行）》	2020-07-16	2020-07-16

续表

序号	文件名称	发布时间	实施时间
6	《河北雄安新区工程建设项目联合体投标管理办法（试行）》	2020-07-16	2020-07-16
7	《关于加强工程建设项目审批与“一会三函”制度衔接的实施方案（试行）》	2020-07-14	2020-07-14
8	《河北雄安新区工程建设项目招标代理机构监督管理办法（试行）》	2020-05-29	2020-05-29
9	《河北雄安新区工程建设项目招标投标活动参与主体资格审核与监督办法》	2020-05-28	2020-05-28
10	《河北雄安新区工程建设项目招标投标活动异议和投诉处理暂行办法》	2020-04-29	2020-04-29

3.2 各级政府与数字建造有关法规、政策

3.2.1 中央政府出台的数字建造法规、政策

（1）中央政府出台的涉及数字建造的法规

2020年4月9日，《中共中央　国务院关于构建更加完善的要素市场化配置体制机制的意见》对外公布，作为中央第一份关于要素市场化配置的文件，其中第六条“加快培育数据要素市场”明确指出数据是一种生产要素。同样数字建造过程涉及大量的数据信息，为了保障数据信息安全，促进数据开发利用，保护个人、组织及国家的合法权益，中央政府制定了以下法规，如表3-10所示。

表3-10　中共中央、国务院出台的涉及数字建造的法规

序号	发布日期	发布文件	与数字建造有关内容
1	2011-01-08	《计算机信息网络国际联网安全保护管理办法》	通过制定安全保护制度、公安机关的安全监督职责及相应法律责任，加强对计算机信息网络国际联网的安全保护
2	2011-01-08	《中华人民共和国计算机信息系统安全保护条例》	通过制定安全保护制度、公安机关的安全监督职责及相应法律责任，保护计算机信息系统的安全，促进计算机的应用和发展
3	2015-07-01	《中华人民共和国国家安全法》	维护国家信息安全，国家建设网络与信息安全保障体系，提升网络与信息安全保护能力，加强网络和信息技术的创新研究与开发应用，实现网络和信息核心技术、关键基础设施和重要领域信息系统及数据的安全可控
4	2021-06-10	《中华人民共和国数据安全法》	通过制定数据安全制度、规定数据安全保护义务、政务数据安全与开发要求及相应的法律责任，规范数据处理活动，保障数据安全

（2）中央政府出台的针对数字建造的政策

“十四五”规划纲要专门设置“加快数字化发展，建设数字中国”章节，提到分级分类推进新型智慧城市建设，完善城市信息模型平台和运行管理服务平台，构建城市数据资源体系，推进城市数据大脑建设，探索建设数字孪生城市。为了推进数字城市建设，中央政府发布了多个与数字建设相关的政策，如表3-11所示。

表3-11 中共中央、国务院出台的数字建造政策

序号	发布日期	发布文件	与数字建造有关内容
1	2016-02-26	《进一步加强城市规划建设管理工作的若干意见》	提出加强城市管理和服务体系智能化建设，促进大数据、物联网、云计算等现代信息技术与城市管理服务融合，提升城市治理和服务水平。到2020年，建成一批特色鲜明的智慧城市
2	2016-03-17	《中华人民共和国国民经济和社会发展第十三个五年规划纲要》	加快现代信息基础设施建设，推进大数据和物联网发展，建设智慧城市。以基础设施智能化、公共服务便利化、社会治理精细化为重点，充分运用现代信息技术和大数据，建设一批新型示范性智慧城市
3	2016-07-27	《国家信息化发展战略纲要》	加强顶层设计，提高城市基础设施、运行管理、公共服务和产业发展的信息化水平，分级分类推进新型智慧城市建设
4	2016-09-25	《关于加快推进“互联网+政务服务”工作的指导意见》	明确提出要加快新型智慧城市建设，要求各地区各部门加强统筹，注重实效，分级分类推进新型智慧城市建设，打造透明高效的服务政府
5	2016-12-15	《“十三五”国家信息化规划的通知》	到2018年，分级分类建设100个新型示范性智慧城市；到2020年，新型智慧城市建设取得显著成效，形成无处不在的惠民服务、透明高效的在线政府、融合创新的信息经济、精准精细的城市治理、安全可靠的运行体系
6	2017-02-21	《关于促进建筑业持续健康发展的意见》	提出加快推进建筑信息模型（BIM）技术在规划、勘察、设计、施工和运营维护全过程的集成应用，实现工程建设项目全生命周期数据共享和信息化管理，为项目方案优化和科学决策提供依据，促进建筑业提质增效
7	2017-07-08	《新一代人工智能发展规划》	提出构建城市智能化基础设施，发展智能建筑，推动地下管廊等市政基础设施智能化改造升级；建设城市大数据平台，构建多元异构数据融合的城市运行管理体系
8	2020-09-16	《关于以新业态新模式引领新型消费加快发展的意见》	提出推动城市信息模型（CIM）基础平台建设，支持城市规划建设管理多场景应用，促进城市基础设施数字化和城市建设数据汇聚，加强信息网络基础设施建设
9	2021-01-24	《关于新时代支持革命老区振兴发展的意见》	提出推动信息网络建设新型基础设施，加快打造智慧城市，提升城市管理和社会治理的数字化、智能化、精准化水平
10	2021-04-08	《关于加强城市内涝治理的实施意见》	提出有条件的城市，要与城市信息模型（CIM）基础平台深度融合，与国土空间基础信息平台充分衔接，加强智慧平台建设
11	2021-07-20	《中共中央关于制定国民经济和社会发展第十四个五年规划和二〇三五年远景目标的建议》	提出数字化助推城乡发展和治理模式创新，全面提高运行效率和宜居度。分级分类推进新型智慧城市建设，将物联网感知设施、通信系统等纳入公共基础设施统一规划建设，推进市政公用设施、建筑等物联网应用和智能化改造
12	2021-11-26	《关于支持北京城市副中心高质量发展的意见》	提出加强城市信息模型平台和运行管理服务平台建设，打造数字孪生城市，建设智慧高效的城市数据大脑，探索形成国际领先的智慧城市标准体系
13	2021-12-12	《“十四五”数字经济发展规划》	提出深化新型智慧城市建设，推动城市数据整合共享和业务协同，提升城市综合管理服务能力，完善城市信息模型平台和运行管理服务平台，因地制宜构建数字孪生城市
14	2022-05-10	《城市燃气管道等老化更新改造实施方案（2022–2025年）》	提出充分利用城市信息模型（CIM）平台、地下管线普查及城市级实景三维建设成果等既有资料等，组织开展城市燃气等管道和设施普查

3.2.2 各部委有关数字建造的法规、政策

（1）各部委发布有关数字建造的法规

为了使数字化信息化手段促进行业发展，部委响应中央法规及政策，发布推动数字建造的法规，如表3-12所示。

表3-12 部委发布有关数字建造的法规

序号	发布日期	发布部门	发布文件	与数字建造有关内容
1	2010-12-01	住房和城乡建设部	《城市、镇控制性详细规划编制审批办法》	控制性详细规划组织编制机关应当建立控制性详细规划档案管理制度，逐步建立控制性详细规划数字化信息管理平台
2	2013-02-04	国家发展改革委、工业和信息化部等8个部门	《电子招标投标办法》	对电子招标投标的交易平台、电子招标活动、电子投标活动、监督管理活动做出要求，并说明相应的法律责任
3	2021-04-01	住房和城乡建设部	住房和城乡建设部关于修改《建设工程勘察质量管理办法》的决定	工程勘察质量监督部门应当运用互联网等信息化手段开展工程勘察质量监管，提升监管的精准化、智能化水平。鼓励工程勘察企业采用信息化手段，实时采集、记录、存储工程勘察数据。国家鼓励工程勘察企业推进传统载体档案数字化

（2）各部委发布有关数字建造的政策

为了推动建筑行业的高质量发展，各部委发布了多个政策，下面将分为智慧城市相关政策、BIM相关政策和CIM相关政策进行介绍。

1）各部委发布有关智慧城市的政策

2008年11月，IBM首次提出“智慧地球”概念，智慧城市建设应运而生，引发智慧城市发展热潮。随后我国发布了多个智慧城市相关政策促进城市发展，主要针对智慧城市试点公布、服务智慧城市的管理平台完善及智慧城市标准体系和评价指标建立等，具体政策如表3-13所示。

表3-13 各部委发布有关智慧城市的政策

序号	发布日期	发布部门	发布文件	与数字建造有关内容
1	2013-01-31	住房和城乡建设部	《住房和城乡建设部公布首批国家智慧城市试点名单》	公布首批国家智慧城市试点名单：90个，其中地级市37个，区（县）50个，镇3个
2	2014-08-27	国家发展改革委、工业和信息化部等9个部门	《关于促进智慧城市健康发展的指导意见的通知》	到2020年，建成一批特色鲜明的智慧城市，聚集和辐射带动作用大幅增强，综合竞争优势明显提高，在保障和改善民生服务、创新社会管理、维护网络安全等方面取得显著成效
3	2014-10-29	国家发展改革委、工业和信息化部等25个部门	《促进智慧城市健康发展部际协调工作制度及2014–2015年工作方案》	为促进智慧城市健康发展，国家层面成立部际工作组
4	2015-10-22	国家标准委、中央网信办、国家发展改革委	《关于开展智慧城市标准体系和评价指标体系建设及应用实施的指导意见》	建立智慧城市标准体系和评价指标体系，到2020年累计共完成50项左右的智慧城市领域标准制订工作，并实现智慧城市评价指标体系的全面实施和应用

续表

序号	发布日期	发布部门	发布文件	与数字建造有关内容
5	2016-08-08	国家发展改革委、网信办	《新型智慧城市建设部际协调工作组2016-2018年工作分工的通知》	明确部际协调工作组中25个成员部门的任务职责，共计26项；从11月组织开展新型智慧城市评价工作，政策基调由大范围鼓励转向质量把控
6	2016-11-22	国家发展改革委办公厅、中央网信办秘书局、国家标准委办公室	《关于组织开展新型智慧城市评价工作务实推进新型智慧城市建设快速发展的通知》	为贯彻落实提出的建设一批新型示范性智慧城市的任务，研究制定了新型智慧城市评价指标
7	2018-12-19	国家发展改革委办公厅、中央网信办秘书局	《关于继续开展新型智慧城市建设评价工作 深入推动新型智慧城市健康快速发展的通知》	组织开展2018年度新型智慧城市评价工作，评价指标由基础评价指标和市民体验指标两部分组成
8	2020-04-03	国家发展改革委	《关于印发2020年新型城镇化建设和城乡融合发展重点任务的通知》	完善城市数字化管理平台和感知系统，打通社区末端、织密数据网格，整合卫生健康、公共安全、应急管理、交通运输等领域信息系统和数据资源，深化政务服务“一网通办”、城市运行“一网统管”，支撑城市健康高效运行和突发事件快速智能响应
9	2021-04-06	住房和城乡建设部、中央网信办等16个部门	《关于加快发展数字家庭提高居民品质的指导意见》	推进数字家庭系统基础平台与新型智慧城市“一网通办”“一网统管”、智慧物业管理、智慧社区信息系统以及社会化专业服务等平台的对接
10	2021-04-08	国家发展改革委	《2021年新型城镇化和城乡融合发展重点任务》	提出要建设新型智慧城市，建设“城市数据大脑”等数字化智慧化管理平台，推动数据整合共享，提升城市运行管理和应急处置能力，全面推行城市运行“一网通管”，拓展丰富智慧城市应用场景
11	2022-7-12	国家发展改革委	《“十四五”新型城镇化实施方案》	围绕提升城市治理能力智慧化水平，提出三方面任务。一是建设高品质新型基础设施，二是提高数字政府服务能力，三是丰富数字技术应用场景

2）各部委发布有关BIM的政策

为了推动BIM在国内的发展，加快建筑数字化转型，各部委发布了多个BIM相关的政策，推动了BIM在多个领域多个阶段的应用，具体政策如表3-14所示。

表3-14　各部委发布有关BIM的政策

序号	发布日期	发布部门	发布文件	与数字建造有关内容
1	2015-06-16	住房和城乡建设部	《关于推进建筑信息模型应用的指导意见》	强调BIM在建筑领域应用的重要意义，提出推进建筑信息模型应用的指导思想与基本原则，提出推进BIM应用的发展目标，同时明确相关单位的工作重点
2	2015-06-16	住房和城乡建设部	《关于印发推进建筑信息模型应用指导意见的通知》	指出2020年末实现BIM与企业管理系统和其他信息技术的一体化集成应用、新立项项目集成应用BIM的项目比率达90%

续表

序号	发布日期	发布部门	发布文件	与数字建造有关内容
3	2016-08-23	住房和城乡建设部	《2016-2020年建筑业信息化发展纲要》	BIM成为“十三五”建筑业重点推广的五大信息技术之首
4	2017-01-22	交通运输部	《推进智慧交通发展行动计划（2017-2020年）》	提到2020年在基础设施智能化方面，推进建筑信息模型（BIM）技术在重大交通基础设施项目规划、设计、建设、施工、运营、检测维护管理全生命周期的应用
5	2017-12-29	交通运输部	《关于推进公路水运工程应用BIM技术的指导意见》	提到推动BIM在公路水运工程等基础设施领域的应用
6	2018-05-30	住房和城乡建设部	《城市轨道交通工程BIM应用指南》	提出城市轨道交通工程宜在工程可行性研究、初步设计、施工图设计和施工等建设全过程应用BIM，并实现工程的数字化交付
7	2019-02-15	住房和城乡建设部	《关于印发住房和城乡建设部工程质量安全监管司2019年工作要点的通知》	指出推进BIM技术集成应用，支持推动BIM自主知识产权底层平台软件的研发，组织开展BIM工程应用评价指标体系和评价方法研究，进一步推进BIM技术在设计、施工和运营维护全过程的集成应用
8	2019-03-27	住房和城乡建设部	《关于行业标准〈装配式内装修技术标准（征求意见稿）〉公开征求意见的通知》	装配式内装修工程宜依托建筑信息模型（BIM）技术，实现全过程的信息化管理和专业协同，保证工程信息传递的准确性与质量可追溯性
9	2020-04-14	住房和城乡建设部	《住房和城乡建设部工程质量安全监管司2020年工作要点》	推动BIM技术在工程建设全过程的集成应用，试点推进BIM审图模式，提高信息化监管能力和审查效率
10	2020-07-03	住房和城乡建设部、国家发展改革委等13个部门	《住房和城乡建设部等部门关于推动智能建造与建筑工业化协同发展的指导意见》	在建造全过程加大建筑信息模型（BIM）、互联网、物联网、大数据、云计算、移动通信、人工智能、区块链等新技术的集成与创新应用
11	2020-08-28	住房和城乡建设部、教育部等9个部门	《关于加快新型建筑工业化发展的若干意见》	加快推进BIM技术在新型建筑工业化全寿命期的一体化集成应用。充分利用社会资源，共同建立、维护基于BIM技术的标准化部品部件库，实现设计、采购、生产、建造、交付、运行维护等阶段的信息互联互通和交互共享。试点推进BIM报建审批和施工图BIM审图模式，推进与城市信息模型（CIM）平台的融通联动
12	2021-10-22	住房和城乡建设部、应急管理部	《关于加强超高层建筑规划建设管理的通知》	具备条件的超高层建筑业主或其委托的管理单位应充分利用超高层建筑信息模型（BIM），完善运行维护平台，与城市信息模型（CIM）基础平台加强对接
13	2022-01-06	住房和城乡建设部	《住房和城乡建设部关于印发〈“十四五”推动长江经济带发展城乡建设行动方案〉〈“十四五”黄河流域生态保护和高质量发展城乡建设行动方案〉的通知》	鼓励有条件的城市率先深化应用自主创新建筑信息模型（BIM）技术，全面提升建筑设计、施工、运营维护协同水平，加强建筑全生命周期管理

续表

序号	发布日期	发布部门	发布文件	与数字建造有关内容
14	2022-05-24	住房和城乡建设部	《关于征集遴选智能建造试点城市的通知》	规定试点任务，搭建建筑业数字化监管平台，探索建筑信息模型（BIM）报建审批和BIM审图，完善工程建设数字化成果交付、审查和存档管理体系，支撑对接城市信息模型（CIM）基础平台，探索大数据辅助决策和监管机制，建立健全与智能建造相适应的建筑市场和工程质量安全监管模式

3）各部委发布有关CIM的政策

为了强化对城市规建管运维全生命周期管理，各部委发布多个政策推动CIM平台建设及CIM平台与BIM软件的集成开发，具体政策如表3-15所示。

表3-15　各部委发布有关CIM的政策

序号	发布日期	发布部门	发布文件	与数字建造有关内容
1	2020-07-03	住房和城乡建设部、工业和信息化部等13个部门	《住房和城乡建设部等部门关于推动智能建造与建筑工业化协同发展的指导意见》	通过融合遥感信息、城市多维地理信息、建筑及地上地下设施的BIM、城市感知信息等多源信息，探索建立表达和管理城市三维空间全要素的城市信息模型（CIM）基础平台
2	2020-08-11	住房和城乡建设部等7个部门	《关于加快推进新型城市基础设施建设的指导意见》	全面推进城市信息模型（CIM）平台建设。整合城市空间信息模型数据及城市运行感知数据，建设全覆盖、相互联通的城市智能感知系统，打造智慧城市基础操作平台，推进CIM平台在智慧市政、智慧社区、智慧交通等领域的应用
3	2020-08-28	住房和城乡建设部等9个部门	《住房和城乡建设部等部门关于加快新型建筑工业化发展的若干意见》	试点推进BIM报建审批和施工图BIM审图模式，推进与城市信息模型（CIM）平台的融通联动
4	2020-09-21	住房和城乡建设部	《城市信息模型（CIM）基础平台技术导则》	总结广州、南京等城市试点经验，提出CIM基础平台建设在平台构成、功能、数据、运维等方面的技术要求
5	2021-01-07	住房和城乡建设部	《住房和城乡建设部关于加强城市地下市政基础设施建设的指导意见》	建立完善综合管理信息平台，有条件的地区要将综合管理信息平台与城市信息模型（CIM）基础平台深度融合，与国土空间基础信息平台充分衔接，扩展完善实时监控、模拟仿真、事故预警等功能，逐步实现管理精细化、智能化、科学化
6	2021-12-17	住房和城乡建设部	《关于全面加快建设城市运行管理服务平台的通知》	建设完善市级城市运管服平台，以网格化管理为基础，综合利用城市综合管理服务系统、城市基础设施安全运行监测系统等建设成果，对接城市信息模型（CIM）基础平台
7	2022-01-06	住房和城乡建设部	《"十四五"推动长江经济带发展城乡建设行动方案》《"十四五"黄河流域生态保护和高质量发展城乡建设行动方案》	推广南京等CIM平台试点建设经验，全面推进长江经济带城市的CIM平台建设，实现与国家、省级平台互联互通。构建包括基础地理信息、建筑物和基础设施三维模型、标准化地址库等的CIM平台基础数据库，形成城市三维空间数据底板

续表

序号	发布日期	发布部门	发布文件	与数字建造有关内容
8	2022-05-13	住房和城乡建设部	《“十四五”工程勘察设计行业发展规划》	推进BIM软件与CIM平台集成开发公共服务平台研究与应用，积极探索工程项目数字化成果与CIM基础平台数据融合，研究建立数据同步机制

3.2.3 河北省出台的数字建造法规、政策

（1）河北省出台的涉及数字建造的法规

以“国家法律法规数据库”为依据，河北省出台的地方性法规中，《河北省城市地下管网条例》《河北省促进绿色建筑发展条例》《河北省数字经济促进条例》中涉及与数字建造相关内容，具体内容如表3-16所示。

表3-16　河北省出台的涉及数字建造内容的法规

序号	发布日期	制定机构	发布文件	相关内容
1	2015-05-29	河北省人民代表大会常务委员会	《河北省城市地下管网条例》	设区的市、县（市）人民政府应当按照建设智慧城市的目标和要求，规划、建设城市地下管网综合管理信息系统，整合地下管网信息采集、监控和数据应用服务等多种功能，实现对城市地下管网的数字化、智能化管理和服务。 规定城市地下管线权属单位应当建立所属地下管线专业管理信息系统，并按照规定与城市地下管网综合管理信息系统实现对接，做到信息即时交换、共建共享、动态更新
2	2020-07-30	河北省人民代表大会常务委员会	《河北省促进绿色建筑发展条例》	规定设区的市、县级人民政府应当发展集中供热和清洁能源供热，采用智能化供热技术，推动供热系统智能化改造，降低供热能耗，提高供热效率。 规定政府投资或以政府投资为主的建筑应当按照全装修方式建设，优先选用装配式装修技术、建筑信息模型应用技术
3	2022-05-27	河北省人民代表大会常务委员会	《河北省数字经济促进条例》	包括数字基础设施建设、数据资源开发利用、数字产业化、产业数字化、数字化治理等章节内容，规定要逐步推进智慧城市建设

（2）河北省出台的涉及数字建造的政策

以河北省人民政府的“政府信息公开”栏目为依据，河北省出台的政策文件分为省政府文件和省政府办公厅文件两大类，与数字建造相关的具体内容如表3-17所示。

表3-17　河北省出台的涉及数字建造内容的政策

序号	发布日期	发布机构	发布文件	相关内容
1	2012-05-11	省政府办公厅	《河北省人民政府办公厅关于推进信息化与工业化深度融合促进现代产业体系建设的意见》（冀办字［2012］59号）	要以信息化提升建筑企业生产效率、管理水平和技术创新能力。普及计算机在勘察设计、施工、工程监理和企业管理中的应用，提升建筑企业管理效率和水平；鼓励企业加大对数字化装备和工具的投入，实现小型作业机械化、大型作业自动化和智能化，提高生

续表

序号	发布日期	发布机构	发布文件	相关内容
1	2012-05-11	省政府办公厅	《河北省人民政府办公厅关于推进信息化与工业化深度融合促进现代产业体系建设的意见》（冀办字［2012］59号）	产效率。鼓励企业加大建筑业科技投入，以信息化支撑工艺和工程技术研发，促进建筑行业技术创新。全面推广BIM（建筑信息模型）、3G（第三代移动通信技术）、RFID（无线射频）、VR（虚拟现实）等技术在工程项目的全过程集成应用，提升建筑行业的竞争力
2	2015-03-04	省政府办公厅	《河北省人民政府关于推进住宅产业现代化的指导意见》（冀政发［2015］5号）	推广节能及新能源利用、整体厨卫、智能化和全装修等成套技术。推进建筑信息模型（BIM）等信息技术在工程设计、施工和运行维护全过程的应用
3	2015-11-12	省政府办公厅	《河北省人民政府办公厅关于推进城市地下综合管廊建设的实施意见》（冀政办发［2015］35号）	地下综合管廊要配套建设消防、供电、照明、通风、给水排水、视频、安全与报警、智能管理等附属设施，提高管廊智能化管理水平，实现安全运行。 各市、县政府要将地下综合管廊信息纳入城市地下管网综合管理信息系统，实现综合管廊管理数字化和智能化
4	2016-06-08	省政府办公厅	《河北省人民政府关于深入推进新型城镇化建设的实施意见》（冀政发［2016］27号）	加快建设绿色城市、智慧城市、人文城市等新型城市。实施“互联网+”城市计划，建设新型智慧城市，打造“智创空间”“智创园区”。制定智慧城市评价指标体系总体框架，重点推进城市公共安全视频监控、时空信息云平台、智慧交通、智慧医疗和智慧旅游等建设，开展智能电网技术研发。2020年前建成全省城镇空间信息平台和城市建（构）筑物空间数据库
5	2017-11-13	省政府办公厅	《河北省人民政府办公厅关于促进建筑业持续健康发展的实施意见》（冀政办字［2017］143号）	积极推进建筑信息模型（BIM）技术在规划、勘察、设计、施工和运营维护全过程的集成应用，实现工程建设项目全生命周期数据共享和信息化管理。开展建筑信息模型（BIM）技术试点示范应用，政府投资项目应带头推广使用
6	2019-11-15	省政府办公厅	《河北省人民政府办公厅印发关于完善质量保障体系提升建筑工程品质若干措施的通知》（冀政办字［2019］66号）	推进建筑信息模型（BIM）、大数据、移动互联网、云计算、物联网、人工智能等技术在设计、施工、运营维护全过程的集成应用，提高设计建造水平。在投资额1亿元以上或单位建筑面积2万m^2以上的政府投资工程、公益性建筑、大型公共建筑及大型市政基础设施工程等项目中推广应用建筑信息模型（BIM）技术
7	2020-04-19	省政府办公厅	《河北省人民政府关于印发河北省数字经济发展规划（2020-2025年）的通知》（冀政字［2020］23号）	利用BIM等技术发展特色化建筑设计，提升城市、建筑、园艺规划设计服务水平，还包含组织开展新型智慧城市建设试点。研究发布新型智慧城市星级标准，支持有条件的市县提升建设水平，推动数字技术在城市规划、建设、治理和服务等领域的深度应用，完善以“城市大脑”为中心的智能化治理网络，构建覆盖城乡的智能感知体系等多项内容
8	2020-10-01	省政府办公厅	《河北省人民政府办公厅印发关于支持数字经济加快发展的若干政策的通知》（冀政办字［2020］172号）	聚焦数字基础设施建设、提升产业数字化支撑和服务能力、引进培育市场主体、加大技术创新投入力度、构建数字经济发展良好生态5大方面发力，支持数字经济加快发展。

续表

序号	发布日期	发布机构	发布文件	相关内容
8	2020-10-01	省政府办公厅	《河北省人民政府办公厅印发关于支持数字经济加快发展的若干政策的通知》（冀政办字［2020］172号）	其中包括鼓励各地加强5G、人工智能、大数据、云计算创新应用项目谋划储备工作，完善前期手续，落实建设条件等方面的内容
9	2021-03-29	省政府办公厅	《河北省人民政府关于新时代支持重点革命老区振兴发展的实施意见》（冀政字［2021］12号）	要求推动信息网络等新型基础设施建设，加快打造智慧城市、海绵城市，提升城市管理和社会治理的数字化、智能化、精准化水平。鼓励革命老区完善工业互联网、第五代移动通信（5G）网络、物联网等新一代信息基础设施，因地制宜促进数字经济发展，支持在怀来、涞源等地发展大数据产业
10	2021-05-07	省政府办公厅	《河北省人民政府办公厅关于印发河北省县城建设提质升级三年行动实施方案（2021–2023年）的通知》（冀政办字［2021］56号）	要加快转变建筑建造方式，推动智能建造与建筑工业化协同发展，促进建筑业转型升级。推广钢结构装配式等新型建造方式，培育装配式建筑示范县（市）和产业基地。推广工程总承包模式，同时深化应用建筑信息模型（BIM）技术，发展数字设计、智能生产、智能施工，促进“河北建造”加快发展
11	2021-12-29	省政府办公厅	《河北省人民政府办公厅关于印发河北省城市内涝治理实施方案的通知》（冀政办字［2021］165号）	规定在排水设施关键节点、城市低洼地带布设必要的智能化感知终端设备，通过采取数字化、信息化、智能化管理手段，实现雨情分析、预测预警、风险评估、远程监控、运行调度、应急抢险等功能，切实提升城市排涝决策和应对水平。有条件的城市应实现与城市信息模型（CIM）基础平台深度融合，与国土空间基础信息平台充分衔接
12	2022-01-30	省政府办公厅	《河北省人民政府办公厅关于印发河北省城市老旧管网更新改造工作方案的通知》（冀政办字［2022］20号）	重点任务包括：管网改造后，运行管理单位要健全管网运行维护长效机制，推进专业化和智慧化管理。推行供水管网分区计量管理，合理划分供水区块，精准定位并降低管网漏损。加快燃气管线信息系统建设，实时掌握管网运行数据，实现智能报警
13	2022-04-25	省政府办公厅	《河北省人民政府关于印发河北省“十四五”现代综合交通运输体系发展规划的通知》（冀政字［2022］25号）	到2025年，交通运输新型基础设施建设加速推进，大数据、人工智能、区块链、第五代移动通信（5G）、北斗、物联网等与交通运输深度融合。搭建全省综合性交通大数据平台，实现跨领域、跨区域、跨层级的综合交通运输信息资源共享共用；建成以延崇、京雄高速等为代表的智慧高速公路，自动驾驶与车路协同技术发展达到全国先进水平；港口大宗散货码头智慧化水平全国领先的发展目标

3.2.4 河北省各机关有关数字建造的法规、政策

以河北省人民政府的“政府信息公开”栏目为依据，涉及数字建造内容的一些政策文件主要是由河北省住房和城乡建设厅、河北省发展和改革委员会、河北省工业和信息化厅三个部门发布。这些文件的主题主要包括城市管理、绿色建筑、装配式建筑、企业或产业转型升级等主题，文件涉及数字建造相关的内容如表3–18所示。

表 3-18 河北省各机关发布的涉及数字建造内容的法规、政策

序号	发布日期	发布机构	发布文件	相关内容
1	2013-08-28	省住房和城乡建设厅	《关于进一步做好数字化城市管理平台建设运行工作的通知》（冀县建办［2013］5号）	文件内容明确数字化城市管理平台是智慧城市、电子政务建设的重要组成部分，是提升服务功能和服务水平的有效途径。要求认真做好数字化城市管理平台建设运行工作。包括切实加快县级城市数字化城市管理平台建设和着力抓好已建成数字化城市管理平台的运行管理两大重点任务
2	2017-01-22	省住房和城乡建设厅	《关于在新建居住建筑中全面执行75%节能标准和在新建民用建筑中全面执行绿色建筑标准的通知》（冀建科［2017］3号）	鼓励使用专业软件、BIM技术等开展设计和施工图审查，提高工作效率和质量。鼓励开展科技创新，加强新技术、新材料、新产品、新工艺研发，为标准执行提供有力的技术、产业支撑
3	2019-01-22	省住房和城乡建设厅	《关于推进城市精细化管理的意见》（冀建城［2019］1号）	主要任务包括：加大市县城管平台升级改造力度，向智能化、智慧化转型，扩大延伸平台覆盖范围，拓展服务功能，为市民提供更加便捷、高效、优质的服务。加快建设和完善城市道路桥梁、供水、排水、供热、燃气、园林、地下管线等城市管理基础数据库，完善基础数据日常管理和更新机制，做到基础数据全面翔实。积极探索新一代信息技术与城市市政基础设施运行管理和服务深度融合，逐步实现感知、分析、服务、指挥、督查“五位一体”，增强城市管理综合协调能力，为提升城市管理精细化、智能化水平提供支撑
4	2019-01-28	省住房和城乡建设厅	《关于印发2019年全省住房和城乡建设工作要点的通知》（冀建办［2019］4号）	重点任务包括：完善信息化智能化城市管理平台。推进市县平台智能化改造，建立城市管理基础数据库。 开展建筑业企业家高端培训交流活动。推进创新技术、先进工法、BIM技术等应用，适时召开观摩会或专题会
5	2019-03-22	省住房和城乡建设厅	《关于印发《河北省住房城乡建设行业三年（2019-2021）信息化工作方案》的通知》（冀建办节科［2019］22号）	重点任务包括：完善信息化智能化城市管理平台，推进市县平台智能化改造，加快建设和完善城市道路桥梁、供水、排水、供热、燃气、园林、地下管线等城市管理基础数据库，指导各市将地下管线数据资料成果数字化。 重点任务还包括：推动企业创建智慧工地，实现企业对施工现场劳务人员、现场物资、施工安全、施工质量、施工扬尘、建筑垃圾等在线监测和远程视频监控，提高工程项目绿色建造水平。积极引导企业特别是勘察设计企业，在工程设计、建造、管理过程中，充分应用BIM技术，通过对建筑的数据化、信息化模型整合，实现在项目策划、运行和维护的全生命周期进行共享和传递，做出正确理解和高效应对，强化各方工作协同，提高效率、节约成本和缩短工期

续表

序号	发布日期	发布机构	发布文件	相关内容
6	2019-03-27	省住房和城乡建设厅	《关于印发2019年全省建筑节能与科技工作要点和装配式建筑工作要点的通知》（冀建节科［2019］3号）	2019年全省装配式建筑工作要点中的重点任务包括：指导各地明确不同地区、不同类型建筑中的具体要求或面积比例，推动落实装配式建筑项目和各项支持政策。积极在装配式建筑中推广工程总承包模式，推动建筑信息模型（BIM）技术在装配式建筑中的应用
7	2019-04-09	省住房和城乡建设厅	《关于印发《推动工程监理企业转型升级创新发展的指导意见》的通知》（冀建质安［2019］7号）	主要任务包括：吸收专业技术人员，以工程技术专家为依托，建立专业信息化技术研发团队和部门，开发和利用建筑信息模型（BIM）、城市信息模型（CIM）、区块链、大数据等现代信息技术和信息资源，努力提高信息化管理与应用水平，适应工程建设的快速发展，为开展全过程工程咨询业务提供技术支持和保障
8	2019-05-24	省住房和城乡建设厅	《进一步规范国有资金投资房屋建筑和市政基础设施工程项目招标投标工作的若干意见》（冀建建市［2019］5号）	要求国有资金投资大中型项目优先采用工程总承包方式，采用建筑信息模型（BIM）技术的项目应当积极采用工程总承包方式，装配式建筑、超低能耗建筑及技术复杂项目原则上采用工程总承包方式
9	2020-07-03	省工信厅	《河北省县域特色产业集群数字化转型行动计划（2020-2022）》	行动目标为通过实施“筑基”“智造”“育新”三大工程，形成根植于河北的数字化供给能力，激活广大集群企业的数字化转型需求，实现生产要素和数字化资源有机连接，打造聚合发展的集群生态系统竞争力，支撑县域特色产业经济效益提升、发展结构优化、创新能力增强
10	2020-08-10	省发展改革委	《关于做好县城城镇化公共停车场和公路客运站补短板强弱项工作的实施方案》（冀发改基础［2020］1213号）	重点任务包括：要强化停车和客运资源信息化管理水平，加强和完善县域范围公共停车场和公路客运服务资源基础信息数据，利用智慧平台提升服务供给保障。利用互联网、大数据、5G等信息化技术加快县域智慧出行、智慧停车管理等信息平台建设以实现停车和客运管理的精细化、智慧化。要加大物联网、人工智能、车路协同、无感支付等新技术应用，实现停车信息查询、停车位预定、停车泊位诱导、自动计费支付等功能，提高停车设施使用效率
11	2022-06-06	省发展改革委	《关于实施2022年河北省“全面加强基础设施建设”融资专项工作的通知》（冀发改财金［2022］760号）	所支持的领域包括：科技创新和产业升级领域、绿色低碳发展、新型城镇化等领域。具体内容包括：支持人工智能平台、宽带基础网络、全国一体化大数据中心体系京津冀枢纽节点、工业互联网、卫星互联网等设施建设，支持雄安新区数字经济创新发展试验区、正定数字经济产业园建设等

3.2.5 雄安新区有关数字建造的法规、政策

为了加强雄安新区数字化建设，高质量促进雄安新区建设，中共河北雄安新区工作委员会、雄安新区管理委员会及其下属组织机构发布有关数字建造的法规、政策。紧紧把握新基建大战略和创新发展大时代的机遇，坚持以标准研究为引领，塑造开放集成的创新生

态，把智能城市基础设施与传统城市基础设施同规划、同部署、同实施。

以数字城市建设为主题，以应用为导向，截至目前雄安新区共发布三批智能城市建设标准，其各自的适用范围如表3-19所示。将智能化标准与工程建设标准进行深度融合，集约部署、共建共享、数据融合，注重与城市融合、预留发展空间，强调标准体系的完整性、系统性。

第一批智能城市建设标准（8项）：2020年7月20日，河北雄安新区管理委员会印发《雄安新区物联网终端建设导则（道路）》《雄安新区物联网终端建设导则（楼宇）》《雄安新区物联网网络建设导则》《雄安新区5G通信建设导则》《雄安新区建构筑物通信建设导则》《雄安新区数据资源目录设计规范》《雄安新区数据安全建设导则》《雄安新区智慧工地建设导则》8项智能城市建设标准成果。这是新区第一批智能城市建设标准成果，它们的发布标志着新区智能城市建设引领以及规范机制建设取得重大突破。

第二批智能城市建设标准（6项）：2020年12月28日，河北雄安新区管理委员会印发《雄安新区多功能信息杆柱建设导则》《雄安新区物联网终端建设导则（综合管廊）》《雄安新区区块链技术数据协同规范》《雄安新区区块链安全 区块链技术应用安全规范》《雄安新区智能城市数据标准体系指南》《雄安新区数据资源分类分级指南》6项第二批智能城市建设标准成果。第二批智能城市建设标准的发布，使新区智能城市建设的规范标准体系得到了进一步完善。

第三批智能城市建设标准（7项）：2021年，河北雄安新区管理委员会印发《雄安新区数字道路分级标准》《雄安新区道路视频终端复用及部署导则》《雄安新区视频终端与系统接入规范》《雄安新区物联网终端统一接入规范》《雄安新区数据资源目录编制指南》《雄安新区数字标识（物）标准体系框架指南》《雄安新区智慧环保信息模型（EIM）标准》7项第三批智能城市建设标准。雄安新区管理委员会发布的第三批智能城市建设标准成果，进一步提高了智能城市建设标准体系的系统性与完整性，以规范化带动智能城市的建设，让雄安新区的数字建造方方面面在标准规范约束下进行。

表3-19 智能城市建设标准

序号	发布日期	发布单位	名称	适用范围
1	2020-07-20	河北雄安新区管理委员会	《雄安新区物联网终端建设导则（道路）》	适用于城市道路中的快速路、主干路、次干路及I级支路，包括其交叉路口，不包括居住用地及工业用地等的内部道路、高速公路、II级支路（街坊路）、停车场等。雄安新区交通基础设施、设备、系统建设除应符合本导则外，还需符合现行国家、行业及河北省、新区的相关标准和法律法规的规定，如有关物联网接入设备、网络建设、数据目录及管理、数据标准及安全、物联网应用等方面的规定应参考雄安新区规划和标准的要求
2	2020-07-20	河北雄安新区管理委员会	《雄安新区物联网终端建设导则（楼宇）》	适用于楼宇建筑（包括居住建筑、文体娱乐建筑、教育建筑、办公建筑、商业综合体、酒店建筑、博览建筑、体育建筑、交通建筑、金融建筑、医疗建筑等）
3	2020-07-20	河北雄安新区管理委员会	《雄安新区物联网网络建设导则》	适用于满足雄安新区城市三维空间中各类感知终端回传需求的物联网网络建设，对于其他非公共区域的感知终端的物联网网络建议参考本导则。用于指导物联感知体系建设中网络建设及城市物理空间各功能区物联网网络基础设施预留

续表

序号	发布日期	发布单位	名称	适用范围
4	2020-07-20	河北雄安新区管理委员会	《雄安新区5G通信建设导则》	规定了雄安新区5G通信建设一般性原则、通用规定及相关要求，适用于雄安新区5G新建、扩建、改建工程
5	2020-07-20	河北雄安新区管理委员会	《雄安新区建构筑物通信建设导则》	凡在雄安新区范围内建构筑物通信基础设施建设，应参照本导则
6	2020-07-20	河北雄安新区管理委员会	《雄安新区数据资源目录设计规范》	本数据目录通用要求规定了数据资源目录的分类、管理模式、运行模式和总体框架，以及目录建设的元数据要求、功能要求、技术要求和安全要求，适用于雄安新区全区范围内数据资源目录建设的行为及过程
7	2020-07-20	河北雄安新区管理委员会	《雄安新区数据安全建设导则》	规定了雄安新区全区范围内党政机关和其他社会组织数据安全建设与发展相关的总体框架、技术要求和通用要求。适用于新区数据提供方、数据平台运营方、数据使用方和数据监管方的数据安全建设，对雄安新区党政机关和其他相关社会组织信息系统的数据安全保护和建设与发展提出基本要求
8	2020-07-20	河北雄安新区管理委员会	《雄安新区智慧工地建设导则》	适用于雄安新区新建的各类施工工地，包括但不限于建筑类块状施工工地、市政路桥类线性施工工地、管廊隧道类地下施工工地、生态治理类水上施工工地、园林绿化类施工工地
9	2020-12-28	河北雄安新区管理委员会	《雄安新区多功能信息杆柱建设导则》	确立了多功能信息杆柱的设计和建设的总体原则和要求，规定了多功能信息杆柱的分类、技术要求、功能要求、安装要求，提出了挂载设备及管理平台的配置建议。适用于雄安新区多功能信息杆柱的规划、设计、建设和验收
10	2020-12-28	河北雄安新区管理委员会	《雄安新区物联网终端建设导则（综合管廊）》	适用于雄安新区综合管廊新建、改建、扩建工程中的物联网终端建设，用于指导综合管廊物联网终端的工程设计和施工安装
11	2020-12-28	河北雄安新区管理委员会	《雄安新区区块链技术数据协同规范》	适用于：（1）区块链系统内部不同智能合约间调用（同链调用）的要求与建议。（2）不同区块链系统间访问（跨链访问）的要求与建议。（3）区块链系统与非区块链系统交互（链外协同）的要求与建议。 本文件适用于指导雄安新区政府投资类项目中的区块链系统（含区块链产品及智能合约）的设计、开发与运行，其他系统可根据实际情况选择性参考
12	2020-12-28	河北雄安新区管理委员会	《雄安新区区块链安全区块链技术应用安全规范》	规定了区块链系统上层应用所涉及的“设备、软件、协议、数据和业务逻辑”的安全要求、方法、评测标准，用于保障区块链核心加密骨干网之外的应用组件安全，保障从终端用户接入、交互、业务推进等过程安全。适用于：（1）指导组织和机构建立、实施、保护和改进区块链系统应用安全体系。（2）为计划基于已有的区块链底层平台来搭建区块链应用的组织和机构提供安全参考。（3）为区块链技术企业的技术研发要求提供有效的参考和借鉴。（4）为区块链服务评估方的评估评测提供有效的参考和借鉴

续表

序号	发布日期	发布单位	名称	适用范围
13	2020-12-28	河北雄安新区管理委员会	《雄安新区智能城市数据标准体系指南》	提供了数据标准体系相关的术语定义、标准体系框架和明细表。适用于雄安新区范围内数据标准体系建设工作
14	2020-12-28	河北雄安新区管理委员会	《雄安新区数据资源分类分级指南》	提供了数据资源分类分级工作相关的术语和定义、分类和分级的原则和方法。适用于雄安新区范围内数据资源的分类分级工作
15	2021	河北雄安新区管理委员会	《雄安新区数字道路分级标准》	确立了雄安新区城市数字道路分级划分的总体原则和决策要素，规定了数字道路分级功能要求、关键技术指标、判定流程，提出了各类感知终端的布局和选型建议。适用于雄安新区城市快速路、主干路、次干路等数字道路设计和建设，并结合雄安新区数字道路建设与实际使用情况确定了关键指标
16	2021	河北雄安新区管理委员会	《雄安新区道路视频终端复用及部署导则》	适用于河北雄安新区政府投资建设的城市公共类视频终端的论证、设计、实施及验收环节。雄安新区公共类视频系统终端基础设施、设备和系统的设计与建设除应符合本导则外，还需遵守国家、行业及河北省、新区的相关标准和法律法规的相关规定和总体要求
17	2021	河北雄安新区管理委员会	《雄安新区视频终端与系统接入规范》	规定了雄安新区视频终端与系统的分类、接入总体架构和接入原则，视频终端与系统接入视频一张网平台的要求，以及网络传输和安全性等技术要求。适用于雄安新区公共区域、公共服务单位和个体单位的视频终端与系统接入视频一张网平台的方案设计、系统检测、验收以及与之相关的设备研发、生产
18	2021	河北雄安新区管理委员会	《雄安新区物联网终端统一接入规范》	规定了雄安新区所有物联网终端接入雄安新区物联网统一开放平台（简称“XAIoT平台”）的要求，包括终端接入的通用要求、物模型定义、接入要求、接口要求、数据转发要求、安全要求等。适用于雄安新区所有政府投资、主导建设及管委会各部门依法监管的物联网终端接入的规划、实施及改造，社会资本投资建设的终端可参考本规范执行
19	2021	河北雄安新区管理委员会	《雄安新区数据资源目录编制指南》	规定了数据资源目录编制目标、编制原则、编制流程、编制方法与审核评估等内容，明确了数据资源目录的提供、管理、使用要求，并对预目录编制提出具体要求。本指南基于雄安新区块数据平台的数据资源编目系统完成数据资源目录编制。适用于指导雄安新区数据资源目录的编制，包括部门目录、基础目录和主题目录的编制执行
20	2021	河北雄安新区管理委员会	《雄安新区数字标识（物）标准体系框架指南》	提供雄安新区数字标识标准体系的构建目标、原则和框架，以及雄安新区数字标识体系推广应用策略及相关工作任务的建议。适用于雄安新区数字标识体系标准化建设
21	2021	河北雄安新区管理委员会	《雄安新区智慧环保信息模型（EIM）标准》	提供了智慧环保信息模型标准规范体系相关的术语定义、标准体系框架和明细表，用于指导雄安新区智慧环保相关项目建设及系列标准编制

除了上述三批智能城市建设标准，中共河北雄安新区工作委员会、雄安新区管理委

员及其下属组织机构也发布了其他与雄安新区数字建造相关的法规、政策，相关内容如表3-20所示。

表3-20　雄安新区有关数字建造的法规、政策

序号	发布日期	发布单位	法规、政策	与数字建造有关的部分内容
1	2019-02-02	雄安新区管理委员会	《雄安新区建筑师负责制试行办法》	建筑师应当采用建筑信息模型（BIM）技术进行设计，并提交符合雄安新区BIM标准规范要求的成果文件
2	2019-08-07	雄安新区管理委员会	《河北雄安新区工程建设项目审批制度改革实施方案》	强化雄安新区规划建设BIM管理平台在审批管理中的作用，2019年8月BIM管理平台和工程建设项目审批管理系统基本搭建完成试运行，同步出台平台管理办法；2019年11月，平台正式投用，全面实现建设项目审批全过程数字化管理、网上业务协同、在线并联审批、统计分析、监督管理等功能，并与相关系统平台互联互通；2020年，实现整体与全国工程建设项目审批管理平台对接运行。 全面推行规划师单位负责制、建筑师负责制等专业设计师负责制与告知承诺制，通过雄安新区规划建设BIM管理平台实现工程建设项目审批全支撑、全过程、全透明、全要素的平台实施和监管，并与全国投资项目在线审批监管平台、省级工程建设审批管理系统、省级建筑市场监管和诚信信息系统等实现实时数据对接
3	2019-08-28	雄安新区管理委员会规划建设局	《河北雄安新区临时建设管理指导意见》	规划用地范围外临时建设管理。对于涉及建设临时性建筑物、构筑物的项目（施工人员宿舍、混凝土搅拌站等），建设单位还需办理临时建设工程规划许可证。临时建设工程规划许可证的申请由建设单位提出，规划建设局对申请材料进行审核并组织设计方案审查，审查通过后核发临时用地规划许可证和临时工程规划许可证。临时工程设计方案需达到施工图设计深度及BIM模型设计要求，并纳入BIM4平台备案
4	2020-01-03	河北雄安新区党工委管委会党政办公室	《关于加快推进工程建设项目审批工作的实施方案（试行）》	深化“放管服”改革，坚持以数字化驱动工程建设项目审批，全面落实河北省全面深化工程建设项目审批制度改革要求，推动雄安新区工程建设项目审批制度改革落地实施。实行“一份办事指南，一张申请表单，一套申报材料，完成多项审批”，实现“一口受理，一网通办，一次发证”。构建科学、便捷、高效的工程建设项目审批和管理体系，提升投资项目审批办理便利化水平，最大限度地降低投资项目审批的制度性交易成本
5	2020-05-09	雄安新区管理委员会	《河北雄安新区规划师单位负责制实施办法》	协助完善责任片区规划管控指标体系，建立管控数据，并录入雄安新区规划建设BIM管理平台，辅助对BIM模型进行审查
6	2020-05-14	河北雄安新区党工委管委会党政办公室	《关于加强雄安新区应急能力建设的工作方案》	加快项目建设进度。组织编制应急指挥平台可行性研究报告和初步设计方案，加快项目审批和招标工作，确保2020年完成一期项目建设。统筹风险监测信息。根据实际情况及时接入建筑施工、公安、交通、消防、气象、防汛、森林防火等监测指挥系统，确保在新区层面实现突发事件统一指挥、统一调度、统一决策。积极谋划后续建设内容。在推进应急指挥平台一期建设的同时，根据新区应急指挥业务工作的开展，研究后续建设内容，积极与CIM平台、

续表

序号	发布日期	发布单位	法规、政策	与数字建造有关的部分内容
6	2020-05-14	河北雄安新区党工委管委会党政办公室	《关于加强雄安新区应急能力建设的工作方案》	块数据平台、物联网平台等新区重大基础平台对接，推动后续项目立项。共享数据资源。新区数字办在统筹推进数据共享工作的过程中，推动应急管理数据资源共享，促进数据融合，避免重复建设
7	2020-06-18	雄安新区管理委员会	河北雄安新区建设工程质量管理规定（试行）	建设工程全生命周期纳入雄安新区规划建设BIM平台管理，交付的成果应符合数据交付标准要求，确保规划、设计、施工、使用过程中数据互通和共享。 建立雄安新区工程建设智能监管系统，实现建设工程有关单位、从业人员信用信息、处罚信息档案数字化管理，实现信用、处罚信息公开和分级分类监管
8	2020-06-18	雄安新区管理委员会	河北雄安新区建设工程安全生产管理规定（试行）	依托雄安新区规划建设BIM管理平台、工程建设智能监管系统，推进智慧工地建设、推广绿色建造。鼓励建设工程安全生产科学技术研究和先进技术的推广应用。 建立雄安新区工程建设智能监管系统，实现建设工程有关单位、从业人员信用信息、处罚信息档案数字化管理，实现信用、处罚信息公开和分类监管
9	2020-07-18	河北雄安新区党工委管委会党政办公室	《关于支持雄安城市规划设计研究院服务新区规划建设的若干意见》	持续完善规划体系。落实“横向到边，纵向到底”规划要求，深化细化各类专项规划，进一步健全完善雄安新区规划体系。以服务雄安新区规划建设为核心使命，保障专业类型全覆盖，在规划设计、政策咨询、土地利用、建筑设计、工程设计、勘察测绘、智能城市、技术导则编制研究、数字平台维护及数据分析等业务方面提供技术支撑及研究咨询服务，在绿色建筑标准、海绵城市建设、综合管廊设计等方面充分发挥自身的技术优势，把宜居、绿色、便利等设计理念体现到规划建设的每一个细节。 积极开展技术创新。深入实施创新驱动发展战略，支持研究新技术的创新应用，探索开展国内外先进设计理念在新区落地，构建从规划、设计到施工的技术体系，加强新区规划设计行业技术标准创新，立足打造数字智能城市，建立健全技术创新机制，加强BIM数字平台维护及数据分析能力，加强前沿科技在业务工作中的运用，敢于创新、勇于探索，牢固树立“雄安标准”
10	2021-03-03	河北雄安新区党工委管委会党政办公室	《河北雄安新区生产安全事故灾难应急预案》《河北雄安新区地震应急预案》《河北雄安新区突发地质灾害应急预案》《河北雄安新区危险化学品生产安全事故应急预案》《河北雄安新区自然灾害救助应急预案》5个专项应急预案	其中《河北雄安新区地震应急预案》中与数字建造有关内容： 将建设工程抗震设防管理纳入新区数字规划平台，利用城市信息模型（CIM）和基于建筑信息模型（BIM）三维管理系统，实现建设工程抗震设防全过程、全链条数字化管理。 制定出台应用减隔震技术的指导意见，在学校、医院、商场等人员密集场所和关键设施、生命线工程、应急避难场所等，推广应用减隔震技术和抗震新技术、新材料。在重大工程应用物联网等技术加强建（构）筑物结构健康监测诊断

续表

序号	发布日期	发布单位	法规、政策	与数字建造有关的部分内容
11	2021-03-15	雄安新区党工委、管委会	《全面推进乡村振兴加快农业农村现代化的实施方案》	大力发展智慧农业。推进物联网、大数据、云计算、人工智能、区块链等技术与农业全产业链的深度融合，打造农产品质量可追溯管理、农用地信息管理、农情综合监测与监控、智慧农机管理平台等公共服务平台，实现耕种收全环节在线实时监测、农业生产全要素精准控制、农产品质量全过程可追溯、电子销售全链条可服务。推进容城县数字乡村建设试点项目建设。大力发展电子商务。 加强乡村公共基础设施建设。提升数字乡村建设水平，推动农村千兆光网、5G网络、移动物联网与城市同步规划建设。完善农业气象综合监测网络，加强人工影响天气作业，提升农业气象灾害防范能力。加强乡村公共服务、社会治理等数字化智能化建设。加强村级客运站点、文化体育、公共照明等服务设施建设。 抓好农村土地和产权制度改革。健全农村土地经营权流转服务体系，规范土地流转价格形成，引导发展多种形式适度规模经营。做好安新县老河头镇沈南和沈北两村的农村集体产权制度改革数字化应用试点工作，积极探索实施农村集体经营性建设用地入市制度。加快农业综合执法信息化建设。深入推进农业水价综合改革。继续深化农村集体林权制度改革
12	2021-03-26	河北雄安新区党工委管委会党政办公室	《关于进一步优化雄安新区工程建设项目审批流程的实施方案》	大力整合、精简审批环节和事项，实现工程建设项目审批统一标准化管理。以数字化驱动新区工程建设项目审批工作，实现全流程全环节“线上受理、线上审批、线上监管”。以“部门联动、主动服务”为基础，推进实施建设项目集中审批，完善帮办代办机制，全面推进审批服务“马上办、网上办、全帮办”，不断提升投资项目审批工作效率和服务水平。以“宜证则证、容缺受理、函证结合”为原则，形成法定许可和“一会三函”并联运行、同时审批的完整审批链条，实现政府投资类项目从项目立项到施工许可审批时限控制在30个工作日内，企业投资核准类项目从项目立项到准予开工建设审批时限控制在14个工作日内，企业投资备案类项目“拿地即开工”。 坚持多规合一的原则，以雄安新区“1+4+26”规划体系为基础，依托规划建设BIM管理平台系统，充分发挥雄安新区大部制特点，自然资源和规划主管部门统筹协调各部门对工程建设项目提出建设条件以及需要开展的评估评价事项等要求，为项目建设单位落实建设条件、相关部门加强监督管理提供依据，确保一张蓝图干到底
13	2021-04-01	雄安新区管委会	河北雄安新区信息化项目管理办法（试行）	该办法从规划和审批管理、建设和资金管理、监督管理方面提出了对雄安新区信息化项目管理的要求，为全面加强对新区信息化项目的统筹规划与规范管理，提高政府投资效益
14	2021-04-15	河北雄安新区管理委员会规划建设局	《雄安新区工程建设项目“多测合一”工作办法》实施细则（试行）	审核合格的测绘成果通过“多测合一”信息管理系统推送至BIM平台，用于各阶段审批、联合验收和管理应用。 测绘成果经审核合格的，将自动通过“多测合一”信息管理系统推送至BIM平台

续表

序号	发布日期	发布单位	法规、政策	与数字建造有关的部分内容
15	2022-05-26	雄安新区党工委、管委会	河北雄安新区乡村全面振兴实施意见	加速发展智慧农业。加快推动农业生产加工和农村基础设施数字化、智能化升级，推动物联网、大数据、人工智能、区块链等新一代信息技术与农业生产经营深度融合。2022年，在安新县安新镇东杨庄村建设数字农业试点基地；在容城县南张镇建设1000亩无人农场示范基地，推进无人机、机器人等现代智能设施装备应用，实现耕种收全环节在线实时监测，加快实现精准化作业、可视化管理。发展数字乡村，推进容城县数字乡村试点项目建设，实现100%光纤网络到户，5G网络全域基本覆盖。推动“互联网+政务服务”向乡村延伸覆盖。 加强乡村公共基础设施建设。大力推广使用天然气、液化气、电能、太阳能和生物质能等清洁能源，巩固“无煤区”建设成果。利用闲置的屋顶资源，鼓励发展分布式光伏发电技术。合理布置供水管网，加强日常管理维护，实现自来水全面入户、稳定运行、安全达标。加快农村宽带通信网、移动互联网、数字电视网和下一代互联网发展。推进农村电力线、通信线、广播电视线“三线”有序治理，排除安全隐患。加强农村“四好”公路建设，公交通达具备通行条件的乡村，村内主街道和巷道实现全面硬化。优化村内道路布局与道路断面设计，并结合“碧道”等慢行系统规划，改善通行体验。加强停车场和充电桩设施建设。主街道、巷道和公共场所合理设置路灯

3.3 雄安数字建造制度

3.3.1 雄安新区发布的数字化流程与制度

无语规矩，不成方圆，目前许多城市的智慧城市建设主体各自为主，缺乏统一规划实施；BIM、GIS、IoT基础建设相互之间缺乏融合和交互的标准体系，统筹管理机制不够完善。如果没有明确统一的智慧城市以及标准化的顶层规划，就会导致智慧城市标准化工作协调推动不足。为了加强与智慧城市建设相关的运行模式、业务流程、标准规范的改革创新；规范数据资源协同共享流程，规范信息化项目建设、运行和管理，雄安新区管理委员会先后印发了相关的数字化建设标准，涉及工程建设项目审批、工程建设测绘等方面。

（1）雄安新区数字化流程

工程建设项目审批流程主要分为立项用地规划许可、工程建设许可、施工许可和竣工验收四个阶段，在项目立项前期加强项目策划生成，实行阶段内事项“并联审批、限时办结”。在此基础上，将其他行政服务、技术审查、强制性评估、中介服务、市政公用服务等事项纳入相关阶段办理或并行推进。在每一阶段，建设单位“一窗式”申报阶段审批事项、领取相关审批文件。

1）项目策划生成

加强项目前期策划生成和区域评估工作，在“多规合一”基础上加强业务协同，统筹协调项目规划条件及评估评价事项要求，特别是涉及国家安全审查、环评审批、洪水影响评价、文物保护、气象、矿产压覆情况、地质灾害评价、抗震设防等方面的要求。对前期工作达到一定深度的项目（企业备案类项目除外），由项目策划主管部门适时提请新区管委会集中审定，新区管委会会议审议通过后，改革发展主管部门根据会议纪要出具前期工作函。

2）立项用地规划许可阶段

主要办理建设项目用地预审与选址意见书、项目立项批复、建设用地规划许可等审批事项。本阶段审批时限控制在10个工作日内，组织有关专家开展建设项目选址论证、节地评价论证、踏勘论证不计入审批办理时限。本阶段需征求生态环境、文物保护、国家安全、气象等有关部门和单位意见的，政府投资类项目由改革发展主管部门负责，企业投资类项目由行政许可主管部门负责。

3）工程建设许可阶段

主要办理建设工程规划许可证核发和政府投资项目初步设计及概算审批。建设单位完成方案设计及BIM3模型创建后，即可向综合窗口申请办理本阶段相关审批事项。本阶段审批时限控制在15个工作日内，其中设计方案审查环节10个工作日（不包含新区管委会审定环节），建设工程规划许可证核发、政府投资项目初步设计及概算审批等并联事项审批5个工作日。

综合窗口受理后，由自然资源和规划主管部门牵头负责联合设计方案审查。对需要征询改革发展、国家安全、气象探测环境等方面意见的建设项目，自然资源和规划主管部门统一征求相关行业主管部门意见，各部门审查意见不再互为前置。设计方案审查通过后，由自然资源主管部门出具设计方案审查意见函（政府投资类项目需取得可行性研究报告批复）。各审批部门依据设计方案审查意见函完成并联事项审批。对暂未取得建设用地规划许可证或建设项目用地预审与选址意见书的建设项目，建设工程规划许可证实行容缺受理，由行政许可主管部门通过内部资料共享方式补齐相关材料后，直接核发建设工程规划许可证。

4）施工许可阶段

主要办理建筑施工许可证核发，同步办理质量、安全监督备案手续。将消防、人防等审查环节并入建筑师责任制，施工图审查实行告知承诺制。建设单位完成施工图设计及BIM4模型创建，并确定施工单位、编制施工组织设计，签订各方承诺函、承诺书后，即可申请本阶段相关审批事项。本阶段审批时限为5个工作日，其中出具施工意见登记函、完成质量、安全监督备案3个工作日，核发施工许可证2个工作日。

综合窗口受理后，由建设主管部门负责完成BIM4模型审核，出具施工意见登记函，并完成质量、安全监督备案。对核发施工许可证法定要件齐全的项目，行政许可主管部门依据施工意见登记函直接核发施工许可证。对核发施工许可证法定要件暂不齐全的项目，施工许可证实行容缺受理，建设单位可依据施工意见登记函组织开工建设，由行政许可主管部门通过内部资料共享方式补齐相关材料后，直接核发建筑工程施工许可证。

工程施工期间需要办理的城市建筑垃圾处置核准、防空地下室建设审批、城镇污水排入排水管网许可、市政设施建设类审批等7个事项，可在本阶段并联申请办理。也可根据项目建设需要，提前或在本阶段办理完成建设项目环境影响评价文件审批、节能审查、超限高层建筑工程抗震设防审批、危险化学品建设项目的安全设施设计审查、雷电防护装置设计审核等17个事项。

5）竣工验收阶段

建设项目完工且具备竣工验收条件，经建设单位组织自查合格后申请联合竣工验收。建设单位在组织竣工验收前，应当制作预验收BIM5文件，并提交至规建局预检部门预检。由建设主管部门牵头组织建设交通、改革发展、生态环境、国家安全、自然资源和规划、综合执法、气象、公共服务、应急管理等主管部门以及供气、供热、供水、排水、供电、通信等市政公用服务单位，联合完成相关验收（备案）工作。本阶段审批时限控制在10个工作日内。

建设单位应自工程建设项目竣工验收后三个月内，制作准确反映工程建设项目竣工验收现状的竣工验收BIM5文件，提交至规建局预检。经过预检合格的，当及时将竣工验收BIM5文件存档，并纳入BIM0文件。以雄安新区一般社会投资类工程建设项目审批为例，整体流程如图3-1所示。

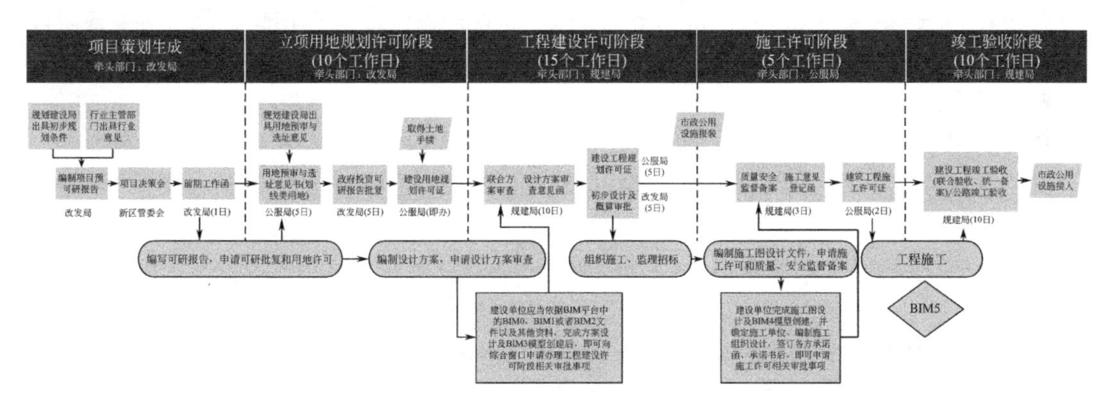

图 3-1　雄安新区政府投资类建设项目审批流程图

（2）雄安新区数字化制度

1）工程建设测绘相关制度

根据河北雄安新区管理委员会规划建设局发布的《雄安新区工程建设项目“多测合一”工作办法》实施细则，所称“多测合一”是指按照“统一标准、多测合并、成果共享”要求和“应合尽合、能合则合”原则，对同一工程建设项目各个阶段的多项测绘服务事项进行整合优化的测绘服务和管理模式，实现工程建设项目涉及的测绘服务事项统一管理、测绘过程统一规程、测绘数据统一标准、成果共享统一平台。结合工程建设项目的测量内容和技术要求差异，按照房屋建筑工程、管廊工程、管线工程、市政场站工程、道路工程、城市轨道交通工程、园林绿化工程、水利工程8类测绘工程类型编制。下面以房屋建筑工程为例进行测绘工程数字化流程与制度的说明（图3-2）。

技术设计：测绘作业单位应全面收集已有可用成果，包括纸质版和相应电子版，包括新区BIM平台审查指标及由BIM模型生成的平立剖等各类图纸。测绘作业单位可根据项目规模、技术复杂程度及项目委托方和相关数字化的要求，在收集相关资料及现场踏勘的基础上编制技术设计书或实施方案，项目规模小、技术简单的项目可简化编制。

竣工验收测量：测量内容应满足项目规划竣工验收指标和新区BIM平台审查指标的要求。规划指标以本项目规划许可证中的要求为准，BIM平台审查指标及成果表达和要求应

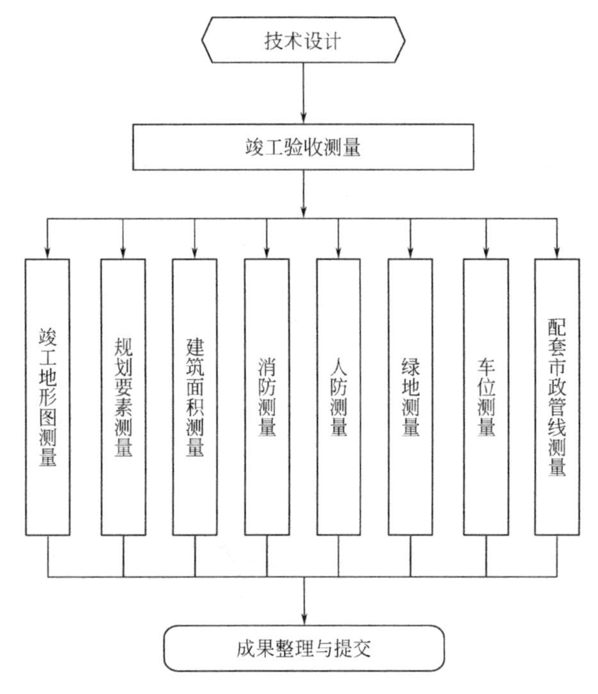

图 3-2 房屋建筑工程竣工验收测量工作流程图

符合相关信息化的规定。

成果整理与提交：测绘工作完成后，应整理成果资料，编制成果报告书，并建立和完善项目档案。成果资料应该包含新区BIM平台审查指标核验成果、新区“多测合一”信息管理系统、实现测绘成果提交、审核等的信息化管理，与BIM平台实现系统集成和成果共享应用，并且应该报送至新区BIM平台的数据应按照新区BIM平台的审查指标确定，包括图形数据和指标数值。审核合格的测绘成果通过“多测合一”信息管理系统推送至BIM平台，用于各阶段审批、联合验收和管理应用。

2）建设工程安全、质量相关制度

① 建设工程安全生产

根据《河北雄安新区建设工程安全生产管理规定（试行）》以及《河北雄安新区安全生产大检查工作方案》：安全生产方面应深刻吸取近年来的事故教训，强化安全生产红线意识和底线思维，进一步强化安全生产责任落实，全面排查整治各行业领域安全风险隐患，精准发现和严厉打击各类安全生产非法违法行为，有效防范各类生产安全事故。

鼓励建设工程安全生产科学技术研究和先进技术的推广应用。建设、勘察、设计（建筑师）、监理、施工、咨询、检测、监测、预拌混凝土生产等与建设工程安全生产有关单位应当依照法律、法规、工程建设标准、合同约定，保证工程建设安全生产，依法承担建设工程安全生产责任。

② 建设工程质量管理规定

根据《河北雄安新区建设工程质量管理规定（试行）》规定：规划（规划师单位）、建设、勘察、设计（建筑师）、施工、咨询、监理、检测、预拌混凝土及预制构件生产等建设工程有关单位和人员应当依照法律、法规、工程建设标准、合同约定及新区高质量建设要求等从事工程建设活动，在工程设计使用年限内对工程质量承担终身责任。

3）不同构筑物数字化相关制度

① 道路

根据《雄安新区物联网终端建设导则（道路）》所述，为构建以公共交通为主的便捷、绿色的交通体系，打造交通安全、有序、畅通、绿色低碳的城市，创造良好的交通出行环境，需与交通枢纽、轨道交通、停换车等建设同步，部署用于调度、接驳、安检、环境、运维等感知终端，打造人车路协同的智能化道路环境，实时分析、发布交通数据，及时预警交通事故、恶劣天气等特殊情况，识别预测车辆轨迹、道路路况、交通客流，自动调节信号灯配时，动态调配路权，有效疏导交通流量，实现道路本体状态的数字化、路面交通实施状况的数字化、交通环境状况（如气象）的数字化，引导雄安新区全面感知数据的共享融合，服务交通规划、组织、管理，服务市民出行，支持智能网联、无人驾驶的规模化测试和应用，特制定《雄安新区物联网终端建设导则（道路）》。

雄安新区道路物联网建设的目的是保障雄安新区的桥梁、隧道、道路的结构健康安全、无人驾驶的可靠性与安全性，提高道路交通运输的效率，通过车辆、车路信息交互共享，实现车辆和基础设施之间智能协同与配合，实现对道路及交通的智能化管理。

道路物联网感知设备选择和部署的总体原则为：

由政府投资建设为主，所有终端全部接入城市物联网平台（视频终端接入视频一张网平台），统一调度、运维和管理。生产生活空间的感知终端部署由企业、个人投资建设为主，引导鼓励此类感知终端接入城市物联网平台和视频一张网平台。

② 综合管廊（图3-3）

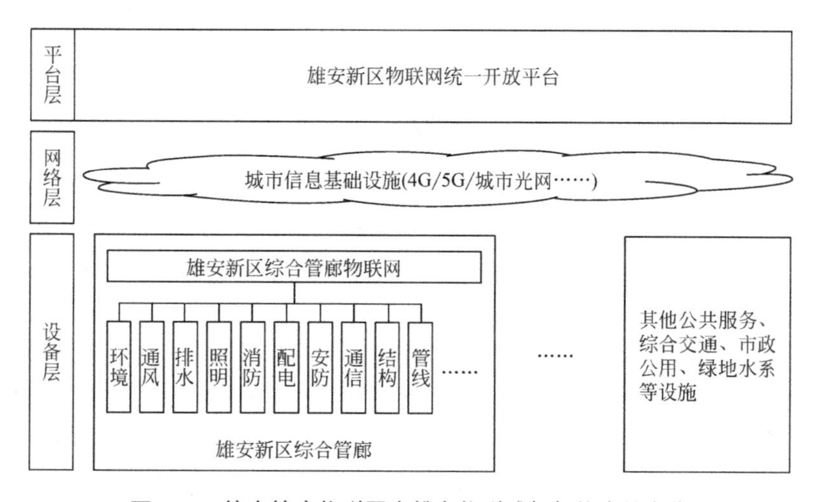

图 3-3 综合管廊物联网在雄安物联感知架构中的定位

综合管廊物联网隶属雄安新区物联感知架构中的设备层，是其重要组成部分，通过综合管廊物联网可将雄安新区各综合管廊的环境、通风、排水、照明、消防、配电、安防、通信、结构、管线等各类数据进行采集，并接入到雄安新区物联网统一开放平台，为雄安新区数字孪生城市及智能城市建设提供数据支撑。

综合管廊物联网应基于雄安新区物联网感知体系架构的统一要求，以雄安新区物联网统一开放平台为基础，通过云边协同的方式，实现综合管廊内感知设备的统一接入与管理。综合管廊物联网总体架构采用设备、网络、服务三层结构，通过物联网络、物联网网关及边缘计算设备实现对各类数据的汇集，并将数据上传至物联网统一开放平台。

③ 楼宇

根据《雄安新区物联网终端建设导则（楼宇）》要求：

a. 楼宇物联网终端设备应统筹规划设计，合理布局，集约建设，实现物联感知设备多功能场景下的复用。

b. 由政府投资建设为主，所有终端接入城市物联网平台（视频终端接入视频一张网平台），统一调度、运维和管理。生产生活类感知终端部署由企业、个人投资建设为主，引导鼓励此类感知终端接入城市物联网平台和视频一张网平台。并且能够有楼宇（社区）综合管理平台，为实现建筑物（或社区）的运营及管理目标，基于统一的信息、数据、服务平台，运用计算机技术、通信技术、信息技术、控制技术采集智能化各子系统的边缘计算信息数据，将楼宇内构成智能建筑各子系统相互分离的设备、功能和信息等，以模块化、标准化的方式，集成在一个相互关联、统一协调的平台中，形成的具有信息汇聚、资源共享、协同运行、优化管理等综合应用功能的平台，使资源实现充分共享，管理更集中、高效、便捷。

④ 临时建筑

根据《河北雄安新区临时建设管理指导意见》要求：规划用地范围外临时建设管理。对于涉及建设临时性建筑物、构筑物的项目（施工人员宿舍、混凝土搅拌站等），建设单位还需办理临时建设工程规划许可证。临时建设工程规划许可证的申请由建设单位提出，规划建设局对申请材料进行审核并组织设计方案审查，审查通过后核发临时用地规划许可证和临时工程规划许可证。临时工程设计方案需达到施工图设计深度及BIM模型设计要求，并纳入BIM4平台备案。

3.3.2 雄安集团发布的数字化流程与制度

雄安集团作为雄安新区的主要投资建设方，为加快推进雄安新区数字化、智能化城市规划建设，推进制度创新，建立与国际接轨、国内领先的城市规划建设管理规则和体系，就数字化相关内容发布了数字化相关技术标准，并根据标准发布了数字化流程与制度。

（1）雄安集团数字化流程

为助力雄安新区数字建造进程，完善工程建造全过程数字化移交流程，中国雄安集团及下属数字化相关子公司如雄安城市规划设计研究院针对雄安新区数字化建造的要求，自2020年，公布了多项数字化建造标准与流程，制定多项行业标准，如《中国雄安集团建设项目BIM技术标准》。经整理，雄安集团数字化建造流程大致如图3-4所示。

1）规划阶段

在规划阶段，雄安集团主要对数字化模型精度、数字化模型建立的软件、格式、平台以及人员提出规定。

数字化模型精度：根据雄安规划局出台的相关BIM标准，将各个阶段模型细分为现状空间信息模型、总体规划信息模型、详细规划信息模型、设计方案信息模型、施工图设计模型、工程施工信息模型、工程竣工信息模型，并用BIM0–BIM5表示。其中，规划阶段对应BIM0–BIM2模型即现状空间信息模型、总体规划信息模型、详细规划信息模型均需按照《建筑信息模型应用统一标准》GB/T 51212–2016达到精度要求。

软件：各单位部门应确立软件使用的版本，并向建设单位报备；在项目进行期间，原则上不允许更换软件版本；如因实际问题，必须升级软件版本时，需向建设单位书面提出申请，由提出方承担相应损失，并负责各相关单位的升级协调。同时，软件在专业功能上应满足各专业BIM模型信息建立与应用、交付要求，相关工程建设标准及数据安全标准等强制性规定，且宜支持专业功能开发，能够具备三维数字化建模、非几何信息录入、多专业协同、二维图纸生成功能；在数据交换上，满足开放的数据交换标准。可以进行各专业间的数据交换。

格式：勘察设计方应采用主流的BIM建模平台开展BIM建设工作，如Bentley，AutoDesk，Tekla，3DMAX，CATIA等，格式包括但不限于RVT，NWC，DWG，FBX，IFC，MAX，

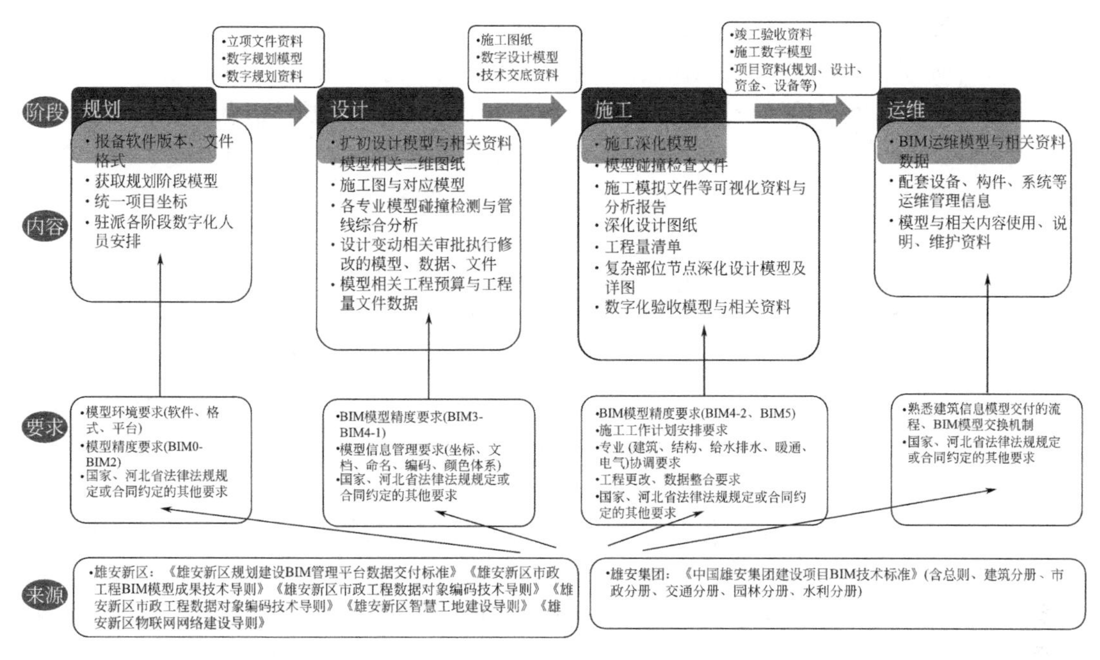

图 3-4　雄安集团数字化建造流程概图

CATPart\CATProduct\CATdrawing，XDB（雄安项目数据）等。

平台：为实现模型信息的准确建立、储存、修改、补充、查阅、提取、交换、传递，最大效益发挥BIM技术的优势，宜建立建筑信息协同平台。能够实现模型信息的共享，各参与方在各自的权限范围内可以查询有用信息，修改、补充本方负责模型信息。建筑信息协同平台应能实现各专业之间、各阶段之间的协同工作，避免模型信息存在偏差，提高工作效率。

人员：勘察设计方必须派驻至少1名具备3年以上BIM实践及设计管理经验的专业技术人员常驻项目，专职服务于该项目建设，进场后及时提供BIM实施策划方案、工作流程等相关资料，负责项目设计数据到建设管理平台和数字雄安CIM平台的录入工作。施工方应按照发包人要求，配备一定数量的BIM相关专业人员，专职服务于所承担的项目建设工作，比如进行BIM模型建设方案的编制等工作。规划阶段提交内容如表3-21所示。

表 3-21　规划阶段提交内容

序号	阶段	BIM提交内容	提交类型
1	规划阶段（BIM0–BIM2）	（1）规划阶段模型及创建模型所产生的所有方案、附表、附图、附文	模型、文档、图片
		（2）由模型创建并与模型相关联的所有二维表达的图纸、图表	文档、图纸
		（3）软件使用版本、流程、方案等详细资料	文档、图表
		（4）数字化人员相关驻派文件、档案等相关资料	文档、图纸、图片
		（5）国家、河北省法律法规规定或设计、咨询合同约定的其他交付物	模型、文档、图纸、图片

2）设计阶段

在设计阶段，雄安集团主要对数字化模型精度、数字化模型信息管理提出规定。

数字化模型精度：设计阶段对应BIM3与BIM4-1模型即方案设计信息模型、初步设计信息模型、设计方案施工图阶段，信息模型均需按照《建筑信息模型应用统一标准》达到精度要求，模型精度分别参照LOD100、LOD200、LOD300。

数字化模型信息管理：①所有建筑信息模型应采用雄安新区城市坐标系，高程基准采用1985国家高程基准。设计方模型创建前，可提前进行项目坐标系转换，项目模型坐标系与雄安新区城市坐标系协调统一，相关要求宜符合河北雄安新区管理委员会规划建设局的有关规定。②项目过程中所产生的文件可分为三大类：依据文件（设计条件、变更指令、政府批文、国家地方法律、规范、标准、合同等）、过程文件（管理流程要件、会议纪要、工程联系函等）、成果文件（BIM模型文件及BIM应用成果文件）。项目实施过程中各参与方根据自身需求及实际情况对三类文件进行收集、传递及登记归档。③电子文件夹应设置文件组织架构，便于各类文件归档及查询。具体架构按照专业方向参照雄安集团发布的各技术分册要求。各分册文件命名要求略有区别，项目电子文件的名称宜由项目编号、项目简称、模型单元或分区简称、工程阶段、工程代码、专业代码、描述依次组成。④构件名称应规范用语，并符合国家现行标准规定。描述字段中应加入构件的英文简称及尺寸信息，并应与设计图纸保持一致。非项目中的通用构件分类应符合现行国家标准《建筑信息模型分类和编码标准》GB/T 51269的要求。⑤项目中构件分类宜符合项目设计系统分类，项目的系统分类应按照各专业方向参照中国雄安集团BIM标准体系中各专业对应技术分册第4.4节要求。⑥建设资源、建设进程、建设成果均可使用分类和编码进行组织，分类和编码的方法、具体分类、编码应按照各专业方向参照各技术分册编码规则章节要求，并可根据项目实际情况，添加整体空间编码和实例编码。同一项目可多编码体系共存。面向不同的需求可同时采用相应的符合现行国家有关规定的编码措施，并应在模型使用说明书中写明。⑦模型单元可根据工程对象的系统分类设置颜色，系统之间的颜色应差别显著，便于视觉区分；系统颜色体系应按照各专业方向参照各技术分册颜色定义章节与对应附录的要求，并应整体把控模型表现效果，可适当对颜色RGB值进行微调。设计阶段提交内容如表3-22所示。

表3-22　设计阶段提交内容

序号	阶段	BIM提交内容	提交类型
2	（BIM3）扩初阶段	（1）扩初设计模型及创建模型所产生的所有方案、附表、附图、附文	模型、文档、图片
		（2）由模型创建并与模型相关联的所有二维表达的图纸、图表	文档、图纸
		（3）基于模型并与相关联的性能分析、净空分析、碰撞检查、其他等所有分析报告及附表、附图、附文	文档、图片
		（4）基于模型产生并与模型相关联的概算等工程量、价格清单、价格信息、统计分析报告	文档
		（5）国家、河北省法律法规规定或设计、咨询合同约定的其他交付物	模型、文档、图纸、图片

续表

序号	阶段	BIM提交内容	提交类型
2	（BIM4-1）施工图设计阶段	（1）施工图设计模型及创建模型所产生的所有方案、附表、附图、附文	模型、文档、图片
		（2）模型创建并与模型相关联的所有二维表达的图纸、图表	图纸、文档
		（3）基于模型并与模型相关联的碰撞检查、管线综合、其他等所有分析报告及附表、附图、附文	文档、图片
		（4）基于模型产生并与模型相关联的预算、工程量清单等工程量、价格清单、价格信息、统计分析报告	文档
		（5）设计变更所涉及建筑信息模型及信息的变动所产生的所有模型、信息、数据、文本及审批、实施文件	模型、文档
		（6）国家、河北省法律法规规定或设计、咨询合同约定的其他交付物	模型、文档、图纸、图片

3）施工阶段

在施工阶段，雄安集团主要对数字化模型精度、工作计划、专业协调、施工更改、数据整合提出规定。

数字化模型精度：施工阶段对应BIM4-2、BIM5模型即工程施工信息模型与工程竣工信息模型，需按照《建筑信息模型应用统一标准》GB/T 51212达到精度要求，模型精度分别参照LOD400、LOD500。

工作计划：施工方应提交详细的工作计划、BIM施工人员组织架构、BIM人员职责分工表、施工阶段BIM实施方案、建模制度及标准、施工阶段各专业协作方式和模型质量管理办法等。

专业协调：施工过程中，施工方应整合协调各专业模型，应对建筑、结构、给水排水、暖通、电气各专业进行协调，保证机电专业主管道无影响施工的碰撞及建筑与结构相关构造体开洞无遗漏；所有机电管线应考虑保温层及支吊架空间；碰撞后的标高应体现在施工图中，并提供碰撞报告，减少错漏碰撞，提高施工效率，减少返工。

施工更改：在重要施工阶段出现问题需要修改时，施工方需按期向建设单位提供BIM变更修改的准确BIM模型，包含且不限于：报规节点、出图节点、变更等。

数据整合：在施工前，每月采集并处理完后提交倾斜摄影三维模型至数字雄安CIM平台。根据工程实际情况，建设过程中承包方应主动配合接入工地扬尘、环境、气象（PM2.5、降雨等）、工程监测类（变形、位移）等数据。施工阶段提交内容如表3-23所示。

表3-23 施工阶段提交内容

序号	阶段	BIM提交内容	提交类型
3	（BIM4-2）施工深化设计	（1）结构施工深化阶段交付物宜包含结构施工深化模型、模型碰撞检查文件、施工模拟文件、深化设计图纸、工程量清单、复杂部位节点深化设计模型及详图等	模型、文档、图纸
		（2）机电深化设计阶段交付物宜包含机电深化设计模型及图纸、设备机房深化设计模型及图纸、二次预留洞口图、设备运输模拟报告、支吊架加工图、机电管线水利复核报告、机电管线深化设计图、机电施工安装模拟资料等	模型、文档、图纸

续表

序号	阶段	BIM提交内容	提交类型
3	（BIM4-2）施工深化设计	（3）预制装配式混凝土结构施工深化阶段交付物宜包含预制装配式建筑施工深化模型、预制构件拆分图、预制构件平面布置图、预制构件立面布置图、预制构件现场存放布置图、预留预埋件设计图、模型碰撞检查报告、预制构件深化图、模拟装配文件等	模型、文档、图纸
		（4）交付物宜包含预制构件生产模型、构件加工预制图纸、工艺工序方案及模拟动画文件、三维安装技术交底动画文件、工程量清单等	模型、文档、视频、图纸
		（5）施工组织模型、施工工艺模型、施工模拟相关分析文件、可视化资料、分析报告等	模型、文档
		（6）国家、河北省法律法规规定或合同约定的其他交付物	模型、文档、图纸、图片
	（BIM5）竣工验收阶段	（1）宜包含竣工验收模型及与模型相关联的验收形成的信息、数据、文本、影像、档案等	模型、文档、图纸、图片
		（2）国家、河北省法律法规规定或合同约定的其他交付物	模型、文档、图纸、图片

4）运维阶段

在运维阶段，雄安集团主要对运营单位提出规定。

运营单位：结合雄安集团发布的BIM应用管理办法，建筑项目运维方需要熟悉建筑信息模型交付的流程以及各环节的BIM模型交换机制，以保证模型数据能够在运维阶段、不同主体、不同专业之间进行有效传递。同时了解模型相关的设备使用方法、维护手段，保证运维过程流畅完善。运维阶段提交内容如表3-24所示。

表3-24　运维阶段提交内容

序号	阶段	BIM提交内容	提交类型
4	运维阶段	（1）运维模型及与模型相关联的主要构件、设施、设备、系统的各类运营管理信息的文档	模型、文档
		（2）与模型相关联的设备相关使用、说明、维护文档，并包含各类等维护保养信息	模型、文档、图纸、图片
		（3）国家、河北省法律法规规定或合同约定的其他交付物	模型、文档、图纸、图片

（2）雄安集团数字化制度

雄安集团与建设相关参与方和新区政府等根据雄安数字化建造相关应用，发布了相关数字化制度，主要包括合同管理、人员培养、招标准入、安全质量等相关制度规则。

1）合同管理相关制度

雄安集团关于合同管理相关制度如表3-25所示。

表 3-25 雄安集团关于合同管理相关制度

制度 \ 单位	投资建设单位	勘察设计单位	施工单位
合同管理	（1）建立健全平台运营长效机制，签订运营合同来保证后续工作的持续投入。 （2）通过区块链技术，与其他单位协调，雄安区块链管理平台实现项目全链条合同连续。 （3）对合同管理、履约管理、资金支付等实施项目全流程管理，实现监控项目所有资金动向，透明项目支出和收入	（1）通过区块链技术，与其他单位协调，雄安区块链管理平台实现项目全链条合同连续。 （2）在签订服务合同后周期性采集处理并提交倾斜摄影三维模型至数字雄安CIM平台，在竣工后提交项目最终面貌倾斜摄影三维模型	（1）在区块链资金管理平台上开通专用账户，并接入雄安区块链资金管理平台，主动配合对合同管理、履约管理、资金支付等实施项目的全流程管理。 （2）通过区块链技术，与其他单位协调，雄安区块链管理平台实现项目全链条合同连续

2）数据管理相关制度

项目建设单位应依据相关规范编制数据资源目录，建立数据相关循环机制，确保数据资源共享和开放；监督和协助承包方并将全过程产生的BIM数据统一接入数字雄安CIM管理平台；建立网络安全管理制度；落实相关法律法规的要求。雄安集团关于数据信息管理相关制度如表3–26、表3–27所示。

表 3-26 雄安集团关于数据信息管理相关制度 1

制度 \ 单位	建设单位	勘察设计单位	施工单位
数据管理	（1）建立数据共享开放长效机制和共享数据使用情况反馈机制，确保数据资源共享和开放。 （2）做好信息化系统建设、工程建设过程中相关数据的采集汇总、参建人员信息汇聚、工程建设过程中的进度和质量数据采集，信息化技术应用及相关技术文档移交等工作。 （3）监督和协助承包方并将全过程产生的BIM数据统一接入数字雄安CIM管理平台。 （4）建立网络安全管理制度，采取技术措施，加强信息系统与信息资源的安全保密设施建设；落实国家对应管理有关法律、法规和标准规范的要求	充分考虑数字化、智能化的要求，以人数据和区块链为基础，建筑信息模型（BIM）数据需统一接入新区城市信息模型（CIM）管理平台	（1）主动配合接入工地扬尘、环境气象（PM2.5、降雨等）、工程监测类（变形、位移）等数据，按时支付数据审核校验及处理费用。 （2）进行相关软硬件设施的建设和相关数据的上传，应按照雄安新区相关规定和发包人要求对数据资源和数据服务进行统一规划。 （3）在数据共享交换或涉及向外部提供专业数据服务时，均应先注册到块数据平台。 （4）配合进行智能化系统及平台在块数据建设方面的验收。 （5）搭建与工程质量相关的区块链账户，上传原材料生产、现场施工、验收检测、行业监督各方面的数据

表 3-27 雄安集团关于数据信息管理相关制度 2

单位 制度	规划单位	监理单位	运维单位	咨询单位
数据管理	动态维护、更新已入库的各类成果数据。审查、入库及动态维护待批复及新增各类成果数据	按雄安新区工程建设智慧监管服务平台、数字雄安建设管理平台、雄安新区规划建设BIM管理平台的使用要求，配置终端设备登录平台和提供合格数据，采用信息化手段进行监理	坚持标准先行，实现全域感知设备的统一接入、集中管理和对感知数据的集中共享	投资决策咨询人应严格按照数字雄安建设管理平台的使用规定提交和填报数据

3）数字化模型相关制度

建设方：建设单位负责监督和协助承包方按标准制作工程项目BIM模型，实时更新BIM雄安集团关于数字化模型相关制度如表3-28、表3-29所示。

表 3-28 雄安集团关于数字化模型相关制度 1

单位 制度	建设单位	勘察设计单位	施工单位
数字化模型	负责监督和协助承包方按标准制作工程项目BIM模型，实时更新BIM模型	（1）负责数字化模型（BIM、CIM）建设及应用（模型效果展示、各专业管线碰撞检查等）。 （2）BIM模型信息细度等级遵守《中国雄安集团建设项目BIM技术标准》	（1）按时提交符合规定的BIM模型成果，详细的工作计划、BIM模型建设方案、专业协作方式和模型质量管理办法。 （2）按时提供所承担项目的BIM模型、地质三维模型、倾斜摄影三维模型、配合CIM平台运营方完成对需提交模型的审核校验工作，按时支付数据审核校验及处理费用。 （3）与造价咨询单位利用一致的BIM模型测算工程量，辅助完成项目工程结算工作，提供《BIM辅助工程量测算报告》

表 3-29 雄安集团关于数字化模型相关制度 2

单位 制度	规划单位	监理单位	咨询单位
数字化模型	工程建设项目审批BIM模型预审核，BIM模型轻量化标准研究	熟悉工程设计文件（含BIM模型），并参加由委托人主持的图纸会审和设计交底会议；审查施工承包人提交的竣工验收申请及BIM竣工模型，编写工程质量评估报告	（1）通过项目工作平台访问施工模型，针对BIM模型进行工程量及造价信息提取并统计，利用BIM技术辅助进行工程概算、预算及竣工结算工作。 （2）与施工单位利用一致的BIM模型测算工程量，辅助完成项目工程结算工作，提供《BIM辅助工程量测算报告》

4）数字化人员相关制度

雄安集团关于数字化人员相关制度如表3-30、表3-31所示。

表 3-30 雄安集团关于数字化人员相关制度 1

单位 制度	建设单位	勘察设计单位	施工单位
数字化人员	（1）定期组织召开区块链资金管理平台使用培训会，确保经办人员在平台内操作及时、准确。 （2）组织数字化平台使用培训会，确保经办人员在平台内操作及时、准确	（1）负责工程建设过程中参建人员信息汇聚，采用数字化手段归档提交。 （2）参加发包人组织的数字化平台使用培训会，确保经办人员在平台内操作及时、准确	配备一定数量的BIM相关的专业人员，专职服务于所承担的项目建设工作

表 3-31 雄安集团关于数字化人员相关制度 2

制度＼单位	规划单位	运维单位
数字化人员	整体上了解和掌握城市各类信息，从更大和更广的范围研究与探讨城市发展的一般规律	配备一定数量的BIM相关的专业人员，专职服务于所承担的项目数字化运维管理工作

5）招标投标相关制度

雄安集团关于招标投标相关制度如表3-32所示。

表 3-32 雄安集团关于招标投标相关制度

制度＼单位	建设单位	勘察设计单位	施工单位
招标投标	（1）根据招标项目的特点和实际需要编制招标文件，招标文件应合理设置支持技术创新、节能环保等相关条款。 （2）在招标采购涉密信息系统时，应执行保密有关法律、法规规定。 （3）将BIM技术应用的方案和要求写入招标文件	按照《雄安新区工程建设项目标准招标文件》遵循相关智能化要求，包括BIM、CIM、块数据、物联网、区块链等要求	（1）满足招标投标规定和招标文件中提出的对施工项目数字化和智能化的要求。要全面推行BIM、CIM技术，实现工程建设项目的全生命周期管理。 （2）信息化和数字化的方式进行项目施工管理，并按照雄安新区相关规定和发包人要求配合开展数字雄安相关工作的义务

6）安全质量相关制度

雄安集团关于安全质量相关制度如表3-33所示。

表 3-33 雄安集团关于安全质量相关制度

制度＼单位	建设单位	勘察设计单位	施工单位	监理单位
安全质量	（1）在对项目进行管理的过程中，要始终坚持智慧工地建设的原则，实现工地精细化管理，理清现场脉络、提高管理效率、降低管理成本、保障施工安全。 （2）使用区块链技术，加强与勘察、设计、施工单位间的相互协作，保证施工质量安全可溯源	使用区块链技术，加强与建设、施工单位间的相互协作，保证施工质量安全可溯源	使用区块链技术，加强与建设、勘察设计单位间的相互协作，保证施工质量安全可溯源	在巡视、旁站和检验过程中，发现工程质量、施工安全存在事故隐患的，及时将相关信息录入BIM管理平台，要求施工承包人整改并报委托人

第4章 雄安数字建造技术体系

4.1 雄安数字建造核心技术

4.1.1 BIM

（1）雄安新区BIM技术应用

雄安新区的总体规划都紧密围绕着绿色、生态、创新、智慧等方面展开，城市建设将进入一个新的发展模式。在雄安数字建造中将BIM技术贯穿规划、设计、施工、运营全过程，融入项目管理当中，建立了“集中管理、综合协调、后台支撑”实施体系，实现了建筑立体可视化管理。BIM通过数字信息技术把整个建筑数字化、虚拟化，存储了建筑的完整信息数据，在项目策划、运行和维护的全生命周期过程中进行共享和传递，为规划、设计、施工、运营等各方建设主体提供协同工作的基础。在雄安新区工程项目的建设过程中，BIM技术可以在协同设计、施工管理、监理控制、专业信息协同管理、成本控制等功能上实现全过程设计优化与效率提升。

（2）雄安新区BIM管理平台技术体系

雄安新区旨在建设成社会主义现代化的数字新城，为提高新区城市规划、建设、管理和运维的信息化程度，在雄安新区实施的工程建设项目，要以BIM文件为规划、勘察、设计、施工、运营维护的依据，对BIM文件应当以相关数字信息集成为基础，按照新区规定的交付标准，形成多维模型、二维图纸或者数据图表等形式进行表达，全面准确表达建设项目信息，真实映射城市现状空间。雄安新区管委会与雄安集团数字城市公司共同建设雄安新区规划建设BIM管理平台，链接新区规划建设、管理运维等管理部门和建设单位，BIM文件的提交、受理、审查、流转和归档均在BIM管理平台上进行。BIM管理平台总体建设方案如图4-1所示。

雄安新区规划建设BIM管理平台（一期）项目于2020年11月11日顺利通过终验。专家组对项目成果交付文件及平台建设给予了高度评价：雄安新区规划建设BIM管理平台针对城市全生命周期的“规、建、管、养、用、维”六个阶段，在国内率先提出了贯穿数字城市与现实世界映射生长的建设理念和方式；自主构建了以XDB为代表的一整套数据标准体系；实现了从核心引擎到上层应用的完全国产化，技术自主可控；整合多源空间数据，实现规建局内部和相关委办局之间的数据互通和业务协同，以提高行政管理效率和服务水平，为规划建设问题提供数字化、可视化和科学化的决策依据；在国内BIM领域实现了全链条应用突破，具有领先性与示范性；平台各系统运行稳定可靠，将助力雄安数字孪生城市进一步完善提升。该项目的主要建设内容包括：一个平台、一套标准。

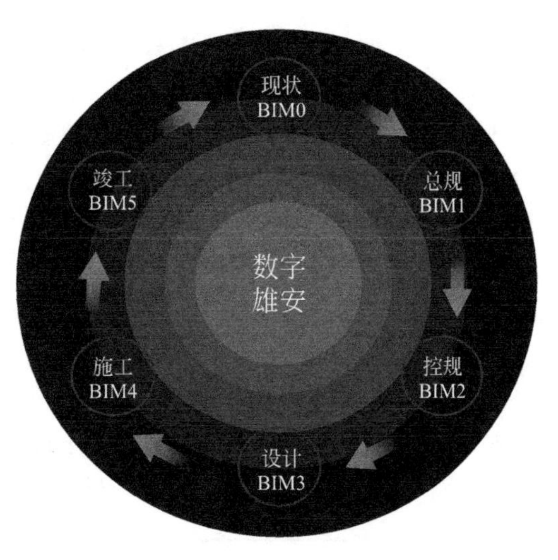

图 4-1　BIM 管理平台总体建设方案

1）一个平台

雄安新区规划建设BIM管理平台（一期）建设围绕一个“核心任务”展开，即：数字城市与现实城市同步规划、同步建设。平台的建设内容包括：数据资产全过程管理、业务功能组件级支撑、实现BIM0–BIM5全要素跨行业系统审查体系、安全保障体系及规范标准四大方面；子系统有驾驶舱子系统、城市空间信息专题分析子系统、工作台子系统、现状空间信息子系统、总体规划信息子系统、详细规划信息子系统、设计方案信息子系统、工程施工信息子系统、工程竣工信息子系统。平台的技术架构包括数据层、应用支撑层、应用层，覆盖现状空间（BIM0）–总体规划（BIM1）–详细规划（BIM2）–设计方案（BIM3）–工程施工（BIM4）–工程竣工（BIM5）六大环节的展示、查询、交互、审批、决策等服务，实现对雄安新区生命全过程的记录、管控与管理。平台的技术路线主要有以下三个方面：基于WebGL技术提供海量多源数据的数字底盘；统一的数据标准提供BIM全生命周期服务；三维空间分析计算能力提升数字化审批效率。BIM管理平台总体建设构想如图4–2所示。

图 4–2　BIM 管理平台总体建设构想

2）一套标准

一套标准指数据管理标准体系。深入挖掘GIS和BIM的应用深度，并充分发挥雄安新区规划建设BIM管理平台（一期）的效用，协同相关单位共同研究编制覆盖规划、建筑、市政和地质四个专业的《数字雄安规划建设管理数据标准》。该标准体系包括三套数据管理标准，分别是身份标准、语言标准、计算标准。雄安BIM管理平台作为数据底板，可以承载现状地质、各类规划、专项与城市设计、建筑市政设计及运营的数据，这些多源异构数据根据三套标准被组织起来。

身份标准是最小三维空间统计单元及其空间编码标准，让各类数据都纳入空间框架之中。语言标准是数据交换标准和数据成果标准，XDB数据转换标准（雄安新区规划建设BIM管理平台（一期）数字化交付数据标准）实现新区规划建设管理六个BIM阶段数据的全流程打通，确保规划、建筑、市政、地质等多专业指标数据的交换，在内容、格式上保持开放性，可满足BIM应用软件多样性要求，为数字空间现实化以及现实空间数字化制定准绳；S3M作为一种开放式可扩展的三维地理空间数据格式，为空间三维模型数据在不同终端之间的传输、交换与共享提供了数据格式规范，对推动三维地理空间数据的共享及深入应用具有里程碑式的意义。计算标准指规则计算与传导方式标准化，也就是同一个规则可以在不同的行业、不同的阶段都能标准化计算并传导；同时，全局联动计算更强调局部和整体之间的互动关联，如某个地块的人口规模与其周边公共服务设施规模之间的关联。BIM管理平台数据管理标准如图4-3所示。

图4-3 BIM管理平台数据管理标准

雄安新区规划建设BIM管理平台（二期）——数字国土信息管理系统项目于2022年3月14日公开中标公告，该项目由北京超图软件股份有限公司负责建设，主要建设内容包括：系统的总体规划、设计、管理与集成、基础平台建设工作、后期系统终验后质保运维2年的售后服务以及相关法律、法规、政策、技术咨询服务。

随着雄安新区规划建设BIM管理平台一期项目的顺利验收及二期项目的启动建设，BIM技术在新区建设中的应用趋于成熟，为新区建设实现全程数字化和智能化打下坚实的基础，标志着雄安新区在数字孪生城市建设之中又迈出了坚实的一步。

4.1.2 物联网

物联网是一种可以从现实世界收集信息，或者通过多种多样部署设备控制现实世界物体的网络。该网络具备感知、计算、执行、通信等能力，通过信息传递、分类和处理，实现人与物、物与物之间的通信。尽管物联网的体系结构随着物联网的持续发展而不断变化，但从感知数据获取，感知数据传输以及感知数据应用角度出发，自底向上可以将物联网的体系结构分为三层：感知层、网络层和应用层。在雄安新区管委会印发的《雄安新区物联网网络建设导则》中，物联网被定义为，通过信息传感器、红外感应器、射频识别技术等各种装置与技术，实时采集任何需要监控、连接、互动的物体或过程，采集各种需要的信息，通过各类可能的网络接入，实现物与物、物与人的泛在连接。物联网是一个基于互联网、传统电信网等的信息承载体，它让所有能够被独立寻址的普通物理对象形成互联互通的网络。

（1）雄安新区物联网统一开放平台

2018年，国家出台了《河北雄安新区规划纲要》，要求“打造城市全覆盖的数字化标识体系，构建城市物联网统一开放平台，实现感知设备统一接入、集中管理、远程调控和数据共享”，明确将推进智慧城市建设纳入雄安新区规划之中。2019年底，开始雄安新区物联网统一开放平台建设，旨在打造雄安新区智慧城市底座。2020年11月，雄安新区物联网统一开放平台通过初步验收、试运行阶段，完成终验。

雄安城市计算（超算云）中心与块数据平台、物联网平台、视频一张网平台以及CIM平台共同构成了雄安新区智慧城市中枢的“一中心四平台”。其中的物联网平台即雄安新区物联网统一开放平台（“XAIoT平台”）作为全国首个城市级物联网平台，是新区数字城市的“神经末梢”，旨在根据新区规划纲要要求，实现新区全域感知设备的统一接入、集中管理、远程调控和数据共享、发布。

中移物联网有限公司、上海华东电脑股份有限公司、中电福富信息科技有限公司（联合体）参与雄安新区物联网统一开放平台（一期）项目的建设。目前雄安新区物联网统一开放平台已基本完成建设，以全域感知为基础，开放共享为理念，高效实用为原则，综合运用大数据、云计算等技术构建了“一套标准、一个门户、四个系统、三套体系”的物联网综合服务架构，具备了终端接入、终端管理、端到端运维、数据轻量治理、主动安全防护、开放共享、一图全域感知七大能力。平台对接60余个工程项目，实现了20个项目约16万台终端设备的接入，支撑了多表集抄系统、府河湿地应用系统、冀中名门智慧社区管理系统等10余个应用系统的建设与应用。雄安新区物联网统一开放平台如图4-4所示。在物联网综合服务架构中：①一套标准。为了确保平台的统一性和开放性，制定了一套“接入、数据、共享”三位一体的标准规范，统一物联数据资源目录，规范设备接入标准和数据开放标准。②一个门户。搭建了物联资源统一开放门户，实现设备的可视、可控以及资产全生命周期的管理。③四个系统。构建适配管理系统、设备管理系统、数据管理系统、统一服务系统四大系统，分别实现多制式多协议物联终端的适配接入、设备统一接入及协同管理、海量物联数据统一管理以及物联数据和能力的共享开放。④三套体系。建立完善的运维保障体系、运营保障体系、安全保障体系。

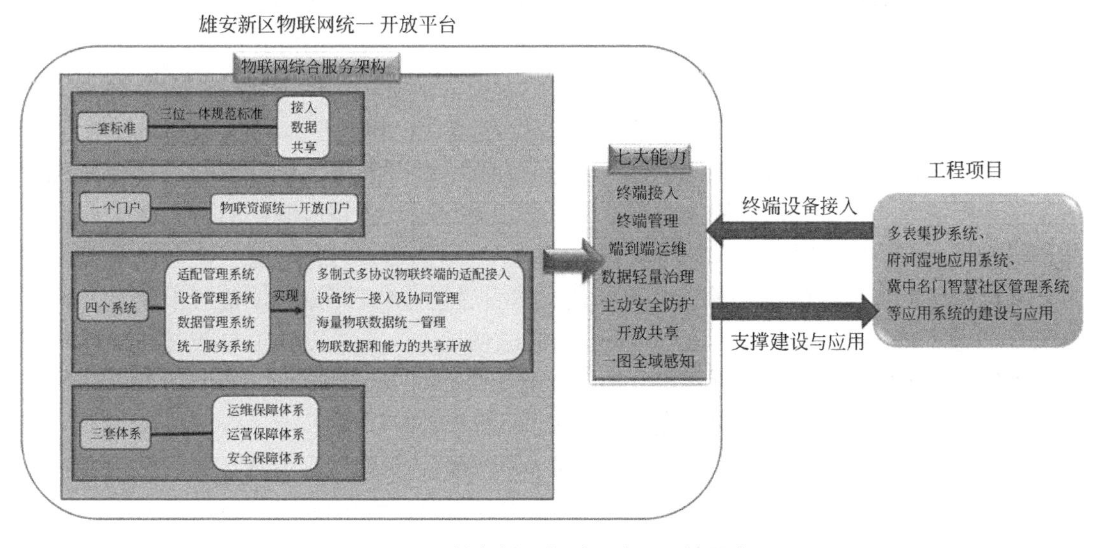

图 4-4 雄安新区物联网统一开放平台

雄安新区构建城市物联网统一开放平台，与城市基础设施同步建设感知设施系统，形成集约化、多功能监测体系，打造城市全覆盖的数字化标识体系。新区物联网平台将通过多维感知数据的融合汇聚，形成全域、全时、互联互通的感知体系，为提升新区城市治理、生态环境、民生服务水平提供坚实基底。解决了在智慧城市建设过程中的终端接入、终端管理、数据处理、数据共享、安全防护、应用开发等问题，形成全域、全时、互联互通的感知体系，有效支撑起了城市生命线、城市部件、公共安全、生态环境、民生服务等重点领域，构成雄安新区数字孪生城市的基础和城市超脑运行的智慧底座。

（2）雄安新区物联网技术应用

1）雄安新区市民中心项目基于物联网技术的智能化建设

雄安市民服务中心项目于2017年12月正式开工，2018年6月正式投入使用，应用了大量建筑智能化及物联网技术建设，充分体现了“数字城市与现实城市同步建设，智能基础设施适度超前”的建设理念。参与了市民中心智能化部分建设的达实智能公司，提供了基于物联网技术的解决方案。

① 研发AIoT平台，实现园区内数据的互通互联

通过自主研发的AIoT智能物联网管控平台，对建筑进行了全生命周期的数字化管理，打造了园区的“最强大脑”，实现园区建设及设备管理全生命周期的数字化。“最强大脑”在园区物业总控室将来自34个不同厂家的25个子系统，共计19054个物联网数据点实现互通互联，成为市民服务中心的物联网数据枢纽。实现物理园区与虚拟园区的同生共长，形成雄安新区“数字孪生城市”的微缩雏形。

② 引入云端物联网，实现云端大数据的集中处理与整合

雄安市民服务中心创新引入云端物联网技术，实现了大数据在云端的集中处理及整合。“最强大脑”实现了园区内数据的互通互联，形成了园区内数据的汇集、分析、管理和资源共享。再加上云端物联网（IoT）技术的应用，将各子系统的实时数据采集上传给IoT云平台。市民服务中心可通过云端服务的数据分析，不仅可实现园区内大数据在云端的可视化管理，还可实现“最强大脑”之间的对话与沟通，实现城市级的智慧应用。雄安市民服务中心云端物联网如图4-5所示。

③ 融合BIM+AIoT+FM，实现设备设施的可视化运维管理

BIM（建筑信息模型系统）帮助市民服务中心建立了三维模型，FM（设备设施管理系统）负责建立市民服务中心所有机电设备的数字档案，在“最强大脑”AIoT的协调和调度下，三大系统形成了完美的可视化运维管理。当设备出现故障报警时，AIoT系统会自动检测到故障点，在最短的时间通知运维人员故障设备、位置以及故障信息。同时，系统会通过BIM自动切换到报警设备的最佳查看视角，然后通过FM打开报警设备的参数窗口，维护人员可通过FM系统快速查看设备的历史记录，使运维人员可以在最短的时间内对设备进行维护，为市民服务中心的可靠运营提供了智能保障。

④ 运用物联网感知技术，实现能源管理精细化

基于物联网感知技术，雄安市民服务中心则可以做到对园区冷、热、电等综合能源的全景监测，为精细化的能源管理建立了数据基础。同时，市民服务中心建立了能耗公示制度，并通过对数据的分析处理，可得到园区整体及局部能源数据同比和环比变化情况。AIoT平台设有全类型数据统计及能耗提醒功能，每天向管理员发送能耗数据信息，让管理

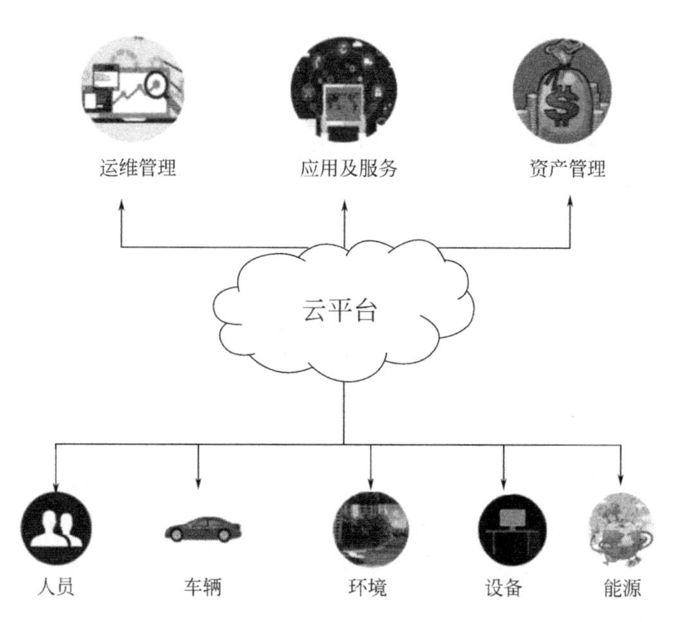

图4-5 雄安市民服务中心云端物联网

员更直观、及时地了解园区的能源消耗情况。

2）雄安新区孝义河河口湿地水质净化工程物联网系统设计

雄安新区孝义河河口湿地水质净化工程物联网系统通过打造数字湿地CIM平台和物联服务支撑平台两大基础支撑平台，建设水雨情监测、水质监测、泵阀监控、视频监控、通信和运维六大业务系统。通过搭建物联网智慧运维系统，及时应对孝义河水质突发事件，保障白洋淀的水环境安全。

雄安新区孝义河河口湿地水质净化工程物联服务支撑平台，通过建设统一的物联网数据采集接口，对各类感知层监测设备数据进行统一采集和管理，通过数据整理和清洗，为各业务系统提供数据支撑，同时，遵循相关数据规范标准，向外部系统开放数据接口，提供数据服务。物联服务支撑平台根据物联设备接入、管理、数据分发的工作需求，结合系统提供的协议适配、数据分析、数据交换、系统权限进行设计，分为监测设备接入与管理、数据分析共享、平台运营运维与安全管理四部分内容。

平台系统架构由感知层、网络层、数据层、支撑层和应用层等共同组成。①感知层。借助各类传感器、视频摄像头来实现，通过传感、识别、图像获取、GPS定位等技术，来实现IoT数据的监测感知。②网络层。将专网部署在泵阀监控系统中，公网作为水雨情、水质数据传输的辅助网络，并对泵站、闸门以及视频摄像头等各类设备在控制专网环境下进行远程控制。③数据层。通过分类、预测、聚类等方法，挖掘对湿地运行具有价值的信息。④支撑层。平台支撑层主要包括SOA、Web Service、REST、系统集成、三维渲染、三维模型编辑等技术。SOA是面向具体业务系统提供服务的架构。⑤应用层。在面向用户的系统界面中，主要包括水雨情监测、水质监测、泵阀监控、视频监控等业务管理系统。通过应用模块和端口，满足工程管理的各项应用。系统预留接口，为后期其他系统关联互通打下了基础。

4.1.3 智慧工地

（1）智慧工地技术概述

智慧施工现场是指利用信息技术，通过三维设计平台准确设计和施工模拟，围绕施工过程管理建立互联、合作、智能生产和科学管理建设项目信息生态系统，利用虚拟现实环境中物联网收集的工程信息进行数据挖掘和分析，提供过程趋势预测和专家计划，实现智能管理，提高工程管理信息水平，逐步实现绿色施工和生态建设。

智慧工地技术应用现状：目前技术范围不够广泛。雄安新区以及相关建造方正关注这一点，在工程项目建设过程中加强对智慧工地技术的应用与拓展，推进全国数字建造样板进程，完善工程数字建造体系。

（2）智慧工地应用

以下工程建设项目均对智慧工地有着较为具体的应用，这些项目成功应用于智慧工地相关技术充分说明，智慧工地技术前景广阔，在提高施工现场作业效率、增强项目精益化管理水平、提升政府行业监管和服务能力等方面具有重要作用（图4-6）。

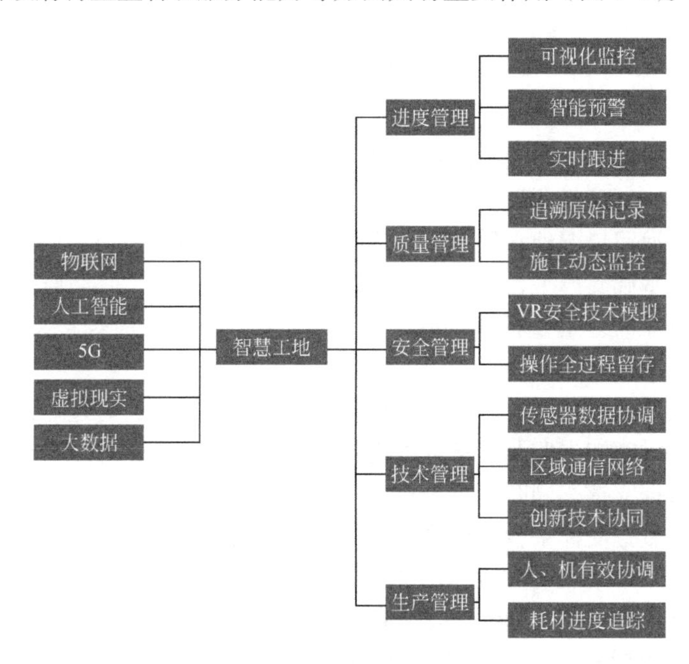

图4-6　智慧工地技术应用体系

1）雄安容东片区安置房及配套设施项目

雄安容东片区E组团安置房及配套设施项目是雄安新区首批安置房项目，是集中安置征迁群众的重要民生工程，总占地面积76.5万m^2，总建筑面积175.9万m^2，地下建筑面积65.8万m^2，地上建筑面积110.1万m^2。项目开工伊始就加强智慧工地顶层设计，完善标准制度建设，明确建设过程涉及的策划、采购、进场、实施调试、数据对接、运行维护、系统优化、成果总结、数据资产存储、安全应急预案等各环节的内容，确保智慧工地建设过程顺利高效进行。

雄安容东片区E组团安置房及配套设施项目通过对智慧工地技术8个方面的运用，加强了资源整合，消除“信息孤岛”，促进互联互通和信息共享，全面实现了施工现场动态感知、工程信息可追溯、数据统一集中运用与辅助抉择四个功能。

① 智慧工地管控云平台（图4–7）

项目搭载自主研发的智慧工地云平台，开展劳务实名制管控、环境监测、塔式起重机安全监测、视频监控等应用，对施工现场进行全方位智能化管理。将平台、现场IoT等数据对接数字雄安建设管理平台，为今后雄安新区打造数字智能城市提供数据基础。

图 4–7　智慧工地管控云平台

② 人员管理子系统（图4–8）

通过现场安装人员实名制闸机和部署人员管理子系统，数据同步接入建管平台及上级主管部门平台系统。可在平台直观展示人员在场情况、出入记录，劳动力来源分布和年龄、工种等信息，方便项目团队根据现场施工进度和用工需求，及时调整人员数量和结构，并且人员考勤数据也作为薪酬发放和结算的依据。同时通过子系统内的智慧工地VR培训教育管理系统与智能安全帽系统加强对人员的培训与管理。

通过智慧工地VR培训教育管理系统，加强现场从业人员行为管理。平台支持关键岗位人员职业资格、关键岗位人员日常行为管理功能，对不符合要求的人员加强教育，纳入诚信档案，直至退场。

现场配备智能安全帽系统，针对项目主要管理人员、班组负责人、特殊工种等落实人员定位、轨迹跟踪等措施，并且能实现平台与人员远程互联、群组对讲、一键报警和急救等功能。

③ 施工进度管理（图4–9）

将进度计划和现场实际进度反馈到BIM模型上进行比对，方便管理人员实时查看现场施工进展，对于工期滞后的情况平台发出预警，将第一时间组织劳动力和材料，及时纠偏。

④ 安全质量巡更管理（图4–10）

现场管理人员通过手机端APP，可随时随地发起整改任务，拍照上传，定人员、定时间，聚焦过程管理，形成管理闭环，不放过任何一个隐患，提高现场管理的灵活性。

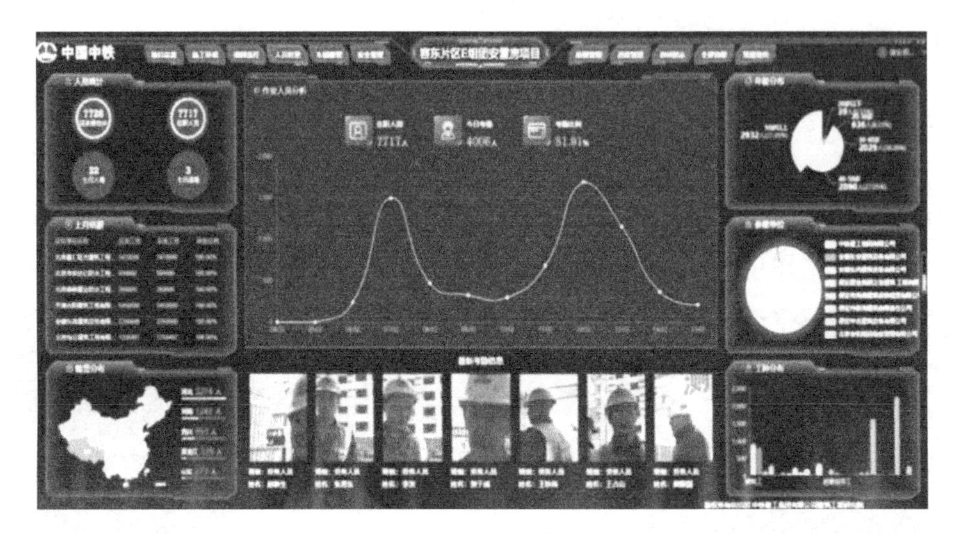

图 4-8　智慧工地人员管理子系统

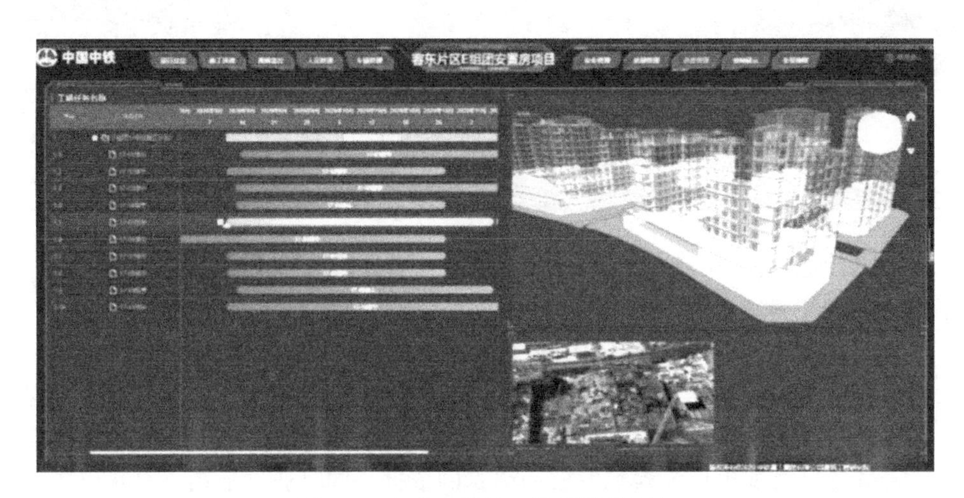

图 4-9　智慧工地施工进度管理系统

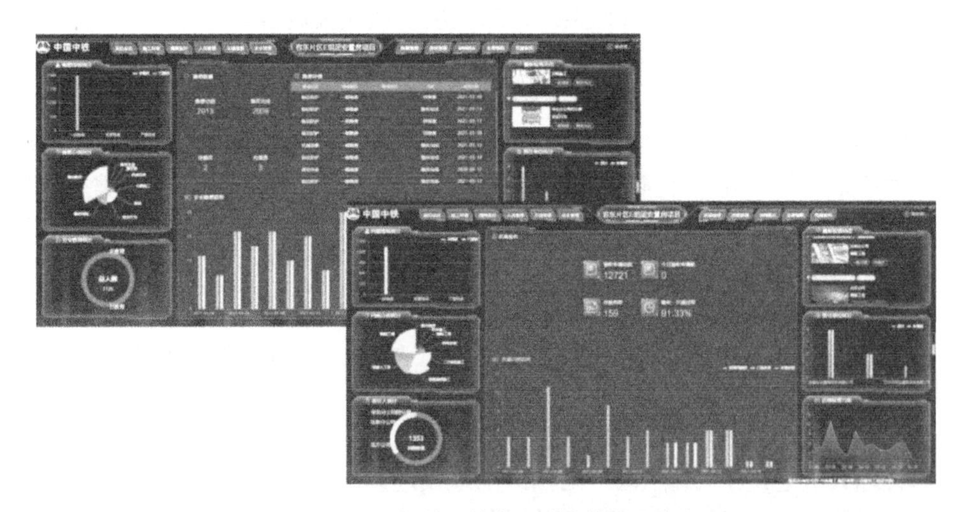

图 4-10　智慧工地安全质量管理系统

⑤ 施工环境及能耗监测系统

施工环境监测及降尘联动系统：现场重点施工区、加工区部署小型气候监测站，针对施工场区内扬尘、噪声、温湿度、风向风速等环境数据进行实时监测，数据通过平台与现场喷淋雾炮装置联动，满足政府监管要求，提升项目文明施工水平。

施工能耗监测管理系统：利用远传水表和远传电表，实时监测、采集施工现场各个点位用水及用电消耗情况，系统支持数据统计分析、提示评价、导出报表和预测预警等功能，辅助现场科学管理决策，提升绿色施工管理水平。

⑥ 视频监控管理系统

通过遥控摄像机，可直接观察被监控场所的情况，并进行同步存储。视频信号经过数字压缩，通过宽带在互联网上传递，可实现远程视频监控功能，提供全局视角，同时系统搭载AI视觉分析、定时抓拍、轨迹追踪、一键回放等功能，辅助施工现场管理。

⑦ 智能地磅称重管理系统（图4–11）

该系统可实现自动车牌识别、高点拍摄、智能过磅、报表导出、防作弊等功能，其中进场物资信息可自动收集，也可手动录入，并且提供整理分析功能，提高物资管理人员工作效率。

图 4–11 智慧工地智能地磅物料称重系统

⑧ 塔式起重机安全监测管理系统（图4–12）

通过搭载群塔防碰撞、倾角、幅度、重量等传感器模块，实现塔式起重机全方位危险源监控、报警及动作干预等功能，并且系统配备了塔机黑匣子、吊钩视频跟踪、驾驶室可视化对讲等应用，为现场群塔作业安全保驾护航。同时塔式起重机运行数据可实时上传到智慧工地云平台，进行工作量统计分析、工作效率评价，为项目管理提供数据支持。

2）雄安新区起步区1号供水厂项目

雄安新区起步区1号供水厂红线东西长为500m，南北宽为300m，占地面积约为150000m^2。主要包括净水构筑物、净水回收及泥砂处理构筑物和水厂内辅助工程建筑物。

面对项目露天作业多，高空作业多，交叉作业多，施工周期长，劳动力、材料和机械设备流动频繁的难点，中建公司搭建信息化管理平台，设立3个感知层，配备5个系统，

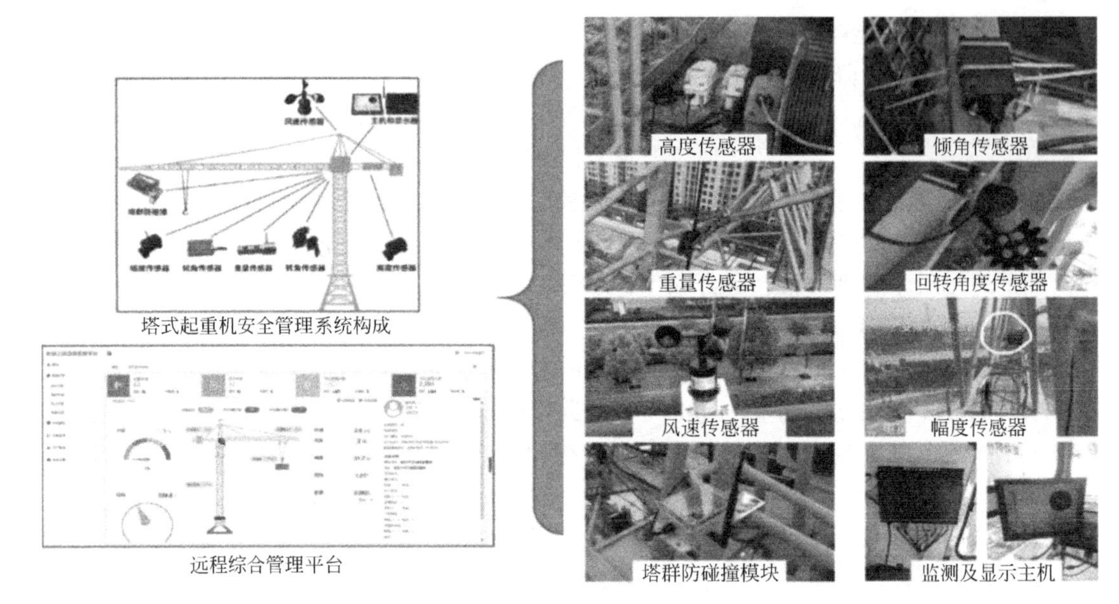

图 4-12 智慧工地塔式起重机安全监测管理系统

采用大数据云平台+物联网技术，提出基于施工过程全数据的智慧施工管理方案。平台将施工过程管理和施工现场监管相结合，解决了传统的智慧工地系统重监管轻流程、重硬件轻软件的问题，大大提升了施工管理的效率和信息化管控水平。

① 以视频监控系统及劳务实名制系统为基础的感知层

视频监控系统采用分布式监控、集中式管理的监控模式，建立高清视频监控系统，实时采集出入口、各重点防护区域、作业面、机械设备状态和施工状态等动态图像信息，供指挥中心调看，进行实时监控及调度管理，通过视频监控平台实现集中监控管理和监管部门、建筑企业等授权用户远程监控管理。

劳务实名制系统在施工前录入人员信息，采用刷卡验证或者人脸对比验证的方式管理施工人员，实现对工人进出工地信息采集、数据统计和信息查询过程的自动化；管理中心统一对人员出入权限进行设置、更改、取消和恢复；后台管理工作站可建立统一用户资料库，实时采集每个出入口的进出资料，同时可按人员进行汇总、查询、分类和打印等，实现工地管理的信息化、自动化和智能化，提高综合管理水平。

② 以塔式起重机安全自动化监控系统及高支模监测系统为基础的应用层

塔式起重机安全自动化监控系统根据施工作业面划分，雄安净水厂分别在组合池南侧、组合池北侧、膜车间北侧及送水泵房南侧布设塔式起重机4台。塔式起重机上设置采集高度、幅度、重量、风速、角度等信息的传感器，实时监测塔式起重机的运行状态，并通过网络传输至云端平台，利用物联网技术和传感器技术手段，避免因操作者的疏忽或判断失误而造成盲吊、斜拉、超重等安全事故，实现全方位、全过程、全天候的安全运行监测。

高支模监测系统将支撑体系荷载数据实时采集传输并上传至云平台，方便随时查看高支模当前状态和历史记录，系统通过数据计算和工况分析对高支模的安全性进行监控与评估，数据异常时，即时发出声光预警报警，将高支模的预警信息传输到手机移动端，便于及时采取处理措施，有效地防范和减少坍塌事故发生。

③ 以综合布线及无线AP系统为基础的传输层

综合布线及无线AP系统根据雄安净水厂施工的特点，设计了基于光纤骨干网+Wi-Fi热点全覆盖的虚拟无线局域网作为施工现场的数据载体。基于LoRa+蓝牙技术的室内定位系统用于对施工人员及设备的定位，采用光纤骨干网+Wi-Fi热点对施工现场进行互联网全覆盖，采用光纤千兆网接入互联网，用VPN技术进行了虚拟局域网设计，保证网络上数据的安全可靠运行，定位精度为2-5m，完全能满足生产过程控制的需要。

3）其他项目智慧工地应用

除容东片区安置房与起步区供水厂项目对智慧工地技术有详细使用外，雄安在其他项目上也或多或少使用了该技术应用。

① 在雄安宣武医院的项目建设中，北京建工项目团队以最前沿的智能建造技术助力工程建设。项目施工前，所有焊工、塔式起重机司机等特殊工种人员的信息都被录入到智慧工地，并且通过扫描二维码的方式可以查看所有施工作业人员的基本情况。除此之外，北京建工项目团队引入基于BIM模型的4D、5D建设施工技术与基于数字平台的智慧工地系统相结合，通过物联网实时采集数据汇总，并通过打造的“虚拟医院”达到完整、立体、统一指导施工流程操作的指挥目的。

② 自2018年12月1日起，中铁建工雄安站项目开始运行。在雄安站建设过程中，项目团队积极建设“智慧工地”。团队围绕质量、安全、工期等施工目标，从钢筋建材到机械塔式起重机，从管理团队到劳务人员，均依托工地“大脑”——智慧工地管理平台。通过终端层、平台层、应用层3个层级，实现工作互动互联、信息协同共享、决策科学分析、风险智能预控。同时，雄安站的工程也是雄安新区首个5G+智慧工地的使用项目。该项目运用5G、边缘计算、BIM、高精度定位、高清视频通信等计算，基于5G网络，结合边缘计算搭建起完整的智慧工地整体平台，不仅具备传输速率高、安全性能好的特性。同时还通过AR实景监控技术实现工地随时随地可视化协同指挥和生产管理，监管人员、工地现场施工人员、专家均可以通过会议终端、移动端、计算机端多种方式，实时掌握工地施工状态，随时沟通施工方案。

③ 容西片区安置房项目的团队将工地建设与智慧科技相结合，将智慧工地云平台与项目实际情况相结合，通过运用、AI、物联网等新一代信息技术，项目实现了智能化“感、传、知、控”，智能获取视频、考勤、设备、质量、安全等工地现场数据，构建了一个智能、高效、绿色、精益的“互联网+”施工现场一体可视化管理平台。项目管理人员可以通过智慧工地云平台，实时查看项目进度和状态，及时调整项目任务和规划，达到降本增效的目的。项目图纸变动后，线上实时更新沙盘模型，保证项目实际展示效果。

总体上，雄安新区作为新时代下数字建造模式的全国样板区，大部分建设项目都有采用智慧工地技术，通过人工智能、虚拟现实、物联网、大数据等高新技术与智慧工地相结合，深度融合信息化管控与智能化建造，通过数据的可视化、实时监测、项目管理系统，将视频监控、环境监测收集到的大数据进行整合、分析，及时对施工方案进行调整和修改，进行“智慧管理”“智慧预警”“智慧决策”，实现了科学管控。

4.1.4 城市信息模型

（1）雄安CIM平台架构

CIM指的是城市信息模型，是以BIM、GIS、IoT等多项技术为基础，整合城市多维多尺度信息模型数据和城市感知数据，构建起三维数字空间的城市信息有机综合体的一项新兴技术。基于CIM技术搭建的CIM平台内涵可以概括为：对一个城市物理和功能特征的数字表达平台；一项多方协同维护的共享知识资源平台；一个为该城市规划、设计、分析、运行、管理中的各项决策提供可靠依据的平台。

基于CIM技术搭建的雄安CIM平台从2017年7月就开始探索，其核心是打造与真实城市相互映射的数字孪生城市。雄安新区数字孪生城市中CIM平台的建设基于基础云服务、云存储服务、大数据等基础设施环境搭建，包含数据服务系统与城市数据库的CIM数据中台层，在CIM业务层中利用CIM技术及其理念，以及GIS、BIM、IoT等核心技术及其业务服务层，对接智慧征迁、智慧电网、智慧运营、智慧园林、智慧水务、智慧建管等众多系统，汇聚多方数据，为城市规划、建设、管理提供大数据支撑，其架构图如图4-13所示。

雄安CIM平台坚持数字城市与现实城市同步规划、同步建设，适度超前布局智能基础设施，推动全域智能化应用服务实时可控，建立健全大数据资产管理体系，力求打造具有深度学习能力、全球领先的数字孪生城市。同时，建立城市智能治理体系，完善智能城市运营体制机制，打造全覆盖的数字化标识体系，构建汇聚城市数据和统筹管理运营的智能城市信息管理中枢。

（2）雄安CIM技术应用

雄安CIM平台是践行“同步规划同步建设数字雄安，努力打造智能新区”的重要工程，基于CIM平台的总体架构，建立起二三维一体化的城市空间统一信息模型，构建雄安新区物理城市与数字城市的精准映射、虚实交融的城市新格局，为数字孪生城市建设奠定扎实基础。雄安CIM平台从“规建管一体化”的理念出发，以规划方案多层优化、建设全过程记录、指标全方位管控与系统全透明管理运营的一体化新模式为创新焦点，利用积累的城市时空大数据资产，反过来又可以指导、优化城市的规划，形成规建管一体化的业务闭环，使规划更合理、建设更高效、管理更精细，大大提升雄安建设治理能力和服务水平。下面将从规建管三方面来介绍CIM平台在雄安新区的应用。

1）规划方案多层优化

雄安CIM平台从BIM、GIS与IoT等关键技术出发，实现“大场景3D GIS数据+小场景BIM数据+微观IoT数据”等多源数据的有机融合。在三维视角下，CIM平台专注于将雄安新区不同的整体规划方案进行仿真模拟，也就是通过规划条件形成跨专业数据底板，不仅把总规和详规以及城市设计连接起来，还要把交通、能源、供水、环保等与之相关的专项规划和城市规划方案无缝衔接起来，建立各专业之间的数据协同联动。在雄安建设的实际项目上，不同机构的方案在CIM平台上拼合在一起，就能快速发现某些实践中难以发现的不吻合点。同时，模型测试以及仿真模拟，包括交通、空间、水和气候系统模型，这都将成为规划设计方案优化的辅助工具。相关专家也可以基于CIM平台进行会商，推动人机互动，辅助识别雄安整体规划设计中需要优化的部分。

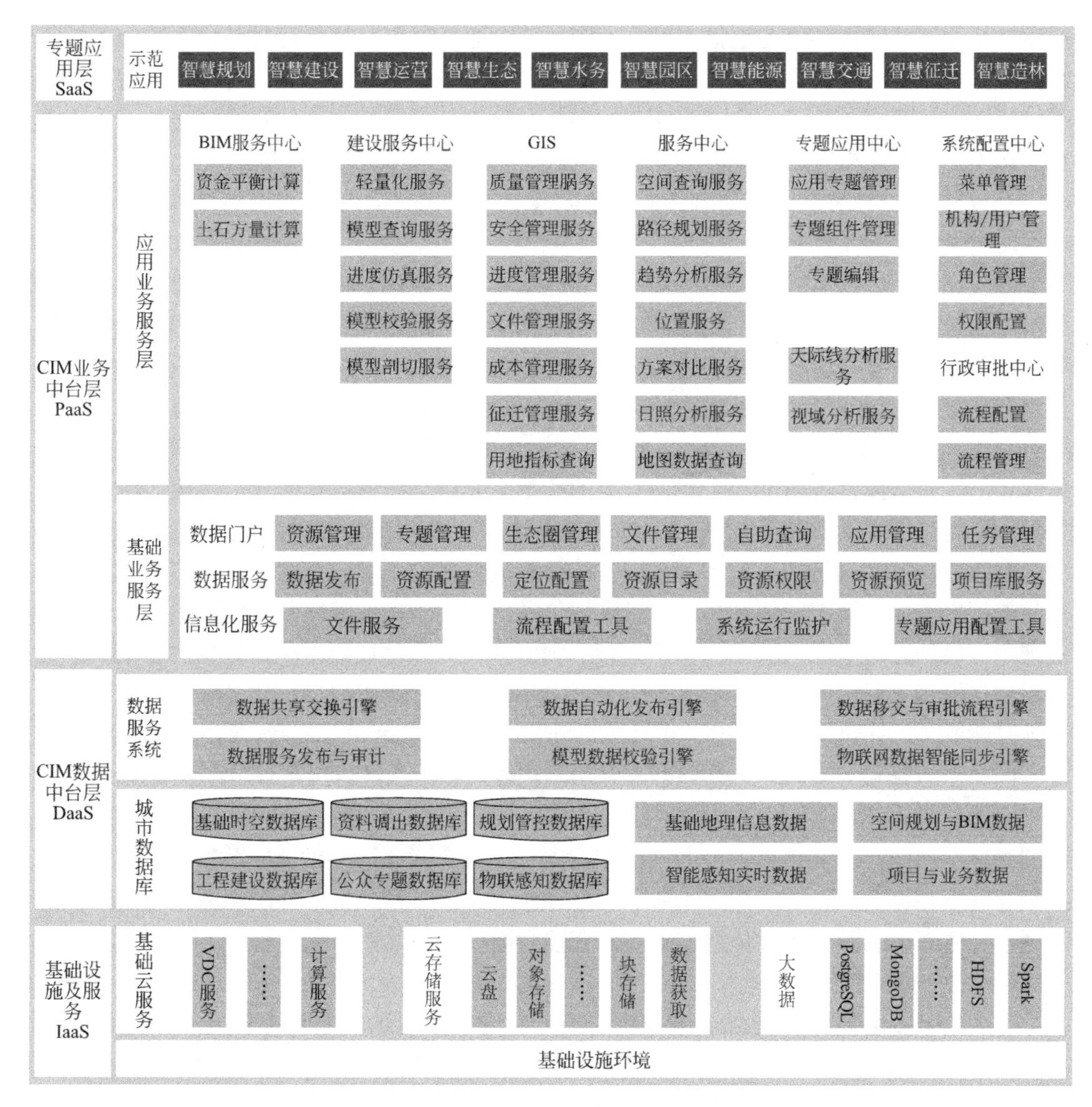

图 4-13　雄安新区 CIM 平台架构图

2）建设全过程记录

雄安CIM平台以“时间”为核心集成创新，遵循国土空间生长周期的客观规律，以数字技术对空间管理赋能增效，监测与展示雄安新区空间成长建设的全过程。根据现实城市成长的“现状评估－总体规划－控详规划－方案设计－施工监管－竣工验收”六个阶段，实现城市全生命周期信息化和城市审批管理全流程数字化，推动数字城市数据汇聚和逐步成长，以现状空间（BIM0）－总体规划（BIM1）－详细规划（BIM2）－设计方案（BIM3）－工程施工（BIM4）－工程竣工（BIM5）共同构建数据积累、迭代的闭合流程，记录雄安的过去、现在与未来。

同时，CIM平台依托雄安规划建设BIM管理平台与城市建设行政审批流程，动态跟踪影响城市建设与运营的关键节点，依据不同阶段的更新数据，自动生成半年或一年的咨询报告和体检报告，动态反馈城市建造与运行阶段的问题和矛盾，辅助城市管理部门自检与沟通，从全局到部件多方位地把握雄安发展脉搏。通过城市市场化运行与IoT的感知系统，将实时采集不同类型的建筑物、不同类型的人口对能源、交通、公共设施等使用情况，推动城市实时监测、预警、评估，定期反馈进行大数据分析，用于下一步的规划、设计、施工、运维，提高城市空间治理能力。

3）指标全方位管控与系统全透明管理运营

① 指标全方位管控

雄安CIM平台以指标体系为抓手，建立起从城市、组团、单元、地块、建筑、构件等层层传递与互动的交互机制。在区域或城市层面上设定的战略性指标，如绿色、智慧、韧性、宜居等，在专项管控单元中进行分解细化，包括生态、功能、交通、市政、海绵、地下空间、形态、社区等单元，根据各自的专业属性，各自范围不一，面积为十几至几十平方公里。这些指标进而传导到以行政管理为主的控规单元，分解到控规地块，面积为1–5hm^2，建立指标、边界、形态联动管控的体系。之后，再分解到建筑、设施、绿地园林等层面，再细分至诸如墙体、梁柱、材料等构件，这些也就是物联感知器件挂载的地方。对于拉条成网的市政管线与道路，进一步传导到线性控制单元，落实到线性工程以及相对应的部件之上。这属于规划和建设阶段层层传递的逻辑，确保战略目标能最终落实到建设实施中。另外，对于后期城市的管理运营，则由微观的部件层级上采集的信息，汇聚到建筑设施、绿地园林、线性工程，再聚合到控规地块或线性空间对象上，传递到控规单元、专项管理单元，直到组团和城市，从而辅助判断不同层级的城市管理和运行绩效。

同时，以区域–组团–用地–建筑等实体空间为单元，搭建跨行业的城市规则库，实现多专业打通与指标传递，并构建一般房屋建筑、市政设施建筑、市政道路、市政管线、公园绿化、水利、林业等多方面的城市模型库，完善全联动、多维度的数据决策体系，在规划管理上不断进行迭代。利用IoT等新型信息技术，对多维指标的动态监测与管理，并建立预警体系，加强对指标传递与落实的管控力度。

② 系统全透明管理运营

雄安CIM平台以空间建立城市数据交换、共享和融合的基本ID，基于最小三维空间统计单元，将关联地上地下、室内室外的空间数据，包括规划、建设，以及诸如IoT水表的空间数据，使它们彼此融合和沟通起来，形成一个层层嵌套的空间体系与一套空间编码体系，这样就可以让规划、建设、运营中每个空间都有一个唯一的“空间身份证”。雄安CIM平台依据空间身份证、空间数据底板以及多元化的终端互动方式，推动开放式的城市治理新范式。对于全过程的开放治理，强调第一时间能够实现查询，也就是说规划条件以及建设变更过程中的各类数据，可查询、可追溯、全透明。这个以三维空间为基准的身份证，可记录某个空间中不同的功能、不同的人口，乃至于资源的变化等，在此基础之上雄安新区期望形成一个数字化的跨专业数据底板，从而能够让全世界的规划师和设计师为雄安的建设献计献策。

同时，平台基于国产自主安全体系，探索规建管应用级数据和平台的全开放试点，开创老百姓看得见、看得懂、看得清的规建管可视化系统和城市管理运营APP，便于市民在任意时间、任意地点对城市管理运营的相关信息进行查询与建议反馈，实现管理者与城市居民的零距离交流。为市民提供一卡通式服务以及自动化定制个性界面，满足不同人群对平台需求，实现平台千人千面，完全镜像并赋能现实城市的运营。

4.1.5 数字孪生城市

（1）数字孪生城市概述

2018年4月20日，《河北雄安新区总体规划（2018–2035年）》获批复，其中写到“坚持数字城市与现实城市同步规划、同步建设，适度超前布局智能基础设施，推动全域智能化应用服务实时可控，建立健全大数据资产管理体系，打造具有深度学习能力、全球领先的数字城市”，并在随后的官方解读中，雄安新区首次提出了“数字孪生城市”的表述。

中国信息通信研究院认为，数字孪生城市是数字孪生技术在城市层面的广泛应用，通过构建城市物理世界及网络虚拟空间一一对应、相互映射、协同交互的复杂系统，在网络空间再造一个与之匹配、对应的孪生城市，实现城市全要素数字化和虚拟化、城市状态实时化和可视化、城市管理决策协同化和智能化，形成物理维度上的实体世界和信息维度上的虚拟世界同生共存、虚实交融的城市发展新格局。

数字孪生城市与当前应用较为广泛的城市信息模型、智慧城市等有着本质区别。数字孪生城市是融合统一数据标准、城市信息模型、城市运行数据、共性支撑平台、数字孪生应用等多个单元的复杂系统。城市信息模型作为数字孪生城市的重要环节，实现将物理城市的实体模型构建为数字孪生体；城市信息模型平台是数字孪生城市建设的数字化模型，也是城市建设管理全流程智慧应用的支撑性平台。数字孪生城市是数字时代城市实践的1.0版本，并不是“智慧城市”的N.0版本；传统的智慧城市建设方案最根本的问题在于竖井式地对物理世界或传统信息化进行修补，注重于局部优化，数据孤岛问题并未真正解决，存在“智慧城市不懂城市”的根本性问题；数字孪生城市基于对城市本质的正确认识的底层逻辑，覆盖从城市规划、设计、建设、运维的全生命周期，能为雄安新区留下一笔宝贵的数据资产，并能提供全球独一无二的、最完整的城市数字应用场景，成为面向未来城市的创新试验场，从根本上改变依赖土地资源的城市发展模式。

（2）雄安新区数字孪生城市

雄安新区数字孪生城市以城市复杂适应系统理论为认知基础，以数字孪生技术为实现手段，通过构建实体城市与数字城市相互映射、协同交互的复杂系统，能够将城市系统的“隐秩序”显性化，更好地尊重和顺应城市发展的自组织规律。雄安新区数字孪生城市将复杂适应系统的基本分析框架——“主体”和围绕“主体”的4个特性（聚集、非线性、要素流、多样性）与3种机制（标识、内部模型、积木块）在城市语境中加以应用，对数字孪生城市基本特征进行系统分析：以主体、聚集和要素流的全面数字化为起点，可视化呈现城市非线性和多样性的真实状态，动态识别城市主体的互动标识和内部模型，城市系统“积木块”的灵活解构和智能耦合。雄安新区数字孪生城市概念框架如图4–14所示。

雄安新区数字孪生城市最大的创新及特点在于物理维度上的实体城市和信息维度上的数字城市同生共长、虚实交融。雄安新区数字孪生城市的三大内涵：第一，数字孪生城市的最大创新是全过程“写实”，建立起统一和广泛的数据源；第二，数字孪生城市与实体城市具有同步的生命周期和建设时序，能够不断更新；第三，数字孪生城市是一个可计算的“城市实验室”，可以在与实体系统对应一致的情况中进行预测和验证。雄安新区数字孪生城市能够建立一个与城市物理实体几乎一样的“城市数字孪生体”，打通物理城市和数字城市之间的实时连接和动态反馈，通过对统一数据的分析来跟踪识别城市动态变化，

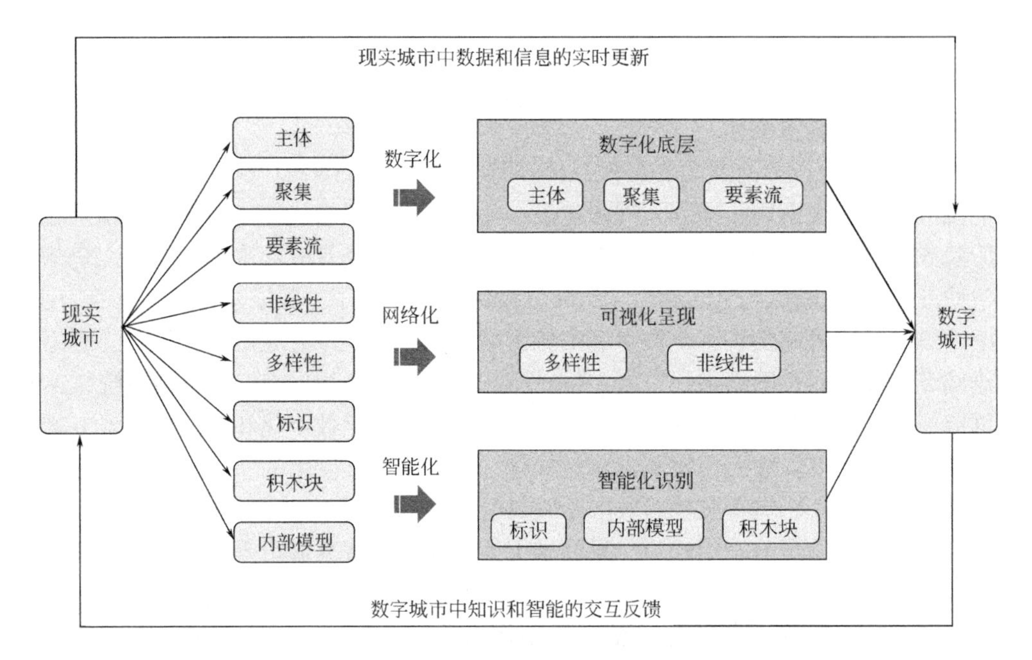

图 4–14　雄安新区数字孪生城市概念框架

使城市规划与管理更加契合城市发展规律。基于复杂适应系统理论的雄安新区数字孪生城市建设同时带来了治理变革，形成由数据驱动的整体性治理、弹性治理和适应性治理：基于统一数据信息的整体性治理，尊重城市自组织规律的弹性治理，应对不确定性问题的适应性治理。

雄安新区摒弃以房地产促发展、以规模数量论城市的固有理念，同时也摒弃传统的智慧城市理念，避免零敲碎打式的补丁方案，避免过度依赖技术，避免还原映射论；推崇破旧立新，以高质量发展为基本要求，以孪生、智能、同步、协同等思路和理念规划雄安新区未来城市蓝图。雄安新区数字孪生城市把数字化的信息和知识作为城市的关键生产要素，以块数据为推动内核，推动和影响社会结构、经济功能、组织形态、生活方式和价值体系的重塑，促进要素集聚和模式创新，形成块治理、块服务、块组织、块资源、块产业等新的模式，逐步改变生产方式、改变思维模式、改变人们的生活方式。与以往智慧城市通常以政府、企业和公众为三大主体进行业务架构、业务体系的设计，其完全局限于以人为主体的信息化规划、设计和建设当中不同，雄安新区数字孪生城市将以人为主，同时将物（物理世界）和机（信息空间）也纳入城市主体当中。雄安新区数字孪生城市未来在新科技革命的推动下，综合利用人类社会（人）、信息空间（机）、物理世界（物）的资源，利用人机物智能技术，将形成以人为本的人机物三元融合社会。城市主体之间互动的底层逻辑则为以数据流推动物质流、能量流、资金流进行聚集和联系，重塑未来城市治理形态、服务链条、产业创新。人、机、物具备适应性，能够自适应并灵活地感知外界的刺激，通过学习或者响应来调整行为或者状态。首先城市源于人，为人和因人而改变，通过人的活动使得空间与时间建立起了一定的联系。其次，在人机交互协作中，机器不再局限于利用软件程序或者各类控制指令完成一些简单的流水线任务，而将充分地拓展人的视觉、听觉和感觉感知世界、显性化人的智慧，开展规模计算，协助人类解决更多复杂性问题。最后，与人的活动密切相关的物质载体，如城市建筑、城市基础设施、地下综合管廊等，它们不仅承载着城市活动和人类智慧，同时也会对人类的活动进行弹性响应，若超出承载则会引发城市安全事故。在以“复杂自适应系统”为内核的新理性主义的指导框架下，雄安新区数字孪生城市寻找到智能城市规划、建设、发展的核心主线。即以人、机、物构成的三元融合空间中，主体内部、主体之间通过标识、内部知识模型和积木块灵活解构和智能耦合的机制来推动各类要素流的聚集，重点是数据流牵引人才流、资金流等的流动，从而形成不同层次的涌现，极大地实现群体智能，真正实现城市智能化发展、可持续发展、高质量发展。雄安新区数字孪生智能城市发展思路如图 4–15 所示。

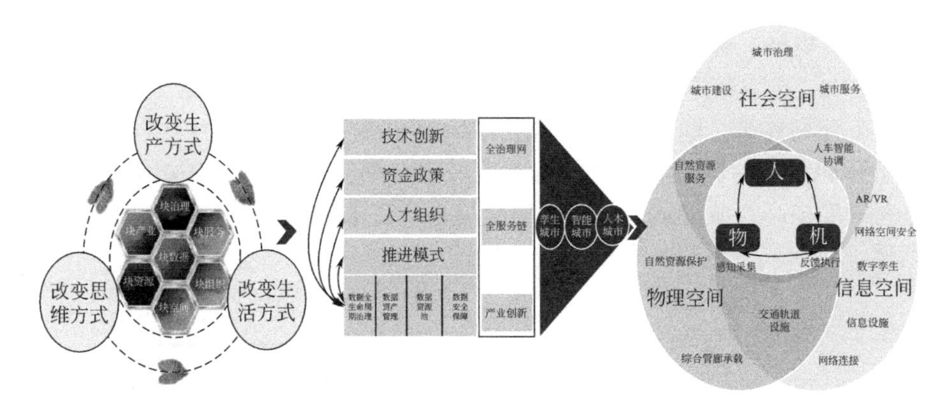

图 4–15　雄安新区数字孪生智能城市发展思路

（3）雄安新区数字孪生城市创新做法

雄安新区数字孪生城市整体运行逻辑从碎片化、条块化、割裂化转向以数据驱动的整体性治理、弹性治理和适应性治理。为此，雄安新区正在逐步落地一些创新理念与做法，以下将从通感知数据，块数据平台，数权、数字道德和隐私三方面展开阐述。

通感知数据：雄安数字孪生城市将智能基础设施作为新成员加入城市各类基础设施体系中，基础设施除通水、通电、通气、通热之外，新增“通感知数据”。“通感知数据”具体实现则包括雄安新区自主研发的智能接入设备 X–Hub，该设备提供标准的接网、接电、接口，传感器可以方便地快速接入，同时设备还预留了功能拓展空仓，支持弹性扩展，架起了海量感知数据与智能基础设施连通的桥梁。

块数据平台：雄安新区数字孪生城市块数据平台支持城市核心数据从模型构建之初即以共享交换为需求进行构建，改变以往先建设后共享的模式，从源头上打破数据壁垒，让新区的信息化系统依赖于块数据平台，各个领域的数据从产生初期就在平台上共同生长，这也与当前各个领域信息化系统建设好之后再去强力破烟囱的模式完全不同。雄安新区数字孪生城市认为实体城市系统由子系统耦合而成，那么数字城市相应地也由不同的“块数据”叠加而成。因此，数字孪生城市以城市作为整体对象，并不是建立一个单一城市整体模型，而是拥有一个模型集，模型之间具有耦合关系，其价值就在于通过对“块数据”的挖掘、分析、灵活组合，使不同来源的数据在城市系统内的汇集交融产生新的涌现，实现对城市事物规律的精准定位，甚至能够发现以往未能发现的新规律，为改善和优化城市系统提供有效的指引。

数权、数字道德和隐私：雄安新区数字孪生城市数据不仅要流动，更需要高效、安全、公平、真实、透明地流动。因此雄安新区正在逐步探索数权、数字道德和隐私，既要保护用户个人的隐私数据，同时又不能以保护隐私为由限制数据的流通与共享。压制数据产业的创新，这无疑对当前的技术、管理、法律法规等方面都提出了一定的挑战，目前包括数据银行、联邦学习、数据确权等相关的研究正在持续研究过程当中。

（4）雄安新区数字孪生城市应用节点

雄安新区数字孪生城市正不断服务于雄安新区的数字化建设，下面以雄安新区千年秀林、雄安新区创新城市公交体系为例，对雄安新区数字孪生城市应用节点展开阐述。

千年秀林：每棵树都有一个二维码，这个二维码就是树的身份证，记录了树的大地坐标、树种名称、规格、树苗来源地、运输过程、栽植时间、栽植人以及后续的管护情况。虚实映射，组成“数字森林”。

创新城市公交体系：聪明的车+智能的路+感知系统的共享化+数据交互的实时化，大大降低了智能驾驶的制造与运营成本，使城市交通安全受控、均衡有序、互联互通，通行能力大幅度提高，城市运营效率大幅度提升。需求响应型公交及其智能调度平台如图4-16所示。

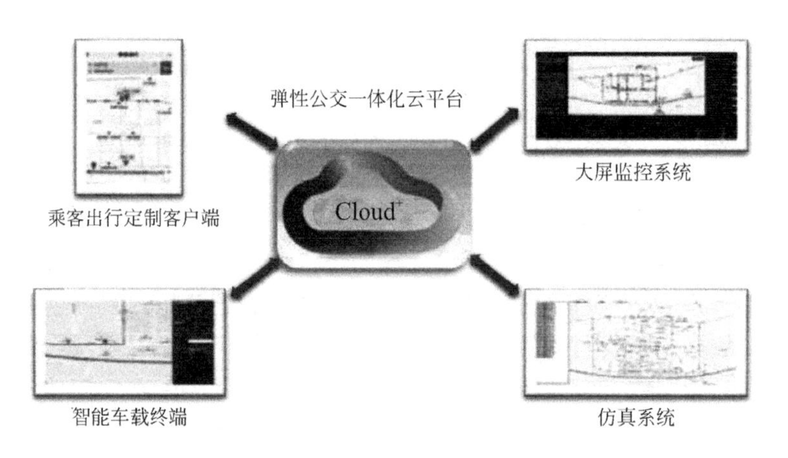

图4-16　需求响应型公交及其智能调度平台

4.2　雄安数字建造关键支撑技术

4.2.1　数据库与大数据

2022年6月29日，河北省人民政府关于印发《河北省数字经济发展规划（2020-2025年）》的通知明确指出数据库与大数据在河北省数字经济发展的重要性。要求提升数据资源汇聚、采集和分析能力；完善全省人口、法人、时空地理、宏观经济、公共信用、电子证照等基础数据库；建设市场监管、卫生健康、教育文化、海洋气象等主题数据库。以政务大数据带动民用、商用大数据协同发展，拓展数据资源采集渠道，鼓励企业、行业协会、科研机构、社会组织等开展行业和市场数据收集，建设行业数据库，开发数据产品。加强数据资源开发利用，提升大数据分析挖掘和可视化水平。本节主要介绍数据库与大数据技术概述以及在雄安数字建造中的应用。

（1）数据库与大数据概述

1）数据库的概述

数据库（Database，DB）是长期储存在计算机内、有组织、可共享的大量数据的集合。数据库中的数据按一定的数据模型组织、描述和存储，具有较小的冗余度、较高的数据独立性和易扩展性，并可为各种用户共享。数据库在使用过程中可以分为广义与狭义的数据库，广义的数据库是指数据库系统（DBS），包括计算机硬件设备、数据库及相关的计算机软件系统、开发和管理数据库系统的人员等，形成一个可完备提供运行能力的系统。狭义的数据库则是指，由数据库和数据库管理系统组成的，能够接受外部请求，对数据进行存取操作，并持久化存储的系统。

数据库常见的分类标准为使用需求、数据结构和物理存储方式。如图4–17所示，依据数据结构可以分为关系型数据库（SQL）和非关系型数据库（NoSQL），依据使用需求可以分为事务型数据库和分析型数据库，依据物理存储方式可以分为内存型数据库和磁盘型数据库。

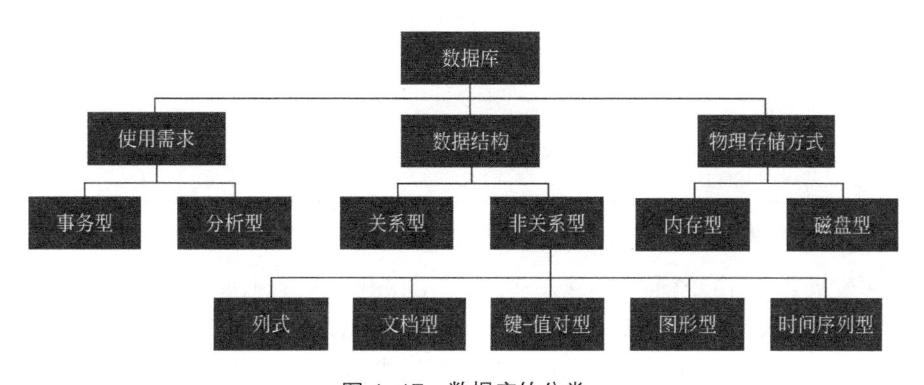

图 4–17　数据库的分类

（图片来源：民生证券——数据库行业深度报告）

其中按数据结构将数据库分为关系型数据库与非关系型数据库是目前最主流的分类方式。关系型数据库是指采用关系模型来组织数据的数据库，以行和列组成二维表的形式存储数据，由二维表及其各表之间的联系组成数据库。关系型数据库的优点是：通用的SQL语言使得操作关系型数据库非常方便；丰富的完整性（实体完整性、参照完整性和用户定义的完整性）大大降低了数据冗余和数据不一致的概率；二维表结构易于用户理解。关系型数据库同样存在问题：面对用户并发性非常高的情况，磁盘读写速度跟不上；在包含海量数据的二维表中查询，效率低下；关系数据库中的二维表只能存储格式化的数据结构。非关系数据库一般采用分布式架构，数据之间保持独立不存在关系，使得数据库具有易拓展性和高速读写能力。非关系数据库可以通过增加节点解决关系型数据库扩展不易、迁移难的问题。此外，由于分布式结构允许系统在节点对数据进行处理，面对海量数据时依旧能保持高速的读写能力。但是非关系数据库同样存在不足：只适合存储一些较为简单的数据，对于需要进行较复杂查询的数据，关系型数据库更为合适。关系数据库与非关系性数据库的具体区别如表4-1所示。

表4-1　关系型数据库（SQL）与非关系型数据库（NoSQL）的区别

区别	关系型数据库（SQL）	非关系型数据库（NoSQL）
存储方式	以行和列构成二维表格。表格之间存在联系，方便查询	数据大块组合在一起，存储在数据集中
存储结构	结构化存储。根据预先定义好的结构存入数据。数据表的可靠性和稳定性高，但修改困难	动态存储。无需预定义数据模式，允许数据类型和结构的变化
存储扩展	纵向扩展，由于多表查询机制的限制，扩展能力受限于计算机性能	横向扩展，数据之间不存在耦合性，易于扩展
查询方式	使用结构化查询语言（SQL），使用预定义优化方式（比如列索引定义）帮助加速查询操作	使用非结构化查询语言（UQL），采用更简单而精确的数据访问模式
事务性	遵从原子性、一致性、隔离性和持久性（ACID）规则： 原子性：事务完全执行或根本不执行。 一致性：事务提交之后，数据必须符合数据库架构。 隔离性：并发事务彼此分开执行。 持久性:能够从意外系统故障或断电情况中恢复到上一个已知状态	满足基本可用、软状态、最终一致性（BASE）规则： 基本可用：出现不可预知故障的时候，允许损失部分可用性。 软状态：允许系统在不同节点的数据副本之间进行数据同步的过程存在延时。 最终一致性：所有的数据副本，在经过一段时间的同步之后，最终都能够达到一个一致的状态
读写能力	为了维护数据的一致性，在面对高并发读写时效率非常低	允许数据在同步时不同节点存在差异，提升读写性能
代表产品	MySQL、Microsoft SQL Server、Oracle、PostgreDB、IBM DB2、MariaDB	Redis、Amazon DynamoDB、Neo 4j、Mongo DB、Greenplum、Cassandra、Datastax、InfluxDB

资料来源：AWS官网，民生证券研究院。

数据库发展经历了三个阶段。第一阶段是层次和网状数据库，过程化程度较高，一般用户使用困难；第二阶段是关系数据库（RDB），它以关系演算和关系代数为其数学基础，以二维表为其数据结构，利用非过程化数据操纵语言进行数据库管理，采用内/外/概念模式的三层模式结构，具有较高的数据独立性，成为20世纪70–80年代中期的主流数据库。上述层次、网状和关系数据库尽管设计和控制方式不同，但都用于一般事务处理，统称为传统数据库。近年来，随着网络技术、多媒体技术、空间信息科学、信息管理、人工智能、软件工程技术和数据挖掘技术等领域的发展及新的社会需求出现，信息无论从数量上还是结构上都远远超出了传统数据库能承受的范围。为了适应海量信息和复杂数据处理要求，新一代数据库应运而生，它们结合特定应用领域，分为多媒体数据库（结合多媒体技术）、空间数据库（结合空间信息学和GIS）、演绎数据库（结合人工智能）、工程数据库（结合软件工程）等。与传统数据库相比，它们既具有多样性（学科交叉的必然结果），又有统一性，建立它们的主要目的是处理海量信息和复杂数据结构。考虑到数据库在雄安的数字建造过程中的应用，介绍面向对象数据库、工程数据库以及图形数据库。

① 面向对象数据库（Object–Oriented Database，OODB），是一个基于面向对象编程语言（OOP）的数据库，其数据都是以对象/类的形式表示并存储在面向对象数据库中。简单来讲，“面向对象数据库=面向对象编程语言+关系型数据库特性”。在这个公式里面，

面向对象编程语言的三个特性为继承、多态、封装；而关系型数据库特性的三个特性为实体完整性、并发、查询处理。

面向对象数据库的研究始于20世纪80年代，有许多面向对象数据库产品相继问世，较著名的有Object Store、02、ONTOS等。与传统数据库一样，面向对象数据库系统对数据的操作包括数据查询、增加、删除、修改等，也具有并发控制、故障恢复、存储管理等完整的功能。不仅能支持传统数据库应用，也能支持非传统领域的应用，包括CAD/CAM、OA、CIMS、GIS以及图形、图像等多媒体领域、工程领域和数据集成等领域。

② 工程数据库（Engineering Database，EDB），是为工程应用的特殊需要而产生的一种特种数据库，是存储、管理和使用面向工程设计所需要的工程数据和数据模型的一种数据库系统。除数据库的一般功能外，工程数据库要解决复杂工程数据的表达、处理和管理，以及提供工程应用所需的特殊功能，如大量复杂数据的高效存储和访问、长事务管理、版本管理等。工程数据库系统将工程设计方法与数据库、人工智能等技术相结合，构成智能化的CAD/CAM集成系统，在工程等各个领域获得广泛应用。

③ 图形数据库，是一种专用于创建和处理图形的专业化单一用途平台，专门用于对图形数据进行存储、管理、操作的数据库，是多媒体数据库的一种。图形数据库的基础是计算机图形学，而计算机图形学是用计算机对图形对象的表示形式和图形对象的显示形式进行相互转换的方法与技术。其中，图形包括节点、边和属性，它们能够以关系数据库无法实现的方式来表示和存储数据。现代科学和许多工程领域几乎都采用了计算机图形系统，以加强图形信息的传递、处理和理解。

2）大数据的概述

第三次信息化浪潮涌动，大数据时代全面开启，带来了信息技术发展的巨大变革，并深刻影响着社会生产和人们生活的方方面面。全球范围内，世界各国政府均高度重视大数据技术的研究和产业发展，纷纷把大数据上升为国家战略加以重点推进。企业和学术机构纷纷加大技术、资金和人员投入力度，加强对大数据关键技术的研发与应用，以求在“第三次信息化浪潮”中占得先机、引领市场。大数据已经不是“镜中花、水中月”，它的影响力和作用力正迅速触及社会的每个角落，所到之处，或是颠覆，或是提升，都让人们深切感受到了大数据实实在在的威力。人类社会信息科技的发展为大数据时代的到来提供了技术支撑，而数据产生方式的变革是促进大数据时代到来至关重要的因素。

大数据尚没有统一的定义，大数据的基本概念、关键技术以及对其利用上均存在很多疑问和争议，但通常被认为是一种数据量很大、数据形式多样化的非结构化数据。全球最大的信息管理软件及服务供应商Oracle给大数据的定义为：高速（Velocity）涌现的大量（Volume）的多样化（Variety）数据。这一定义还表明大数据具有3V特性。此外还有其他学者提出“4V”“4V+1C”“5V”。其中关于第4个V的说法并不统一，国际数据公司（International Data Corporation，IDC）认为大数据还应当具有价值性（Value），大数据的价值往往呈现出稀疏性的特点。而IBM认为大数据必然具有真实性（Veracity）。维基百科对大数据的定义则简单明了：大数据是指利用常用软件工具捕获、管理和处理数据所耗时间超过可容忍时间的数据集。本书整合了提出的各种特性，将大数据的特性定义为“5V+1C”：

① Variety，大数据种类繁多，在编码方式、数据格式、应用特征等多个方面存在差异

性，多信息源并发形成大量的异构数据；

② Volume，通过各种设备产生的海量数据，其数据规模极为庞大，远大于目前互联网上的信息流量，PB级别将是常态；

③ Velocity，涉及感知、传输、决策、控制开放式循环的大数据，对数据实时处理有着极高的要求，通过传统数据库查询方式得到的“当前结果”很可能已经没有价值；

④ Vitality，数据持续到达，并且只有在特定时间和空间中才有意义；

⑤ Value，价值密度低，商业价值（Value）高，通过分析数据可以得出如何抓住机遇及收获价值。

⑥ Complexity，通过数据库处理持久存储的数据不再适用于大数据处理，需要有新的方法来满足异构数据统一接入和实时数据处理的需求。

整个大数据处理流程如图4-18所示，即经数据源获取的数据，因为其数据结构不同（包括结构、半结构和非结构数据），用特殊方法进行数据处理和集成，将其转变为统一标准的数据格式方便以后对其进行处理；然后用合适的数据分析方法将这些数据进行处理分析，并将分析的结果利用可视化等技术展现给用户，这就是整个大数据处理的流程。

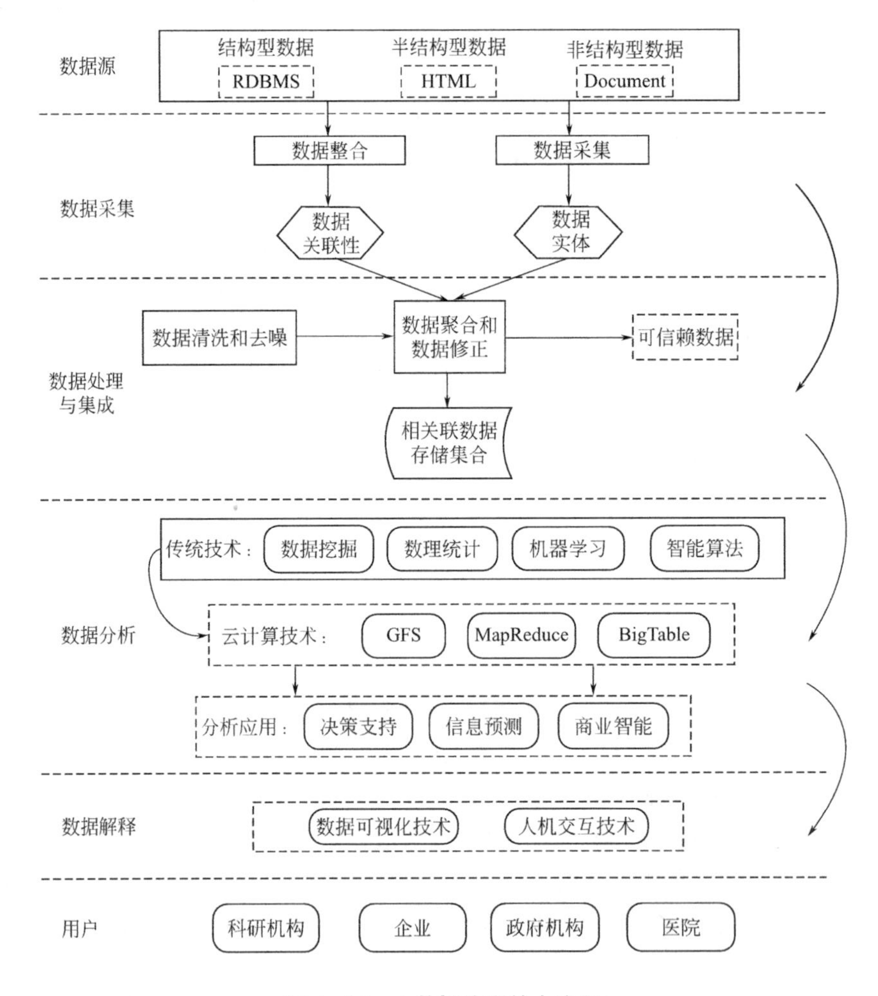

图4-18　大数据处理基本流程

3）从数据库到大数据

从数据库到大数据，看似只是一个简单的技术演进，但细细考究不难发现两者有着本质上的差别。大数据的出现必将颠覆传统的数据管理方式。在数据来源、数据处理方式和数据思维等方面都会对其带来革命性的变化。

如果要用简单的方式来比较传统的数据库和大数据的区别，“池塘捕鱼”和“大海捕鱼”是个很好的类比。“池塘捕鱼”代表着传统数据库时代的数据管理方式，而“大海捕鱼”则对应着大数据时代的数据管理方式，“鱼”是待处理的数据。“捕鱼”环境条件的变化导致了“捕鱼”方式的根本性差异。这些差异主要体现在如下几个方面：

① 数据规模。“池塘”和“大海”最容易发现的区别就是规模。“池塘”规模相对较小，即便是先前认为比较大的“池塘”，譬如VLDB（Very Large Database），和“大海”XLDB（Extremely Large Database）相比仍旧偏小。“池塘”的处理对象通常以MB为基本单位，而“大海”则常常以GB，甚至是TB、PB为基本处理单位。

② 数据类型。过去的“池塘”中，数据的种类单一，往往仅有一种或少数几种，这些数据又以结构化数据为主。而在“大海”中数据的种类繁多，数以千计，而这些数据又包含着结构化、半结构化以及非结构化的数据，并且半结构化和非结构化数据所占份额越来越大。

③ 模式（schema）和数据的关系。传统的数据库都是先有模式，然后才会产生数据。这就好比事先选好合适的“池塘”，然后才会向其中投放适合在该“池塘”环境生长的“鱼”。而大数据时代很多情况下难以预先确定模式，模式只有在数据出现之后才能确定，且模式随着数据量的增长处于不断的演变之中。这就好比先有少量的鱼类，随着时间推移，鱼的种类和数量都在不断地增长。鱼的变化会使大海的成分和环境处于不断的变化之中。

④ 处理对象。在“池塘”中捕鱼，“鱼”仅仅是其捕捞对象。而在“大海”中，“鱼”除了是捕捞对象，还可以通过某些“鱼”的存在来判断其他种类的“鱼”是否存在。也就是说传统数据库中数据仅作为处理对象。而在大数据时代，要将数据作为一种资源来辅助解决其他诸多领域的问题。

⑤ 处理工具。捕捞“池塘”中的“鱼”，一种或少数几种渔网基本就可以应对，也就是所谓的One size fits all。但是在“大海”中，不可能存在一种渔网能够捕获所有的鱼类，也就是说No size fits all。

从“池塘”到“大海”不仅仅是规模的变大。传统的数据库代表着数据工程（data engineering）的处理方式，大数据时代的数据已不仅仅只是工程处理的对象，需要采取新的数据思维来应对。在大数据时代，数据不再仅仅是“捕捞”的对象，而应当转变成一种基础资源，用数据这种资源来协同解决其他诸多领域的问题。

（2）数据库与大数据在雄安数字建造中的应用

随着城市化进程的加快，交通、能源、人口、安全、基础设施建设和专项整治监管等方面的挑战日益凸显并趋于复杂化，利用信息技术改善城市发展已成大势所趋。随着新一代信息技术的发展，人们通过各种传感和通信手段获取城市方方面面的数据，导致智能城市信息环境中的数据量急剧增多，甚至达到了“存不起、看不完、理解不了”的程度。因此，如何快速有效地管理、分析和整合这些大数据，从中提取有价值的信息并转化为知识，是数字建造的目标出路之一，数据库和大数据作为信息技术的支撑技术为海量数据信息的储存、处理与分析提供了技术手段。

1）数据库在雄安数字建造中的应用

在雄安的数据建造中，数据库与数据库技术作为信息化建设的基石，正在也将要解决城市中产生的各种大数据“存不起”的关键性问题。面对这个问题，我们将其拆分为“存什么、用什么存、怎么存取”三个问题。

在“存什么”上，雄安新区产生的数据可以分为以下四类：

① 政府数据，即政府各级各部门掌握的管理城市经济、民生（医疗、就业、教育等）、环境、土地等数据。这些政府部门采集与管理的数据目前主要服务于城市管理者对整个城市的管理和服务，这些数据是开展城市大数据服务的主要数据来源。

② 网络数据，主要指自媒体数据，即社交网络、博客、微博等用户生成的数据，区别于日志数据等。这些数据是网民对城市生活、生产、城市管理等各类信息的反映，是网络舆情分析的最好来源。

③ 传感数据，主要是通过城市各类传感器系统（如摄像头等）获取的城市环境、城市交通等数据。这类数据具有形式多样、量大、流式、实时等特点。对这些数据的处理可形成反馈回路，为改进现有服务提供依据。

④ 行业数据，如金融数据、地理数据、交通数据、电力数据、物流数据、农业数据、新媒体数据、医疗数据、教育数据、食品数据、制造业数据、贸易数据、港口数据、电商数据等，是一类无比巨大的数据，其蕴含的商业机会、政府决策、企业战略、个人发展等价值巨大，是名副其实的“金矿”所在。

对于这些数据，雄安政府以及相关企业均建立了相关数据库。例如“透明雄安”数字平台的建设，项目组利用大数据、物联网、三维可视化技术搭建了雄安地质大数据中心，建立了雄安新区地下0-10000m三维地质框架模型及市民中心、容东片区高分辨率三维地质岩性模型，实现了地上、地下全空间一体化展示。目前，该平台已经在“雄安云”上线运行，面向雄安新区行政部门提供地质数据和地质成果服务。

在“用什么存”问题上，雄安新区与时俱进，采用先进的数据储存技术，将智能城市信息储存在“云平台”上，并且从单一的数据收集到云端管理数据和应用大数据的处理方式进行智能城市信息环境中的大数据处理，发现并及时处理新的知识，努力建设城市安全、可信的公共服务云数据中心，破解城市“管理墙”带来的问题，真正服务于城市各类应用的需要。

在“怎么存取”的问题上，雄安新区也给出了它的回答。在《中国雄安集团建设项目BIM技术标准（1.0版本）》《雄安新区规划建设BIM管理平台数据交付标准（建筑-试行2.0）》《雄安新区规划建设BIM管理平台数据交付标准（试行）》《雄安新区数据安全建设导则》等一系列数据标准的出台下，使雄安数字建造相关数据的存、取、用更加方便、快捷、安全。

2）大数据在雄安数字建造中的应用

大数据无处不在，包括金融、汽车、餐饮、电信、能源、体育和娱乐等在内的社会各行各业都已经融入了大数据的印迹。通过数据整合、分析与挖掘，大数据将给各行各业带来变革性机会，目前，大数据在雄安的电子政务、城市建设、交通出行、能源保障、安全防灾等领域有着如下应用：

① 在电子政务上，政府部门依托数据及数据分析进行决策，将大数据用于公共政策、信息公开、舆情监控、犯罪预测以及反恐等活动。例如雄安建立新区政务服务平台、新区国土空间基础信息平台和数字规划建设管理平台，就是以数据库为基础技术，搭建相应的数据平台，逐步实现立体化、多层次、全方位的电子政务公共服务体系，推进信息公开，促进网上电子政务开展，创新社会管理和服务应用，增强政府和社会、百姓的双向交流、互动。

② 在城市建设上，将大数据与物联网相结合，收集每天都会从管道、业务平台、支撑系统中产生海量有价值的数据，为智慧工程建设方在雄安进行数字化建设提供助力。例如雄安绿博园雄安园的智慧工程项目，通过建立基础平台层中的园区大数据平台，能够处理生态监测系统、园林基础数据采集系统等数据收集系统收集到的数据，为建设方进行合理规划与运营园区提供数据支撑。

③ 在交通出行上，大数据通过与互联网、云计算、边缘计算相结合，通过智能交通工具，发展需求响应型的定制化公共交通系统，智能生成线路，动态响应需求。探索建立智能驾驶和智能物流系统。通过建立数据驱动的智能化协同管控系统，探索智能驾驶运载工具的联网联控，采用交叉口通行权智能分配，保障系统运行安全，提升交通系统运行效率。

④ 在能源保障上，大数据通过与物联网相结合，对物联网中的感知设备采集到的数据进行处理、挖掘，预测电力、石油、天然气等资源的使用情况，进而找出利用能源的最佳方案，促进能源合理分配，优化能源结构，推进能源管理智慧化、能源服务精细化、能源利用高效化，打造新区智能能源系统，进一步提高能源安全保障水平。

⑤ 在安全防灾上，利用大数据技术对物联网的实时监测结果进行分析与挖掘，做到响应过程无缝隙切换、指挥决策零延迟、事态进展实时可查可评估，有效预防陆、水、空、地下全方位的自然灾害，全面提升监测预警、预防救援、应急处置、危机管理等综合防范能力，形成全天候、系统性、现代化的城市安全保障体系，建设安全雄安。

4.2.2 云计算与边缘计算

（1）云计算与边缘计算概述

随着计算机硬件计算能力的飞速发展，主流计算领域已经逐渐从传统的分布式计算、并行计算、网格计算逐渐发展到大数据、云计算时代。但随着物联网的进一步崛起，云计算也将难堪重负。著名的互联网巨头思科公司曾经对未来的云指数做过预测：网络终端产生的数据将远远超过全球数据中心所能承担的IP流量，如果不采用新的技术，必将造成巨大的数据延迟和处理上的困境。因此，学者们先后提出了雾计算和边缘计算。

1）云计算概述

“云计算”一词最早被大范围传播应该是在2006年，距今已有十多年的历史了。2006年8月，在圣何塞举办的SES（搜索引擎战略）大会上，时任谷歌（Google）公司首席执行官（CEO）的施密特（Eric Schmidt）在回答一个有关互联网的问题时提出了“云计算”这个概念。在施密特态度鲜明地提出“云计算”一词的几周后，亚马逊（Amazon）公司推出了EC2计算云服务。云计算自此出现，从此之后各种有关“云计算”的概念层出不穷，“云计算”开始流行。云计算引发了软件开发部署模式的创新，成为承载各类应用的关键基础设施，并为大数据、人工智能、物联网等新兴领域的发展提供必要的技术支撑。

云计算（Cloud Computing）是分布式计算的一种，指的是通过网络“云”将巨大的数据计算处理程序分解成无数个小程序，然后，通过多部服务器组成的系统进行处理和分析这些小程序得到的结果并返回给用户。云计算早期，简单地说，就是简单的分布式计算，解决任务分发，并进行计算结果的合并。因此，云计算又称为网格计算。通过这项技术，可以在短时间内完成对数以万计的数据的处理，从而达到强大的网络服务。

具体地讲，云计算是一种计算范式，通过网络普适、便捷、按需地访问由可配置的计算资源（例如网络、服务器、存储、应用和服务）组成的共享池，在快速分配和释放计算资源的同时，最小化管理或交互的开销，主要具有按需自取服务、宽带网络访问、资源池化、快速伸缩、可度量服务等特点：

① 按需自取服务是指租户可以自助地获取符合需求的服务，无需额外的人工介入；

② 宽带网络访问是指服务的提供方式是通过网络载入的，区别于实物的采购、部署等；

③ 资源池化是指各种类型资源可以被统一组织，形成通用的资源集合，以便捷的形式进行管理；

④ 快速伸缩是指资源池中的资源可以增加或减少，这种调整是快速且透明的，不会影响租户的使用；

⑤ 可度量服务是指云计算系统具有对服务进行计量的能力，能够根据服务类型自动地管理、监测和优化资源使用。

云计算主要分为公有云、私有云、混合云，云计算提供的主要服务是三种：基础设施即服务（IaaS），提供硬件资源，类似于传统模式下的CPU、存储器和I/O；平台即服务（PaaS），提供软件运行的环境，类似于传统编程模式下的操作系统和编程框架；软件即服务（SaaS），提供应用软件功能，类似于传统模式下的应用软件。在云计算模式下，用户不再购买或者买断某种硬件、系统软件或应用软件而成为这些资源的拥有者，而是购买资源的使用时间，按照使用时长付费的计费模式进行消费。由此可以看出，云计算将一切资源作为服务，按照所用即所付的方式进行消费正是主机时代的特征。

2）边缘计算概述

美国思科公司预计，到2021年，全球接入互联网的设备数量将达到271亿台，全球的设备产生的数据量将达到847ZB。据国际数据公司（International Data Corporation，IDC）估计，到2023年，全球联网设备将达到489亿台。随着物联网设备和其产生的海量数据，传统的云计算架构正面临着网络时延过大和带宽负载过重的问题。海量物联网设备联网需求和应用对实时性的高要求催生了一种新型计算架构，即边缘计算（Edge Computing，EC）。边缘计算采用了分布式计算架构，将主要应用程序、服务和数据存储“下沉”到网络边缘侧，使计算靠近数据源头，从而解决了云计算范式中物联网设备需要将产生的海量数据全部上传至云数据中心进行分析所带来的应用时延过大和网络负载过重的问题。

边缘计算，是指在靠近物或数据源头的一侧，采用网络、计算、存储、应用核心能力为一体的开放平台，就近提供最近端服务。其应用程序在边缘侧发起，产生更快的网络服务响应，满足行业在实时业务、应用智能、安全与隐私保护等方面的基本需求。边缘计算处于物理实体和工业连接之间，能够实现数字世界跟物理世界的连接，赋能智能化的服务、网关、资产和系统。在智能分布式结构和平台上，边缘计算利用模型对智能化能力进行驱动，完成了物的自主化以及互相的协作。边缘计算的特点主要包括五个方面。

① 联结性。这一特点是边缘计算的基础，所联结物理对象的多样性及应用场景的多样性，需要边缘计算具备丰富的联结功能，如各种网络接口、网络协议、网络拓扑、网络部署与配置、网络管理与维护。

② 数据第一入口。边缘计算能够实现物理跟数字世界之间的连接，包括动态、完整和大量的数据，能够以数据的全生命周期为基础开展管理以及创造价值，能够为预测性维护、效率提高、资产管理等应用的创新奠定基础，同时有效地应对数据各种特点提出的挑战。

③ 约束性。边缘计算的产品需要应对各种环境和条件，比如振动、爆炸、电流、尘土等，这些都对设备的空间、成本等提出了很高的要求，因此边缘计算产品需要对各种软硬件进行优化与融合，从而适应各类条件存在的约束。

④ 分布性。边缘计算需要支持分布式计算与存储、实现分布式资源的动态调度与统一管理、支撑分布式智能、具备分布式安全等能力。

⑤ 融合性。数字化行业的转型要以信息通信技术和操作技术的融合作为基础，边缘计算是重要的承载手段，需要为安全、应用、控制、管理、联结等提供支持。

3）从云计算到边缘计算

随着云计算的广泛应用，以及互联网数据的处理需求的急剧增长，逐渐暴露出来云计算这种集中计算所存在的弊端，诸如计算能力无法匹配海量增长的数据、网络的巨大延迟和个人数据隐私安全等都大大影响了用户的使用体验。传统云计算无法满足万物互联背景下的需求，为此催生出边缘计算，其主要原因有三点：

① 实时。万物互联环境下，边缘设备产生大量实时数据，随着边缘设备数据量的增加，网络带宽正逐渐成为云计算的另一瓶颈。仅提高网络带宽并不能满足新兴万物互联应用对延迟时间的要求。据IHS表示，到2035年，全球将有5400万辆无人驾驶汽车，如何实现较短延时将是未来主要研究方向。为此，在接近数据源的边缘设备上执行部分或全部计算是适应万物互联应用需求的新兴计算模式。

② 隐私。当用户使用电子购物网站、搜索引擎、社交网络等时，用户的隐私数据将被上传至云中心，其包含用户隐私数据，如从路由起点信息可以查找到用户的家庭地址。随着智能家居的普及，许多家庭在屋内安装网络摄像头，如果直接将视频数据上传至云数据中心，视频数据的传输不仅会占用带宽资源，还增加了泄露用户隐私数据的风险。为此，针对现有云计算模型的数据安全问题，边缘计算模型为这类敏感数据提供了较好的隐私保护机制，一方面，用户的源数据在上传至云数据中心之前，首先利用近数据端的边缘节点直接对数据源进行处理，以实现对一些敏感数据的保护与隔离。另一方面，边缘节点与云数据之间建立功能接口，即边缘节点仅接收来自云计算中心的请求，并将处理的结果反馈给云计算中心，这种方法可以显著地降低隐私泄露的风险。

③ 能耗。针对云数据中心的能耗问题，许多研究者进行了深入的调查研究。Sverdlik的研究结果表明，到2020年美国所有数据中心的总能耗将增长4%，在2020年达到约730

亿kWh。在我国，环境360报告表明，仅我国数据中心所消耗的电能已经超过匈牙利和希腊两国用电的总和。随着在云计算中心运行的用户应用程序越来越多，未来大规模数据中心对能耗的需求将难以满足。在云计算中心的能耗优化方面，现有的研究内容主要集中在如何提高能源使用效率和动态资源管理策略方面，以达到减缓能耗增速，实现最大程度的节能。然而，仅提高能效水平等策略，虽然可达到节能的目的，但仍不能解决数据中心巨大能耗的问题，这一问题在万物互联环境下将更加突出。为解决这一能耗难题，边缘计算模型的提出将原有云数据中心上运行的一些计算任务进行分解，然后将分解的计算任务迁移到边缘节点进行处理，以此降低云计算数据中心的计算负载，进而达到降低能耗的目的。

从某种意义上讲，边缘计算不是替代云计算，而是对于云计算的一种辅助方式，将大量本有云端处理的业务转由边缘一侧的计算来实现，从而避免了大量数据的传输造成网络延迟，同时也降低了云端处理业务的巨大压力，使得边缘大量闲置计算力得到应用，并确保了个人隐私能够在不上传到云端的边缘得以保存、处理，实现了隐私安全保护。因此，边缘计算与云计算之间不是替代关系，而是互补协同关系。边缘计算与云计算需要通过紧密协同才能更好地满足各种需求场景的匹配，从而放大边缘计算和云计算的应用价值。

（2）云计算与边缘计算在雄安数字建造中的应用

作为一座正在建设的绿色智慧新城，雄安正通过云计算、边缘计算等方式实现其智慧，2018年出台的《河北雄安新区规划纲要》在建设智能基础设施的要求中明确指出“搭建云计算、边缘计算等多元普惠计算设施，实现城市数据交换和预警推演的毫秒级响应，打造汇聚城市数据和统筹管理运营的智能城市信息管理中枢，对城市全局实时分析，实现公共资源智能化配置”。不难看出，云计算与边缘计算作为普惠计算设施将在雄安新区的数字化建设中起到关键作用。

承载雄安“城市大脑”功能的雄安城市计算（超算云）中心秉承“雄安数字城市之眼、雄安智能城市之脑、雄安生态城市之芯”三大设计理念，建成后将搭载边缘计算、超级计算、云计算设施等，为“数字雄安”的大数据、区块链等提供网络、计算和存储服务，促进新区的信息化、数字化建设。目前雄安新区这朵“云”已经基本建成，实现了所有政务系统全部统一在“雄安云”上，并且在道路和社区方面实现了云和边缘计算的协同。以下从智能交通、安全防控、运营维护、能源管控、智慧家居五个方面阐述云计算与边缘计算在雄安数字建造中的作用。

1）智能交通

基于边云协同的车路协同，是智能交通的重要发展方向之一。在城市路面检测中，在道路两侧路灯上安装传感器收集城市路面信息，检测空气质量、光照强度、噪声水平等环境数据，当路灯发生故障时能够及时反馈至维护人员。在智能交通中，边缘服务器上通过运行智能交通控制系统来实时获取和分析数据，根据实时路况来控制交通信息灯，以减轻路面车辆拥堵等。在无人驾驶中，如果将传感器数据上传到云计算中心将会增加实时处理难度，并且受到网络制约，因此无人驾驶主要依赖车内计算单元来识别交通信号和障碍物，并且规划路径。

边缘计算节点是雄安新区“双基建”的重要内容，5G、云计算、算力网络是重要支撑，边缘计算节点是城市智能交通分布式大脑，也是雄安数字城市计算体系的重要组成部分。2020年6月5日，中国电信携手中兴通讯成功打造国内首个城市级应用边缘计算节点，是云网融合在车联网场景的首次成功实践。边缘计算节点汇聚5G、MEC边缘云、云计算、云边协同、AI技术，通过5G、光纤汇聚路侧智能感知设备数据（如摄像头、雷达、车载摄像头信息）到边缘计算节点。基于融合MEC打造的边缘云，部署智能感知信息AI分析、车路协同业务策略发布、路侧V2X设备管理运维平台，确保路侧感知数据、计算分析能力入云、入MEC边缘云、入云边协同的边缘云，为车路协同业务提供低延时响应、高效化和本地化的云环境及弹性算力支持，也为支撑雄安智能城市和数字孪生城市，打造“车、路、交通环境”等要素在物理空间和信息空间的相互映射，提供一套彼此可靠连接、协同运转的环境。

2021年6月，京雄高速公路河北段工程正式通车运营，其河北段全线设置了3700余根智慧灯杆。这种智慧灯杆以照明灯杆为基础，整合了能见度检测仪、边缘计算设备、智慧专用摄像机、路面状态检测器等新型智能设备，利用北斗高精度定位、高精度数字地图、可变信息标志和车路通信系统等，可以提供车路通信、高精度导航和合流区预警等服务，可以根据天气和车流量状况自动调节灯光亮度，具备了智能感知、智慧照明、节能降耗等一杆多用功能。

未来，雄安新区绿色智能交通先行示范区将充分发挥传统基础设施和信息基础设施同步建设的“双基建”优势，基于全域覆盖的终端感知体系，打造实时感知、瞬时响应、智能决策的智能交通体系。

2）安全防控

云计算与边缘计算在城市公共安全的主要应用为城市安全监控体系。全面提高综合防灾和城市设施安全标准，增强城市综合防灾能力。城市安全监控系统主要应对因万物互联的广泛应用而引起的新型犯罪、社会管理以及自然灾害等公共安全问题。

以视频监控系统为例，传统视频监控系统前端摄像头内置计算能力较低，同时现有智能视频监控系统的智能处理能力不足。而云边协同为安防智能化提供了新的技术支持，能够把监控数据传输到边缘计算的节点或者平台上，降低网络数据传输压力与时延。同时，视频监控能够与人工智能有效结合，在边缘计算节点上配备人工智能分析模块，应用于视频监控、人脸识别、安全防护等场景当中，有效地解决了以AI为基础的视频分析所存在的时延较大的问题，促进了用户体验的提升。此外，云端可以完成AI发布的训练任务，边缘计算节点能够落实AI的推论，云边协同能够完成本地决策以及动态响应，可以为表情监测、行为分析、轨迹追踪等各种AI应用提供支持，进而提高视频监控系统前端摄像头的智能处理能力，建立重大刑事案件、恐怖袭击活动以及自然灾害的预警系统和处置机制，从而提高视频监控系统的防范刑事犯罪、恐怖袭击以及自然灾害的能力。

未来，通过建设全面的城市安全监控系统，利用云计算与边缘计算，全面提升监测预警、预防救援、应急处置、危机管理等综合防范能力，形成全天候、系统性、现代化的城市安全保障体系，建设安全雄安。

3）运营维护

运维管理是云计算与边缘计算的重要应用之一。以雄安新区管廊运维为例，新区将统一建设综合管廊智能运维管理系统，并按照两级管理、三级控制的原则，实现新区级和项目级智慧管廊的智能监控和运维管理。云边协同为雄安地下的安全运营提供了可行方案，应用大数据、云计算、人工智能等技术，实现智能分析控制、应急辅助决策、主动式维修保养、智能采购申请与考核评估等管廊运维智慧化管理。同时，应用“物联网+云计算+边缘计算”，实现管廊内氧气、温湿度、有毒气体、结构状态和风机设备等无线控制，达到管廊环境与设备实时全方位监控，提高管廊安全性，降低运维成本。

4）能源管控

2019年10月20日，第六届世界互联网大会在浙江乌镇举行，由国网雄安新区供电公司带来的城市智慧能源管控系统（CIEMS）在公众面前首次亮相。CIEMS作为城市智慧能源大脑，其主要研发目标在于实现城市能源的智慧管理与服务。该系统综合应用泛在电力物联网关键技术，将大数据、物联网、人工智能、边缘计算等技术与城市能源管理深度融合，具备对能源的规划配置、综合监测、智慧调控、分析决策、智能运维、运营支撑等功能，可实现横向“水、电、气、热、冷”多能互补控制，纵向“源－网－荷－储－人”高效协同，宏观上可对城市综合能源规划、生产、运营全环节进行顶层设计和智慧决策，微观上可实现对能源站机组及用户家用电器的元件级控制。

2018年，CIEMS率先在雄安市民服务中心投入使用，通过对园区内部能源的智能化综合管理，仅电能一项每年就可节约10%的运营成本，目前已安全稳定运行600余天。而在位于容城县的盈家直流公寓，首个家庭级CIEMS可通过家庭用能数据自动分析客户用能习惯，生成更优化的家庭用能套餐供客户选择，并实现了电、水、气、热、冷等多种能源信息的自动采集和一键式缴费，配合全面直流化的供电及用电系统，构建了未来家庭智慧用能生态。2019年9月，首个校园级CIEMS在雄县三中成功投运，系统采用“云边端一体化”技术架构，并在行业内首次应用“云－机”调控指令，实现了由云端CIEMS对校园内的配电终端、智能照明、新风空调等设备进行元件级和机组级调控。

作为雄安新区城市信息模型的智慧能源模块，未来，CIEMS将致力于推动能源数据与社会经济数据的跨行业融合，为用户提供更安全、更便捷、更高效、更贴心的能源服务，打造合作共赢、价值共享、不断演进和自我生长的能源生态平台，同时也将为雄安泛在电力物联网示范城市建设和雄安新区数字化、智能化发展提供有力支撑。

5）智慧家居

随着信息化技术、网络技术的日益完善及高带宽网络入户的逐步推广，智慧化信息服务进家入户成为可能。智慧家居综合利用互联网、计算处理、网络通信、感应与控制等技术，将家庭智能网络、智能控制、信息交流及消费服务等家居生活有效地结合起来，创造出高效、舒适、安全、便捷的个性化家居生活。

智慧家居中的边缘计算节点存在许多的异构接口，包括无线网络、电力线、电缆等，能够处理各种传感数据，并将结果传送到云平台，用户不但能够利用网络与边缘计算节点进行连接实现对终端的管理，还能够利用云端实现对各类数据的访问。同时，云边协同以虚拟化技术作为基础的各类服务设施，以各类终端作为载体，实现对业务系统的有效整合，通过计算节点把各类家庭终端并入局域网当中。边缘计算节点利用互联网完成与广域网的连接，从而与云端进行数据的交换，实现包括电器管理、视频监控、定时设置、场景管理等各类功能。通过利用智慧家居开放服务平台，聚集各类智慧社区、智慧家庭服务，让安全舒心、物美价廉的智能服务走入百姓家庭。

雄安新区利用边缘计算对末端传感器数据进行快速分析，就近提供边缘智能服务，满足行业数字化在敏捷联结、实时业务、数据优化、应用智能、安全与隐私保护等方面的关键需求；利用云计算平台对城市大数据进行深入分析，“集大成，得智慧”，将广泛获取的数据转换成知识和价值，为政府管理和服务提供了强大的技术支持；通过云边协同结合云计算与边缘计算的优点，有效提高延迟性能，减轻数据传输带来的网络带宽压力，推动物联网向智能化发展。

4.2.3 区块链

（1）区块链概述

区块链是信息技术领域的一个术语，它的概念首次出于中本聪（Satoshi Nakamoto）在2008年发表的基础论文《比特币：一种点对点的电子现金系统》中。这种将交易写入区块并利用密码学方法串联的设计，宣告了区块链技术的诞生。区块链是分布式数据存储、点对点传输、共识机制和加密算法等计算机技术的新型应用模式。以下将从区块链核心技术、区块链特征、区块链类型和区块链应用案例四个方面进行阐述。

1）区块链核心技术

区块链的核心技术主要由链式存储、共识机制、密码技术和智能合约构成：链式存储形成可追溯的数据结构，共识机制保证全网一致性和监管穿透性，密码技术负责身份认证进而保证数据安全性，智能合约通过规则设置实现交易自动化。①链式存储：区块链技术采用了基于哈希（Hash）算法的链式结构，实现了链上数据的“固化”特性，同时这种链式结构也有利于上链的交易按照时间顺序进行回溯。②共识机制：区块链技术的底层采用了协同共治的数据治理思想，即上链的数据必须经过参与区块链维护的多方主体的共识投票后，才能作为不可篡改的区块链数据进行存储。③密码技术：区块链技术采用了哈希技术与公钥密码算法。由公钥算法所派生出来的私钥加密与哈希算法、时间戳服务器相配合，能够实现对数据的签名，确保数据的完整性、产生时间的真实性以及不可否认性。④智能合约：智能合约是一种基于交易合同或者交易约束的代码化合约，通过合适的条件触发后，自动执行，无需人工干预，避免了人为违约或者人为失误造成的风险。区块链4人核心技术如图4-19所示。

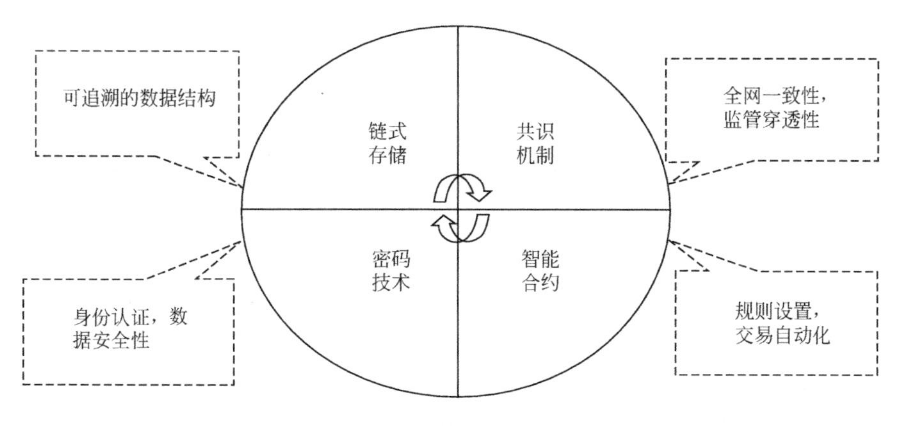

图 4-19　区块链 4 大核心技术

2）区块链特征

区块链的主要特征有去中心化、不变性、开放性与透明度、可追溯性和匿名性。①去中心化：去中心化是区块链技术的关键特征之一。区块链由去中心化的点对点网络组成。因此，区块链分布式账本系统的主要特征就是没有中央管理员或集中式数据存储机制。去中心化提供了稳健性，同时消除了多对一的流量，以避免延迟和单点故障。换句话说，去中心化就是无需第三方介入，任何人都可以访问整个数据库及其完整的历史记录，实现人与人、点对点的交易与互动。②不变性：不变性也称为不可篡改或不可伪造性。区块链的不变性意味着一旦数据被添加到区块链，它就不能被更改或篡改。区块链结构中的数据块带有时间戳，每一块都用哈希算法加密，除非整个系统的大多数节点达成共识，否则数据的输入是永久的和不可篡改的。任何人都可以随时查看交易信息，但一旦验证并添加到区块链中，这些交易就无法更改或删除，使其不可逆和不可变。任何更改，无论多小，都会生成不同的哈希值，并且可以立即被检测到，从而使共享账本不可变。③开放性与透明度：区块链技术基础是开源的，除交易各方的私有信息被加密外，区块链的数据对所有人开放。开放性使得为区块链招募大量矿工成为可能，但也让对手有更多机会侵入区块链系统。由于所有网络节点都可以参与区块链网络数据的记录与维护，且每个参与者都可以查询区块链中的记录，所以整个信息系统高度透明。④可追溯性：区块链本身是一个块链式数据结构，其使用时间戳来识别和记录每笔交易，从而增强了数据的时间维度，这允许节点保持交易的顺序并使数据可追溯；时间戳不仅保证了数据的原创性，还降低了交易信息可溯源的成本。⑤匿名性：区块链使用非对称加密技术对数据进行加密。这种非对称加密在区块链中有两个用途：数据加密和数字签名。区块链中的数据加密保证了交易数据的安全，使交易各方不用通过公开身份的方式让对方对自己产生信任。同时，在区块链交易中，由于使用了公钥和私钥，人们可以选择保持匿名以保护其隐私，同时让第三方能够验证他们的身份，这使得区块链能够维护和保护交易隐私。

3）区块链类型

区块链的类型主要分为公有链、私有链和联盟链。①公有链：也称为无许可区块链，它对任何希望作为网络成员参与的人开放，因此任何人都可以在未经事先许可的情况下以完全的权力加入网络、读取或写入并参与其中。公有链是完全去中心化的，但是它们容易受到隐私问题、自私挖矿和51%攻击的影响。比特币和以太坊是最著名的公有链。②私有链：也称为许可区块链，即只有经过授权许可的参与者才能加入网络。在许可的区块链中，参与者可以限制为预先批准的参与者，并且可以进一步限制参与者对分类账中信息的不同访问级别。通常，私有链用于单个组织中的业务流程自动化，其细分部门可以充当区块链节点。尽管私有链的安全性和中心化程度较低，但它们更具有可扩展性，并且没有51%攻击、隐私和自私挖矿等问题。私有链的应用一般限于特定组织或企业，蚂蚁金服就是典型的私有链代表。③联盟链：是介于公有链和私有链之间一种部分私有的区块链解决方案。联盟链被独立组织使用，在很少或没有信任的情况下共享信息。只有预先选择的节点（验证器）能够订购交易并创建新块。其余节点只能发送交易、读取和验证新块。联盟链是部分中心化的，但它们对隐私与安全的担忧较少，也没有51%攻击。Hyperledger和Corda是联盟链的例子。公有链、私有链与联盟链之间的区别如表4-2所示。

表 4-2 公有链、私有链与联盟链之间的区别

类型	公有链	私有链	联盟链
准入机制	所有参与者自由加入或退出	完全封闭	机构或组织取得授权后才可加入
记账权	所有节点	组织或机构本身	预先选定的节点
查询权限	所有节点	一定范围内可公开	加入联盟的节点
交易范围	所有节点	仅记录内部交易	加入联盟的节点
优点	（1）访问门槛低 （2）保护隐私 （3）数据公开透明 （4）数据防篡改	（1）更快的交易速度 （2）更低的交易成本 （3）更好的隐私保护 （4）更改的安全性	（1）交易速度较快 （2）适用范围更广
不足	（1）吞吐量低 （2）交易速度慢	（1）争议性大 （2）容易被操纵	（1）节点性能要求高 （2）容易造成权力集中
典型代表	比特币和以太坊	蚂蚁金服	Hyperledger 和 Corda

4）区块链应用案例

区块链的应用十分广泛，本部分主要选取了目前区块链技术应用较为常见的案例：①区块链+物联网：区块链物联网融合应用的场景十分广泛，主要的应用场景包括节点及数据访问控制、可靠的数据存储与传输、安全的数据交易与共享、系统安全、系统更新、信任与协作等。②区块链＋电子身份证：人们办理银行卡、乘坐火车等都需要提供身份证，人们依据身份证件来识别人的身份，这耗费了大量的人工成本，降低了办事效率。应用区块链技术，每个人都建立一个电子身份证，上面记录其终身的信息，需要用时调出即可。因区块链不可篡改的特征，信息真实可靠。基于区块链的电子身份证既可以节约社会资源又可以确保信息的真实。③区块链＋金融：传统的证券发行和交易都需要第三方的参与，通过中心化的验证系统来完成，交易次数多、流程复杂、时间长、成本高。应用区块链技术后，无需第三方的参与，投资者和机构可以在交易平台任意时间自主完成证券发行和交易。基于区块链的处理系统可以极大地降低处理时间，减少人工的参与，提高交易效率，节约成本。④区块链＋医疗：如今人们在医院就医时，每到一家医院都会分别建立一个病历档案，医院各自保存，病人从一家医院转到另一家医院，新的医院无法查询到之前患者的病历，需要患者重新做检查，这既耗时又费钱，给患者带来了不便。而应用区块链技术后，每个人都有一个自己的专属电子病历，病历上可以保存所有的医疗数据。到任何一家医院医生都可以快速地获得患者病历，了解患者情况，准确地对症治疗，提高了诊疗效率。

（2）雄安新区区块链平台

以下将从定位、架构和作用三个方面对雄安新区区块链平台进行介绍。

1）雄安新区区块链平台定位

区块链对于雄安来说，是一个机遇。雄安新区规划纲要提出，超前布局区块链、太赫

兹、认知计算等技术研发及试验。区块链与城市操作系统一样，将作为智能城市的基础设施嵌入数字雄安建设发展的每一个环节、每一个角落。中国没有哪一座城市如雄安这般重视区块链。在雄安新区，区块链不只是“区块链+”这样的锦上添花应用，而是真正融入智能城市建设治理的底层，成为新型基础设施的有机组成，与大数据、人工智能、云计算等其他技术发挥合力，让未来之城走入现实。从建设的第一栋楼、种下的第一棵树，到每一位参与建设的农民工工资，区块链深度融入城市的建设发展，致力于穿透项目的每个层级。

2）雄安新区区块链平台架构

雄安新区区块链平台架构总体为一个底层平台+四个应用平台+若干应用场景：底层平台为自主可控的雄安区块链底层系统（1.0），即雄安链；四个应用平台分别为项目建设互联网平台、产业互联网平台、住房互联网平台、疏解互联网平台；若干应用场景指雄安新区在一个底层平台+四个应用平台构建了围绕城市治理、数字金融、数字交易、公共服务、基础平台、产业生态等的系列应用场景。雄安新区区块链平台架构图如图4–20所示。

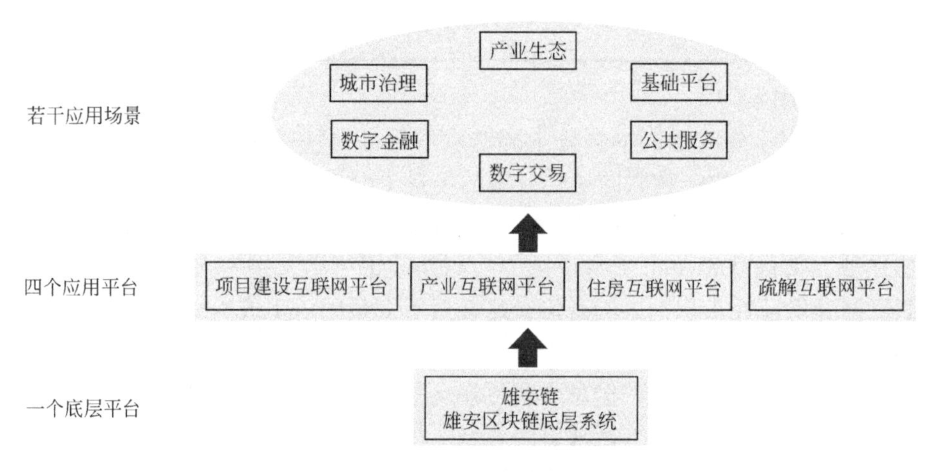

图 4–20　雄安新区区块链平台架构图

一个底层平台：雄安新区解放思想、先行先试，大胆实践，用三年时间，开发了自主可控的雄安区块链底层系统（1.0），即“雄安链”，这是第一个城市级区块链底层系统，在区块链领域烙下了深深的雄安印迹。雄安区块链底层系统采用自主知识产权，搭建起一条“核心链+应用链”多层链网融合的新型区块链底层架构，并在吞吐量、跨链协同、数据可信交换、安全等痛点问题方面实现创新突破。雄安区块链底层系统以服务智能城市建设为目标，兼顾业务种类多、性能差异大的特点，以多链并存的形态，实现跨链事务、数据共享、业务协同等功能，以双层运营的模型，构建“城市级”可信基础设施，雄安区块链底层系统分层多链总体架构如图4–21所示。

四个应用平台：“雄安链”融合上百项服务功能，基本建成了项目建设、住房、产业、疏解四大区块链互联网服务平台。依托区块链技术，特别是区块链的不对称加密、智能合约和分布式账本技术，新区从源头上实现了各类数据的汇聚融合并相互打通。①项目建设

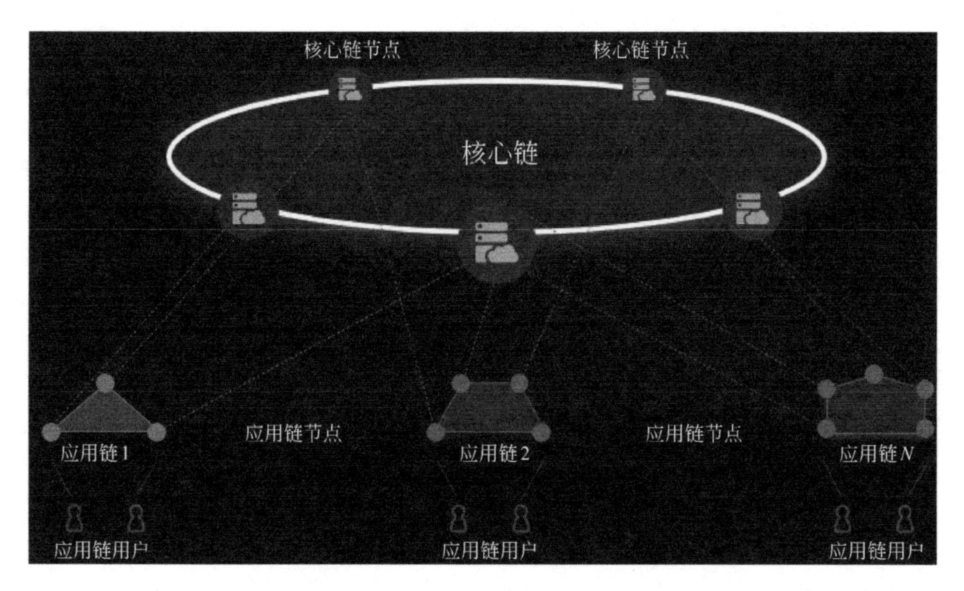

图 4-21　雄安区块链底层系统分层多链总体架构

互联网平台：实现审批要件数字化，打通发改、财政、规划、建设等部门业务系统，保障项目审批流程多部门、多环节互联互通，解决审批要件流动难题；发挥区块链技术的多点同步、全程留痕、不可篡改的特点，事前、事中、事后环节跨部门全过程线上化并链上留证，实现“不见面审批”“一站通办”，核发函件一键自动生成；区块链技术对关键环节的跨部门协同效率进行评估，自动识别审批“堵点”，对同类项目投资额进行比对，发现异常差异，识别廉政风险。②住房互联网平台：住房互联网平台利用区块链实现不动产登记、预售资金管理、公积金管理、房屋租赁等系统数据的标准化融合，确保真房、真租、真住，加速产城融合、职住平衡、租售并举、房住不炒目标的实现，推动了住房制度的变革。③产业互联网平台：作为国内首个基于区块链技术的产业互联网平台，该平台通过政、银、企数据的安全共享和智能分析，将中小企业发展中面临的政策支持、融资贷款、供应链管理、隐私保护等难题一网统办，开创了产业数字化的新局面。实现企业服务一点登录、一站尽享、一网通办，实现了企业不用进政府、不用进银行即可享受政务办理、补贴申请、贴息、融资贷款等服务。④疏解互联网平台：雄安新区于2022年在全国率先实现企业跨省迁移全程网办，为北京疏解企业提供开办、变更、迁移和注销全生命周期智能化网上便捷服务。2022年两地企业档案在实现信息“互联互通、实时互查”、企业迁移免迁纸质档案的基础上，搭建企业跨省迁移网办平台。

3）雄安新区区块链平台作用

雄安新区将以区块链驱动数据全面融合共享为核心，全面赋能数字经济发展。从源头上打破数据壁垒，利用区块链技术深度挖掘数据共享模式，全面实现数据跨部门、跨区域共同维护和利用，为人民群众带来更好的服务体验。同时，以创新实现重塑，以协同开放实现发展，鼓励先行先试，将新区打造成为区块链新技术、新产品、新应用的先发策源地。进一步打通创新链、应用链、价值链，推动区块链与经济社会全面融合，为数字经济发展插上腾飞的翅膀。本部分将从打造智能城市底层基础设施、赋能雄安新区企业数字化转型和提升人民群众美好生活品质三个方面分别进行阐述。

① 打造智能城市底层基础设施

a.融入智能城市建设：以往区块链技术应用停留在“区块链+行业”的层面。但区块链技术的应用空间远不止于此，将区块链作为城市级数字化基础设施来研究，雄安在国内是首创。在该区块链底层技术平台之上，可以开展数字身份、数字信用等诸多区块链基础公共服务，为区块链技术研究、城市应用、行业应用等提供一个弹性的、灵活的环境，促进构建丰富的城域区块链生态。透明、公开、不可篡改，区块链让数据变得可信，增加了监督的手段，真正成形后会给体制机制流程带来变化。b.汇聚资源开展专项研究：作为一个公共、开放性实验平台，雄安区块链实验室汇聚各方面的资源、项目和人才，针对基础性关键技术开展专项研究，为区块链在新区扩大应用提供支撑。实验室设置了标准与规范研究、基础前沿与关键技术研究、产业运营模式与应用示范三个重点研究方向，并确立了三个长远目标。第一，成为区块链研究与应用的新高地。在区块链技术领域、区块链应用领域、区块链与其他智慧技术融合领域，雄安区块链实验室均有所领先和超越。第二，成为一个开放的前沿创新基地。雄安区块链实验室向全社会开放，向全球开放；向创新人才开放，向创新的思想开放，向创新的实践开放。第三，探索实验室经济的新模式，发展创业孵化、技术转移转化、技术咨询、政策咨询、知识产权综合运用、测试评估认证等科技服务，充分发挥知识溢出效应。c.探索建立数字身份体系：利用区块链等技术，雄安在探索建立数字身份体系。2019年1月，《雄安新区工程建设项目招标投标管理办法（试行）》提出，要建设以大数据和区块链为基础的企业和个人诚信评价体系，实时公布各方主体信用信息及信用评价指数。在信息共享及新技术应用方面，建立基于区块链技术的网络可信身份认证体系和证照库，项目信息、企业信息、人员信息、文件流转、资金支付等信息通过区块链技术加密备份。区块链技术、隐私计算技术等综合运用，可以极大改观个人隐私信息被过度调用的情况。

② 赋能雄安新区企业数字化转型

2022年3月，雄安新区印发了《传统产业转移升级工作的实施方案》（以下简称《方案》）。《方案》指出，雄安新区设立以来，始终把传统产业转移升级摆在突出位置，立足新发展阶段，贯彻新发展理念，构建产业高质量发展格局，不断加强规划设计，强化政策保障，坚持先立后破、保障民生，对新区传统产业分类精准施策，通过关停取缔一批、征迁转移一批、转型升级一批、改造提升一批，推动传统产业转移转型取得重要阶段性成效。针对企业最关注的电子商务缺人才、企业管理缺手段，数字化升级投入大等问题。雄安区块链实验室联合多家银行单位共同建设国内首个基于区块链技术，覆盖城市全行业的产业互联网平台，成功打造多功能为一体的产业综合服务平台，平台包括计算机端和手机小程序端，为平台注册用户提供多样化便捷的服务。雄安新区产业互联网平台集惠企政策、普惠金融、人才与就业、跨境电商、电子商务等多项服务和功能于一体，能够切实解决企业政策申报、融资、设计、人才、产品销售等发展难题，能够有力支持企业将数字化技术融入研发、设计、生产、管理和服务各个环节。该平台主要有三个特点：一是更加注重数据隐私，利用区块链技术可溯源、不可篡改的特性，为每个企业建立了数据保险箱。“谁的数据谁做主”，未经授权任何人不能随意获取企业数据。二是政策智能匹配，通过政策全部上链和信息结构化，实现政府政策与企业的智能精准匹配和主动推送。三是全链条信息融通共用，建立链上企业信息融合互通机制，智能匹配供需双方需求，做到点对点对接，切实帮助企业拓展市场。雄安新区产业互联网平台是唯一以区块链技术作为支撑的产业互联网系统，是政府、银行服务企业发展的重大创新举措。该平台解决了数据确权、数据增信、数字化赋能等问题，加速企业"上云用数赋智"的数字化转型进程，助力企业不断提升核心竞争力。

③ 提升人民群众美好生活品质

基于区块链技术不对称加密、智能合约和分布式账本等技术优势，雄安新区从源头上实现了各类数据的汇聚融合并相互打通。雄安新区本级行政许可事项已全部实现"一枚印章管审批"办理。政务服务一网通办上线运行，95%政务服务事项实现网上可办，审批流程"并联"协同推进，初步实现了不见面审批，不仅让群众和企业少跑腿、不跑腿，更进一步让"数据少跑快跑"，实现个性化精准定制服务、上门服务，变"被动服务"为"主动服务"。同时雄安新区作为首批数字人民币试点城市之一，作为参与试点的金融机构，结合新区建设发展，中国工商银行雄安分行在智慧政务、生活缴费、乡村振兴、交通出行等多个领域开展了场景创新，加速了数字人民币融入百姓的生活中，提升了数字人民币的普惠性。中国雄安集团数字城市公司则围绕物联网感知触发的数字货币提供应用：围绕数字电表，在电力用完时自动触发智能合约，实现数字货币的直接支付；围绕村医补偿，实现点对点的精准穿透式拨付；数字城市公司正在上线围绕智慧社区的数字货币解决方案，特别是围绕智慧停车、老百姓的出行等方面，数字城市公司将提供数字货币的支付应用。未来，雄安新区将持续拓展"区块链+"在民生领域运用，推动区块链底层技术和智能城市建设相结合。利用雄安新区智能城市与物理城市同步规划、同步建设的发展优势，积极推动区块链技术在教育、医疗健康、食品药品溯源等领域的应用，为人民群众提供更加智能、更加便捷、更加优质的公共服务。紧紧把握"新基建"大规模建设的契机，推动区块链底层技术在数字道路、智慧能源、智能基础设施等领域的推广应用，不断探索城市建设、管理、服务的新理念、新路径和新模式。

（3）雄安新区区块链平台应用案例

本部分将通过雄安新区应用最为广泛且深入的雄安新区建设资金管理区块链系统作为雄安新区区块链平台的典型应用案例进行介绍。

雄安新区建设资金管理区块链系统根据政府端、国库端、项目评审业务内容和管理目标，梳理分析财政资金支付、监管、评审的业务流程、业务需求等，实现财政资金的使用全流程可追溯，提高财政资金的管理效率；通过数据的标准化工作，构建大数据分析系统，为新区的金融创新应用、公共服务能力提升等提供数据支撑，促进新区数字经济的发展繁荣。

工程建设项目传统资金拨付链路存在监管难的问题。政府投资建设项目主要指保障性民生需求项目和发展性城市建设项目，包含公共住房、公建配套、市政设施、环境生态等，一般存在建设规模大、周期长、环节复杂、牵涉主体多、协作难度大等特性。传统管理模式下，监管部门往往只能根据建设单位提报的项目进度、产值拨付资金，至于财政资金拨付到建设单位之后，具体的资金流向、资金用途，缺乏有效的信息获取渠道；出现问题时，也缺乏追溯手段，造成资金被挪用、截流的现象屡见不鲜。随着各地纷纷加强和规范对政府投资项目财政资金的管理，如何能将资金拨付链路穿透到最末端，并形成可信凭证为问题追溯提供手段，是监管部门的核心痛点。同时在传统模式下，上游建设单位对下游供应商、专业分包商、劳务公司等具有相对主导地位，且由于监管不到位，导致应当拨付下游企业的资金常常难以按时、按量到位，给下游企业带来较大经营风险。同时，由于中心化模式下，数据流通效率低，可信度低，金融机构也无法为有较高融资诉求的下游轻

资产企业提供便利、优质的融资服务。

2019年8月，雄安新区管委会提出运用区块链技术设计资金监管系统的需求，充分利用区块链技术特点对财政资金拨付、资金流转做到全链路可追溯，并积极利用形成的数据资产进行金融产品创新。雄安新区搭建基于区块链的建设资金监管系统，通过与BIM、建管系统对接构建工程进度、造价与资金拨付的强对应关系，利用区块链智能合约技术实现项目资金的自动划拨，同时提供可视化数据分析与支付链路，为监管部门提供有力抓手，并以此解决劳务薪资拖欠，违规分包、转包及项目资金挪用等问题。基于系统沉淀的数据，在项目招标投标阶段、施工准备阶段和建设阶段，为项目中的各类企业提供优质的融资贷款、投资理财服务。同时雄安新区建设资金管理区块链系统用区块链上的信息流去驱动资金流，实现资金的精准拨付、及时拨付和透明拨付，区块链穿透式资金拨付链路如图4-22所示。区块链在雄安新区应用最具创新性的一点，就是保障绝不拖欠建设者工资。基于建设资金管理区块链系统，结合数字人民币，雄安新区建设工人的工资都是以数字人民币的形式直接发放到数字人民币钱包里，工资每月都会按时足额发放到位。截至2021年7月底，区块链资金管理平台累计上链146个工程项目，平台注册上链企业4552家，管理总资金达360亿元，劳务工资拨付资金共计13.48亿元，劳务工资拨付人次共计25万。

雄安新区资金管理区块链信息系统，通过区块链连通雄安新区管委会、各商业银行和各建设项目参与方，实现各方数据上链共享。通过智能合约实现建设资金授权支付及自动化直接支付，提升支付效率；利用区块链中数据不可篡改、便于追溯等特性，达到资金管理公开透明、用途清晰、便于追溯的效果。基于区块链的雄安新区建设资金监管系统的应用对监管部门、项目实施企业和金融服务机构产生了良好的经济和社会价值。对监管部门来说，形成了平台化、标准化、可追溯的监督管理机制；对项目参与企业来说，降低了各方信用风险，获得了高效的融资渠道；对金融服务机构来说，降低了获客成本和出资风险。

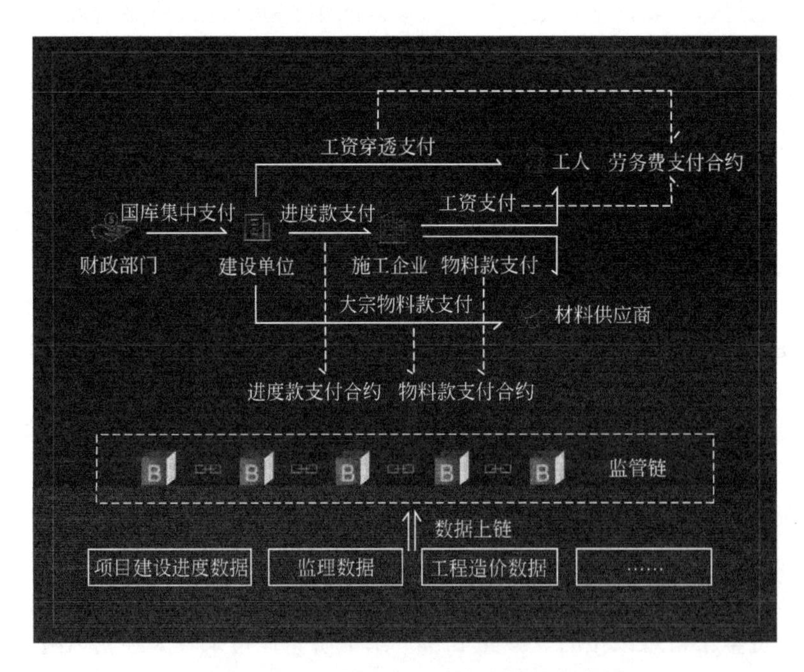

图4-22　区块链穿透式资金拨付链路

4.2.4 扩展现实技术

（1）扩展现实技术概述

扩展现实，英文为“Extended Reality”或“Cross Reality”，常见的缩写简称为“XR”。扩展现实技术是一个涵盖性术语，包含了近年来发展起来的虚拟现实（Virtual Reality，VR）技术、增强现实（Augmented Reality，AR）技术、混合现实（Mixed Reality，MR）技术和其他的未来因技术进步可能出现的新型沉浸式技术。从现实与虚拟界定的角度分析，扩展现实（XR）则是建立在Milgram和Kishino提出的“现实-虚拟（R-V）连续体”上的任意一点，而其中的VR、AR、MR的具体界定如图4-23所示。从概念上区分：VR技术是指利用计算机生成一种可对参与者直接施加视觉、听觉和触觉感受，并允许参与者交互地观察和操作的虚拟世界的技术；AR技术是指在物理世界上可叠加计算机生成的内容，且表面上可以实时与环境交互的技术；MR技术是指在物理世界中可放置虚拟对象，或可允许参与者以个人的虚拟形象出现的技术。虚拟现实着眼于参与者在其自身营造的虚拟空间中对逼近真实环境的感知体验；增强现实则着眼于增强参与者对其所处真实环境的感知能力；而MR技术尤为强调真实世界、虚拟世界之间的无缝融合。

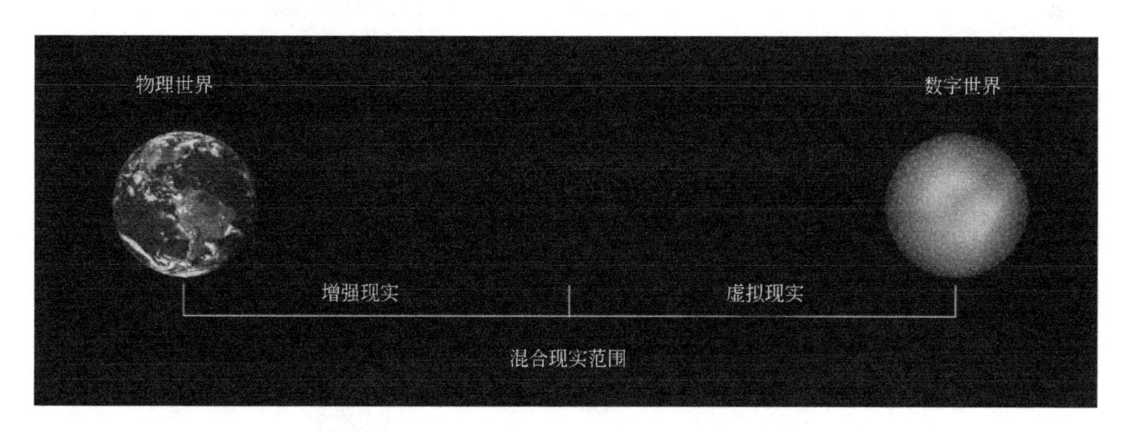

图 4-23 虚拟现实、增强现实、混合现实范围

扩展现实的实现效果依赖于软件与硬件的组合。当前常用的扩展现实开发软件有Unity3D、Unreal Engine、Cycore公司开发的Cult3D、中视典数字科技有限公司开发的VR-Platform（VRP）、Dassault Systemes公司开发的3DVIA Virtools等。近年来常用的扩展现实设备如图4-24所示。另外，BIM包含工程项目在全寿命周期中各个不同阶段的各种信息，对于AECO行业的变革至关重要，但BIM存在一个常见的问题，即信息的呈现方式不能够让人们在真实的尺度上完全理解，而借助可以通过计算机将真实与虚拟相结合并可实现人机交互的XR技术，通过BIM和XR的集成可以充分挖掘新兴技术在工程领域的潜力，因此数据从BIM到XR的转换对于扩展现实的实现效果也至关重要，具体的转换工作流如图4-25所示。

当前扩展现实技术的应用也是涵盖了工程的设计、施工、运维阶段。比如：①设计阶段：曼恒数字公司开发的DVS3D虚拟设计协同工作平台，通过将设计数据导入工作平台，支持从任意角度浏览三维图像，及时发现设计过程中的设计缺陷，进行快速调整；

类型		公司	2013	2014	2015	2016	2017	2018	2019	2020–2023*
Desktop（桌面）	VR	Faccbook	Oculus Rift DK1		Oculus Rift DK2	Oculus rift		Oculus Santa Cruz	Oculus Rift S	
		HTC		HTC Vive Dev Kit	HTC Vive Pre	HTC Vive		HTC Vive Pro(wireless)	HTC Vive Pro Eye	
		Samsung					Samsung HMD Odyssey			
		Acer					Acer Headset			
		Dell					Dell Visor			
		HP					HP Headset		HP Reverb	
		Lenovo					Lenovo Headset			
		Steam							Valve Index	
	AR	Meta						Meta2		
Phone–based（基于电话的）	VR	Google		Google Cardboard		Google Daydream				
		Samsung			Gear VR Innovator Edition	Gear VR	Gear VR with controller			
Standalone（独立的）	MR	Microsoft			HoloLens DK1			HoloLens DK3	HoloLens 2	
		Magic Leap		The Bcast		WD3		Magic Lcap One		
		DAQRI					DAQRI	DAQRI Smart Glasses		
		ODG					ODG R7	ODG R9		
		Nreal								Nreal
	VR	Facebook						Oculus Go	Oculus Quest	
		Lenovo						Lenovo Mirage Solo		
		HTC						HTC Vive Focus	HTC Vive Cosmos	
	AR	Google	Google Glass				Google Glass Enterprisc Edition			
		Apple								Apple AR Headset

图 4–24　常用的扩展现实设备

*表示预计时间

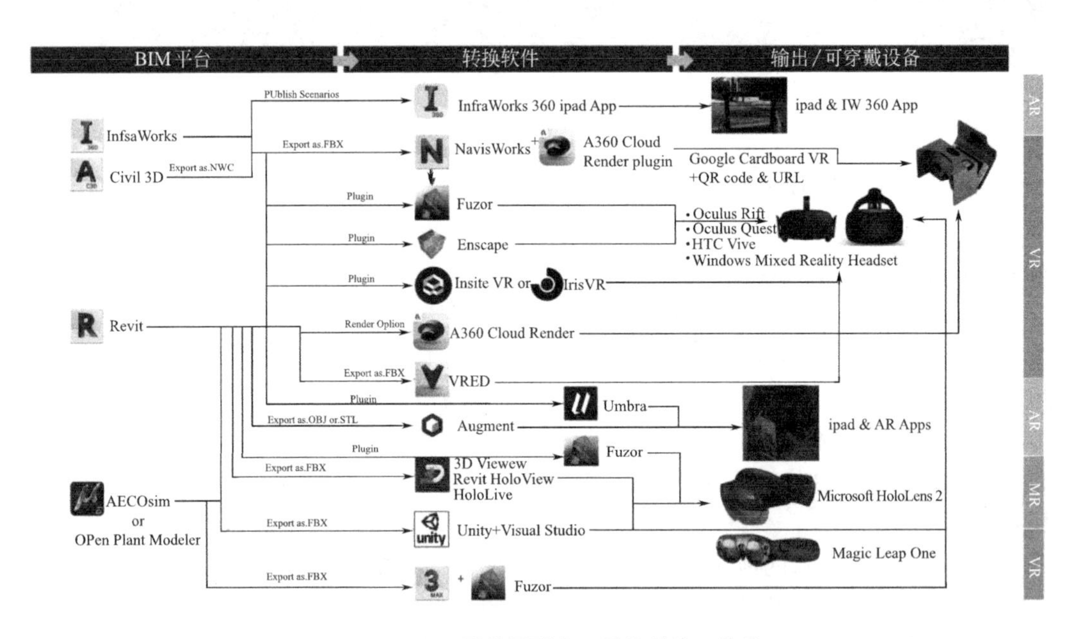

图 4–25　BIM 到扩展现实工具的转换工作流

The Wild虚拟现实远程协作平台支持多人设计团队在完全同步的虚拟空间中进行会面，且The Wild本机支持SketchUp和Revit以及BIM360等软件，支持通过桌面、Mac、iOS、Oculus Quest、Oculus Rift、HTC Vive访问。②施工阶段：Trimble公司开发Trimble XR10 with HoloLens2安全头盔系统，能将三维BIM模型带入施工工地，通过该设备，将BIM模型与施工现场的三维空间叠合在一起，让设计和施工紧密结合在一起；Kopsida等借助Microsoft HoloLens设备开发一种建筑物内部环境自动化检查软件，通过对竣工数据与计划数据进行实时比较，可自动检查施工进度；Hernández、Kwon等开发基于AR的建筑物缺陷自检系统，可提高工人自动检查建筑元素尺寸偏差和遗漏的准确性；北京华锐视点公司开发VR建筑施工安全培训系统，利用虚拟现实技术创建一个1∶1的虚拟施工场景，可以针对现场施工人员的岗位和所在工作面的常发事故提供具有针对性的安全教育培训和虚拟安全事故体验，让工人能够直观地体验安全事故发生时的坚强感和真实感，也有助于工人在面临类似情况时做出正确反应。③运维阶段：Microsoft公司开发Dynamics 365 Remote Assist，支持设备的远程检查和协作式维护维修；Meemim-vGIS公司开发vGIS可视化平台，开发高精度混合现实技术，通过Microsoft HoloLens设备在现场可视化地下市政基础设施的信息。

（2）扩展现实技术在雄安数字建造中的应用

数字建造是打造雄安数字孪生城市过程中不可或缺的手段，数字建造能够贯穿城市建造始终，而扩展现实（XR）技术是数字建造核心技术的关键支撑技术之一。比如，《雄安新区智慧工地建设导则》中提到：智慧工地建设应以5G、AI、VR/AR、BIM、边缘计算等技术为支撑，实现集感知、分析、服务、应急、监管“五位一体”的工地管理智能化，探索工地运行态势呈现、智能分析决策以及应急联动指挥的新型管理模式。当前扩展现实技术在雄安数字建造中的应用已涵盖了规划设计、施工和运维阶段。

1）规划设计阶段，实现基于XR技术的工程全貌全景展示。比如，中国铁路设计集团有限公司等多家国内设计单位承担的雄安东西轴线综合工程项目，包括市政道路、综合管廊、轨道交通、地上景观及水系等工程，不同工程之间在平面位置上存在着多个交叉点，因此由中国铁路设计集团有限公司搭建基于VR等技术的总装集成平台，将各单位完成的三维数字模型在空间场景内按照规划空间位置整合展现，构建东西轴线地上与地下的整体三维可视化场景，实现完整的高仿真虚拟现实场景展示，支持参与人员全景查看工程的整体布局情况，也可以为领导和专家决策提供直观、形象的三维辅助支持。

2）施工阶段，实现基于XR技术的安全教育培训、施工方案仿真模拟和施工方案协同指挥。比如，①中铁十二局集团有限公司运用VR、物联网、互联网、云计算等多种高科技手段，打造雄安站房工程一标项目智能安全体验馆，分为前厅、智能安全体验区、实体安全体验区、互联网+安全培训教室四大区域，可以让施工人员直接体验电击、高空坠落、洞口坠落、脚手架倾斜、墙体倾倒等事故发生场景，强化施工人员在事故发生场景中视觉、听觉、触觉等感受，强化施工人员的安全意识，并有利于针对性地对其进行教育培训。②雄安站智慧工地管理平台集成BIM+VR应用，借助虚拟仿真系统，可以把不能预演的施工过程和方法表现出来。通过搭建模型，在虚拟环境中建立周围场景、结构构件及机械设备等的虚拟模型，形成基于计算机的具有一定功能的仿真系统，让仿真系统中的模型具有动态性能，并对仿真系统中的模型进行虚拟装配，根据虚拟装配结果在人机交互的可视化环境中对施工方案进行修改。同时利用虚拟现实技术还可以对不同施工方案在短时间内做出分析，保证施工方案的最优化。③中国中铁建工集团雄安站房工程智慧工地系统还可以通过AR实景监控随时随地进行可视化协同指挥，施工各参与方均可以通过工地会议终端、移动端、计算机端多种方式实时掌握工地施工状态，并随时沟通施工方案。

3）运维阶段，实现基于XR技术的地下基础设施远程检查和协作式维修。北京工业大学数字精英战队课题组研究并开发基于MR技术的管网监测预警可视化显示平台，并已应用在白洋淀码头及周边环境改造工程中的地下管网工程巡检工作中，利用所开发的地下管网工程BIM+MR系统，可以实现地下管网虚拟模型与真实管网的准确空间融合，连接相应的传感设备后，从而支持巡检工人通过MR设备获取地下管网的实时数据和预警信息并进行针对性维修。同时管理者也可以通过系统获取地下管线的实时数据、维修次数、维修时间等各种相关信息，从而进行地下管网工程信息的集成管理，另外，管理者还可以远程指导现场工人的维修工作。

4.2.5 知识图谱与人工智能

（1）知识图谱与人工智能的概述

人工智能是“研究、开发用于模拟、延伸和扩展人的智能的理论、方法、技术及应用系统的一门新的技术科学”，是计算机科学的一个分支，其研究包括机器人、语言识别、图像识别、自然语言处理和专家系统等。而知识图谱是人工智能的重要分支技术，是结构化的语义知识库，以结构化的形式描述现实世界中的实体，概念及其之间的关系，是对客观世界的知识映射。

随着人工智能的发展，人工智能逐步从计算智能到感知智能，再到认知智能。计算智能指的是快速计算和记忆存储能力，感知智能指的是视觉、听觉、触觉等感知能力，认知智能指的是能理解会思考的能力，而知识图谱被认为是从感知智能通往认知智能的重要基石。因为知识图谱能够实现对关系的最好表达，基于图的知识表示和存储，能够更有序、有机地组织知识，在解决知识查询的精度以及可扩展性方面展现出了巨大的优势，利用概念、实体的匹配度，结合用户的使用情境，以一种智能、高效的方式不仅限于返回关键字的匹配结果，而是与用户与搜索相关的更全面的知识体系，从而为用户提供快速、准确的知识信息，并且人工智能利用知识图谱的表达能力强、拓展性好、能基于知识进行推理等优势，增强其结果的可解释性。

目前，基于知识图谱的人工智能已经在搜索引擎、聊天机器人、问答系统、临床决策支持等方面有了一些应用。比如谷歌推出的知识图谱，目的是做一个好的搜索引擎，即提供语义搜索，这里语义搜索跟传统搜索引擎的区别在于搜索的结果不是展示网页，而是展示结构化知识，避免传统的基于关键词索引，内容不精准，缺乏关联性的弊端，通过引入知识图谱，实现对结构化数据以及非结构化数据的知识图谱化，实现对查询内容的精准化、关联化搜索。目前，基于知识图谱的人工智能在建筑行业的应用处于起步阶段，部分领域尝试借助BIM模型中的信息构建知识图谱进行模型构件的逻辑关系分析及合规性审查等。

（2）知识图谱与人工智能在雄安新区建设中的应用

建设雄安新区是千年大计，新区规划和建设从零开始，致力于用人工智能打造一座未来智慧之城。在瑞士小镇达沃斯的世界经济论坛上，人工智能的代言人李开复谈到"2030年的世界，雄安新区将是人工智能城市的典型，原因是它从头开发，不用顾虑到很多过去城市的包袱"。下面将从人工智能在雄安新区交通管理和安防及防疫中的应用为例，阐述人工智能在雄安新区建设中的应用。

1）人工智能在雄安新区交通管理中的应用

2017年12月20日，百度与雄安新区签署战略合作协议，希望将雄安打造成全球智能城市的标杆，并且百度和雄安共建了一个庞大的智能城市计划，即在计划区域内，雄安新城将通过人工智能技术，解决交通拥堵，自动驾驶，身份识别和授权，以及绿色经济发展和公共效率提高等问题。

百度与雄安新区签约当天，Apollo平台的自动驾驶车队史上最强阵容集体在雄安亮相开跑，展示了百度Apollo开放平台在乘用车、商用巴士、物流车和扫路机等多车型、多场景、多维度的应用。2018年5月14日，百度在雄安新区开展了全自动无人驾驶道路测试，3辆L4级别自动驾驶汽车在雄安市民服务中心园区展开了持续数日的昼夜真实道路测试。百度Apollo自动驾驶车队再次跑上雄安，意味着双方在智能驾驶领域的合作步入全面落地试运营阶段。

未来，百度将带头在雄安展开无人驾驶高新产业示范区的全面探索，实现以智能公共交通为主、无人驾驶私家车个性化出行为辅的出行方式，以此构成新区的路网结构和空间分配模式。百度董事长兼首席执行官李彦宏表示，依托百度在Apollo自动驾驶开放生态的创新实践，在"Apollo+雄安"模式下，雄安有望成为第一个没有拥堵、拥有先进的智能交通管理系统、不再需要交管部门大量人力上路管理的城市，将为未来零拥堵的智慧出行城市树立标杆。

2）人工智能在雄安新区安防和防疫中的应用

2018年11月28日，眼神科技正式落户雄安，成为首家总部落户雄安的人工智能企业，公司提供的"眼神科技面部识别防疫一体机"已经在雄安新区商超、高铁站、宾馆、社区等地方广泛应用，使外来游客在无人超市体验"刷脸购物"、在酒店体验"刷脸入住"，并且在当前疫情形势不稳定的状态下，视神多模态智能识别综合防疫平台通过面部多模态融合识别与智能测温技术，可以实现非接触人脸识别、高温预警及人员定位追踪，为疫情防控贡献力量。

目前雄安在知识图谱方面没有具体应用，但知识图谱作为使人工智能从感知智能通往认知智能的重要基石，后续进行知识图谱相关研究是必然的。下面整理了两个知识图谱在雄安新区建筑行业的应用趋势：①基于计算机视觉和知识图谱的施工现场危险预警。通常需要将危险事件中的语言信息抽取为本体形式；然后利用计算机视觉技术分析施工现场图像并提取其中的语义信息；最后将提取的语义信息通过本体组织为知识图谱，利用推理引擎推理图像中是否存在危险。②基于BIM和知识图谱的合规性审查。通常基于相应规范构建本体及审查规则；将BIM模型导出的信息和有限元计算信息等作为审查信息；将审查信息通过本体进行组织为本体示例，并用审查规则借助推理引擎，推理审查信息是否符合审查要求。

4.2.6 机器人技术

（1）机器人技术概述

机器人是一种自动化的机器，所不同的是这种机器具备一些与人或生物相似的智能能力，如感知能力、规划能力、动作能力和协同能力，是一种具有高度灵活性的自动化机器。

随着人们对机器人技术智能化本质认识的加深，机器人技术开始源源不断地向人类活动的各个领域渗透。结合这些领域的应用特点，人们开发了各式各样的具有感知、决策、行动和交互能力的特种机器人和各种智能机器人。现在虽然还没有一个严格而准确的机器人定义，但是我们希望对机器人的本质做些把握：机器人是自动执行工作的机器装置。它既可以接受人类指挥，又可以运行预先编排的程序，也可以根据以人工智能技术制定的原则纲领行动。它的任务是协助或取代人类的工作。它是高级整合控制论、机械电子、计算机、材料和仿生学的产物，在工业、医学、农业、服务业、建筑业甚至军事等领域中均有重要用途。

目前，建筑业的施工作业严重依赖机械化作业，尽管建筑业的机械水平在不断提高，并趋向高数字化和智能化，但它依然是数字化程度最低的行业之一。同时，建筑行业也正面临日益严峻的挑战，例如建造成本上涨、相关技能不匹配和劳动力老龄化等。这种趋势在高科技、高密度和高薪资的大都市地区表现得尤其明显，比如香港，那里的建筑业正为了努力满足日益增长的建筑需求而持续发展。在这种情况下，利用传统施工建造方法应对日益复杂的施工作业，以及满足相关的施工生产率、质量、安全性和可持续发展要求的能力已经达到极限。因此，建筑行业需要迎来新的改革创新，利用高数字化、智能化设备推进行业快速可持续发展。

“十四五”时期，高质量发展已是建筑行业的关键词。围绕智能建造，国家近年来陆续推出一系列政策措施，鼓励数字化及人工智能在建筑行业的应用。随着机器人技术的飞速发展、建筑行业标准化程度的提高，机器人技术在建筑领域的应用越来越广泛，很多公司和学者都在进行建筑机器人的研究和开发，建筑机器人的引入被认为是应对建筑业创新改革的一项有前途的方法，因为建筑业中的自动化技术和机器人技术可以通过改变这些旧的施工模式，提高建筑工地的生产效率和施工的安全性。建筑机器人在执行某些任务时，与人类相比可以更快、更准确地完成任务，尤其是在那些本质上是重复任务的施工作业。

而随着房地产行业竞争步入下半场，各大房企纷纷布局新的产业领域，进行战略升级转型，碧桂园也选择进军建筑机器人领域。碧桂园旗下的广东博智林机器人有限公司重点聚焦建筑机器人、BIM数字化及新型建筑工业化等产品的研发应用。博智林在研的建筑机器人有46款，同时，已经形成了混凝土施工、混凝土修整、砌砖抹灰、内墙装饰等12个建筑机器人产品线，覆盖了大多数施工工序，如承担施工测量、混凝土施工、外墙喷涂、地坪研磨、建筑清扫等工程任务。如图4–26所示为博智林测量机器人和地面整平机器人。

（2）机器人技术在雄安新区建设中的应用

在雄安新区，机器人技术也被广泛使用。在雄安站的建设过程中，BIM与智能放样机器人的集成应用是将软、硬件集成，将BIM模型引入施工现场，利用模型中的三维坐标数据驱动智能放样机器人进行测量。这两种方法的集成应用，将现场测绘获得的实际施工结构

图 4-26 博智林测量机器人和地面整平机器人

信息与模型中的数据进行比较，检查现场施工环境与BIM模型间的偏差，并且现场焊接作业首次使用钢结构全自动机器人，实现高强度厚板对接焊缝，标准化工艺化焊接，提高焊缝质量。2万延米一级焊缝一次验收合格率达到100%。如图4-27所示为智能焊接机器人。

图 4-27 智能焊接机器人

由中国电信、中交一公局、优必选公司联合研发了5G智能巡检机器人，该智能机器人具有远程监督、远程告警、安全保障、AI视频分析、人工智能学习等功能，并且可以根据建筑企业的工作特性，定制化开发人体温度检测、定制模型质量监测、土方石计算、危源监测等相关应用，适应雄安新区5G智慧工地应用场景，构建以人为本的智慧工地，助力打造“雄安质量”。如图4-28所示为智能巡检机器人。

在雄安5G网络传输的保障下，该智能机器人的理论工作距离可达40km，在国内处于领先水平。通过本次验证实验，有效解决了4G和Wi-Fi技术的上行带宽不足、时延高、安全性不足等技术限制。当前5G网络的速率是原先4G网络的几十倍，设备端到设备端时延可由原先的50-100ms降低至现在的1ms，可使智能机器人在接收信息和任务指令、传输高清视频流时更加快捷，为实时视频回传和实时控制提供条件。同时，5G网络的切片技术可实现数据隔离加密功能，确保数据传输更加安全可靠。

图 4-28　智能巡检机器人

除了在建筑领域，机器人技术也可以运用在方方面面，例如通过“5G+北斗”无人化业务运营平台，无人接驳车、无人零售车、无人清扫车、巡检机器人等多种无人车和机器人统一调度，全部实现无人化作业，给雄安市民的生活也带来了诸多方便。

第5章 雄安数字建造标准体系

5.1 国内主要工程管理信息化应用标准

5.1.1 行业信息化标准

为推进建筑工程行业信息化管理进程，推进建筑市场信用体系建设，建设部于2007年11月5日下发文件《关于启用全国建筑市场诚信信息平台的通知》，文件对全国建筑市场诚信信息平台的功能做了明确的规定，对平台的运行和信息发布工作与责任落实做了初步的规范。之后在2014年7月，住房和城乡建设部关于印发《全国建筑市场监管与诚信信息系统基础数据库数据标准（试行）》和《全国建筑市场监管与诚信信息系统基础数据库管理办法（试行）》的通知的下发，正式启动了“四库一平台”的建设。推进完善了建筑市场发育、完善建筑市场信用体系建设工作，根治建筑市场各方主体信用缺失、违法违规的现象。“四库一平台”管理体系流程图如图5-1所示。

自发布平台至今，各地省级部门也先后出台了相关工程建筑行业市场监管与诚信一体化工作平台的管理办法。到目前为止，全国有31个省级一体化平台与住房和城乡建设部

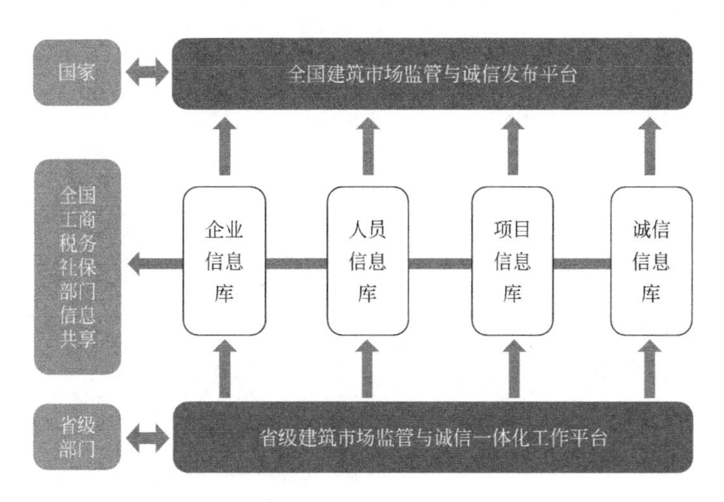

图5-1 “四库一平台”管理体系流程图

中央数据库实现实时互联互通，通过信息化技术的使用，整合企业、人员、项目以及信用的信息数据，在行业各层级之间实行管理。初步实现建筑市场“数据一个库、监管一张网、管理一条线”的信息化监管目标。同时，住房和城乡建设部也对工程行业信息化技术发布了相关标准。工程建筑行业“四库一平台”信息化相关标准如表5–1所示，工程建筑行业信息化技术相关标准如表5–2所示。

表 5-1　工程建筑行业“四库一平台”信息化相关标准

发布时间	发布单位	标准名称	主要内容
2014–07	住房和城乡建设部	《全国建筑市场监管与诚信信息系统基础数据库数据标准（试行）》	行业主管部门应当加快推进电子招标投标，完善招标投标信息平台建设，促进建筑工程设计招标投标信息化监管
2014–07	住房和城乡建设部	《全国建筑市场监管与诚信信息系统基础数据库管理办法（试行）》	从基本数据框架、核心层数据模式、共享层数据模式、专业领域层数据模式、资源层数据模式、数据存储与交换等方面规范建筑信息模型数据在建筑全生命期各阶段的存储，保证建筑信息模型应用效率

表 5-2　工程建筑行业信息化技术相关标准

发布时间	发布单位	标准名称	主要内容
2013–06	住房和城乡建设部	《智能建筑工程质量验收规范》	通过对信息化应用系统关于业务功能、业务流程、应用软件的重要功能、性能的测试，加强智能建筑工程质量管理，规范智能建筑工程质量验收，规定智能建筑工程质量检测和验收的组织程序和合格评定标准，保证智能建筑工程质量
2015–03	住房和城乡建设部	《智能建筑设计标准》	规定建筑的智能化系统工程应满足整体实施业务运营及管理模式的信息化应用需求，包括公共服务、智能卡应用、物业管理、信息设施运行管理、信息安全管理、通用业务和专业业务等信息化应用
2016–12	住房和城乡建设部	《建筑信息模型应用统一标准》	从模型结构与扩展、数据互用、模型应用等方面推进工程建设信息化实施，统一建筑信息模型应用基本要求，提高信息应用效率和效益
2017–02	住房和城乡建设部	《城市综合地下管线信息系统技术规范》	从管线分类与编码、数据库建立、数据汇交与更新、信息系统构建、系统验收、数据交换与信息服务等方面规范和统一城市综合地下管线信息系统的技术要求，促进城市地下管线信息化建设发展，保障城市综合地下管线信息的共享与应用，满足城市综合地下管线信息管理与服务的需要
2017–05	住房和城乡建设部	《建筑信息模型施工应用标准》	从深化设计、施工模拟、预制加工、进度管理、预算与成本管理、质量与安全管理、施工监理、竣工验收等方面提出了建筑信息模型的创建、使用和管理要求
2017–07	住房和城乡建设部	《信息栏工程技术标准》	从设置、工程设计、施工及验收、维护保养及安全检测等方面规范信息栏的设置，确保信息栏工程安全可靠，整洁有序，创造良好的视觉环境
2017–10	住房和城乡建设部	《城市基础地理信息系统技术标准》	从数据内容与要求、系统设计、数据库建设、系统实现、运行与维护、系统应用与服务等方面统一城市基础地理信息系统技术要求，推进城市空间基础数据共享与应用

续表

发布时间	发布单位	标准名称	主要内容
2018-01	住房和城乡建设部	《建筑工程施工现场监管信息系统技术标准》	从数据、系统功能及接口、系统运行环境、系统运维等方面提高建筑工程施工现场质量、安全、环境和人员等监管水平，规范建筑工程施工现场监管信息系统的设计、安装和运行维护
2018-12	住房和城乡建设部	《建筑工程设计信息模型制图标准》	从模型单元表达、交付物标准等方面规范建筑工程设计的信息模型制图表达，提高工程各参与方识别设计信息和沟通协调的效率，适应工程建设的需要
2019-03	住房和城乡建设部	《智能建筑工程质量检测标准》	通过对智能建筑信息化应用系统工程中的信息化应用系统的硬件设备和应用软件进行检查，加强智能建筑工程质量管理，规范智能建筑工程质量检测活动，保证智能建筑工程质量
2019-03	住房和城乡建设部	《工程建设项目业务协同平台技术标准》	从平台功能、数据、运维等方面规范工程建设项目业务协同平台建设，统筹策划实施，促进部门空间治理协同，深化工程建设项目审批制度改革，提升政务服务水平
2019-05	住房和城乡建设部	《制造工业工程设计信息模型应用标准》	通过术语与代号、模型分类、工程设计特征信息、模型设计深度、模型成品交付和数据安全等方面统一制造工业工程设计信息模型应用的技术要求，统筹管理工程规划、设计、施工与运维信息
2019-11	住房和城乡建设部	《城市园林绿化监督管理信息系统工程技术标准》	从系统功能、数据、运行维护等方面促进城市园林绿化监督管理信息系统标准化，规范城市园林绿化监督管理信息系统建设，推动城市园林绿化信息化发展
2020-06	住房和城乡建设部	《房屋建筑和市政基础设施工程勘察质量信息化监管平台数据标准（试行）》	推进房屋建筑和市政基础设施工程勘察质量信息化监管工作，统一勘察质量信息化监管平台数据格式，促进勘察质量监管部门和各方主体的数据共享和有效利用，提升勘察质量监管信息化水平
2020-12	住房和城乡建设部	《城市轨道交通工程质量安全监管信息平台共享交换数据标准（试行）》	聚焦当前城市轨道交通工程建设质量安全信息化管理方面的突出问题，围绕信息共享交换，对未来行业质量安全信息化管理平台的建设提出了明确要求
2021-09	住房和城乡建设部	《建筑信息模型存储标准》	从基本数据框架、核心层数据模式、共享层数据模式、专业领域层数据模式、资源层数据模式、数据存储与交换等方面规范建筑信息模型数据在建筑全生命期各阶段的存储，保证建筑信息模型应用效率
2022-06	住房和城乡建设部	《城市信息模型基础平台技术标准》	从平台架构和功能、数据、运维和安全保障等方面规范城市信息模型基础平台建设，推动城市建设、管理数字化转型和高质量发展，提升城市治理体系和治理能力现代化水平

5.1.2 企业信息化标准

为使用信息化手段提升工程企业业务流程的速度，加快信息交流，提高工程企业的管理水平和效率，加快企业信息化建设，用现代化手段实现人力、资金、物料、信息资源的统一规划、管理配置和协调，使信息技术与管理业务流程相互整合。政府部分以及企业自身都对信息化有着相关要求标准。其中政府对于工程企业信息化的标准主要是工程企业管理相关信息化标准，而工程企业自行发布的信息化标准主要为信息化技术在工程建造中的应用流程标准。企业管理相关信息化标准如表5–3所示，企业自身信息化技术相关标准如表5–4所示。

表 5-3　企业管理相关信息化标准

发布时间	发布单位	标准名称	主要内容
2007–03	住房和城乡建设部	《施工总承包企业特级资质标准》	规定企业需建立内部局域网或管理信息平台，实现了内部办公、信息发布、数据交换的网络化；已建立并开通了企业外部网站；使用了综合项目管理信息系统和人事管理系统、工程设计相关软件，实现了档案管理和设计文档管理
2010–07	住房和城乡建设部	《工程施工企业管理基础数据标准》	规范企业数据标准，提升建筑业信息化水平，提高数据的规范化程度，构筑数据共享的基础，实现多元信息的集成整合与深度开发
2011–07	住房和城乡建设部	《施工企业安全生产管理规范》	施工企业宜通过信息化技术，建立施工设备、人员等信息归档管理，发现并纠正安全生产管理活动或结果的偏差，并为确定和采取纠正措施或预防措施提供信息支持，辅助安全生产管理
2011–12	住房和城乡建设部	《建筑施工企业信息化评价标准》	从经营性、生产性、综合性业务的信息化水平等方面对建筑施工企业信息化进行评价，引导建筑施工企业科学、合理、有效地进行信息化建设，提高建筑施工企业信息化水平
2014–11	住房和城乡建设部	《房屋建筑和市政基础设施工程施工安全监督工作规程》	鼓励监督机构建立施工安全监管信息平台，应用信息化手段实施施工安全监督，完善施工安全监督各流程的信息化手段
2015–01	住房和城乡建设部	《建筑业企业资质管理规定》	资质许可机关应当推行建筑业企业资质许可电子化，建立建筑业企业资质管理信息系统。建筑业企业按照本规定要求提供企业信用档案信息，并按照相关规定向社会公开

表 5-4　企业自身信息化技术相关标准

发布时间	发布单位	标准名称	主要内容
2018–06	泰安市泰山网络传媒有限公司	《泰山网络传媒智能化建筑工程技术规范》	从工程质量检查、施工、质量控制等方面指导建筑工程的新建、扩建、改建工程中的智能建筑工程的施工及质量验收
2019–01	温州市林鸥工程建设监理有限公司	《监理信息管理细则》	从信息管理的目标、内容、措施等方面建立项目实施信息的编码制度和项目的信息管理平台，沟通信息流通渠道实现信息管理的标准化
2019–03	温州市长江建筑装饰工程有限公司	《信息网络系统工程施工及验收标准》	主要是针对机电方面的规范标准来用于建筑工程的新建、扩建、改建工程中的智能建筑工程中信息网络系统的工程实施及质量控制、系统检测和竣工验收
2019–03	浙江华地工程咨询有限公司	《工程监理信息管理实施细则》	从信息管理特点、信息来源、监理工作内容、技术要求、程序等方面落实企业监理相关标准制度
2020–11	烟台坤宇电子科技有限公司	《工程项目管理的信息化系统》	使用信息化技术研发系统对工程项目的进度、成本、施工人员进行管理，形成系统架构，规范系统应用层面
2020–12	新疆交通建设集团股份有限公司	《公路沥青路面施工质量动态监测信息化标准》	通过运用信息化工具进行实时、全面采集和传输施工过程数据，并对施工数据实时处理和分析，对施工中出现的质量波动及时预警，提高了沥青路面施工的均匀性和稳定性

续表

发布时间	发布单位	标准名称	主要内容
2020-12	陕西宇阳石油科技工程有限公司	《工程设计数字化交付标准》	从交付范围、内容、流程、格式等方面制定了工程设计交付的标准
2021-10	中铁二院工程集团有限责任公司	《城市轨道交通车辆基地信息模型设计应用指南》	从BIM实施目标、模型深度、软件环境、项目人员构成与分工等方面指导中铁二院工程集团有限责任公司BIM技术在城市轨道交通车辆基地工程中的设计应用，对BIM应用过程进行有序、准确、标准、规范指导，从而提高BIM技术应用效率
2021-11	中国雄安集团	《中国雄安集团建设项目BIM技术标准》	通过制定数据标准来持续完善城市信息模型，达到全域数据融合共享，实现建设协调、城市治理、公共服务、生产生活的智能化
2021-12	西安中铁轨道交通有限公司	《城市轨道交通工程建筑信息模型（BIM）族库》	从创建要求、入库交付、使用管理、数据安全等方面实现西安中铁轨道交通有限公司所承接轨道交通工程在规划、设计、施工、运维各阶段的BIM模型的创建、入库和管理
2022-02	中国电建集团贵阳勘测设计研究院有限公司	《贵阳院工程信息模型设计通用指南》	针对测绘、地质、水工、建筑、机电等专业工程信息模型设计的共性内容、通用性内容，通过总结贵阳院工程信息模型设计的方法、流程等经验，形成贵阳院工程信息模型设计知识体系，基于细化并完善的贵阳院BIM应用解决方案
2022-03	济南瑞源智能城市开发有限公司	《智能建筑工程施工标准》	从综合布线、视频监控、脚架配管、出入口管理等方面规定智能建筑工程施工标准
2022-07	福建同成建设集团有限公司	《水利隧道工程信息模型施工应用标准》	从模型创建管理、施工模拟、深化设计、竣工交付等方面规范企业信息模型使用办法与细则

5.1.3 项目信息化标准

为了适应工程项目管理对信息量的需求，实现信息的有效整合和利用，同时构建合理有效的预算计划体系，方便对成本进行全面掌握。政府部分以及企业都对工程项目的信息化有着相关要求标准。其中政府部门对于工程项目信息化的标准主要是工程项目管理以及工程项目的建造相关信息化标准，而工程企业自行发布的信息化标准主要为信息化技术在工程项目建造中的应用流程与项目建造管理相关标准。国家政府部门对于工程项目相关信息化标准如表5-5所示，工程企业对于项目相关信息化标准如表5-6所示。

表 5-5 政府部门对于工程项目相关信息化标准

发布时间	发布单位	标准名称	主要内容
2011-08	住房和城乡建设部	《城市轨道交通建设项目管理规范》	建设单位应根据城市轨道交通信息特点、信息管理状况、工程建设目标、单位组织机构、建设管理模式、内部和外部可用资源，制定项目信息管理目标。同时，规范信息格式与渠道，提高项目管理信息化水平
2014-11	天津市南水北调工程建设委员会	《南水北调工程现场项目管理规范》	参建单位应建立信息管理体系。项目法人与监理对各参建方信息管理体系进行检查。同时标准给出各参建方关于信息收集、上报、存储、交互等方面的信息化工作内容

续表

发布时间	发布单位	标准名称	主要内容
2017-05	住房和城乡建设部	《建设项目工程总承包管理规范》	工程总承包企业应建立项目沟通与信息管理系统，制定沟通与信息管理程序和制度。利用现代信息及通信技术对项目全过程所产生的各种信息进行管理
2017-05	住房和城乡建设部	《建设工程项目管理规范》	项目管理机构应使用项目信息化管理技术，采用专业信息系统，实施知识管理。设立信息管理岗位，配备熟悉项目管理业务流程，培养信息管理人员开展项目的信息与知识管理工作
2018-01	住房和城乡建设部	《自然保护区工程项目建设标准》	规定在建设过程中建设信息管理系统，信息管理系统应由信息化基础设施、信息资源平台、数据交换与共享平台、应用支撑平台、交互式应用平台、信息化标准制度体系、信息化安全与运行维护体系建设组成，并对其信息化功能做出要求
2018-01	住房和城乡建设部	《湿地保护工程项目建设标准》	要求湿地保护工程建设管理信息系统及其相应设施，包括配置计算机、数据库、信息化软件、信息网络等，能够完成信息采集、数据传输、图像处理分析等功能
2020-05	住房和城乡建设部	《城镇供热厂工程项目建设标准（修订）》	将热计量装置、可燃气体检测装置等感应装置的信息数据上传至各自的管理系统，实现建设信息化管理
2022-01	山东省住房和城乡建设厅	《房屋建筑与市政基础设施工程勘察质量信息化管理标准》	从信息化管理要求、管理成果使用、信息化管理系统设计要求等方面加强工程勘察质量管理，强化过程质量控制，提升勘察质量管理标准化与信息化

表 5-6　工程企业对于项目相关信息化标准

发布时间	发布单位	标准名称	主要内容
2019-01	浙江鼎力工程项目管理有限公司	《建设工程项目管理工作标准》	资料归档派专人负责，加快合同管理信息化步伐，应用先进管理手段，改善合同管理条件，不断提高管理水平
2020-02	中铁二院工程集团有限责任公司	《铁路站房工程信息模型设计应用指南》	引导中铁二院工程集团有限责任公司BIM技术在铁路站房工程中的设计与应用，对BIM应用过程进行有序、准确、标准、规范指导，从而提高BIM技术应用效率
2022-03	中国铁建股份有限公司	《铁路箱梁架设信息化施工技术规程》	从信息化施工平台、信息化设施及系统配置、施工准备、信息化施工管理、信息系统安全等方面规范铁路箱梁架设信息化施工的组织和实施，提高铁路箱梁架设信息化施工管理水平，保障箱梁架设施工安全和质量
2021-07	南京弘正建设发展有限公司	《工程项目安全施工管理标准》	规定对应工作人员应认真收集、整理、分析、保管各种原始资料，及时准确填报至施工信息化管理平台。公司项目信息化工作人员设备应满足现场信息化工作需求。技术部门应制定相互信息化管理的计划
2021-09	产学研（广州）环境服务有限公司	《工程项目管理规范》	根据对工程项目的资料管理需要确定各项目的编码体系，规范现场监理资料的管理，实现对监理资料管理的信息化

5.1.4　BIM标准体系

BIM标准是经过相关组织协商一致制定并批准的文件，是为了让BIM软件得到最大化应用，给BIM软件在建筑设计、施工和竣工应用过程中提供规则、指南或规范，使得多方参与者减少信息失真、不对称的现象。在国内建筑业中，国家、行业、地方和企业层面针对BIM标准形成了不同的体系。

（1）国家BIM标准

在国家层面，共发布了8项BIM国家标准，分别是《建筑信息模型应用统一标准》GB/T 51212-2016、《建筑信息模型分类和编码标准》GB/T 51269-2017、《制造工业工程设计信息模型应用标准》GB/T 51362-2019、《建筑信息模型设计交付标准》GB/T 51301-2018,《建筑信息模型施工应用标准》GB/T 51235-2017、《建筑信息模型存储标准》GB/T 51447-2021、《面向工程领域的共享信息模型》GB/T 36456-2018、《工业基础类平台规范》GB/T 25507-2010，8项BIM国家标准的实施时间和主要内容如表5-7所示。

表 5-7　国家 BIM 标准

类别	发布时间	发布部门	标准名称	主要内容
统一标准	2016-12-02	住房和城乡建设部	《建筑信息模型应用统一标准》GB/T 51212-2016	对建筑工程建筑信息模型在工程项目全寿命期的各个阶段建立、共享和应用进行统一规定,包括模型的数据要求、模型的交换及共享要求、模型的应用要求、项目或企业具体实施的要求等,其他标准应遵循统一标准的要求和原则
数据标准	2021-09-08	住房和城乡建设部	《建筑信息模型存储标准》GB/T 51447-2021	提出适用于建筑工程全生命期（包括规划、勘察、设计、施工和运行维护各阶段）模型数据的存储要求，是建筑信息模型应用的基础标准
	2017-10-25	住房和城乡建设部	《建筑信息模型分类和编码标准》GB/T 51269-2017	提出适用于建筑工程模型数据的分类和编码的基本原则、格式要求，是建筑信息模型应用的基础标准
应用标准	2018-12-26	住房和城乡建设部	《建筑信息模型设计交付标准》GB/T 51301-2018	提出建筑工程设计模型数据交付的基本原则、格式要求、流程等
	2019-05-24	住房和城乡建设部	《制造工业工程设计信息模型应用标准》GB/T 51362-2019	提出适用于制造工业工程工艺设计和公用设施设计信息模型应用及交付过程
	2017-05-04	住房和城乡建设部上	《建筑信息模型施工应用标准》GB/T 51235-2017	提出施工阶段建筑信息模型应用的创建使用和管理要求
	2018-06-07	国家市场监督管理总局、国家标准化管理委员会	《面向工程领域的共享信息模型 第1部分：领域信息模型框架》GB/T 36456.1-2018	规定了面向工程领域的共享信息模型的框架，规范了信息模型的建模方法、类与属性
	2018-06-07	国家市场监督管理总局、国家标准化管理委员会	《面向工程领域的共享信息模型 第2部分：领域信息服务接口》GB/T 36456.2-2018	规定了用以支持按GB/T 36456.1描述的领域信息模型框架实现的共享信息模型信息服务接口的数据类型和接口函数
	2018-06-07	国家市场监督管理总局、国家标准化管理委员会	《面向工程领域的共享信息模型 第3部分：测试方法》GB/T 36456.3-2018	规定了GB/T 36456.1描述的领域信息模型框架实现的测试方法

续表

类别	发布时间	发布部门	标准名称	主要内容
应用标准	2010-12-01	国家市场监督管理总局、国家标准化管理委员会	《工业基础类平台规范》GB/T 25507-2010	本标准在技术内容上与ISO/PAS 16739保持一致，仅因为将其转化为我国国家标准，根据我国国家标准的制定要求，在编写格式上作了一些改动

（2）行业BIM标准

行业标准是由国务院有关行政主管部门制定，对没有国家标准而又需要在全国某个行业范围内统一的技术要求所制定的标准。下面整理了建筑工程行业、交通工程行业及水电工程行业的行业BIM标准，如表5-8所示。

表5-8 行业BIM标准

类别	标准编制状态	发布部门	标准名称
建筑工程行业BIM标准	自2019年6月1日起实施	住房和城乡建设部	《建筑工程设计信息模型制图标准》JGJ/T 448-2018
	自2011年8月1日起实施	住房和城乡建设部	《建筑产品信息系统基础数据规范》JGJ/T 236-2011
	自2005年3月1日起实施	建设部	《建设企业管理信息系统软件通用标准》JG/T 165-2004
交通工程行业BIM标准	自2021年6月1日起实施	国家铁路局	《铁路工程信息模型统一标准》TB/T 10183-2021
	自2019年12月31日起实施	交通运输部	《水运工程信息模型应用统一标准》JTS/T 198-1-2019
	自2019年12月31日起实施	交通运输部	《水运工程设计信息模型应用标准》JTS/T 198-2-2019
	自2019年12月31日起实施	交通运输部	《水运工程施工信息模型应用标准》JTS/T 198-3-2019
	自2019年6月1日起实施	交通运输部	《公路工程信息模型应用统一标准》JTG/T 2420-2021
	自2019年12月31日起实施	交通运输部	《公路工程设计信息模型应用标准》JTG/T 2421-2021
	自2019年6月1日起实施	交通运输部	《公路工程施工信息模型应用标准》JTG/T 2422-2021
	自2023年9月1日起实施	中国民用航空局	《民用运输机场工程对象分类和编码标准》
	自2023年9月1日起实施	中国民用航空局	《民用运输机场建筑信息模型设计应用标准》
	自2023年9月1日起实施	中国民用航空局	《民用运输机场建筑信息模型施工应用标准》
	自2023年9月1日起实施	中国民用航空局	《民用运输机场建筑信息模型运维应用标准》
	自2020年3月1日起实施	中国民用航空局	《民用运输机场建筑信息模型应用统一标准》MH/T 5042-2020
水电工程行业BIM标准	自2020年7月1日起实施	国家能源局	《水电工程信息模型数据描述规范》NB/T 10507-2021
	自2020年7月1日起实施	国家能源局	《水电工程信息模型设计交付规范》NB/T 10508-2021
	自2019年10月1日起实施	国家能源局	《电力行业公共信息模型》DL/T 1991-2019
	自2021年2月1日起实施	国家能源局	《电力工程信息模型应用统一标准》DL/T 2197-2020

（3）地方BIM标准

除国家层面发布的国家标准和行业标准之外，大部分省、直辖市、自治区都等发布了地方性的BIM标准，其中包括设计标准、交付导则、应用指南等，在一定程度上形成了较为合理的地方性BIM标准体系，如表5-9所示。一般地方标准的要求会高于国家标准。国家BIM标准在编制时从整体框架上考虑到了标准未来扩展的可能性，地方BIM标准基于国家标准，结合地方发展需求进行了拓展和延伸，为BIM实践创造了良好的政策环境，极大地促进了BIM在项目上的落地。

以北京市《民用建筑信息模型深化设计建模细度标准》DB11/T 1610–2018为例，便是在国家BIM标准《建筑信息模型施工应用标准》GB/T 51235–2017的深化设计要求基础上，结合北京市实际情况做出的拓展与细化，用于指导北京市施工阶段的BIM深化设计模型创建、质量控制、信息管理，并为后期整体运维提供基础。

表5-9 地方BIM标准

地区	发布时间	发布机构	标准名称
北京	2019–04	北京市住房和城乡建设委员会、北京市市场监督管理局	《民用建筑信息模型深化设计建模细度标准》DB11/T 1610–2018
	2021–04	北京市住房和城乡建设委员会、北京市市场监督管理局	《幕墙工程施工过程模型细度标准》DB11/T 1837–2021
	2021–04	北京市住房和城乡建设委员会、北京市市场监督管理局	《建筑电气工程施工过程模型细度标准》DB11/T 1838–2021
	2021–04	北京市住房和城乡建设委员会、北京市市场监督管理局	《建筑给水排水及供暖工程施工过程模型细度标准》DB11/T 1839–2021
	2021–04	北京市住房和城乡建设委员会、北京市市场监督管理局	《现浇混凝土结构工程和砌体结构工程施工过程模型细度标准》DB11/T 1840–2021
	2021–04	北京市住房和城乡建设委员会、北京市市场监督管理局	《通风与空调工程施工过程模型细度标准》DB11/T 1841–2021
	2021–04	北京市住房和城乡建设委员会、北京市市场监督管理局	《钢结构工程施工过程模型细度标准》DB11/T 1845–2021
上海	2018–05	上海市住房和城乡建设管理委员会	《上海市保障性住房项目BIM技术应用验收评审标准》（沪建建管［2018］299号）
	2015–05	上海市住房和城乡建设管理委员会	《上海市建筑信息模型技术应用指南（2015版）》
	2017–06	上海市住房和城乡建设管理委员会	《上海市建筑信息模型技术应用指南（2017版）》（沪建建管［2017］537号）
	2016–05	上海市住房和城乡建设管理委员会	《城市轨道交通信息模型技术标准》DG/TJ 08–2202–2016
	2020–01	上海市住房和城乡建设管理委员会	《市政地下空间建筑信息模型应用标准》DG/TJ 08–2311–2019
	2016–04	上海市住房和城乡建设管理委员会	《建筑信息模型应用标准》DG/TJ 08–2201–2016
	2016–05	上海市住房和城乡建设管理委员会	《城市轨道交通信息模型交付标准》DG/TJ 08–2203–2016

续表

地区	发布时间	发布机构	标准名称
天津	2016-05	天津市住房和城乡建设委员会	《天津市民用建筑信息模型（BIM）设计技术导则》（津建科［2016］290号）
	2019-09	天津市住房和城乡建设委员会	《城市轨道交通管线综合BIM设计标准》DB/T 29-268-2019
	2021-04	天津市市场监督管理委员会	《公路工程建筑信息模型设计应用技术要求》DB12/T 1054-2021
广东	2018-07	广东省住房和城乡建设厅	《广东省建筑信息模型应用统一标准》DBJ/T 15-142-2018
	2019-08	广东省住房和城乡建设厅	《城市轨道交通基于建筑信息模型（BIM）的设备设施管理编码规范》DBJ/T 15-142-2018
	2018-07	广东省住房和城乡建设厅	《广东省建筑信息模型（BIM）技术应用费用计价参考依据》（粤建科［2018］136号）
	2018-08	广州市质量技术监督局、广州市住房和城乡建设委员会	《民用建筑信息模型（BIM）设计技术规范》DB4401/T 9-2018
	2019-08	广州市质量技术监督局、广州市住房和城乡建设委员会	《建筑施工BIM技术应用技术规程》DB4401/T 25-2019
	2019-08	广州市市场监督管理局、广州市住房和城乡建设局	《建筑信息模型（BIM）施工应用技术规范》DB4401/T 25-2019
	2019-08	广东省住房和城乡建设厅	《城市轨道交通建筑信息模型（BIM）建模与交付标准》DBJT 15-160-2019
湖南	2017-09	湖南省住房和城乡建设厅	《湖南省建筑工程信息模型设计应用指南》
	2017-09	湖南省住房和城乡建设厅	《湖南省建筑工程信息模型施工应用指南》
	2020-03	湖南省住房和城乡建设厅	《湖南省BIM审查系统技术标准》DBJ 43/T 010-2020
	2020-03	湖南省住房和城乡建设厅	《湖南省BIM审查系统数字化交付数据标准》DBJ 43/T 012-2020
	2020-03	湖南省住房和城乡建设厅	《湖南省BIM审查系统模型交付标准》DBJ 43/T 011-2020
河北	2016-07	河北省住房和城乡建设厅	《建筑信息模型统一标准》DB13（J）/T 213-2016
	2019-06	河北省市场监督管理局	《水利水电工程建筑信息模型应用标准》DB13/T 5003-2019
	2020-01	河北省住房和城乡建设厅	《建筑信息模型交付标准》DB13（J）/T 8337-2020
	2018-12	河北省住房和城乡建设厅	《信建筑息模型设计应用标准》DB13（J）/T 284-2018
浙江	2016-04	浙江省住房和城乡建设厅	《浙江省建筑信息（BIM）技术应用导则》（建设发［2016］163号）
	2018-06	浙江省住房和城乡建设厅	《浙江省建筑信息模型统一应用标准》DB33/T 1154-2018
	2017-08	浙江省住房和城乡建设厅	《浙江省建筑信息模型（BIM）技术应用费用的指导标准》（征求意见稿）

续表

地区	发布时间	发布机构	标准名称
四川	2016-09	成都市城乡建设委员会	《成都市民用建筑信息模型设计技术规定》（成建委［2016］380 号）
江苏	2016-09	江苏省住房和城乡建设厅	《江苏省民用建筑信息模型设计应用标准》DGJ32 / TJ 210-2016
江西	2020-07	江西省市场监督管理局	《桥梁工程 BIM 技术应用指南》DB36 / T 1137-2019
深圳	2019-11	深圳市住房和建设局	《房屋建筑工程招标投标 BIM 技术应用标准》SJG 58-2019
	2020-08	深圳市住房和建设局	《建筑工程信息模型设计交付标准》SJG 76-2020
	2021-02	深圳市住房和建设局、深圳市交通运输局	《市政道路管线工程信息模型设计交付标准》SJG 94-2021
	2021-09	深圳市住房和建设局	《城市轨道交通工程信息模型表达及交付标准》SJG 101-2021
	2021-09	深圳市住房和建设局	《城市轨道交通工程信息模型分类和编码标准》SJG 102-2021
安徽	2017-12	安徽省住房和城乡建设厅	《安徽省建筑信息模型（BIM）技术应用指南（2017 版）》（建标函［2017］2925 号）
	2017-05	安徽省工程勘察设计协会	《安徽省勘察设计企业 BIM 建设指南》（皖设协［2017］24 号）
	2016-12	安徽省住房和城乡建设厅	《民用建筑设计信息（D-BIM）交付标准》DB34/T 5064-2016
	2021-09	安徽省市场监督管理局	《公路工程建筑信息模型交付标准》DB34/T 3837-2021
	2021-01	安徽省市场监督管理局	《公路工程建筑信息模型分类和编码标准》DB34/T 3838-2021
广西	2017-02	广西壮族自治区住房和城乡建设厅	《建筑工程建筑信息模型施工应用标准》DBJ/T 45-038-2017
	2019-01	广西壮族自治区住房和城乡建设厅	《广西壮族自治区建筑信息模型（BIM）技术推广应用费用计价参考依据》（试行）（桂建标［2019］2 号）
重庆	2017-12	重庆市城乡建设委员会	《重庆市工程勘测信息模型实施指南》《重庆市建筑工程信息模型实施指南》《重庆市市政工程信息模型实施指南》（渝建［2017］752 号）
	2017-12	重庆市城乡建设委员会	《建筑工程信息模型交付技术导则》（渝建［2017］753 号）
	2017-12	重庆市城乡建设委员会	《重庆市建设工程信息模型设计审查要点》（渝建［2017］754 号）
	2017-12	重庆市城乡建设委员会	《建设工程信息模型技术深度规定》（渝建［2017］755 号）
	2017-10	重庆市质量技术监督局	《既有居住建筑信息化改造规范》DB50/T 822-2017

续表

地区	发布时间	发布机构	标准名称
辽宁	2018-07	沈阳市城乡建设委员会、沈阳市质量技术监督局	《装配式混凝土建筑预制构件BIM建模标准》DB2101/T 0003-2018
	2021-04	辽宁省住房和城乡建设厅、辽宁省市场监督管理局	《竣工验收建筑信息模型交付数据标准》DB21/T 3409-2021
	2021-04	辽宁省住房和城乡建设厅、辽宁省市场监督管理局	《施工图建筑信息模型交付数据标准》DB21/T 3408-2021
	2019-09	辽宁省住房和城乡建设厅、辽宁省市场监督管理局	《装配式建筑信息模型应用技术规程》DB21/T 3177-2019

（4）团体BIM标准

团体标准是具有法人资格，且具备相应专业技术能力、标准化工作能力和组织管理能力的学会、协会、商会、联合会和产业技术联盟等社会团体制定的标准，由社会自愿采用的标准。在建筑信息领域，有很多相关的团体标准，如表5-10所示。

表5-10　团体BIM标准

团体名称	发布日期	标准名称
中国铁路BIM联盟	2018-12-06	《铁路工程信息模型设计阶段实施标准》CRBIM 1010-2018
	2018-12-06	《铁路工程信息模型施工阶段实施标准》CRBIM 1011-2018
	2017-09-05	《铁路工程信息模型表达标准》（1.0版）CRBIM 1003-2017
	2017-09-05	《基于信息模型的铁路工程施工图设计文件编制办法》（1.0版）CRBIM 1004-2017
	2017-09-05	《铁路工程信息模型交付精度标准》（1.0版）CRBIM 1004-2017
	2017-09-05	《面向铁路工程信息模型应用的地理信息交付标准》（1.0版）CRBIM 1005-2017
	2017-09-05	《铁路工程信息交换模板编制指南》（试行）CRBIM 1009-2017
	2016-07-07	《铁路四电工程信息模型数据存储标准》（1.0版）CRBIM 1002-2-2016
中国建筑装饰协会	2016-12-26	《建筑幕墙工程BIM实施标准》T/CBDA 7-2016
	2016-09-12	《建筑装饰装修工程BIM实施标准》T/CBDA 3-2016
中国建筑业协会	2020-10-30	《基于BIM的绿色施工监控信息化管理规程》T/CCIAT 0025-2020
	2020-05-25	《建筑信息模型（BIM）智能化产品分类和编码标准》T/CCIAT 0022-2020
中国工程建设标准化协会	2020-12-10	《业主项目管理P-BIM软件功能与信息交换标准》T/CECS 782-2020
	2020-05-21	《城市道路工程设计建筑信息模型应用规程》T/CECS 701-2020
	2017-06-15	《绿色建筑设计评价P-BIM软件功能与信息交换标准》T/CECS CECS-CBIMU 13-2017
	2017-06-15	《供暖通风与空气调节设计P-BIM软件功能与信息交换标准》T/CECS CECS-CBIMU 11-2017
	2017-06-15	《混凝土结构设计P-BIM软件功能与信息交换标准》T/CECS CECS-CBIMU 7-2017
	2017-06-15	《钢结构设计P-BIM软件功能与信息交换标准》T/CECS CECS-CBIMU 8-2017
	2017-06-15	《砌体结构设计P-BIM软件功能与信息交换标准》T/CECS CECS-CBIMU 9-2017
	2017-06-15	《给排水设计P-BIM软件功能与信息交换标准》T/CECS CECS-CBIMU 10-2017
	2017-06-15	《电气设计P-BIM软件功能与信息交换标准》T/CECS CECS-CBIMU 12-2017
	2017-06-15	《岩土工程勘察P-BIM软件功能与信息交换标准》T/CECS -CBIMU 3-2017

续表

团体名称	发布日期	标准名称
中国安装协会	2015-07-08	《建筑机电工程BIM构件库技术标准》CIAS 11001-2015
中国科技产业化促进会	2019-03-08	《建筑信息模型（BIM）工程应用评价导则》T/CSPSTC 20—2019
	2019-03-08	《建筑信息模型（BIM）与物联网（IOT）技术应用规程》T/CSPSTC 21—2019
中国图学学会	2019-08-07	《技术产品文件建筑信息模型（BIM）技能等级标准》T/SCGS 311001—2019

（5）企业BIM标准

对比国家标准和地方标准，企业标准的目的是落到实处，需要标准的具体化，有很好的指导作用。比如标准中应说明本标准适用的具体项目、适用软件、遇到的问题等，企业标准是在前三者的框架下根据自身特点编制的标准[314]。例如《中国中铁BIM应用指南》《中建西北院BIM设计标准1.0》《万达轻资产标准版C版设计阶段BIM技术标准》，这些标准的共同点就是在标准中都对模型的建模深度、文件命名、模型配色等进行了详细设定[315]，具体如表5-11所示。

表5-11 企业BIM标准

企业名称	发布日期	标准名称
中国建筑集团有限公司	2014年底	《建筑工程设计BIM应用指南》《建筑工程施工BIM应用指南》第一版
	2016年底	《建筑工程设计BIM应用指南》《建筑工程施工BIM应用指南》第二版
天元建设集团有限公司	2018-04-12	《BIM建模标准》Q/TY001-2017
河北领视域科技有限公司	2018-11-24	《建筑信息模型（BIM）建模标准》Q/LSY001-2018
温州悦冠建设有限公司	2019-01-24	《房屋建筑工程BIM应用指南》Q/BBIM01-2018
吉林省鲁班教育科技有限公司	2019-05-30	《建筑信息模型（BIM）技能人才培训标准》Q/1220106 LB 001-2019
汉尔姆建筑科技有限公司	2019-08-05	《汉尔姆建筑信息模型（BIM）应用指南》Q/HM 02-2019
中国交通建设集团有限公司	2019-11-15	《公路工程信息模型统一标准》Q/CCCC GL501-2019
	2019-11-15	《公路工程设计信息模型应用标准》Q/CCCC GL502-2019
山东宏大置业有限公司	2020-01-08	《BIM建模标准》Q/371302HDZY004-2019
济南市人防建筑设计研究院有限责任公司	2020-05-25	《企业BIM实施标准2018版》Q/370100RFSJY009-2018
山东泰安建筑工程集团有限公司	2020-08-04	《BIM三维场布实施标准》Q/370911—TJJT—006-2020
恒亿集团有限公司	2020-10-13	《建筑工程施工BIM技术应用规程》Q/364000HY01-2019
北京公联洁达公路养护工程有限公司	2020-11-10	《钢结构桥梁养护BIM交付标准》Q/FT GLJD001-2020
甘肃省长城建设集团有限责任公司	2021-04-28	《建筑信息模型（BIM）施工阶段建模标准》Q/6201-GSCC-02-2021
天津安捷物联科技股份有限公司	2021-07-06	《BIM建筑信息模型应用统一标准》Q/120000AJIOT1907-2021

随着我国BIM标准体系结构的不断完善，已经形成了国家BIM标准、行业BIM标准、地方BIM标准、团体BIM标准及企业BIM标准的BIM标准体系，该体系可以满足不同行业、不同地方及不同企业的BIM标准需求，使得信息模型的建立、流转与应用更加标准化与规范化，可促进BIM技术的发展与应用。

5.2　雄安BIM标准体系

5.2.1　雄安BIM标准体系建设的背景与目标

（1）雄安BIM标准体系建设背景

根据《河北雄安新区规划纲要》中的要求，雄安新区作为国家的重点战略布局，应坚持世界眼光、国际标准、中国特色、高点定位，应坚持数字城市与物理城市同步规划、同步建设。《关于开展城市信息模型（CIM）基础平台建设的指导意见》中指出，要求2021年底前，初步建成国家、省、市三级CIM基础平台体系；2025年底前，初步建成统一的、依行政区域和管理职责分层分级的CIM基础平台。依据《河北雄安新区智能城市建设专项规划》等顶层设计，雄安新区应高效推进“一中心四平台”规划建设。数字雄安CIM平台作为雄安数字城市的基底平台，需不断汇集新区各项工程建设BIM模型来丰富完善平台内容，支撑后续数字孪生城市体系建设。CIM平台作为践行“同步规划建设数字雄安，努力打造智能新区”的重要基础工程，通过GIS+BIM+IoT等技术手段，实现对现实雄安新区各类信息数据的完整映射，为“数字孪生城市”建设奠定扎实基础。

中国工程院院士、中国电子科技集团总经理吴曼青指出：“没有标准就无法构成体系，没有标准就无法实现开放包容，没有标准就不可能生生不息从而确保智能城市的不断演进。”BIM数据库是雄安“数字孪生城市”的基石，但在建设过程中，不同因素导致的BIM模型数据标准不统一，进而影响BIM数据质量的各类问题不容忽视。我国各级各类BIM标准针对各专业的深度要求不同，雄安新区建设工程项目的各参建单位所参照的BIM标准不尽相同，各参建单位之间的应用水平、应用程度要求不同，使得在不同项目之间、同一项目不同阶段之间，不同程度出现交付成果深度不统一、模型数据衔接困难、重复建模等问题。基于以上种种问题，雄安新区BIM标准体系的建设工作迫在眉睫。雄安新区通过制定统一的BIM标准来持续完善CIM平台体系，达到全域数据融合共享，为实现城市开发建设协调、城市综合治理、社会公共服务、人民生产生活的智能化创造条件。

（2）雄安BIM标准体系建设目标

雄安BIM标准是以数字雄安建设和政府管理需求为导向，以雄安新区规划建设管理工作为范围的应用标准。为满足新区多规合一、系统集成、数字智能的要求，雄安BIM标准聚焦于把握城市规划、建设、管理核心指标，提升城乡规划和工程设计的实现程度，规范新区规划建设项目成果的编制和交付，确保规划、设计、施工、运维和管理数据的互通和共享。雄安BIM标准旨在推进BIM技术在雄安新区的广泛应用，统一雄安新区BIM技术应用要求，维护数据存储与传递的安全性，提高信息技术应用效率和效益，支撑数字化、智能化工程建设审批制度改革的推进实施。

雄安BIM标准体系的建立通过对数据标准的统一和应用场景的规范来实现持续完善CIM平台体系的建设目标，在雄安“数字孪生城市”的近期、中期、远期目标中踏出了坚实的一步。“数字孪生城市”近期目标旨在为“数字孪生城市”提供数据基础，完善三维城市空间模型和城市时空信息的有机综合体，为城市决策提供大数据支撑，在城市管理特定领域实现实时智能决策。中期目标着力逐步构建城市智能模型，在新区数据汇聚基础上，构建城市基因库、知识库和指标体系，在城市管理重点领域实现实时智能决策辅助，初步实现雄安“数字孪生城市”。长期目标探索城市智慧管理，打造“1+N”的城市治理生态圈。基于城市基因库、知识库、指标体系，以机器学习、人工智能为支撑，在城市管理大部分领域实现实时智能决策，全面实现雄安“数字孪生城市”。

5.2.2 雄安BIM标准体系架构

（1）雄安新区规划建设BIM管理平台数据交付标准

为贯彻和落实《河北雄安新区规划纲要》要求，加快推进雄安新区数字化、智能化城市规划建设，建立与国际接轨、国内领先的城市规划建设管理规则和体系，2019年11月河北雄安新区管委会组织开展了《雄安新区规划建设BIM管理平台数据交付标准》编制工作。该标准共分为9章，主要技术内容包括：总则，术语和代号，基本规定，雄安新区规划建设BIM管理平台数据交付标准（规划篇），雄安新区规划建设BIM管理平台数据交付标准（建筑篇），雄安新区规划建设BIM管理平台数据交付标准（市政篇），雄安新区规划建设BIM管理平台数据交付标准（地质篇），雄安新区规划建设BIM管理平台数据交付标准（水利篇），雄安新区规划建设BIM数据交付标准（XDB篇）。

基于规划建设管理流程以及BIM管理平台的数据要求，雄安新区编制了规划、建筑、市政、地质和水利5个专业的成果文件交付标准和XDB交付标准，规划项目、建筑和市政工程项目、地质工程项目、水利工程项目交付文件的建立、应用和管理应遵循表5-12的要求。各标准的适用范围如下：规划交付标准适用于平台BIM1及BIM2阶段规划成果的交付要求。其中BIM1阶段包括规划控制边界、管控分区、城市设计管控、生态空间、交通与市政设施公共服务设施、公共安全等总体规划成果的.shp文件，BIM2包含用地、交通、市政、绿地和水系、防灾减灾、地下空间等专项规划成果的.shp文件；建筑交付标准适用于雄安新区新建、改建、扩建的民用及工业建筑工程的设计、施工和运维阶段；市政交付标准适用于雄安新区BIM3、BIM4阶段设计、施工和运维成果的交付要求，包括新建道路工程、综合管廊工程、给排水管网工程、给排水厂（站）工程、电力管线工程、电力建筑工程、新建公厕工程、收运工程、终端处理工程、燃气管网工程、燃气厂站工程和能源站工程的BIM数据；XDB交付标准制定了13项校验规则，自检工具按照这些规则，对XDB数据进行逐项校验，得出通过或不通过的结论，并生成校验报告，提供给XDB数据开发人员，为评价分析XDB数据符合需求的程度以及存在的问题和需要改进的方面提供参考和依据。需要校验的XDB类型包括建筑单体、总图、地上道路、地下道路、市政管线、综合管廊、管线工程、公路（表5-12）。

表 5-12　标准适用范围表

阶段	BIM0阶段	BIM1阶段	BIM2阶段	BIM3阶段	BIM4阶段	BIM5阶段
信息模型	现状空间信息模型	总体规划信息模型	详细规划信息模型	设计方案信息模型	工程施工信息模型	工程竣工信息模型
规划		符合本标准BIM1阶段交付要求	符合本标准BIM2阶段交付要求			
建筑	现状建筑信息模型			符合本标准BIM3阶段交付要求	符合本标准BIM4阶段交付要求	符合本标准BIM5阶段交付要求
市政	现状市政信息模型			符合本标准BIM3阶段交付要求	符合本标准BIM4阶段交付要求	符合本标准BIM5阶段交付要求
地质	现状地质地理勘察测绘信息模型	符合本标准BIM1阶段交付要求	符合本标准BIM2阶段交付要求	符合本标准BIM3阶段交付要求		
水利	现状水利水电工程信息模型			符合本标准BIM3阶段交付要求	符合本标准BIM4阶段交付要求	符合本标准BIM5阶段交付要求

（2）中国雄安集团建设项目BIM技术标准

2021年12月16日，中国雄安集团正式发布《中国雄安集团建设项目BIM技术标准》（1.0版本，以下简称《BIM技术标准》），广联达作为中标单位，联合国内BIM应用领域有先进经验的10余家企业，40余位行业专家，历经一年多的时间编制并交付，获得雄安新区规建局、雄安集团领导以及二级公司BIM应用部门的高度认可。该标准是雄安集团在承接国家行业标准及新区规建局地方标准的基础上编制完成的，是继《中国雄安集团智慧能源体系》企业标准后，又一套涵盖了房建、市政、交通、园林、水利等多行业的BIM标准。该标准通过约束集团及二级子公司所承担项目的BIM3、BIM4、BIM5每个阶段的交付要求、交付物及交付形式等相关内容，明确文件命名、编码颜色、信息细度、BIM应用等要求，保障数据无缝接入CIM平台并更好赋能新区数字城市建设及运营。

该标准系列由“1+5”册组成，其中包含总则1册，技术分册5册，分别为建筑分册、市政分册、交通分册、园林分册、水利分册；该套标准涉及雄安新区工程项目BIM应用的六个阶段，BIM0现状运维阶段、BIM1总体规划阶段、BIM2控制性详细规划阶段、BIM3方案设计阶段、BIM4-1/4-2施工图设计/施工阶段、BIM5竣工验收阶段；标准包含三大规定：技术规定、应用规定、交付规定，三大规定紧密衔接，为后续模型的建立、应用以及审查提供了依据（图5-2）。

① 总则

该标准适用于雄安集团及二级子公司所承担的新区项目中的政府直接投资项目、政企合作投资项目、企业自筹资金项目类型。主要面向项目管理单位，对其管辖项目中BIM数据生产、应用、审核、归档等工作提供技术指引与参照。该标准面向场景主要为集团“数字孪生城市”工作中对BIM技术数据细度及质量须统一要求的各个阶段，主要为保障BIM数据的一致性及质量，并为后续数据汇聚、智慧城市应用提供先决条件。区别于《雄安新区规划建设BIM管理平台数据交付标准》合规性及指标性管控的要求，该标准更注重数据

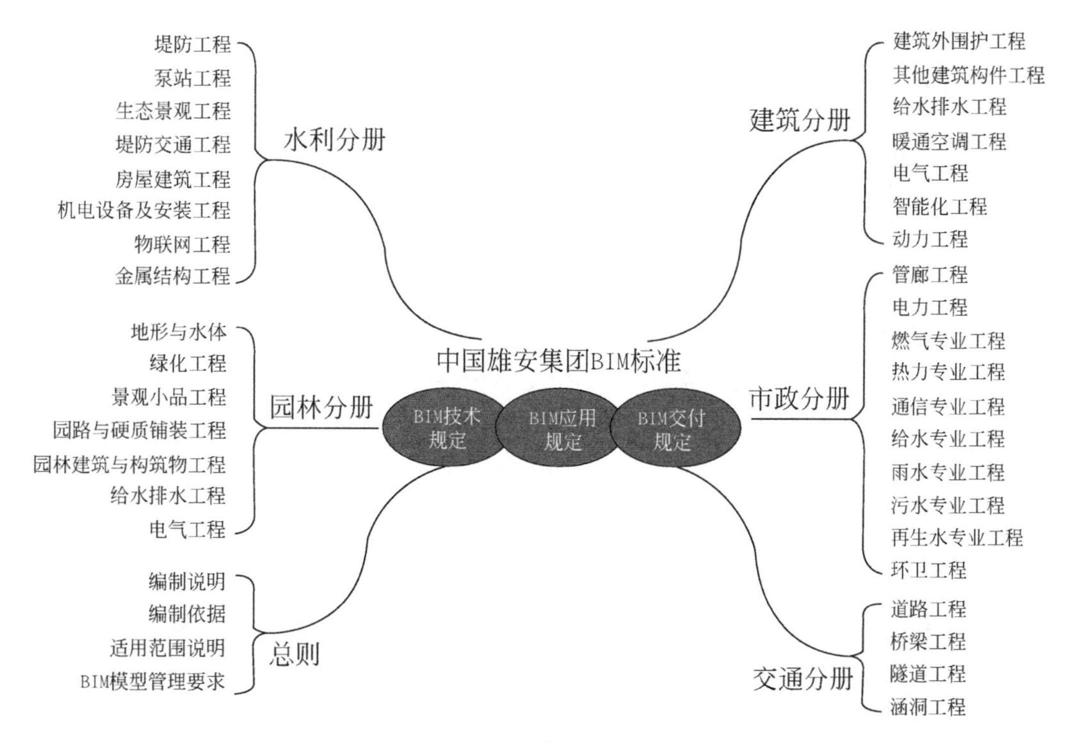

图 5-2　中国雄安集团 BIM 标准分类

本身质量与细度。总则对该标准发布的背景、目标、定位、参考依据、技术分册间的适用范围和业务边界及技术分册中通用的BIM模型信息管理要求、交付要求进行总体说明。

② 建筑分册

建筑分册适用于雄安集团管理范围内所有建筑工程项目设计、施工、运维阶段的信息模型的建立、应用和管理。地下空间工程及其他专业附属建筑工程可参考建筑分册规定。

③ 市政分册

市政分册适用于雄安集团管理范围内所有市政工程项目（除市政道路主体工程）及水务类工程项目（含干支管网和入户管网等）设计、施工、运维阶段信息模型的建立、应用和管理。雄安新区小市政管线的BIM建模与应用参照该分册。生态公司环卫工程参见该分册。

④ 交通分册

交通分册适用于雄安集团管理范围内所有市政道路主体工程，公路工程以及景观园路和水利工程道路的设计、施工、运维阶段信息模型的建立、应用和管理，其中交通建筑工程参见建筑分册规定，道路绿化工程部分参见园林分册规定。轨道交通和铁路工程参见《东西轴线项目BIM标准》。

⑤ 园林分册

园林分册适用于雄安集团管理范围内生态公园景观工程、道路绿化工程以及其他生态景观工程的设计、施工、运维阶段信息模型的建立、应用和管理，其中园林建筑工程参见建筑分册规定。

⑥ 水利分册

水利分册适用于雄安集团管理范围内堤防及河道综合治理工程项目，在设计、施工、运维阶段信息模型的建立、应用和管理，其中水利建筑工程参照建筑分册规定、水利景观工程参照园林分册规定、堤防道路工程参照交通分册规定。

5.2.3 雄安BIM标准的特点

（1）创新性

雄安BIM标准在行业内具有一定的创新性。雄安新区规划建设BIM管理平台在国内率先提出了贯穿数字城市与现实世界映射生长的建设理念和方式，雄安BIM标准以新区建设为基底，探索以BIM生产及应用逐步向CIM汇聚，保障数据无缝接入CIM平台并更好赋能新区数字城市建设；在雄安新区如此大体量、全专业、快节奏的建设背景下，雄安BIM标准对建设工程项目BIM实施管理进行探索，在国内BIM领域实现了全链条应用突破，最大程度保障新区BIM数据工作的质量及进度。雄安BIM标准从编制开始就强调落地性、一致性，服务于雄安新区实施的建设工程项目，充分考虑了新区规划建设要求和行业内现阶段特点，标准内容科学合理，具有领先性、示范性和开创性，对促进我国BIM应用和发展具有重要指导作用。

（2）系统性

雄安BIM标准在行业内具有一定全面性、整体性。雄安新区BIM管理平台覆盖现状空间（BIM0）-总体规划（BIM1）-详细规划（BIM2）-设计方案（BIM3）-工程施工（BIM4）-工程竣工（BIM5）六个阶段的展示、查询、交互、审批、决策等服务，实现对雄安新区生命全过程的记录、管控与管理；雄安BIM标准覆盖了BIM技术应用的多个建设领域，各领域BIM应用深度不同，特点不同，规范了房建、市政、交通、园林、地质、水利等全专业工程建设的BIM技术应用标准；在标准中对不同专业的专业代码、BIM编码体系，颜色体系、文件和构件命名以及模型细度等级等规定进行了统筹拉通，对于数据交换格式和数据成果要求等均进行了统一规范。

（3）权威性

雄安新区依托规划建设BIM管理平台，将BIM技术嵌入政府管控流程，使得BIM标准具有一定的权威性。在雄安新区实施的建筑工程项目，均要以各阶段BIM文件为规划、勘察、设计、施工、运营维护的依据。雄安BIM标准体系能够加强项目审批、工程建设、质量监管、竣工验收“四位一体”全过程管理，优化建设项目“一会三函”审批流程，不断压缩“三函”审批时间，从而有力有序地推进工程项目建设。为推动雄安BIM管理平台建设，雄安新区管委会还推出了一系列配套指标体系及其衍生标准，包括规划、建筑、市政、地质、水利、园林等指标体系、建模挂载标准及智能基础设施的标准等。同时，雄安BIM管理平台本质上也以数字化的方式推动了雄安新区规、建、管的治理方式改革，包括建筑师负责制、总规划师负责制、建设单位告知承诺制、建设单位主体责任制等。

5.3 雄安数字建造阶段性标准

雄安规建局出台了相关的BIM标准，其中将全寿命周期分为规划阶段、设计阶段、施工阶段、竣工验收交付阶段，不同阶段所对应的模型细分为现状空间信息模型、总体规划信息模型、详细规划信息模型、方案设计信息模型、施工图设计模型、工程施工信息模型、工程竣工信息模型，并用BIM0–BIM5表示，为方便统一设计人员的建模规范，与雄安当地标准政策进行有效结合，《中国雄安集团建设项目BIM技术标准》结合雄安集团工程项目建设阶段的BIM建立与应用要求将BIM3–BIM5阶段与《建筑信息模型应用统一标准》GB/T 51212–2016标准LOD100~LOD500模型细度进行匹配。匹配表如表5–13所示。

由于篇幅有限，本节主要建模标准、BIM应用以及交付标准主要按照《中国雄安集团建设项目BIM技术标准》建筑分册来撰写，其他分册（市政分册、交通分册、水利分册、园林分册）大体相同，可做参考。

表 5-13　信息模型细度等级匹配表

阶段	雄安 BIM 全生命周期	对应信息模型	模型细度参考
规划阶段	BIM0	现状空间信息模型	—
	BIM1	总体规划信息模型	—
	BIM2	详细规划信息模型	—
设计阶段	BIM3	方案设计信息模型	LOD100
		初步设计信息模型	LOD200
	BIM4–1	设计方案施工图阶段信息模型	LOD300
施工阶段	BIM4–2	工程施工阶段信息模型	LOD400
竣工验收、交付阶段	BIM5	工程竣工信息模型	LOD500

5.3.1　BIM0

（1）BIM0定义

BIM0对应城市建设现状阶段，形成现状空间信息模型。包括地形地貌、水文植被、地质勘测、建成现状、生态环境、管理运维等信息，通过现状BIM0的评估可以支持对下一步规划与管理的优化完善（图5–3）。

图 5–3　城市建设现状阶段

（2）交付规定

由于《中国雄安集团建设项目BIM技术标准》主要针对雄安集团工程项目建设阶段BIM技术的相关应用，覆盖雄安新区对BIM应用阶段划分中的设计、施工、运维（BIM3-BIM5）阶段。由于雄安集团承接的项目以建设阶段为主，未涉及规划阶段应用，本标准对现状运维阶段、规划阶段、控制性详细规划阶段（BIM0-BIM2），暂时未做相关的涉及，因此本书中（BIM0-BIM2）相关资料也参阅《雄安新区规划建设BIM管理平台数据交付标准（试行）》。

雄安新区规划建设BIM管理平台的运行主要依托项目报建审批各个阶段中BIM文件的提交、审查与归档，对于平台所需BIM文件可分为基础BIM文件与应用BIM文件。基础BIM文件指BIM0、BIM1和BIM2文件，雄安新区依法开展现状空间、总体规划、专项规划、控制性详细规划编制等工作，应当由规划建设等管理部门根据依法批准的城市现状和规划文件，按照新区BIM文件交付标准编制BIM0、BIM1和BIM2文件，并提交至规建局进行审查、存档，建设单位可以到平台进行查询。应用BIM文件指BIM3、BIM4和BIM5文件，由建设单位在设计、施工许可、组织施工和竣工验收时制作，并提交BIM管理平台审查、流转。城市空间现状记录使用BIM0文件，总体规划使用BIM1文件，控制性详细规划使用BIM2文件；工程建设项目方案设计使用BIM3文件，施工管理使用BIM4文件，竣工验收使用BIM5文件。

在立项用地规划许可阶段，实际上还未使用BIM模型进行报建审查，而是需要通过对项目用地范围的确定，提前实现项目管控条件的生成，作为下一阶段方案审查的前置依据。

在工程建设许可阶段，建设单位在工程建设项目实施过程中，应当持前期工作函等批复文件，向规建局申请提供BIM0、BIM1或者BIM2文件。建设单位依据BIM0、BIM1或者BIM2文件以及其他资料，完成工程建设项目方案设计，编制BIM3文件提交至BIM管理平台，规建局在BIM平台中进行项目审查。

雄安新区使用BIM文件对城市生长实行全过程、全要素、全生命周期的管理和记录。前款规定的BIM文件中，后一阶段文件应当在前一阶段文件的基础上制作，其中BIM5文件应当纳入新的BIM0文件中，记录新的城市空间现状，形成城市动态空间数据。

5.3.2 BIM1

（1）BIM1定义

BIM1对应城市总体规划、国土空间规划阶段，形成总体规划信息模型。包括规划纲要、总体规划、国土空间规划、规划实施评估、各类专项规划及相关导则等，BIM1模型是审查控制性详细规划成果文件的重要依据（图5-4）。

（2）交付规定

1）交付文件及格式要求

规划成果交付内容由文本、说明书、图集、规划成果数据等多个文件组成，其格式需满足表5-14对应相关文件的要求。

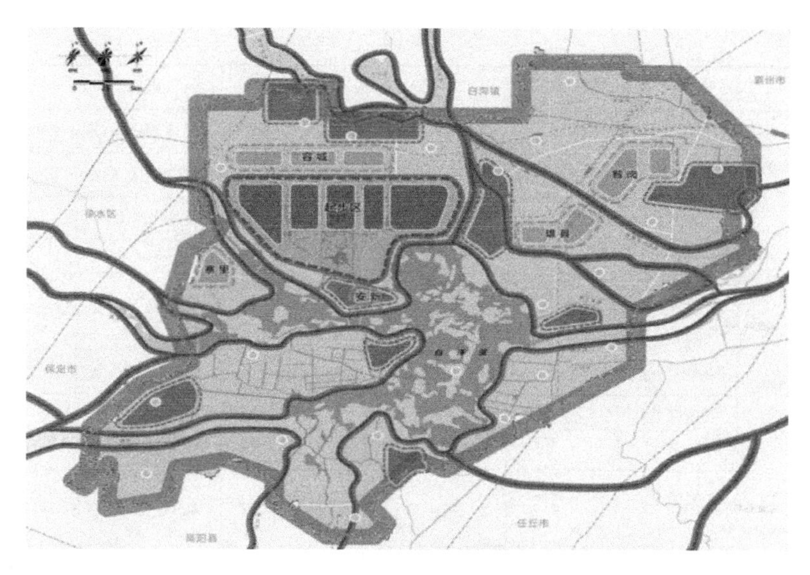

图 5-4　雄安新区城乡空间布局

表 5-14　BIM1 成果文件格式要求

成果		格式要求	内容概要
文本		*.doc、*.docx；*.pdf；*.wps	
说明书		*.doc、*.docx；*.pdf；*.wps	
图集		*.pdf；*.dwg；*.jpg、*.png	
规划成果数据		*.shp	
附表		*.xls、*.xlsx	
专题报告		*.doc、*.docx；*.pdf；*.wps	专项规划、专题分析
其他成果文件	图片	*.jpg、*.png 等	包含效果图、分析图等
	视频	*.mp4、*.avi、*.wmv 等	包括虚拟漫游、性能化分析动画

2）BIM1 阶段成果数据命名规范

表 5-15 展示了 BIM1 成果文件命名规范（部分）。

① 考虑到 BIM1 阶段为城市总体规划阶段，BIM1 阶段成果文件统一存储到相应文件夹中，文件夹命名采用项目名称进行命名。

② shp 文件命名规则以“分类代码”+“_”+“图层名称代码”构成。

③ 属性表中“字段编码”为“字段名称”的拼音首字母缩写，字符长度超过 10 的部分字段编码为字段名称关键字首字母缩写。

表 5-15　BIM1 成果文件命名规范（部分）

序号	分类代码	图层名称	几何类型	图层名称代码	GIS 文件命名	约束条件
1	空间布局 KJB J	规划单元范围（面）	面	GHDYFW_PY	KJBJ_GHDYFW_PY	M
2		新区空间布局结构（面）	面	XQKJBJJG_PY	KJBJ_XQKJBJJG_PY	M
3		新区分区（面）	面	XQFQ_PY	KJBJ_XQFQ_PY	M

续表

序号	分类代码	图层名称	几何类型	图层名称代码	GIS文件命名	约束条件
4	空间布局KJB	新区三线（面）	面	XQSX_PY	KJBJ_XQSX_PY	M
5		新区三区（面）	面	XQSQ_PY	KJBJ_XQSQ_PY	M
6		新区总体景观风貌结构（面）	面	XQZTJGFMJG_PY	KJBJ_XQZTJGFMJG_PY	M
7		新区总体景观风貌结构（线）	线	XQZTJGFMJG_LN	KJBJ_XQZTJGFMJG_LN	M
8		新区空间结构（点）	点	XQKJJG_PT	KJBJ_XQKJJG_PT	M
9		新区中心体系规划（线）	线	XQZXTXGH_LN	KJBJ_XQZXTXGH_LN	M
10		新区中心体系规划（点）	点	XQZXTXGH_PT	KJBJ_XQZXTXGH_PT	M
11		新区现状用地功能（面）	面	XQXZYDGN_PY	KJBJ_XQXZYDGN_PY	M
12		新区规划用地功能（面）	面	XQGHYDGN_PY	KJBJ_XQGHYDGN_PY	M

注：约束条件：M为必选，O为可选。

3）阶段成果数据属性字段要求

BIM1阶段成果涵盖了空间布局数据、公共服务设施数据、交通数据、市政设施数据、生态环境与蓝绿空间数据、综合防灾数据、文物保护数据、人口数据等内容，相关标准明确了阶段成果命名规范中项目字段信息的数据存储格式，内容包括：字段编码、字段名称、类型、字符长度、单位、小数位数、约束条件、内容。表5-16以空间布局数据中的规划单元范围为例展示其BIM1阶段成果数据属性字段要求。

表5-16　规划单元范围（面）

序号	字段编码	字段名称	类型	字符长度	单位	小数位数	约束条件	内容
1	BSM	标识码	Text	50	—	—	O	
2	DYBJ	单元边界	Text	50	—	—	M	组团名称
3	DYBM	单元编码	Text	50	—	—	M	
4	DYMJ	单元面积	Double	5	m^2	2	O	
5	BZ	备注	Text	254	—	—	O	

注：约束条件：M为必选，O为可选。

5.3.3　BIM2

（1）BIM2定义

BIM2阶段对应城市控制性详细规划阶段，形成详细规划信息模型。包括控制性详细规划和城市设计、建筑风貌、专项规划等要求，BIM2模型是项目立项、用地预审及出具规划条件、选址意见书、建设用地规划许可证等的基本依据。

（2）BIM2交付规定

本部分内容主要参考《雄安新区规划建设BIM管理平台数据交付标准（试行）（规划篇）》。规划交付标准适用于平台BIM1及BIM2阶段规划成果的交付要求，其中BIM2交付文件包含用地、交通、市政、绿地和水系、防灾减灾、地下空间等专项规划成果的shp文件。

1）交付文件及格式要求

BIM2阶段规划成果交付内容由空间数据库、文本、图则、表格、图纸、说明报告、城市设计、相关专项规划报告/专题研究报告、编制情况说明等多个文件组成，其格式需满足表5-17对应相关文件的要求。其中，空间数据库数据格式要求为shp类型文件，统一存储到一个文件夹内。

表 5-17　BIM2 成果文件格式要求

成果类型	成果内容	格式要求
空间数据	空间数据库	*.shp
非空间数据	文本	*.pdf
	图则	*.pdf
	表格	*.xls、*.xlsx
	图纸	*.dwg
	说明报告	*.pdf
	城市设计	*.pdf
	相关专项规划报告/专题研究报告	*.pdf
	编制情况说明	*.pdf

2）阶段成果数据命名规范

① BIM2阶段成果文件统一存储到相应文件夹中，文件夹命名规则详见《河北雄安新区控制性详细规划编制成果规范（城镇单元）》。

② shp文件命名规则为“分类代码”+“_”+“图层名称代码”。

③ 属性表中“字段编码”为“字段名称”的拼音首字母缩写，同一属性表出现重复字段编码时，统一在该重复字段编码末尾添加阿拉伯数字序号。

以目标定位与发展规模、空间布局与土地利用开发强度与单元管控为例，表5-18列出其成果数据命名规范，其中约束条件："M"为必选项，"O"为可选项。

表 5-18　BIM 成果文件命名规范（部分）

序号	分类	分类代码	图层名称	几何类型	图层名称代码	shp 文件命名	约束条件
1	目标定位与发展规模	MBDWYFZGM	规划范围（面）	面	GHFW_PY	MBDWYFZGM_GHFW_PY	M

续表

序号	分类	分类代码	图层名称	几何类型	图层名称代码	shp文件命名	约束条件
2	空间布局与土地利用开发强度和单元管控	KJBJYTDLYKFQDYDYGK	组团（面）	面	ZT_PY	KJBJYTDLYKFQDYDYGK_ZT_PY	O
3			社区（面）	面	SQ_PY	KJBJYTDLYKFQDYDYGK_SQ_PY	O
4			邻里（面）	面	LL_PY	KJBJYTDLYKFQDYDYGK_LL_PY	O
5			控详规单元（面）	面	KXGDY_PY	KJBJYTDLYKFQDYDYGK_KXGDY_PY	M
6			街坊（面）	面	JF_PY	KJBJYTDLYKFQDYDYGK_JF_PY	M
7			街块（面）	面	JK_PY	KJBJYTDLYKFQDYDYGK_JK_PY	O
8			地块（面）	面	DK_PY	KJBJYTDLYKFQDYDYGK_DK_PY	M
9			特殊及重点地区（面）	面	TSJZDDQ_PY	KJBJYTDLYKFQDYDY GK_TSJZDDQ_PY	M

3）阶段成果数据属性字段要求

BIM2阶段成果涵盖了目标定位与发展规模、空间布局与土地利用开发强度和单元管控等内容，交付标准明确了阶段成果命名规范中项目字段信息的数据存储格式，内容包括：字段编码、字段名称、类型、字符长度、单位、小数位数、约束条件、说明。表5-19以目标定位与规划中的规划范围字段为例展示其BIM2阶段成果数据属性字段要求。

表5-19 规划范围属性字段要求

序号	字段编码	字段名称	类型	字符长度	单位	小数位数	约束条件	说明
1	BSM	标识码	Text	50	—	—	O	每个要素存在的唯一标识
2	GHFWBH	规划范围编号	Text	50	—	—	M	片区、组团名称的拼音首字母大写组合，如容东即为“RD”
3	GHZYDGM	规划总用地规模	Double	15	km^2	2	M	
4	PJRJL	平均容积率	Double	15	—	2	M	规划范围内地上总建筑面积/总用地面积
5	XZZRKGM	现状总人口规模	Double	15	万人	2	M	
6	GHZRKGM	规划总人口规模	Double	15	万人	2	M	
7	GHZJYGWGM	规划总就业岗位规模	Double	15	万个	2	M	
8	GHDSZJSGM	规划地上总建设规模	Double	15	m^2	2	M	

续表

序号	字段编码	字段名称	类型	字符长度	单位	小数位数	约束条件	说明
9	GHDXZ JSGM	规划地下总建设规模	Double	15	m^2	2	M	
10	BZ	备注	Text	254	—	—	O	

4）规划成果数据验收要求

为确保规划成果GIS文件的完整性、准确性，提交的规划成果GIS文件应满足：

① 数据完整性。空间数据格式正确、数据有效、图层完整。

② 空间基础符合性。空间数据的数学基础正确，符合规划区域范围。

③ 空间数据属性标准性。图层名称规范、属性数据结构一致、数值范围合理、编号唯一、图层内逻辑一致，图层间属性一致。

④ 空间图形拓扑正确性。点、线、面图层内拓扑关系正确，线面、面面之间拓扑关系正确，且无碎线、碎面。

BIM1/BIM2阶段成果GIS文件质量除应满足以上基本要求外，尚应符合《城市规划数据标准》CJJ/T 199–2013及其他标准规范。

5.3.4 BIM3

BIM3阶段对应建筑工程的建筑专业扩初深度，市政工程的主体专业初步设计深度，地质勘察专业的工作应达到初步勘察、详细勘察技术要求，其他辅助专业达到方案设计深度，形成设计方案信息模型。

（1）BIM技术规定

BIM技术规定内容主要包括一般规定、文件组织与命名规则、构件分类与命名规则、分类编码规则、模型细度要求、颜色定义、轴网与标高以及BIM软硬件配置要求，适用于BIM3、BIM4、BIM5阶段，后文不再赘述。

1）一般规定

① 模型可采用协作方式按专业、任务创建，模型坐标系、原点、度量单位必须与设计文件一致。

② 设计方模型创建前，可提前进行项目坐标系转换，项目模型坐标系与雄安新区城市坐标系协调统一，相关要求宜符合河北雄安新区管理委员会规划建设局（以下简称雄安新区规建局）的有关规定。

③ 项目各阶段模型在满足基本需求的前提下，还应满足各阶段模型本阶段建筑工程计量要求，不同阶段模型应符合国家、地方、行业标准的相关要求。

④ BIM3、BIM4阶段输入的建筑工程模型可参考本节细度等级要求，应满足雄安新区规建局相关标准要求，BIM5阶段输入的建筑工程模型应满足本标准中的细度等级要求。

2）文件组织规则

① 电子文件夹应设置文件组织架构，便于各类文件归档及查询。

② 文件组织架构宜创建三级文件夹，示例如图5–5所示，每层级文件夹命名内容应包含：

a.一级文件夹名称：顺序码_项目名称_组团_标段；

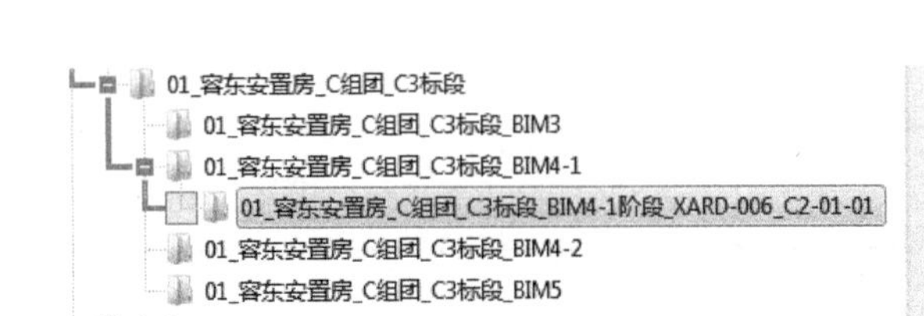

图 5-5 文件组织架构

b.二级文件夹名称：顺序码_项目名称_组团_标段_BIM阶段；

c.三级文件夹名称：顺序码_项目名称_组团_标段_BIM阶段_宗地名称_地块编号。

③ 电子文件夹命名字段应符合下列规定：

a.顺序码宜采用文件夹管理的编码，可自定义；

b.项目名称宜采用识别项目的简要称号，且不应空缺；

c.BIM阶段应采用BIM3、BIM4-1、BIM4-2、BIM5；

d.文件夹命名中可进一步描述文件夹的特征信息，也可省略。

④ 第三级文件夹内应放置各个项目相关BIM模型等文件。为了便于模型整合，且不增加模型容量，模型文件存放形式建议以模型总图链接各单元模型文件的形式，如图5-6和图5-7所示。

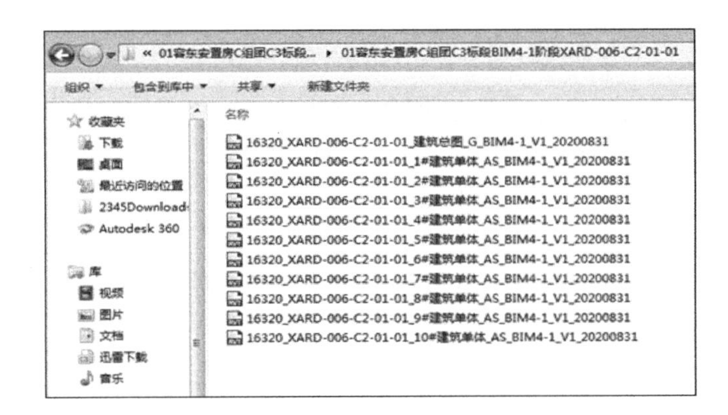

图 5-6 模型文件示意

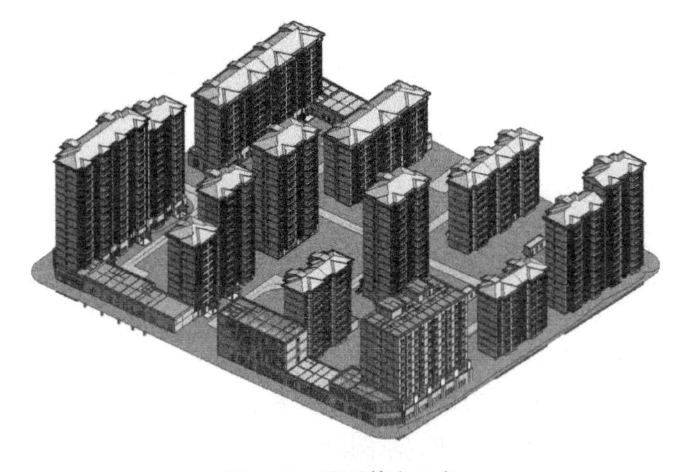

图 5-7 模型整合示意

3）文件命名规则

① 建筑信息模型及其交付物的命名应简明且易于辨识，各专业文件命名要求略有区别，项目电子文件的名称宜由项目编号、项目简称、模型单元或分区简称、工程阶段、工程代码、专业代码、描述依次组成。

② 电子文件的名称宜由项目编号、项目简称、模型元素简述、区段代码、楼层代码、专业代码、描述依次组成，以半角下划线“_”隔开，字段内部的词组宜以半角连字符“-”隔开，如：项目编号_项目简称_模型元素简述_区段代码_楼层代码_专业代码_描述。具体示例见表5-20。

表5-20 文件命名示例表

文件命名规则	项目编码	项目简称	模型元素简述	区段代码	楼层代码	专业代码	描述
示例	16320	XARD-006-C2-01-01	1#建筑单体	A	F2	AS	BIM4-1_V1_20200831
含义	编号16320	雄安XX项目	1号建筑单体	A分区	地上2层	建筑结构专业模型	BIM4-1阶段，版本1，2020年8月31日创建

③ 电子文件命名字段应符合下列规定：

a.项目编号应依据雄安新区改革发展局发布的工程项目编码编写；

b.项目简称宜采用识别项目的简要称号，可采用英文或拼音，项目简称不宜空缺；

c.模型元素简述宜采用模型元素的主要特征简要描述；

d.区段代码指项目建造过程中，为方便施工管理划分的区段，可由大写字母或数字组成；

e.专业代码宜符合表5-21的规定，当涉及多专业时可并列所涉及的专业；

f.用于进一步说明文件内容的描述信息应包含模型阶段、版本号（例：V1、V2）、日期等内容，也可省略。

表5-21 部分专业代码

专业（中文）	专业（英文）	专业代码（中文）	专业代码（英文）
规划	Planning	规	PL
总图	General	总	G
建筑	Architecture	建	A
结构	Structural Engineering	结	S
给水排水	Plumbing Engineering	水	P
招标投标	Bidding	招标投标	BI
产品	Product	产品	PD
其他专业	Other Disciplines	其他	X
竣工验收资料	Completion Acceptance File	竣工	CAF

4）构件分类规则

非项目中的通用构件分类应符合现行国家标准《建筑信息模型分类和编码标准》GB/T 51269的要求。以建筑外围护系统为例，项目中构件分类宜符合项目设计系统分类，项目的系统分类宜符合表5-22的要求，当表中未规定时可自定义，并应在模型使用说明书中写明。

表 5-22 建筑外围护系统的分类

一级系统	二级系统	三级系统
建筑外围护系统	外墙	外混凝土墙
		外砌体墙
		外装饰墙
	建筑柱	
	结构柱	框架柱
		暗柱
	幕墙	石材幕墙
		铝板幕墙
		玻璃幕墙
	外门	平开门
		推拉门
		上提门
		上翻门
		下滑门
		折叠门
		卷帘门
		旋转门
	外窗	推拉窗
		平开窗

5）构件命名规则

构件命名由构件名称和描述字段组成，宜以半角下划线“_”隔开。必要时，字段内部的词组宜以半角连字符“-”隔开，如：“构件名称_描述字段”。

构件命名示例：框架柱_KZ1-600×600

构件命名含义：框架柱，截面尺寸为600mm×600mm。

① 构件名称应规范用语，并应符合现行国家标准《建筑信息模型分类和编码标准》GB/T 51269的规定；当需要为多个同一类型模型元素进行编号时，可在此字段内增加序号，序号应依照正整数依次编排；

② 描述字段中应加入构件的英文简称及尺寸信息，并应与设计图纸保持一致。

③ 标高、材质、构件编号属性和混凝土强度等级等描述在属性列表中体现，在名称中不做要求，如图5-8所示。

6）分类编码规则

① 建设资源、建设进程、建设成果均可使用分类和编码进行组织，分类和编码的方法、具体分类、编码应符合表5-23（以建筑外维护系统为例）要求，四级编码应逐级填写。

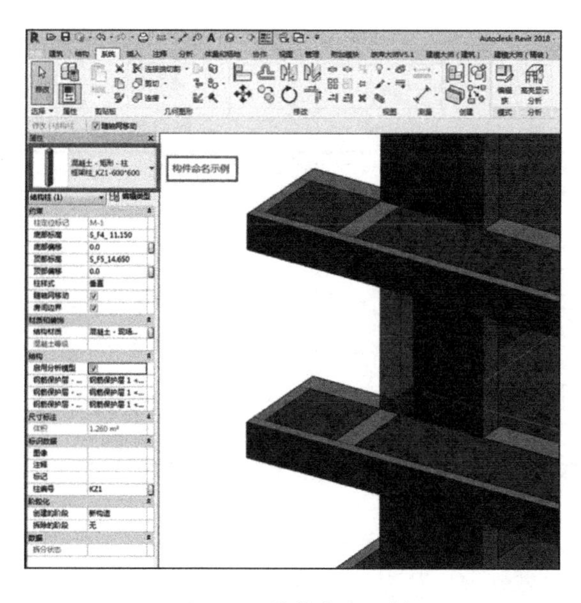

图 5-8　构件命名示例

② 同一项目可多编码体系共存。面向不同的需求，可同时采用相应的符合现行国家有关规定的编码措施，并应在模型使用说明书中写明。

表 5-23　模型元素分类与编码（部分）

分类编码			模型单元分组		
一级	二级	三级	一级系统	二级系统	三级系统
01	01	01	建筑外围护系统	外墙	外混凝土墙
01	01	02			外砌体墙
01	01	03			外装饰墙
01	02	00		建筑柱	
01	03	01		结构柱	框架柱
01	03	02			暗柱
01	04	01		幕墙	石材幕墙
01	04	02			铝板幕墙
01	04	03			玻璃幕墙
01	05	01		外门	平开门
01	05	02			推拉门
01	05	03			上提门
01	05	04			上翻门
01	05	05			下滑门
01	05	06			折叠门
01	05	07			卷帘门
01	05	08			旋转门

续表

分类编码			模型单元分组		
一级	二级	三级	一级系统	二级系统	三级系统
01	06	01	建筑外围护系统	外窗	推拉窗
01	06	02			平开窗
01	06	03			上悬窗
01	06	04			下悬窗
01	07	01		屋面	坡屋面
01	07	02			平屋面
01	08	00		装饰构件	
01	09	00		设备安装孔洞	

7）模型细度要求

① 模型细度要求应包括：几何信息要求、非几何信息要求。

② 各专业构件的建模细度及信息要求可按照不同阶段进行详细规定，具体要求见表5-24（以场地模型为例）。对照各专业构件各阶段的信息要求，保证构件满足相应阶段的构件信息细度需要。

③ 对于参变构件，应验证主要形体尺寸参数与形体大小的关联性，避免出现构件参数改变，构件形体不变等情况，避免对指标审查中尺寸测量项的检查造成影响。

表 5-24 建筑模型细度等级表（部分）

分项	信息分类	信息内容	模型细度要求			
			BIM3	BIM4-1	BIM4-2	BIM5
场地	几何信息	现状场地范围信息：用地红线、高程、方位	●	●	●	●
		现状场地、现状道路、现状景观绿化/水体、现状市政管线、既有建筑物的几何尺寸及定位信息	○	○	○	
		与场地有影响的场地周边现状、道路交通、市政设施、既有建筑物等几何尺寸及定位信息	○	○	○	○
		新（改）建场地、新（改）建道路、新（改）建景观绿化/水体、新（改）建市政管线等几何尺寸及定位信息		●	●	●
		施工场地规划、临时设施、加工区域、临时道路、材料堆场、临水临电、施工机械、辅助设施等几何尺寸及定位信息			●	
		基坑支护相关构件几何尺寸及定位信息			●	
		实际完成后场地几何信息				●
	非几何信息	经济技术指标：绿化率、绿地率、停车位、容积率、建筑密度等	●	●	●	●
		场地：地理区位、项目信息		●	●	●
		场地地质信息		○	○	○
		场地基坑信息：基坑分级、支护方式、安全管理信息及与现场场地挖填关系			○	
		实际完成后场地信息				●

注：“●”表示在该细度等级中须包含的内容；“○”表示在该细度等级中可包含的内容，实际包含内容应根据建设单位要求进行补充完善。

8）颜色定义

模型元素可根据工程对象的系统分类设置颜色。

① 系统之间的颜色应差别显著，便于视觉区分；

② 建筑、结构、暖通、给水排水、电气等专业模型元素及系统颜色设置宜符合表5–25（以建筑外维护系统为例）规定，并应整体把控模型表现效果，可适当对颜色RGB值进行微调；

③ 本标准中未包含的构件可根据工程真实颜色进行定义。

表 5-25　建筑结构专业颜色设置（部分）

模型单元分级			颜色设置		
一级系统	二级系统	三级系统	红（R）	绿（G）	蓝（B）
建筑外围护系统	外墙	外混凝土墙	200	204	201
		外砌体墙	200	204	201
		外装饰墙			
	建筑柱		200	204	201
	结构柱	框架柱	200	204	201
		暗柱	200	204	201
	幕墙	石材幕墙	49	130	172
		铝板幕墙	49	130	172
		玻璃幕墙	49	130	172
	外门	平开门	253	157	11
		推拉门	253	157	11
		上提门	253	157	11
		上翻门	253	157	11
		下滑门	253	157	11
		折叠门	253	157	11
		卷帘门	253	157	11
		旋转门	253	157	11
	外窗	推拉窗	18	95	71
		平开窗	18	95	71
		上悬窗	18	95	71
		下悬窗	18	95	71
	屋面	坡屋面	200	204	201
		平屋面	200	204	201
	装饰构件				
	设备安装孔洞				

9）轴网与标高

① 在BIM项目实施过程中，轴网应采用图元进行创建，不应采用CAD图元等替代建筑轴网，轴网宜由建筑专业创建，宜创建于单独的轴网定位文件中。

② 当一个项目包含多个建筑单体时，可设置轴网定位文件。轴网定位文件中应包含各建筑单体的定位轴网，且应保持轴网相对位置准确。

③ 轴网定位文件创建后，宜由设计方建筑专业进行维护和管理，设计方各专业宜对轴网进行“复制监视”，轴网发生变更时，各专业应同步修改轴网，保证各专业轴网统一。

④ 设计方宜保证交付文件中的轴网、标高和坐标一致性。

⑤ 各专业标高宜与建筑专业保持统一，机电管线标高采用建筑标高，结构专业采用结构标高。模型中标高不应缺失，在剖面中应正常显示。

⑥ 楼层标高可采用统一的命名标准：

a.地上层编码可采用字母F开头加数字表达；

b.地下层编码可采用字母B开头加数字表达；

c.屋顶编码可采用RF表达；

d.建筑物最高控制线可采用RF表达；

e.夹层编码表示方法为楼层编码+M或+J;

f.在楼层编码最后加上标高值；

g.建筑标高以A开头，采用上标头；结构标高以S开头，采用下标头；机电专业模型。以建筑标高为基准。楼层命名示例见表5-26。

表 5-26　楼层表格命名

专业	楼层	标高命名
建筑专业	地上一层	A_F1_标高值
	地上一层夹层	A_F1M（J）_标高值
	地下一层	A_B1_标高值
	屋顶	A_RF_标高值
结构专业	地上一层	S_F1_标高值
	地上一层夹层	S_F1M（J）_标高值
	地下一层	S_B2_标高值
	屋顶	S_RF_标高值
机电专业	不单独建标高，以每层建筑标高为基准	

10）BIM软硬件配置要求

① BIM软件应具有相应的专业功能和数据互用功能。

② BIM软件应具备以下基本功能：

a.模型输入、输出；

b.模型浏览或漫游；

c.模型信息处理；

d.相应的专业应用；

e.应用成果处理和输出；

f.支持开放的数据交换标准。

③ BIM硬件配置应满足项目BIM软件最低配置要求，宜满足BIM软件推荐配置要求。

④ BIM建模与应用过程中，相关人员应充分考虑软件的易用性、适用性以及不同软件

之间的信息共享和交互的能力。在实际应用过程中，项目宜根据自身情况使用市面主流软件及常用版本，软件类型可参照常用软件汇总表5-27。

表 5-27　常见 BIM 软件汇总表

序号	推荐软件名称		版本
1	Autodesk	Revit	2018 版本
2		Navisworks	2018 版本
3	Bentley	Bentley Architecture	2018 版本
4		Bentley Structural	2018 版本
5		Bentley Building Mechanical Systems	2018 版本
6	Graphisoft	ArchiCAD	ArchiCAD 23
7	Dassault	CATIA	V5 版本
8	Trimble	Tekla	19.0 版本

（2）BIM3阶段BIM应用

BIM3阶段对应设计方案阶段，其BIM应用点主要为场地分析、设计方案比选及优化、建筑指标计算、建筑性能模拟分析。

1）场地分析

场地分析主要针对工程周边的地形、地质、水文、交通等情况进行分析，为设计提供基础支持，利用分析结果优化设计方案。如图5-9所示，BIM2阶段的场地分析主要包括以下环节：

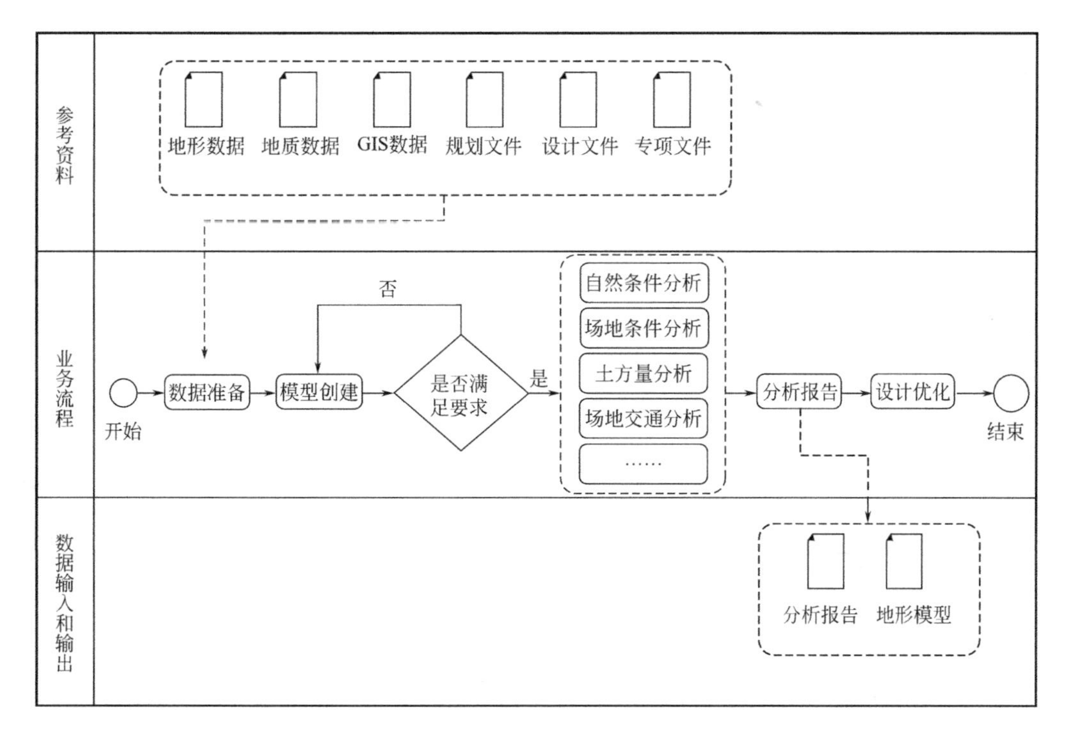

图 5-9　场地分析 BIM 应用示意图

① 数据准备。前期准备的数据包括但不限于地形数据、地质数据、GIS数据、区域规划文件、主体工程设计文件、专项分析文件等基础数据。

② 模型创建。基于获取的地形、地质、水文等数据，建立项目场地和周边环境模型。

③ 场地分析。利用创建的场地模型，开展项目周边自然条件、场地地形条件、土方量、场地交通等情况分析。

④ 结果输出。输出场地分析结果，包括场地模型、场地分析报告等，输出结果为项目设计和设计优化的参考依据。

2）设计方案比选及优化

利用BIM进行设计方案的比选与优化能够有效提高设计方案的质量，使用BIM进行设计方案的比选及优化需要根据设计意图和前期规划要求方案完成设计模型的创建，通过BIM模型生成建筑工程的三维可视化效果图与用于方案评审的各种二维视图，进行初步性能分析及优化。

设计方案比选BIM应用示意图如图5-10所示。应用BIM技术进行设计方案的比选，利用方案设计模型对项目的可行性进行验证，并为制作效果图提供模型，也可根据需要快速生成多个方案模型用于比选。方案设计模型应包含BIM3阶段要求的方案设计信息及周边环境模型，并与方案模型进行整合。设计方案的比选结果应包括建筑工程项目方案模型、漫游视频等，为后续进行施工提供依据。

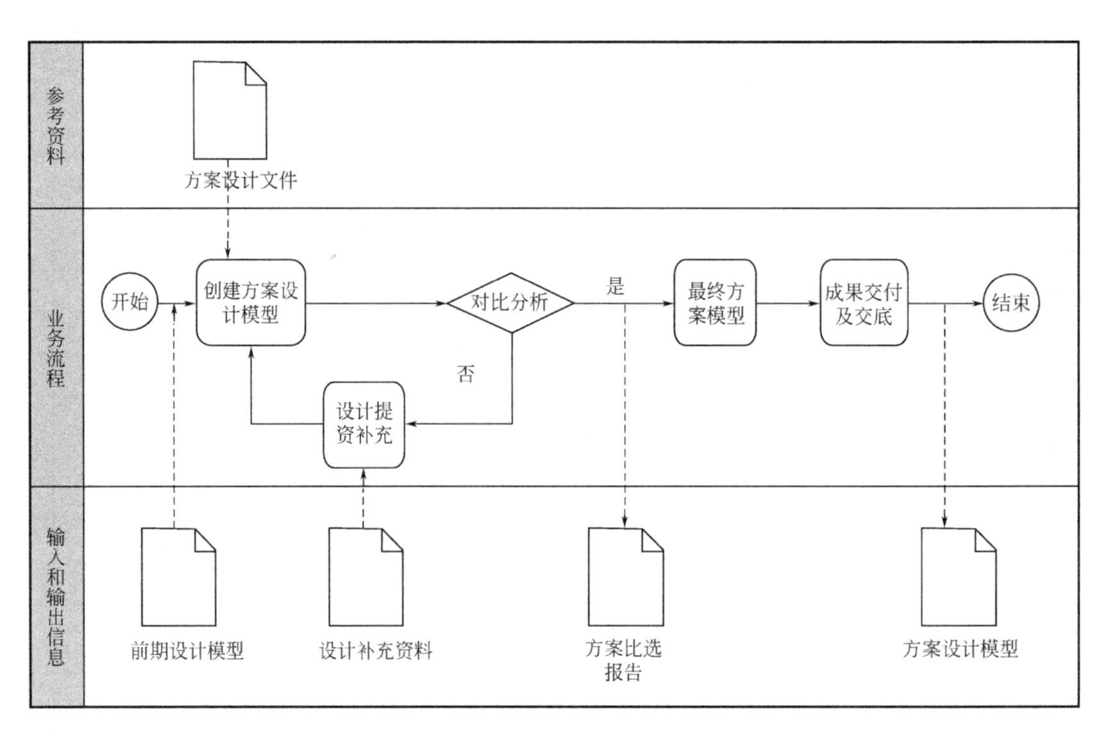

图5-10　设计方案比选BIM应用示意图

3）建筑指标计算

建筑指标计算应利用BIM模型统计计算面积、容积率、建筑密度等建筑指标，以提高设计方案质量。设计单位创建BIM模型时应严格依据设计招标文件、设计任务书等文件提出的设计节点与设计要求，创建满足建筑指标管理要求的设计BIM模型。当设计单位开展基于BIM的建筑指标优化工作时，该设计成果深度与范围均须满足相应阶段或节点的设计工作要求。

4）建筑性能模拟分析

建筑性能模拟分析主要包括日照模拟、风环境模拟、声环境模拟、节能计算等方面内容，其主要实施内容如表5–28所示。

表 5-28 建筑性能模拟分析应用点

应用点	应用实施内容及目的
日照模拟	采用分析软件，在指定日期进行模拟计算某一层建筑、高层建筑群对其北侧某一规划或保留地块的建筑、建筑部分层次的日照影响情况或日照时数情况。日照分析适用于拟建高层建筑。进行建筑日照模拟分析的目的是充分利用阳光以满足室内光环境和卫生要求，同时防止室内过热
风环境模拟	根据建筑室外风环境对温度、湿度起到直接的调节作用，是建筑室内外环境调控和改善时一个不可忽视的要素。合理有效的风环境设计为潮湿闷热的区域除湿降温，减小建筑周围涡流和压力死区的分布，创造良好的城市风环境，同时合理的通风和合理的楼面气流阻隔能有效减少建筑能耗，削弱城市热岛效应。因此，在绿色建筑的设计过程中强调建筑室外风环境模拟和优化具有重要的现实意义
节能计算	建筑节能，提高建筑中的能源利用率，在保证提高建筑舒适性的条件下，合理使用能源，不断提高能源利用效率。执行节能标准，采用节能型的技术、工艺、设备、材料和产品，提高保温隔热性能和采暖供热、空调制冷制热系统效率加强建筑物用能系统的运行管理

（3）BIM3阶段交付规定

1）交付要求

① 建筑信息设计模型应分为BIM3和BIM4–1阶段进行交付，分别对应设计方案信息模型、施工图设计模型。

② 设计阶段交付模型细度和与之关联的图纸、信息表格、相关文件，应符合细度等级、标准、合同等要求。

③ 模型细度应符合对应工程设计阶段使用需求，并应保证交付物的准确性。

④ 交付物内容、交付格式、模型的后续使用和相关的知识产权应在合同中明确规定。

2）交付内容

建筑工程BIM3扩初设计阶段交付物应满足表5–29要求。

表 5-29 BIM3 阶段交付物

阶段	BIM应用成果	成果形式
BIM3扩初设计阶段	（1）扩初设计模型及创建模型所产生的所有方案、附表、附图、附文	模型、文档、图片
	（2）由模型创建并与模型相关联的所有二维表达的图纸、图表	图纸、文档
	（3）基于模型并与相关联的性能分析、净空分析、碰撞检查、其他等所有分析报告及附表、附图、附文	文档、图片
	（4）基于模型产生并与模型相关联的概算等工程量、价格清单、价格信息、统计分析报告	文档
	（5）国家、河北省法律法规规定或设计、咨询合同约定的其他交付物	模型、文档、图纸、图片

5.3.5 BIM4

BIM4阶段对应施工图设计阶段及项目施工阶段，分为BIM4–1和BIM4–2两个阶段。

（1）BIM4–1

BIM4–1对应建筑工程的施工图设计阶段，各专业的工作应达到主体工程施工技术要求，形成详细的工程设计信息模型，用以保障施工建设要求。BIM4–1 模型是相关管理部门核发建设工程施工许可证的基本依据。BIM4–1阶段建模要求如前BIM3阶段所述，以下从BIM4–1阶段的BIM应用和交付规定两个方面进行阐述。

1）BIM4–1阶段BIM应用

在施工图设计的BIM4–1阶段，场地分析、设计方案比选及优化、建筑指标计算、建筑性能模拟分析及工程量统计等与BIM3阶段相同，本部分主要介绍参数化设计与分析、碰撞检测和管综优化BIM的应用。

① 参数化设计与分析

在机电专业设计中，设计方宜应用BIM技术作为参数化设计的手段。在机电专业设计分析过程中，设计方可利用族与管网的信息联动功能，协助进行分析和计算，并同步图纸修改。

② 碰撞检测和管综优化

建筑电气、暖通、给水排水、消防、喷淋等各专业综合优化调整宜应用BIM。管综优化BIM应用流程，如图5–11所示。在专业综合调整过程中，可基于设计文件创建模型，完成各专业碰撞检查及修改优化，并提供分析报告等，保证项目的合理空间利用。管综优化的实施范围应包含专业内和专业间的综合。

管综优化BIM应用交付成果宜包括优化后设计模型、协调检查分析报告、平面、剖面、预留预埋图纸等，且应符合国家现行相关标准规范规定。

2）BIM4–1阶段交付规定

① 交付要求

BIM4–1阶段的交付要求如前BIM3阶段的交付要求所示。

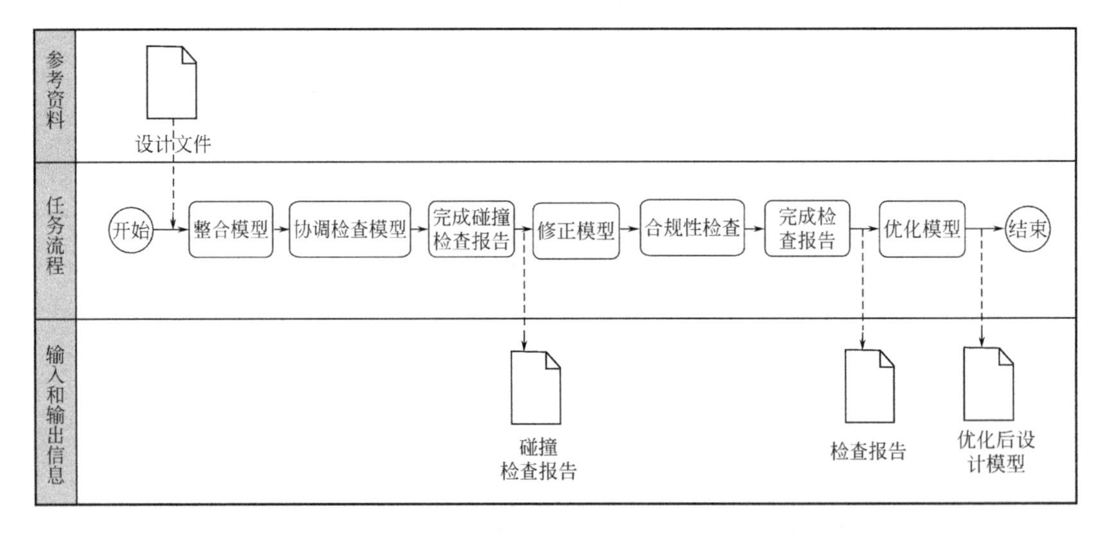

图5–11 管综优化BIM应用流程

② 交付内容

建筑工程设计阶段交付物应包含扩初设计、施工图设计两个阶段，而在施工图设计阶段，即BIM4-1阶段的交付物则应满足表5-30要求。

表5-30 BIM4-1阶段交付物

阶段	BIM应用成果	成果形式
BIM4-1施工图设计阶段	（1）施工图设计模型及创建模型所产生的所有方案、附表、附图、附文	模型、文档、图片
	（2）由模型创建并与模型相关联的所有二维表达的图纸、图表	图纸、文档
	（3）基于模型并与模型相关联的碰撞检查、管线综合、其他等所有分析报告及附表、附图、附文	文档、图片
	（4）基于模型产生并与模型相关联的预算、工程量清单等工程量、价格清单、价格信息、统计分析报告	文档
	（5）设计变更所涉及建筑信息模型及信息的变动所产生的所有模型、信息、数据、文本及审批、实施文件	模型、文档
	（6）国家、河北省法律法规规定或设计、咨询合同约定的其他交付物	模型、文档、图纸、图片

（2）BIM4-2

BIM4-2对应建筑工程的项目施工阶段，形成工程施工信息模型。建设单位将工程施工信息模型等规定的交付物提交平台进行备案，施工单位根据工程施工进度及施工人员、施工机械设备、施工材料进场、设计变更等信息进行实时反馈，完善施工图设计阶段模型，形成施工阶段模型应用。BIM4-2阶段建模要求如前BIM3阶段所述，以下从BIM4-2阶段的BIM应用和交付规定两个方面进行阐述。

1）BIM4-2阶段BIM应用

工程施工阶段的现浇混凝土结构、钢结构、机电、预制装配式混凝土结构等深化设计，钢结构、机电、混凝土预制构件的预制加工，项目进度、成本、质量、安全管理，施工组织模拟、施工工艺模拟等施工阶段其他工作宜应用BIM。

① 深化设计BIM应用

工程施工阶段的现浇混凝土结构、钢结构、机电、预制装配式混凝土结构等深化设计工作宜应用BIM。深化设计应强调施工过程中各专业间的协调一致，合理分配空间、位置，方便项目安装及交付后运维检修。针对不同类型深化设计制定的方案和操作流程，宜在校核、优化上游模型基础上进行深化设计。

a.现浇混凝土结构深化设计

现浇混凝土结构深化设计中的施工现场布置设计、基坑设计、防水设计、二次结构设计、预留孔洞设计、复杂节点设计、预埋件设计等宜应用BIM。

现浇混凝土结构深化设计BIM典型应用示意图，如图5-12所示。在现浇混凝土结构深化设计BIM应用中，可基于设计文件及施工现场平面图创建现浇混凝土结构深化设计模型，完成施工现场布置设计、基坑设计、防水设计、二次结构设计、预留孔洞设计、节点设计、预埋件设计等设计任务。现浇混凝土结构施工深化模型在施工图设计模型元素的基础上，还应包括场地布置、基坑、砌体排布、防水、二次结构、预留孔洞、节点、预埋件等类型的模型元素，其内容宜符合表5-31规定。现浇混凝土结构深化设计BIM应用交付

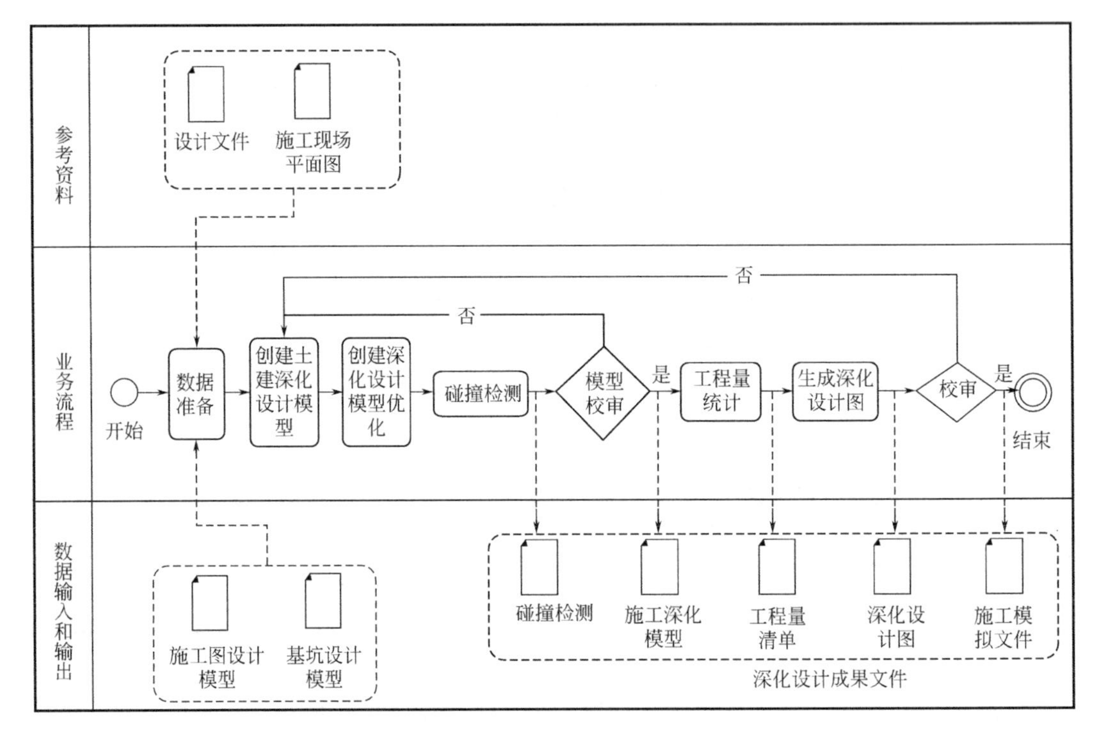

图 5-12　现浇混凝土结构深化设计 BIM 典型应用示意图

成果宜包含现浇混凝土结构施工深化模型、模型碰撞检查文件、施工模拟文件、深化设计图纸、工程量清单、复杂部位节点深化设计模型及详图等。

表 5-31　现浇混凝土结构深化设计模型元素及信息

模型元素类型	模型元素及信息
施工图设计模型包括的元素类型	施工图设计模型元素及信息
场地布置	现场场地、地下管线、临时设施、施工机械设备、道路等。 几何信息应包括：位置、几何尺寸（或轮廓）。 非几何信息应包括：机械设备参数、相关运行维护信息等
基坑	分层分段开挖土体、围护结构、支撑结构等。 几何信息应包括：准确的位置和几何尺寸。 非几何信息应包括：类型、材料、工程量等信息
砌体排布	砌体等。 几何信息应包括：准确的位置和几何尺寸及排布。 非几何信息应包括：类型、材料、工程量等信息
防水	防水卷材等。 几何信息应包括：准确的位置和几何尺寸。 非几何信息应包括：类型、材料、工程量等信息
二次结构	构造柱、过梁、止水反梁、女儿墙、压顶、填充墙、隔墙等。 几何信息应包括：准确的位置和几何尺寸。 非几何信息应包括：类型、材料、工程量等信息

续表

模型元素类型	模型元素及信息
预埋件及预留孔洞	预埋件、预埋管、预埋螺栓、预留孔洞等。 几何信息应包括：准确的位置和几何尺寸。 非几何信息应包括：类型、材料等信息
现浇混凝土结构节点	构成节点的钢筋、混凝土、型钢、预埋件等。 几何信息应包括：准确的位置和几何尺寸及排布。 非几何信息应包括：节点编号、钢筋信息（等级、规格等）、混凝土信息（材料信息、配合比等）、型钢信息、节点区预埋信息等

b.钢结构深化设计

钢结构深化设计中的二次设计模型、专业协调、碰撞检查与预留孔洞、预埋件深化设计、节点深化设计、钢结构平立面布置与构件拆分、工程量统计与报表汇总、施工安装模拟等宜用BIM技术。

钢结构深化设计BIM典型应用示意图，如图5-13所示。在钢结构深化设计BIM应用中，可基于施工图设计模型和设计文件、施工工艺文件进行碰撞检查，节点深化、孔洞预留及埋件深化设计，钢构件拆分，生成平立面布置图、深化设计图，统计汇总工程量报表，制作预制构件加工、施工安装文件。其中，节点深化设计主要内容是根据施工图的设计原则，对图纸中节点设计的施工可行性进行复核，并对复杂节点进行空间放样等。钢结构施工深化模型除应包括施工图设计模型元素外，还应包括钢结构二次设计模型、钢结构深化设计模型、预留孔洞、预埋件、节点、钢结构平立面布置、构件拆分、工程量报表等模型元素，其内容宜符合表5-32的规定。

钢结构深化设计BIM应用交付成果宜包含钢结构施工深化设计模型、模型的碰撞检查文件、施工模拟文件、深化设计图纸、工程量清单、复杂部位节点深化设计模型及详图等。

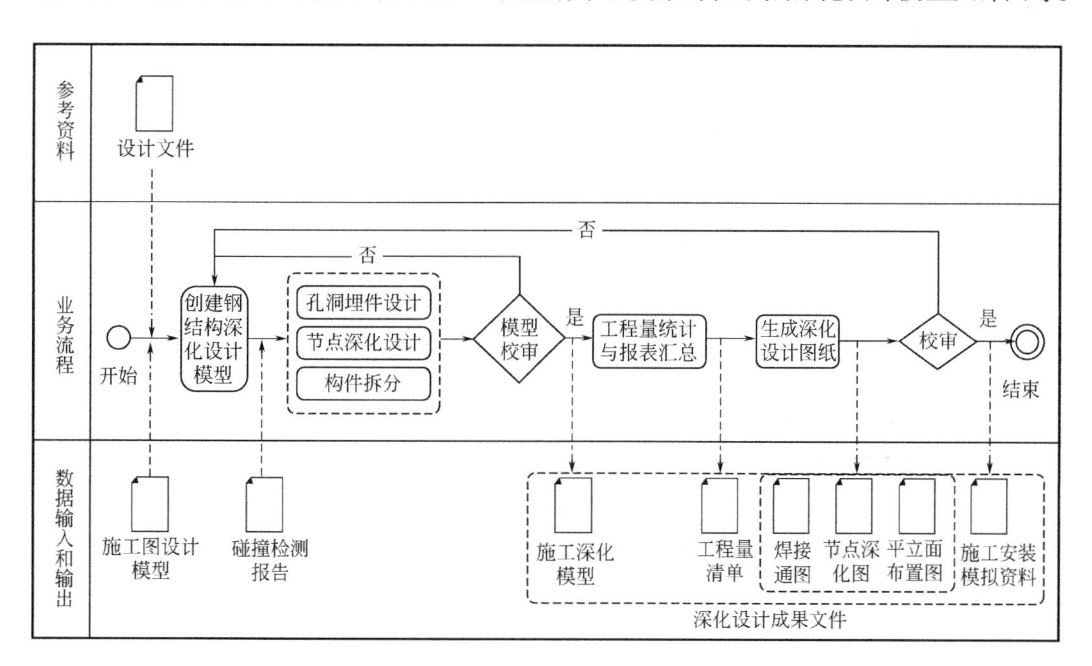

图 5-13 钢结构深化设计 BIM 典型应用示意图

表 5-32　钢结构深化设计模型元素及信息

BIM应用点	模型元素	模型信息
钢结构二次设计模型	平立面布置、预留孔洞与预埋件设计等	几何信息：结构高度、层数、区域划分等，构件标高、尺寸、位置、数量。 非几何信息：构件编号，构件类型、规格、名称、材质、工程量
专业协调碰撞检查	相关深化设计模型	几何信息：位置、编号、尺寸、标高等。 非几何信息：构件系统、类型，碰撞点位置、修改方式等
预留孔洞、预埋件设计	钢梁、钢柱、钢板墙、压型金属板等构件上的预留洞口、预埋件、预埋管、预埋螺栓等	几何信息：位置、尺寸、标高、数量等。 非几何信息：构件类型、名称、材质、规格、编号、工程量等
节点深化设计	钢结构节点及构造	几何信息：钢结构连接节点位置，连接板及加劲板的位置、尺寸现场分段连接节点位置，连接板及加劲板的位置、尺寸。 非几何信息：钢构件及零件的材料属性，钢结构表面处理方法，钢构件的编号信息
钢结构平立面布置、构件拆分	钢结构整体布置，构件分段、分节	几何信息：划分面积、尺寸，构件尺寸、标高、位置、数量。 非几何尺寸：构件形式、规格、名称、编号、材质、工程量等
工程量统计与报表汇总	工程量报表、深化设计元素等	几何信息：尺寸、位置、标高、数量等。 非几何信息：构件形式、名称、规格、材质、工程量等

c.机电深化设计

机电深化设计中的机电管线综合、设备机房深化、主体结构预留预埋、二次预留洞口深化、设备运输通道验证、支吊架设计、机电管线水力复核、机电管线预制加工深化、机电施工安装模拟等宜应用BIM。

机电施工深化设计BIM典型应用示意图，如图5-14所示。在机电深化设计BIM应用

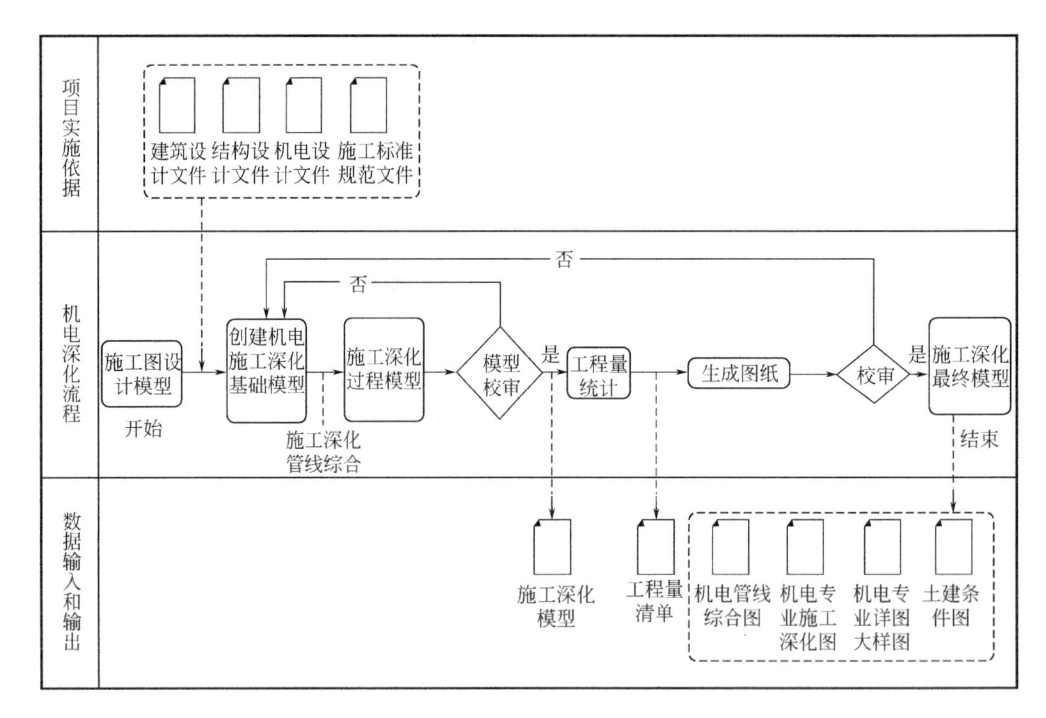

图 5-14　机电施工深化设计 BIM 典型应用示意图

中应充分发挥BIM技术的优势，高效、高质地完成机电管线综合优化、结构预留孔洞、复杂节点模拟、支吊架设计、加工分段、工料统计等工作。机电施工深化模型宜在施工图设计模型基础上，确定具体尺寸、标高、定位、形状、管道路由等，并应补充必要的专业信息和产品信息，其内容宜符合表5-33的规定。

机电深化设计BIM应用交付成果宜包含机电深化设计模型及图纸、设备机房深化设计模型及图纸、主体结构预留预埋、二次预留洞口图、支吊架加工图、机电管线深化设计图、机电施工安装模拟资料等。

表 5-33 机电施工深化模型元素及信息

专业	模型元素	模型信息
给水排水	给水排水及消防管道、管件、阀门、仪表、管道末端（喷淋头、水龙头等）、卫浴器具、机械设备（水箱、水泵、换器等）、管道设备支吊架、管道保温材料等	几何信息：(1) 尺寸大小、定位信息；(2) 管道材料、连接方式等。 非几何信息：(1) 规格型号、材质信息、技术参数等产品信息；(2) 系统类型、安装部位、安装需求、施工工艺等安装信息
暖通空调	风管、风管管件、风道末端、管道、管件、阀门、仪表、机械设备（制冷机、锅炉、风机等）、管道设备支吊架、风管保温材料等	
电气	桥架、桥架配件、电气线管、母线、机柜、照明设备、开关插座、智能化系统末端装置、机械设备（变压器、配电箱、开关柜、柴油发电机等）、桥架设备支吊架等	

d.预制装配式混凝土结构深化设计

预制装配式混凝土结构深化设计中预制构件拆分、预制构件设计、节点设计、预制构件现场存放设计、模拟装配等宜应用BIM。

预制装配式混凝土结构深化设计BIM典型应用示意图，如图5-15所示。在预制装配

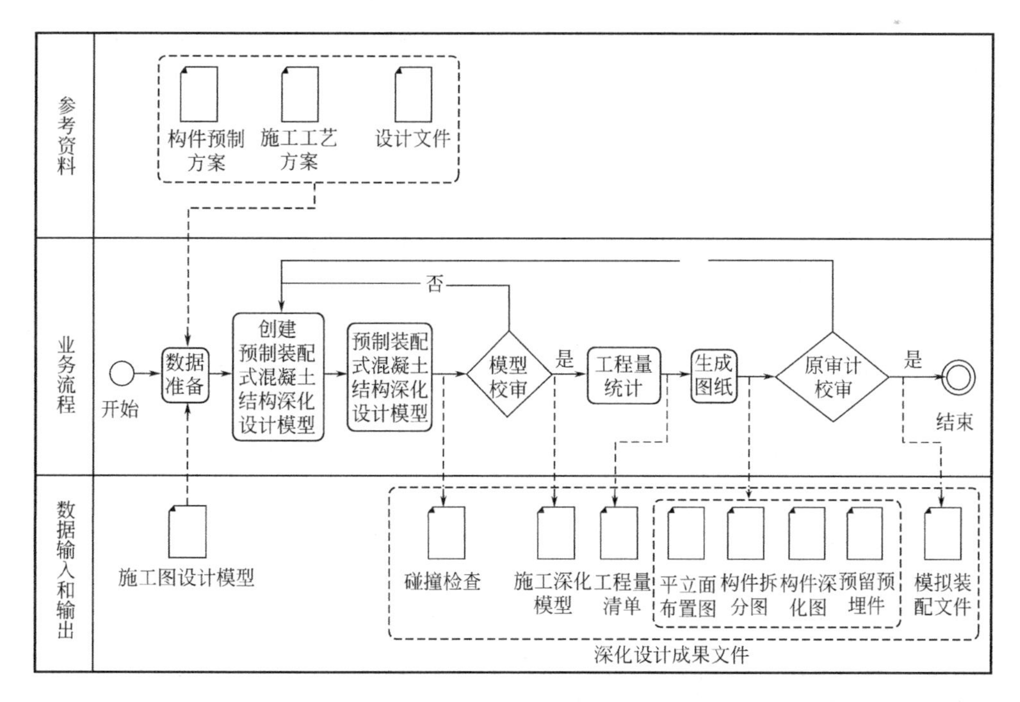

图 5-15 预制装配式混凝土结构深化设计 BIM 典型应用示意图

式混凝土结构深化设计BIM应用中，可基于设计文件，以及构件预制方案、施工工艺方案等创建深化设计模型，预制构件拆分、预制构件设计、节点设计、预制构件现场存放设计等设计工作，输出深化设计成果文件。预制装配式混凝土结构深化设计BIM应用交付成果宜包含装配式建筑施工深化模型、预制构件拆分图、预制构件平面布置图、预制构件立面布置图、预制构件现场存放布置图、预留预埋件设计图、模型的碰撞检查报告、预制构件深化图、模拟装配文件等。预制装配式混凝土结构施工深化模型除包括施工图设计模型元素外，还应包括预埋件和预留孔洞、节点、装配构件现场存放和临时安装措施等类型的模型元素，其内容宜符合表5-34规定。

表5-34　预制装配式混凝土结构深化模型元素及信息

模型元素类型	模型元素及信息
施工图设计模型包括的元素类型	施工图设计模型元素及信息
预埋件及预留孔洞	预埋件、预埋管、预埋螺栓、预留孔洞等。 几何信息应包括：准确的位置和几何尺寸。 非几何信息应包括：类型、材料等信息
预制装配式混凝土结构节点连接	节点连接的材料、连接方式、施工工艺等。 几何信息应包括：准确的位置和几何尺寸及排布。 非几何信息应包括：节点编号、节点区材料信息、钢筋信息（等级、规格）等、型钢信息、节点区预埋信息等
装配构件现场存放	装配构件、存放现场等。 几何信息应包括：准确的位置和几何尺寸及排布。 非几何信息应包括：装配构件编号、类型，存放现场类型、管理措施等
临时安装措施	装配式建筑安装设备及相关辅助设施。 非几何信息应包括：设备设施的性能参数、所属单位、检验资料等信息

② 预制加工BIM应用

建筑施工中的混凝土预制构件生产、钢结构构件加工、机电产品加工、钢筋工业化加工等工作宜应用BIM。预制加工生产应从施工深化模型中获取加工依据，宜在施工深化模型基础上完善预制加工模型，模型中应包含必要的预制加工信息。针对不同类型加工构件，参照相关编码标准建立预制加工构件数字化编码体系，制定预制加工工作流程。模型数据格式应与数控加工平台及模型兼容。交付预制加工构件时应提供完备的加工图表。预制加工构件应赋予唯一的条码、电子标签等电子标识，该标识信息应添加至加工模型元素一并交付。模型应包含预制加工构件的加工、仓储、物流运输、安装和使用等状态信息及必要的属性信息。

a. 钢结构构件预制加工

钢结构构件预制加工中钢结构预制加工模型、构件预制图纸、工艺工序设计与模拟、工程量统计、材料管理、生产管理、工期管理、质量管理、物流管理、成品管理等宜应用BIM。

钢结构构件预制加工BIM典型应用示意图，如图5-16所示。在钢结构构件预制加工BIM应用中，宜基于施工深化模型、设计文件、加工方案、工厂排产计划等资料，进行钢结构预制加工模型的应用及加工过程管理等工作。钢结构构件预制加工模型元素宜在施工

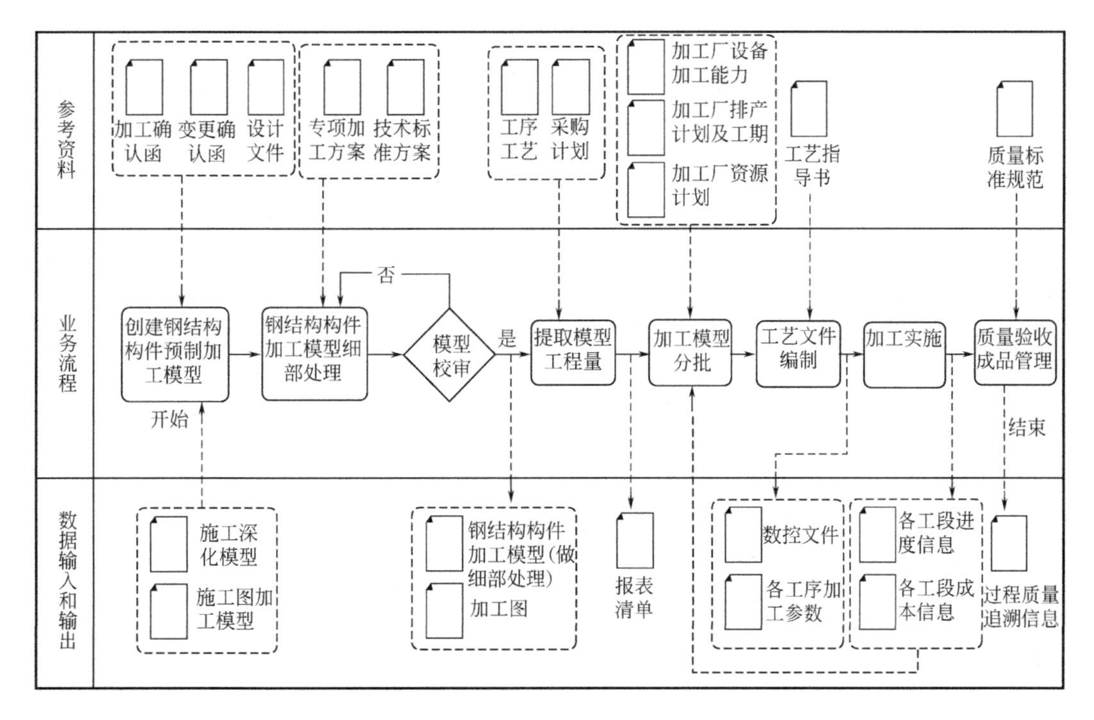

图 5–16　钢结构构件预制加工 BIM 典型应用示意图

图设计模型或施工深化模型元素基础上，附加或关联生产信息、预制加工设计、工序工艺设计、质检与成本管理、运输控制、生产责任主体等信息，其内容宜符合表5–35的规定。

钢结构构件预制加工BIM应用交付成果宜包含钢结构预制构件生产模型、构件加工预制图纸、加工文件、工艺工序方案及模拟动画文件、三维安装技术交底动画文件、工程量清单等内容。

表 5-35　钢结构构件预制加工模型元素及信息

模型元素类别	模型信息
施工图设计模型或深化设计模型	施工图设计模型或深化设计模型元素及信息
构件预制图纸	几何信息：零件长度、角度、数量等。 非几何信息：构件编号、位置、规格型号、模数、图纸编码、说明性通图、布置图、产品模块详图、大样图等
工艺工序设计与模拟	工程信息：毛坯和零件的形成、组合方式、加工方式、材料处理、机械装配等。工艺信息：加工文件、流程参数等
工程量统计	项目名称、项目代码、项目工程量汇总等
材料管理	规格、参照标准、材质、产品合格证明、进场检验与生产厂家复检情况
生产管理	工程量、数量、生产工期、生产批次、任务划分、实际生产进度等
工期管理	零构件工期、任务批次调整计划、具体生产批次等
质量管理	过程检测报告、生产批次质检信息等
物流管理	运输时间、运输路线、地点、距离、实时情况等
成品管理	入场记录、生产负责人与材料管理人员、班组人员信息。二维码、条形码、芯片与项目物联网管理相关联

b.机电构件预制加工

机电构件预制加工中预制加工模型、构件预制图纸、工艺工序设计与模拟、工程量统计、材料管理、生产管理、工期管理、质量管理、物流管理、成品管理等宜应用BIM。

机电构件预制加工BIM典型应用示意图，如图5-17所示。在机电构件预制加工BIM应用中，宜基于施工深化模型、设计文件、加工方案、工厂排产计划等资料，进行机电构件预制加工模型的应用及预制加工过程管理等工作。建筑机电产品宜按照其功能差异划分为不同层次的模块，模块编码应具有唯一性并建立模块数据库。机电构件预制加工模型元素宜在施工图设计模型或施工深化模型元素基础上，附加或关联生产信息、预制加工设计、工序工艺设计、质检与成本管理、运输控制、生产责任主体等信息，其内容宜符合表5-36的规定。

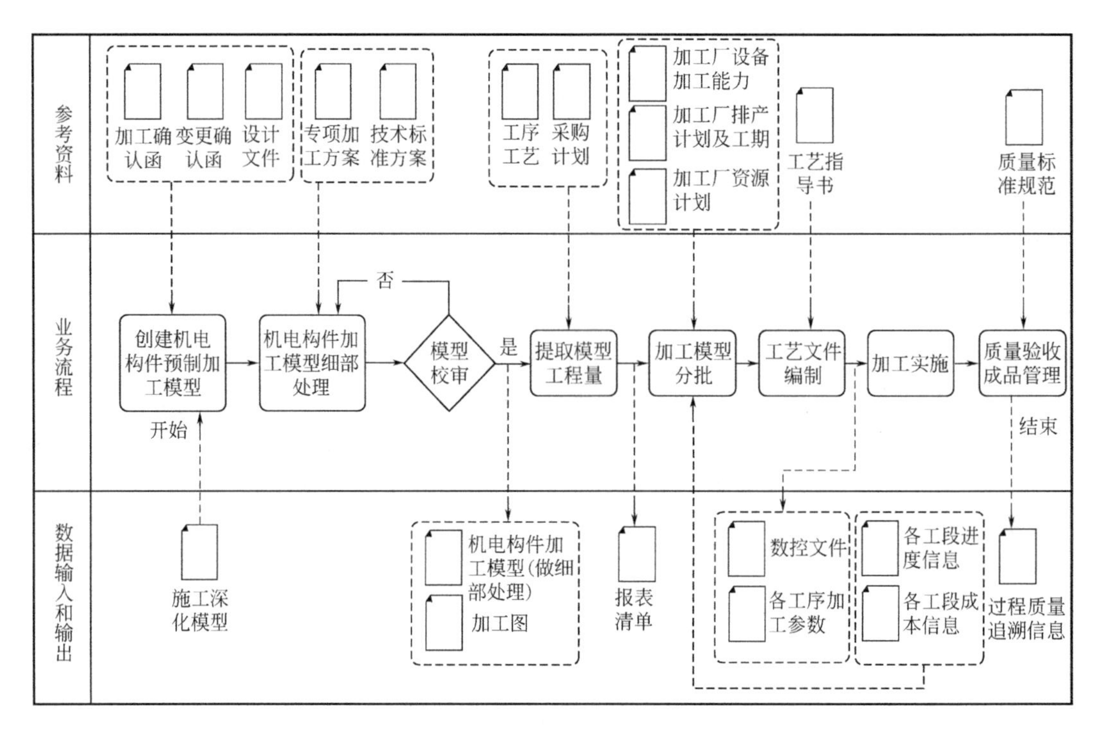

图5-17 机电构件预制加工BIM典型应用示意图

机电构件预制加工BIM应用交付成果宜包含机电预制构件生产模型、构件加工预制图纸、加工文件、工艺工序方案及模拟动画文件、三维安装技术交底动画文件、工程量清单等内容。

表5-36 机电构件预制加工模型元素及信息

模型元素类别	模型信息
施工图设计模型或深化设计模型	施工图设计模型或深化设计模型
构件预制图纸	几何信息：零件长度、角度、数量等。 非几何信息：构件编号、位置、规格型号、模数、图纸编码、说明性通图、布置图、产品模块详图、大样图等

续表

模型元素类别	模型信息
工艺工序设计与模拟	工程信息：毛坯和零件的形成、组合方式、加工方式、材料处理、机械装配等。工艺信息：加工文件、流程参数等
工程量统计	项目名称、项目代码、项目工程量汇总等
材料管理	规格、参照标准、材质、产品合格证明、进场检验与生产厂家复检情况
生产管理	工程量、数量、生产工期、生产批次、任务划分、实际生产进度等
工期管理	零构件工期、任务批次调整计划、具体生产批次等
质量管理	过程检测报告、生产批次质检信息等
物流管理	运输时间、运输路线、地点、距离、实时情况等
成品管理	入场记录、生产负责人与材料管理人员、班组人员信息。二维码、条形码、芯片与项目物联网管理相关联

c.混凝土预制构件生产

混凝土预制构件生产中装配式预制加工模型、构件预制图纸、工艺工序设计与模拟、工程量统计、构件生产、成品管理等宜应用BIM。

混凝土预制构件生产BIM典型应用示意图，如图5–18所示。在混凝土预制构件生产BIM应用，可基于施工深化模型和生产确认函、变更确认函、设计文件、生产计划等完成混凝土预制构件生产模型创建，形成所需资源配置计划、加工图和编码生产排产任务单，并在构件生产和质量验收阶段形成构件生产的进度、成本和质量追溯、三维安装指导等信息。混凝土预制构件生产模型可从施工深化模型中提取，与模具进行数据验证，并增加模

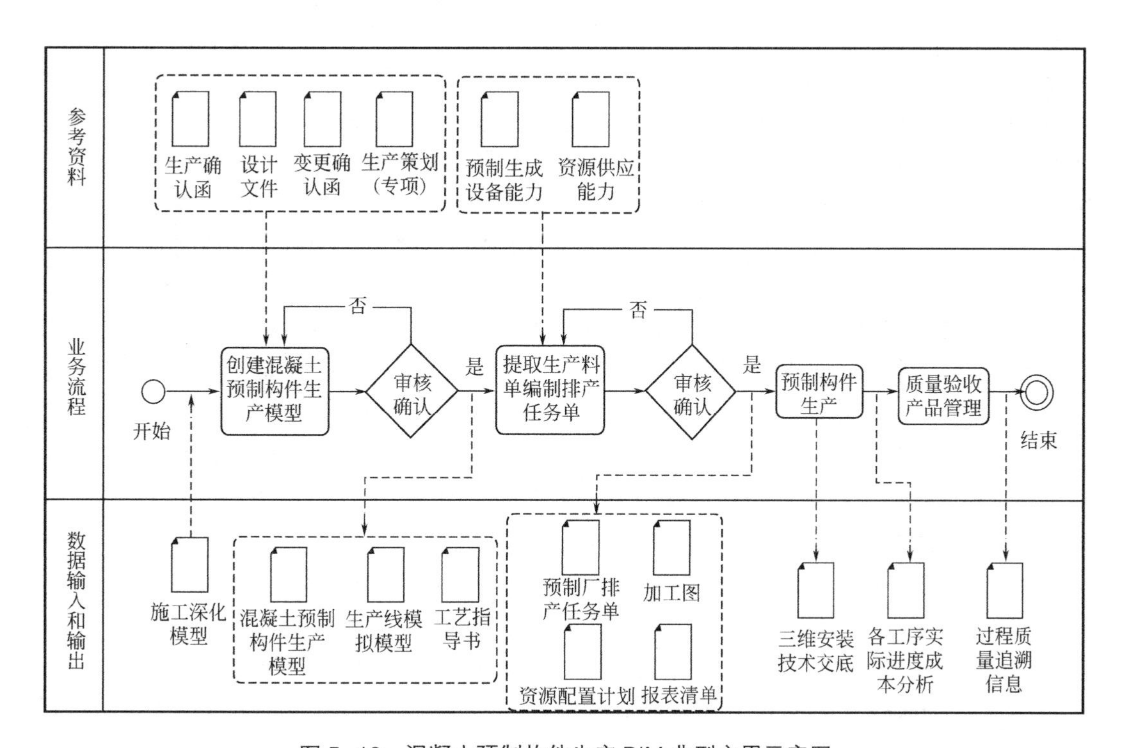

图 5–18　混凝土预制构件生产 BIM 典型应用示意图

具、生产工艺、生产计划等信息。宜根据设计图和混凝土预制构件生产模型，对钢筋进行翻样，生成钢筋下料文件、清单、编码及复杂节点三维安装指导信息，相关信息宜附加或关联到模型中。宜针对产品信息建立标准化编码体系，构件编码体系应与混凝土预制构件生产模型数据相一致，根据编码对出厂构件进行可追溯性控制。混凝土预制构件生产模型元素及信息宜符合表5-37的规定。

混凝土预制构件生产BIM应用交付成果宜包含混凝土预制构件生产模型、预制构件加工图、加工文件、工艺工序方案及模拟动画文件、三维安装技术交底动画文件、工程量清单等内容。

表5-37 混凝土预制构件生产模型元素及信息

模型元素类别	模型元素及信息
上游模型	深化设计模型
混凝土预制构件生产模型	增加的非几何信息包括：(1)生产信息：工程量、构件数量、要求工期、生产任务划分等；(2)构件属性：构件编码、材料、图纸编号等；(3)加工图：说明性通图、布置图、构件详图、大样图等；(4)工序工艺：支模、钢筋、预埋件、混凝土浇筑、养护、拆模、外观处理等工序信息，数控文件、工序参数等工艺信息；(5)构件生产质检信息、运输控制信息：二维码、芯片等物联网应用相关信息；(6)生产责任主体信息：生产责任人与责任单位信息，具体生产班组人员信息等

③ 项目进度、成本、质量、安全管理BIM应用

a.项目进度管理

在项目进度管理BIM应用中宜包含进度计划编制、进度计划优化、形象进度可视化、实际进度和计划进度跟踪对比分析、进度预警、进度偏差分析、进度计划调整等内容。

项目进度管理BIM典型应用示意图，如图5-19所示。在进度管理BIM应用中，可基于进度计划及施工模型创建进度管理模型进行进度优化，基于进度管理模型和实际进度信息完成进度对比分析，也可基于偏差分析结果调整进度管理模型。在创建进度管理模型时，应根据进度计划对导入的施工深化模型进行拆分或合并处理，并将模型与进度计划进行关联。在进度管理模型的基础上宜计算各计划节点的工程量，并在模型中附加工程量信息，并关联定额信息。附加或关联信息到进度管理模型时，应在每个进度计划节点附加进度信息，人工、材料、机械等定额资源信息宜基于进度管理模型与进度计划进行关联。应基于人工、材料、机械、工程量等信息对施工进度计划进行优化，并将优化后的进度计划信息附加或关联到模型中。应基于进度管理模型中的实际进度信息、进度计划和与之关联的资源及成本信息，对比和分析项目实际进度与计划进度，输出进度对比分析结果。应基于项目进度对比分析结果和预警信息对进度计划进行调整，并更新项目进度管理模型。总进度计划、各分段、分层进度计划、里程碑进度计划节点，以及相互之间的关联性，宜应用BIM技术进行表达、管理。进度管理模型宜在施工模型基础上，附加或关联进度计划、实际进度等信息，其内容宜符合表5-38的规定。

进度管理BIM应用成果宜包含下列内容：进度管理模型；进度优化结果；进度模拟成果；进度分析报告；进度预警报告；进度计划变更文档。

进度管理BIM软件应具有下列功能：接受、编制、调整、输出进度计划等；工程量计算和统计；将实际进度信息附加或关联到模型中；进度与资源优化；不同视图下的进度对比分析；进度预警；工程定额数据库；进度计划审批流程。

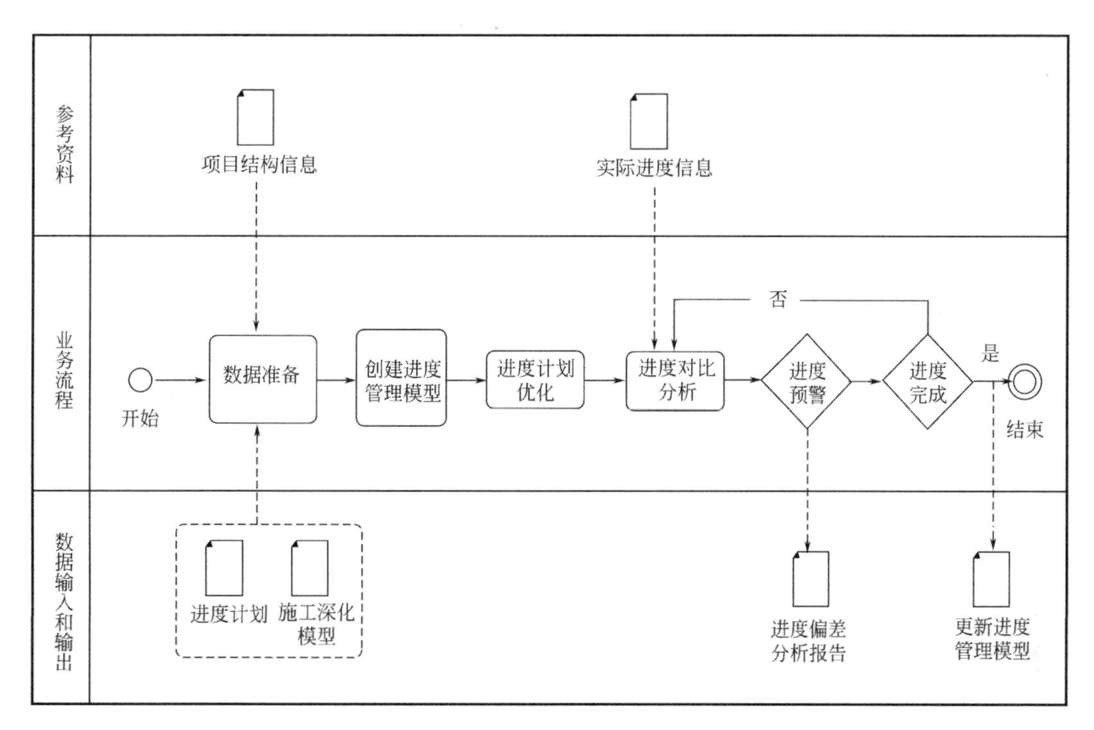

图 5-19　进度管理 BIM 典型应用示意图

表 5-38　进度管理中模型元素及信息

模型元素类别	模型元素及信息
上游模型	施工深化模型或预制加工模型元素及信息
数据准备	划分施工区段、进度计划编制划分为年度计划、季计划、月计划和周计划
进度管理模型	将项目分部、楼层以及施工分区的三维模型作为施工对象，赋予对应的施工活动和施工时间
实际进度信息	施工对象上将带有实际开工时间和实际完工时间
进度对比分析	周期内的施工内容、实际开工时间、实际完工时间与计划开工时间、计划完工时间的差值
进度预警	预警信息包括：编号、施工内容、日期等信息
更新进度管理模型	更新进度信息包括：编号、提交的进度计划、进度编制成果以及负责人签名等信息

b.项目成本管理

项目成本管理BIM典型应用示意图，如图5-20所示。在项目成本管理BIM应用中宜包含成本计划制定、进度信息集成、合同预算成本计算、三算对比、成本核算、成本分析等内容。应根据项目特点和成本控制需求，编制不同层次、不同周期及不同项目参与方的成本计划。在成本管理BIM应用中，应对实际成本中的原始数据进行收集、整理、统计和分析，并将数据信息附加或关联到成本管理模型中。在创建成本管理模型时，应按照项目成本管理要求，对导入的施工深化模型或预制加工模型进行检查和调整。进度信息集成时，应为相关的模型元素附加进度信息。成本管理模型应在施工模型的基础上，根据成本管理要求，附加或关联成本计划信息以及进度信息，其内容宜符合表5-39的规定。

成本管理BIM应用成果宜包含下列内容：成本管理模型；成本分析报告。

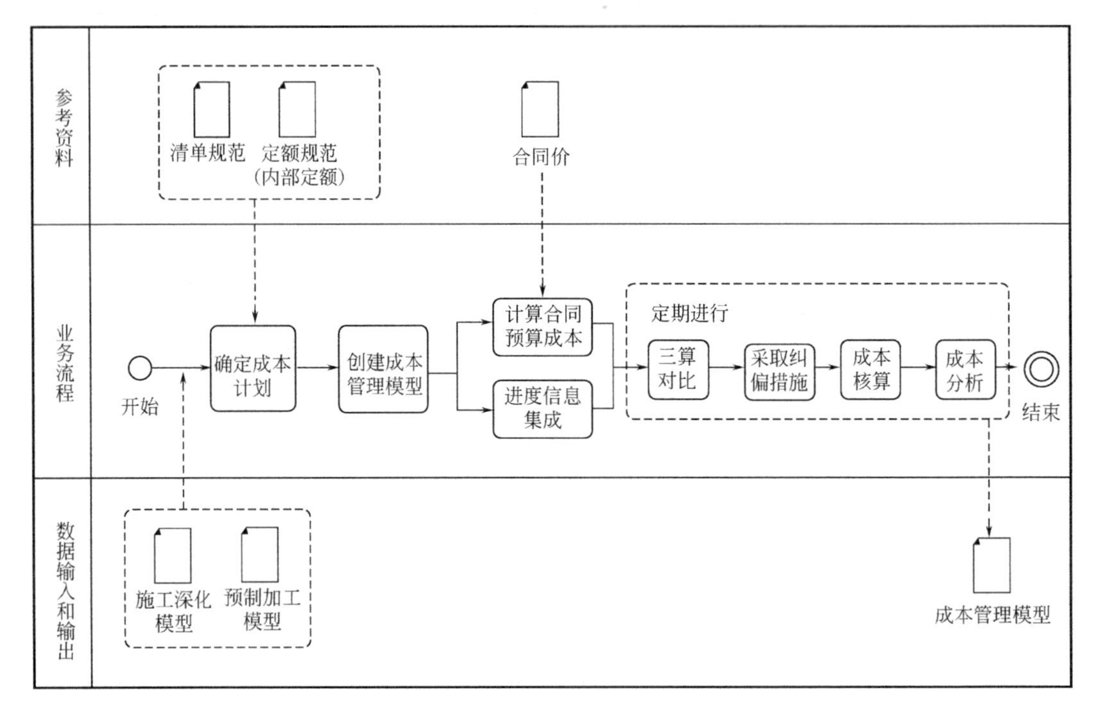

图 5-20　成本管理 BIM 典型应用示意图

成本管理BIM软件应具有下列功能：导入施工图预算；编制施工预算成本；编制并附加合同预算成本；附加或关联施工进度信息；附加或关联实际进度及实际成本信息；进行三算对比。

表 5-39　成本管理中模型元素及信息

模型元素类别	模型元素及信息
上游模型	施工深化模型或预制加工模型元素及信息
进度信息集成	时间内的施工进度计划、施工计划活动所消耗的人工、材料、机械台班费用，增加管理、税金、财务费等附加开支
三算对比	对比信息包括：人工、材料、机械台班、管理费等

c.项目质量管理

项目质量管理BIM典型应用示意图，如图5-21所示。在项目质量管理BIM应用中宜包含质量控制计划确定、质量样板、质量交底、质量验收计划确定、质量验收、质量问题处理、质量问题分析等内容。质量管理BIM应用应根据项目特点和质量管理要求，编制不同范围、不同周期的质量管理计划。在质量管理BIM应用过程中，应根据现场实际情况和施工计划，对质量控制点进行实时动态管理。在创建质量管理模型时，应对导入的施工深化模型或预制加工模型进行检查和调整。在确定质量验收计划时，宜利用模型对整个施工项目确定质量验收计划，并将质量验收检查点附加或关联到相关模型元素上。在质量验收和质量问题处理时，宜将质量验收信息和质量问题处理信息附加或关联到相关模型元素上。在质量问题分析时，宜利用模型按时间、位置、人员等对质量信息和问题进行汇总与

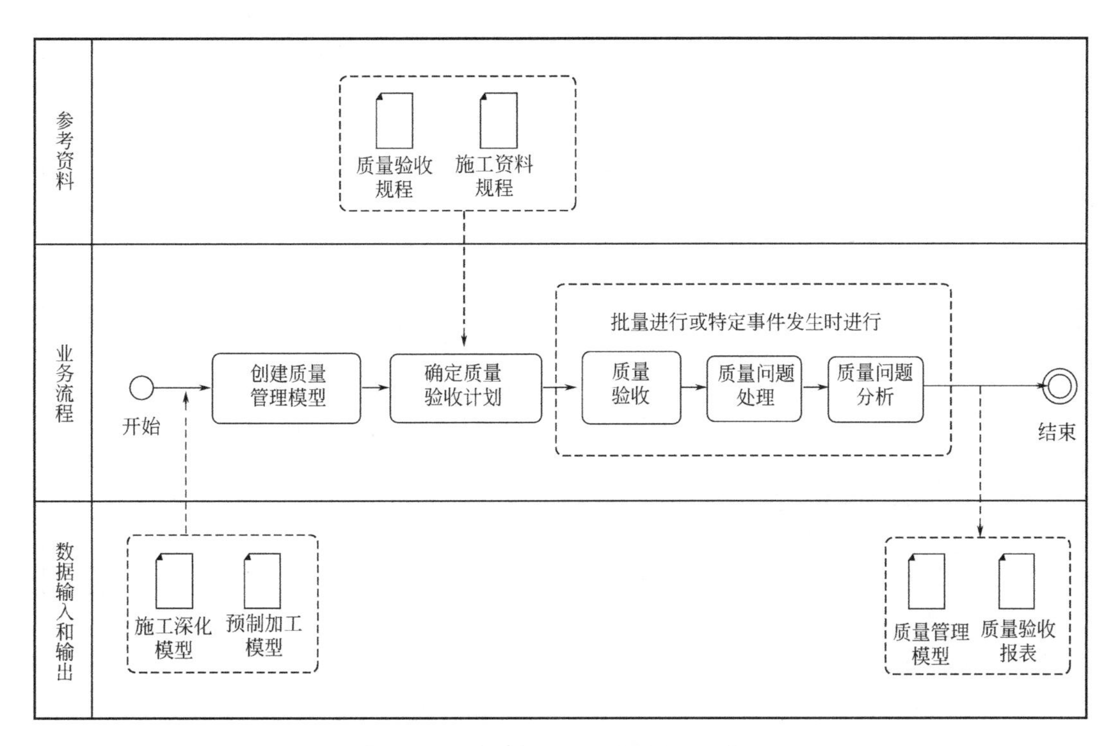

图 5-21　质量管理 BIM 典型应用示意图

分析。质量管理模型宜在施工模型基础上，根据质量验收要求，附加或关联验收检查点信息、质量验收信息和质量问题处理及分析信息，其内容宜符合表5-40的规定。

质量管理BIM应用成果宜包含下列内容：质量管理模型；质量验收信息；质量问题分析报告。

质量管理BIM软件应具有下列功能：根据质量验收计划，生成质量验收检查点；支持施工质量验收国家和地方标准；在相关模型元素上附加或关联质量验收信息、质量问题及其处置信息；支持基于模型的查询、浏览及显示质量验收、质量问题及其处置信息；输出质量管理需要的信息。

表 5-40　质量管理 BIM 典型应用示意图

模型元素类别	模型元素及信息
上游模型	施工深化模型或预制加工模型元素及信息
分部分项工程质量管理	分部工程、分项工程的划分符合现行国家标准《建筑工程施工质量验收统一标准》GB 50300的规定。非几何信息包括：（1）质量控制资料：原材料合格证及进场检验试验报告、材料设备试验报告、隐蔽工程验收记录、施工记录以及试验记录；（2）功能检验资料，各分项工程试验记录资料等；（3）观感质量检查记录，各分项工程观感质量检查记录；（4）质量验收记录：检验批质量验收记录、分项工程质量验收记录、分部（子分部）工程质量验收记录等

d.项目安全管理

项目安全管理BIM典型应用示意图，如图5-22所示。在项目安全管理BIM应用中宜包含安全方案策划、安全危险源识别、安全技术交底、危险性较大的分部分项工程模拟和比选、实施过程监控、安全隐患分析及事故处理等内容。在确定安全技术措施计划时，宜

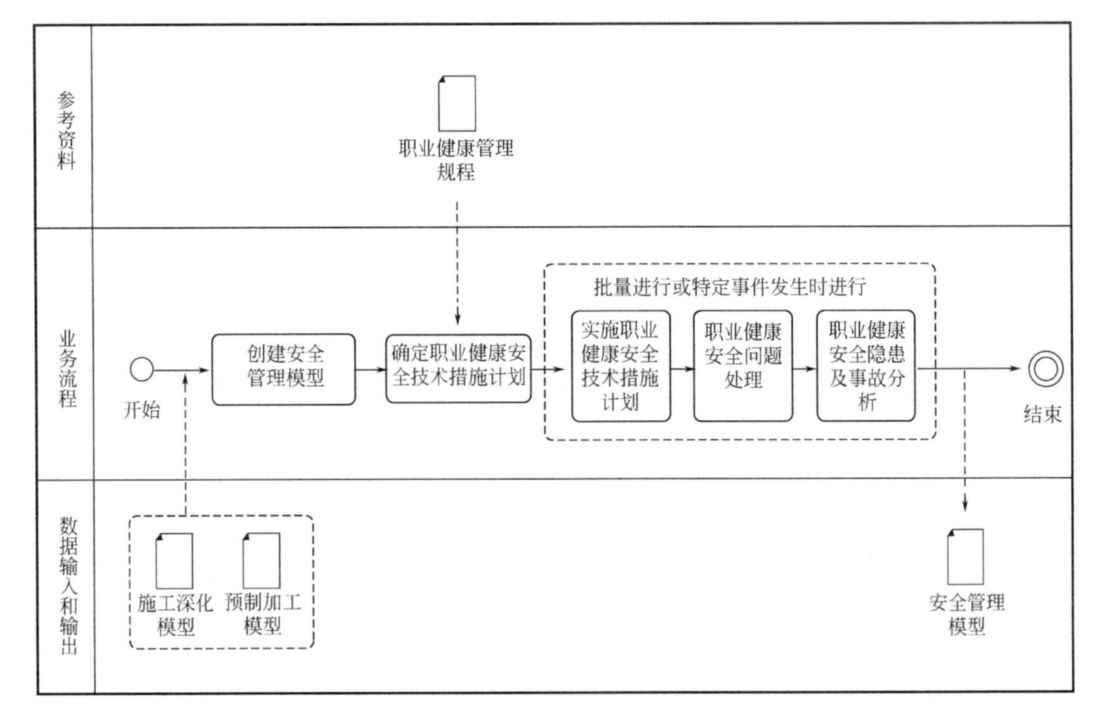

图 5–22　安全管理 BIM 典型应用示意图

使用安全管理模型辅助相关人员进行危险源辨识。在安全技术措施实施过程中，宜使用安全管理模型向有关人员进行安全技术交底，并将安全交底记录附加或关联到相关模型元素中。在处理安全隐患和事故时，宜使用安全管理模型制定整改措施，并将安全隐患整改信息附加或关联到相关模型元素中；当安全事故发生时，宜将事故调查报告及处理决定附加或关联到相关模型元素中。在分析安全问题时，宜利用安全管理模型按时间、部位等对安全信息和问题进行汇总和分析。安全管理模型宜在施工模型基础上，基于安全管理要求，附加或关联安全危险源、安全技术交底、安全隐患整改和安全事故调查报告及处理决定等信息，其内容宜符合表 5-41 的规定。

安全管理BIM应用成果宜包含下列内容：安全管理模型；安全管理信息；安全检查结果报表。

安全管理BIM软件应具有下列功能：根据安全技术措施计划，识别安全危险源；基于模型进行施工安全技术交底；附加或关联安全隐患、事故信息及安全检查信息；支持基于模型的查询、浏览和显示危险源、安全隐患及事故信息；输出安全管理需要的信息。

表 5-41　安全管理中模型元素及信息

模型元素类别	模型元素及信息
上游模型	施工深化模型或预制加工模型元素及信息
安全生产/防护设施	脚手架、垂直运输设备、临边防护设施、洞口防护、临时用电、深基坑等。几何信息包括：位置、几何尺寸等。非几何信息包括：设备型号、生产能力、功率等
安全措施	安全生产责任制、安全教育、专项施工方案、危险性较大的专项方案论证情况、机械设备维护保养、分部分项工程安全技术交底等

续表

模型元素类别	模型元素及信息
风险源	风险隐患信息、风险评价信息、风险对策信息等
事故	事故调查报告及处理决定等

④ 施工组织模拟、施工工艺模拟BIM应用

a.施工组织模拟

施工组织中的工序安排、资源配置、平面布置、进度计划等宜应用BIM。

施工组织模拟BIM典型应用示意图，如图5-23所示。在施工组织模拟BIM应用中，可基于施工图设计模型或深化设计模型和施工图、施工组织设计文档等创建施工组织模型，并应将工序安排、资源配置和平面布置等信息与模型关联，输出施工进度、资源配置等计划，指导和支持模型、视频、说明文档等成果的制作与方案交底。施工组织模拟前应明确施工组织模拟的目的，制订工程项目初步实施计划，形成施工顺序和时间安排。施工组织模拟宜根据模拟需要将施工项目的工序安排、资源配置和平面布置等信息附加或关联到模型中，并按照施工组织流程进行模拟；资源配置模拟应根据施工进度计划、合同信息及各施工工艺对资源的需求等，优化资源配置计划，实现资源利用最大化；平面布置模拟应根据工程特点、现场环境情况、资源组织和平面布置信息等，明确场地布置关系，优化场地布置安排；进度计划应根据施工总方案、资源供应条件、各类定额资料、合同文件、施工进度信息等，优化进度计划。

施工组织模拟BIM应用交付成果宜包括施工组织模型、施工模拟分析报告、可视化资料等，宜基于BIM应用交付成果，进行可视化展示或施工交底。

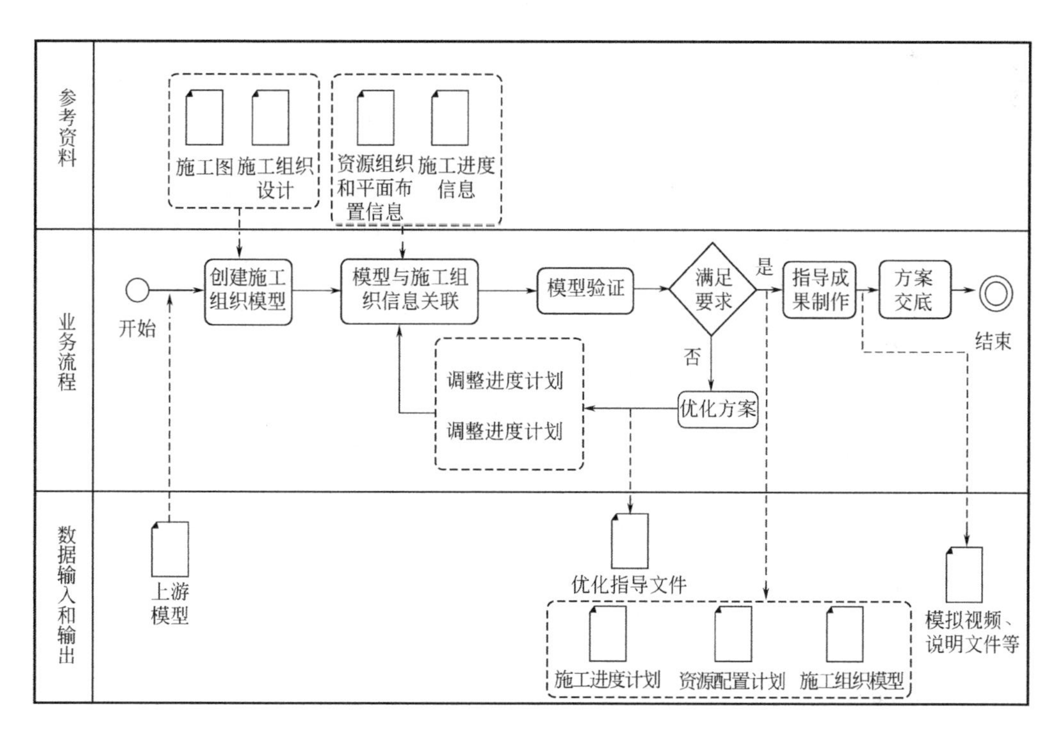

图 5-23 施工组织模拟 BIM 应用典型流程

b.施工工艺模拟

工程项目施工中的现场条件、施工顺序、复杂节点、技术重难点、安全类专项方案、危险性较大分部分项工程、新技术、新工艺等施工工艺模拟宜应用BIM。

施工工艺模拟BIM典型应用示意图，如图5-24所示。在施工工艺模拟BIM应用中，可基于施工组织模型和施工图创建施工工艺模型，并将施工工艺信息与模型关联，输出资源配置计划、施工进度计划等，指导模型创建、视频制作、文档编制和方案交底。

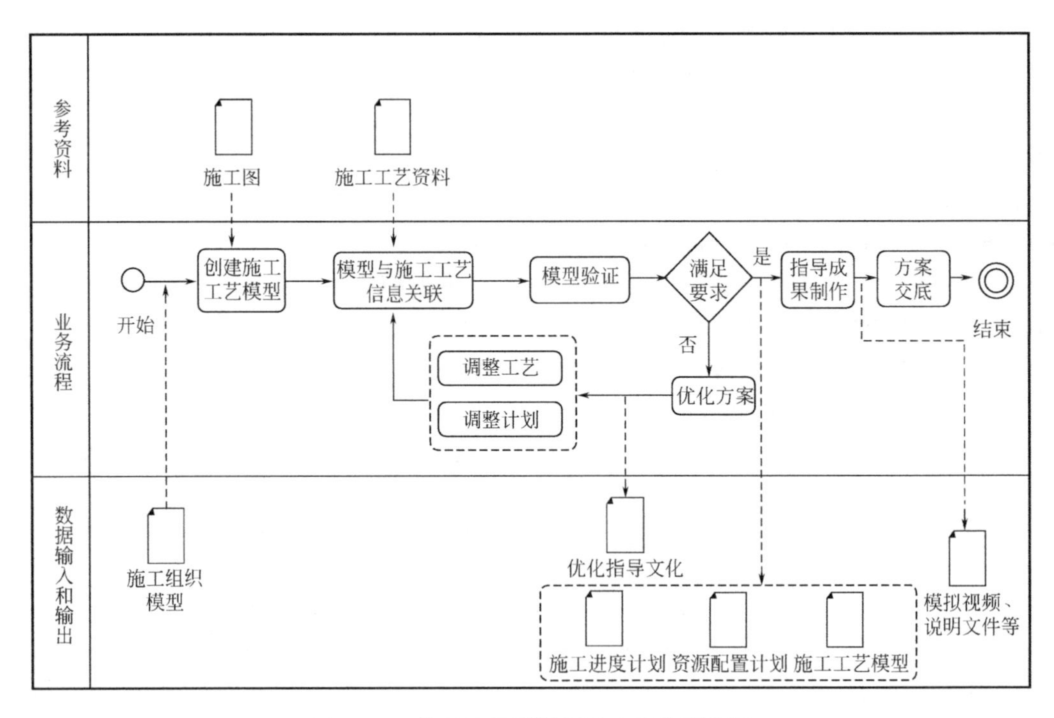

图5-24　施工工艺模拟BIM应用典型流程

在施工工艺模拟前应完成相关施工方案的编制，明确施工工艺模拟的目的、确认工艺流程及相关技术要求。施工工艺模拟模型可从已完成的施工组织模型中提取，并根据需要进行补充完善，也可在施工图、设计模型或深化模型基础上创建。施工工艺模拟前应明确模型范围，根据模拟任务调整模型，并满足下列要求：模拟过程涉及空间碰撞时，应确保足够的模型细度及工作面；模拟过程涉及与其他施工工序交叉时，应保证各工序的时间逻辑关系合理；对应专项施工工艺模拟的其他要求。在施工工艺模拟过程中，宜将涉及的时间、人力、施工机械及其工作面要求等信息与模型关联。在施工工艺模拟过程中，宜及时记录出现的工序交接、施工定位等存在的问题，形成施工模拟分析报告等方案优化指导文件。在施工工艺模拟过程中，宜根据施工工艺模拟成果进行协调优化，并将相关信息同步更新或关联到模型中。

施工工艺模拟BIM应用交付成果宜包括施工工艺模型、施工模拟分析报告、可视化资料、分析报告等。宜基于BIM应用交付成果，进行可视化展示或施工交底。

2）BIM4-2阶段交付规定

① 交付要求

BIM4-2阶段的交付要求如前BIM3阶段的交付要求。

② 交付内容

施工阶段应包含施工深化、施工过程、竣工验收等阶段，而施工深化、施工过程等阶段（即BIM4–2阶段）的交付物则应满足表5–42要求。

表 5-42　BIM4-2 阶段交付物

阶段	BIM应用成果	成果形式
BIM4–2	（1）现浇混凝土结构施工深化阶段交付物宜包含现浇混凝土结构施工深化模型、模型碰撞检查文件、施工模拟文件、深化设计图纸、工程量清单、复杂部位节点深化设计模型及详图等	模型、文档、图纸
	（2）钢结构施工深化阶段交付物宜包含钢结构施工深化设计模型、模型碰撞检查文件、施工模拟文件、深化设计图纸、工程量清单、复杂部位节点深化设计模型及详图等	模型、文档、图纸
	（3）机电深化设计阶段交付物宜包含机电深化设计模型及图纸、设备机房深化设计模型及图纸、二次预留洞口图、设备运输模拟报告、支吊架加工图、机电管线水利复核报告、机电管线深化设计图、机电施工安装模拟资料等	模型、文档、图纸
	（4）预制装配式混凝土结构施工深化阶段交付物宜包含预制装配式建筑施工深化模型、预制构件拆分图、预制构件平面布置图、预制构件立面布置图、预制构件现场存放布置图、预留预埋件设计图、模型碰撞检查报告、预制构件深化图、模拟装配文件等	模型、文档、图纸
	（5）钢结构、机电、混凝土预制加工阶段交付物宜包含预制构件生产模型、构件加工预制图纸、工艺工序方案及模拟动画文件、三维安装技术交底动画文件、工程量清单等	模型、文档、视频、图纸
	（6）施工组织模型、施工工艺模型、施工模拟相关分析文件、可视化资料、分析报告等	模型、文档
	（7）国家、河北省法律法规规定或合同约定的其他交付物	模型、文档、图纸、图片

5.3.6 BIM5

BIM5对应项目竣工验收阶段，该阶段对竣工BIM进行入库、预审以及发起多方联合验收，形成工程竣工信息模型。在验收合格之后完成BIM5电子归档。BIM5模型是发放竣工验收合格证和不动产登记证的基本依据。以下从BIM5阶段的BIM应用和交付规定两个方面进行阐述。

（1）BIM5阶段应用点

BIM技术在工程竣工验收阶段的应用点体现在模型整理和验收交付，实现对模型参数的检查及对施工过程模型进行动态调整。在竣工阶段，BIM技术针对施工结束之后需要维护项目以及具体参数将之前的模型进行分析，形成竣工模型，为竣工后的运营管理奠定基础。竣工验收阶段交付的工程竣工模型应作为运维阶段的上游模型，交付方应采取必要的措施减少超越使用需求的冗余信息，提高信息传递效率。

（2）BIM5交付规定

竣工交付阶段交付物应满足施工阶段竣工和归档数据整理的要求，其交付内容如表5–43所示。

表 5-43　BIM5 阶段交付内容

阶段	BIM应用成果	成果形式
BIM5 竣工验收阶段	（1）宜包含竣工验收模型及与模型相关联的验收形成的信息、数据、文本、影像、档案等	模型、文档、图片
	（2）国家、河北省法律法规规定或合同约定的其他交付物	模型、文档、图片

5.3.7　运维阶段

运维阶段在标准中主要对应竣工模型交付后的模型应用阶段，由于具体运维应用场景和雄安新区BIM0–BIM5的划分还在不断更新，因此运维阶段与新区BIM环节划分以及模型细度的对应关系参见后续新区规划建设要求。以下从运维阶段的BIM应用和交付规定两个方面进行阐述。

（1）运维阶段应用点

BIM技术在运维阶段的应用要点主要体现在以下五方面：设施设备管理、应急管理、资产管理、空间管理及节能减排管理。

1）设施设备管理

运维单位应在竣工模型基础上创建运维模型，并利用BIM运维模型辅助运维管理，实现对各种设施设备的统一管理，基于BIM的设施设备运行管理典型应用如图5-25所示。基于营运规划、设施设备耐用年限、使用频率等因素，运维单位应利用BIM运维模型统计各种设施设备实时状况，并使用管理平台制定短中长期的建筑物维护进程表。BIM运维模型应能够直观展示设备所处位置，实现三维可视化定位，并可挂接设备属性信息、运行监控信息、维保记录、资产信息、图纸信息、说明书等。复杂系统应在BIM运维模型上直观

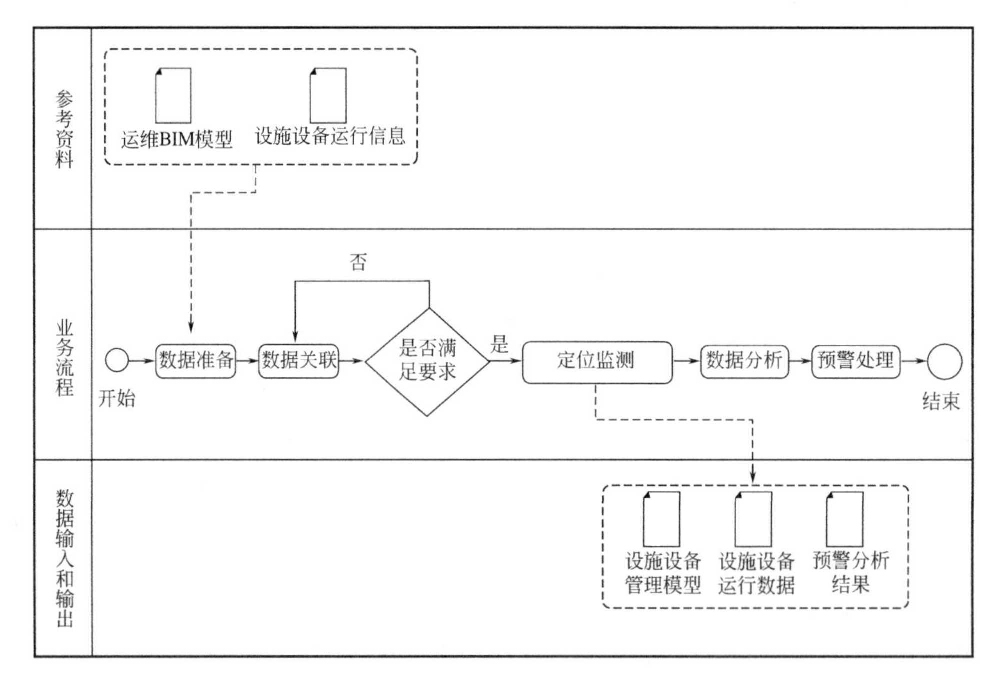

图 5–25　设施设备运行管理 BIM 典型应用示意图

呈现，并可查看单个系统或多个系统的管道和设备分布情况，可分别汇总展示设备信息和运行状态。运维单位应利用BIM运维模型数据汇总各级系统设备数量和运行情况参数，辅助设定系统控制参数及阈值，浏览查看二级系统模型。

2）应急管理

BIM运维模型应能辅助应急管理，运维单位可根据BIM运维模型进行防灾规划，主要包括突发事件预防、警报和处理等，应急管理BIM典型应用如图5-26所示。在紧急状况发生时，BIM运维模型应能为救援人员及时提供重要的建筑参数，并以可视化形式呈现关键信息，提高紧急反应有效性。在消防事件中，应急管理系统通过喷淋感应器感应着火信息，在BIM信息模型界面应能自动触发火警警报，着火区域的三维位置可进行定位显示，控制中心可通过模型信息掌握周围环境和设备情况，为及时疏散人群和处理火情提供重要信息。

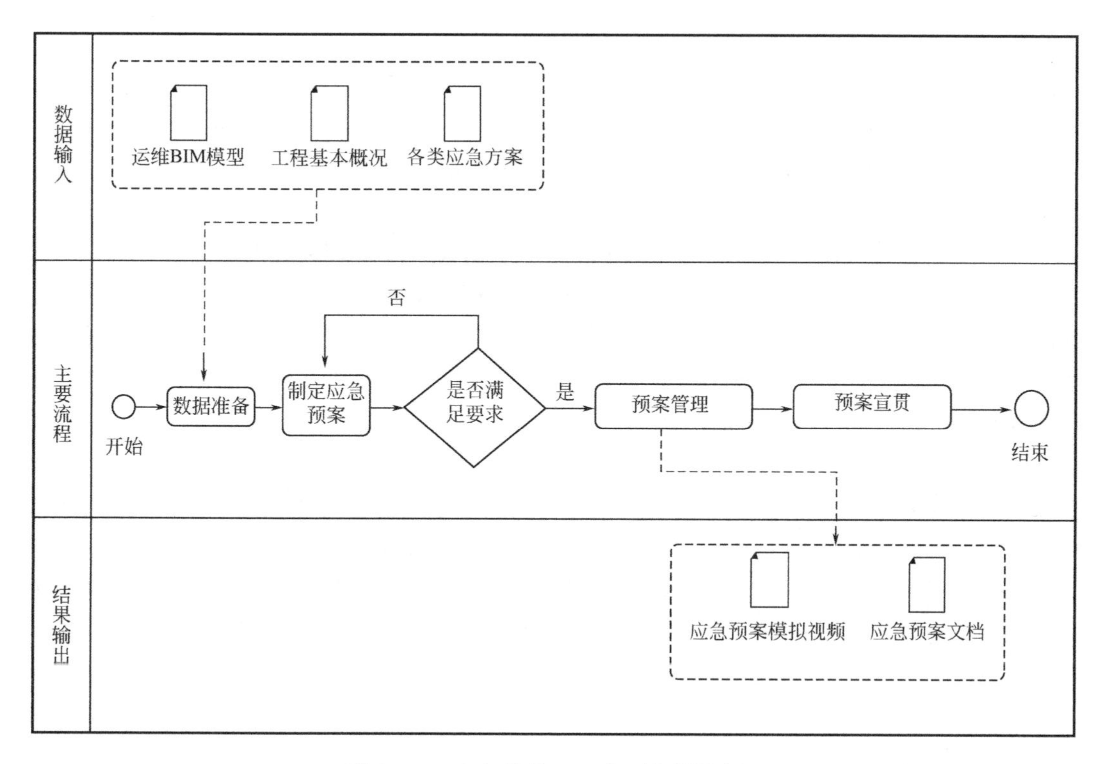

图 5-26　应急管理 BIM 典型应用示意图

3）资产管理

BIM运维模型应能协助组织进行建筑设施设备资产管理工作。业主可利用BIM运维过程模型中的实时数据，确定建筑资产置换或更新对成本方面的影响，从而做出新增、维护、使用、更新、报废等决策，基于BIM运维模型的工程资产管理典型应用如图5-27所示。

4）空间管理

BIM运维模型应能协助运维单位做出合理的空间调动与管控。BIM运维模型应能辅助管理团队分析现有的空间利用情况，追踪业主变动信息。

5）节能减排管理

通过BIM+物联网技术，运维单位应对日常能源消耗情况进行实时监控，节能减排。

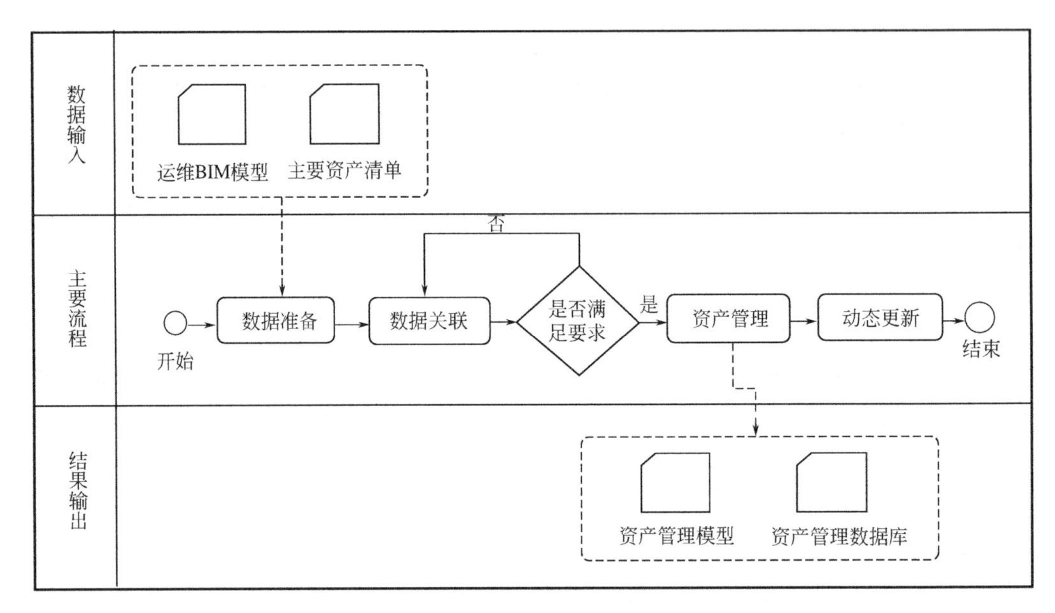

图 5-27　资产管理 BIM 典型应用示意图

运维单位应安装具有传感功能的电表、水表、煤气表等，结合BIM运维模型实现建筑能耗数据的实时采集、传输、统计、分析等功能。BIM+物联网设备应实现室内温度、湿度等数据的远程监测，并将数据实时传输至建筑运维管理平台进行分析，及时调节相关设备参数，保证节能运行管理。运维管理平台宜结合模型对能源消耗情况进行自动统计分析，并对异常能源使用情况进行警告或标识。

（2）运维阶段交付规定

运维阶段交付物宜在施工阶段竣工交付物的基础上形成，并交付给运维接收方，交付物应满足完整性、准确性和一致性的要求，应与竣工后建筑物几何尺寸与非几何尺寸信息一致，且交付工作应与工程移交同步进行；运维阶段交付物的模型及与其关联的数据、文本、文档、影像等信息应满足日常巡检、维保管理、定期维修、突发事件处理、能源管理、空间管理、资产管理的要求；运维阶段交付物格式应具有较强兼容性，应方便运维阶段软件或平台的运行、信息与数据的提取及存储，且应说明运维阶段交付物宜搭载的软件或平台类型；运维阶段交付物的建筑信息模型应进行衔接整合，应将相关方的运维模型、数据、文档等信息按照约定交付形式或方案进行收集、整理、转换，并建立相应关联关系。其交付内容如表5-44所示。

表 5-44　运维阶段交付内容

阶段	BIM应用成果	成果形式
运维阶段	（1）运维模型及与模型相关联的主要构件、设施、设备、系统的设备编号、系统编号、组成设备、使用环境、资产属性、管理单位、权属单位等运营管理信息的文档	模型、文档
	（2）与模型相关联的使用手册、说明手册、维护资料等文档，并包含维护周期、维护方法、维护单位、保修期、使用寿命等维护保养信息	文档
	（3）国家、河北省法律法规规定或合同约定的其他交付物	模型、文档、图纸、图片

5.4 雄安数据标准——XDB

5.4.1 数据标准在雄安数字建造中的作用与重要性

数字建造是打造雄安数字孪生城市过程中不可或缺的手段，而数字孪生城市是以数据为核心驱动的，数字孪生城市的运行需要依照区域级、单体建筑级、空间级和构件级应用场景灵活调用数字建造数据。由此可以看出，数字建造过程中需要建立一个统一的数据底层，而城市信息模型（CIM）作为数字孪生城市的操作系统，是建立数据底层的有效途径，可以完成对海量的多源异构数据的采集、融合、存储、服务为一体的数据治理。数据标准是指企业为保障数据的内外部使用和交换的一致性和准确性而制定的规范性约束，统一的数据标准是对海量多源异构数据进行采集、融合、存储和服务的前提。数据标准的内容对应着海量多源异构数据采集、融合、存储和服务四个环节，保证城市管理各行业的数据汇聚共享，使城市实现从宏观到微观、从地上到地下、从过去到未来的多场景展示和分析，更好地发挥对建设全覆盖、全要素、综合服务的数字孪生城市的基础作用。

具体来说：①与数据分类与构成相关的标准、与数据采集相关的标准（比如雄安新区制定的区域标准《数据资源采集标准》）保证数据的综合采集，实现数据的多源汇聚；②与数据融合相关的标准保证数据的融合，解决数据的异构性，形成标准化的数据库；③与数据存储与更新相关的标准（比如雄安新区制定的区域标准《数据资源处理标准》《数据存储管理规范》等）保证数据的存储，解决数据的存取需求；④与数据共享与服务相关的标准（比如雄安新区制定的区域标准《数据服务标准》《数据开放共享管理规范》等）保证数据的服务，实现数据安全、稳定、高效共享。

因此，推广完善的数据标准，建立跨平台可用的数据格式对于数字建造过程中数据的打通至关重要。目前国际上常用的通用数据格式有工业基础类（IFC）、OGC标准等，为了从根本上确保数据汇聚的安全问题，中国要有一套完全自主的属于中国的通用数据标准。而雄安新区作为中国的千年大计、国家大事，也是在全国范围内首次提出“数字孪生城市”概念的地区，需要有一整套以XDB为代表的数据标准体系，实现从核心引擎到上层应用的完全国产化。

5.4.2 XDB标准编制的背景

数字孪生城市与雄安新区的实体城市同步规划、同步建设，代表了完整的环境和过程状态。数字建造作为打造雄安数字孪生城市过程中不可或缺的手段，最终要实现现状空间（BIM0）-总体规划（BIM1）-详细规划（BIM2）-设计方案（BIM3）-工程施工（BIM4）-工程竣工（BIM5）六个阶段数据的打通，也要实现大场景的GIS数据-小场景的BIM数据-微观物联网IoT数据的打通。在实现过程中，雄安新区需要有一整套完全自主的数据标准体系，且建造过程中数据的多源异构性、海量增长特点以及基于大数据的服务体系的多层次特点都将推动XDB标准的编制。

（1）数字建造数据的多源异构性催生XDB标准的编制。首先是数字建造数据的多源特点：①纵向来说，CIM数据来源于不同阶段，新区从规划设计、建设直到运行和管理阶段的数据，都是以时空为框架进行融通治理；②横向来说，CIM数据涵盖建筑、交通、电力、市政、环卫、林业、燃气、热力、湿地、水利、通信、园林、地质等不同行业，这些数据都要实现在同一平台上的共同运行。其次不同类型的数据还会涉及不同的操作软件，比如涉及的软件会有Revit、Navisworks、PKPM-BIM等，这些软件的数据格式也会存在差异。由此看来，如何将这些不同来源不同格式的异构数据融通起来，形成一种开放式的、标准化的数据格式，推动了XDB标准的编制。

（2）数字建造数据的海量增长催生XDB标准的编制。城市信息模型（CIM）包含建筑信息、地理信息、人口经济信息、物联网信息、审批管理信息等各种数据，未来CIM将面临PB级以上的数据存储与分析工作。其中数据量较大的是建筑信息，对单一建筑的BIM模型来说，少则有几GB的大小，若大到整个城市都要BIM建模，必然会涉及数据的几何级别增长[324]，因此需要进行模型信息的删减优化，制定模型的轻量化标准至关重要。而且CIM包含的数据是对城市历史、现状、未来信息的综合，因此需要对数据持久化存储，数据格式的可持久存储功能也至关重要。这些都推动了XDB标准的编制。

（3）新区多层次的基于大数据的服务体系催生XDB标准的编制。基于时空基础数据、资源调查数据、规划管控数据、工程建设项目数据、公共专题数据、物联网感知数据等不同类型的数据，CIM平台对接智慧征拆迁、智慧电网、智慧运营、智慧园林、智慧水务、智慧建管等多行业系统，汇聚多方数据，为城市规划、建设、管理提供大数据支撑[325]。而且这些数据也服务于政府、企业、个人等城市多元主体，如何使各主体高效获取数据并参与到数据汇聚过程中，推动了XDB标准的编制。同时，在数据使用、传输和共享的过程中还会存在一系列安全问题，如何依据信息安全相关的标准保证城市信息安全也是推动XDB标准编制的动力之一。

5.4.3 XDB标准的构架

（1）XDB体系架构

雄安规范中XDB是雄安新区规划建设BIM管理平台数字化交付数据标准，是雄安新区为建设数字城市而制定的数字化标准。雄安新区XDB按专业划分，每个专业对应一个XDB，每个XDB数据库都包含不同的表格。雄安新区XDB体系架构示意，见图5-28，其从大向小，逐步细化，建立不可划分的细节XDB基本组件。

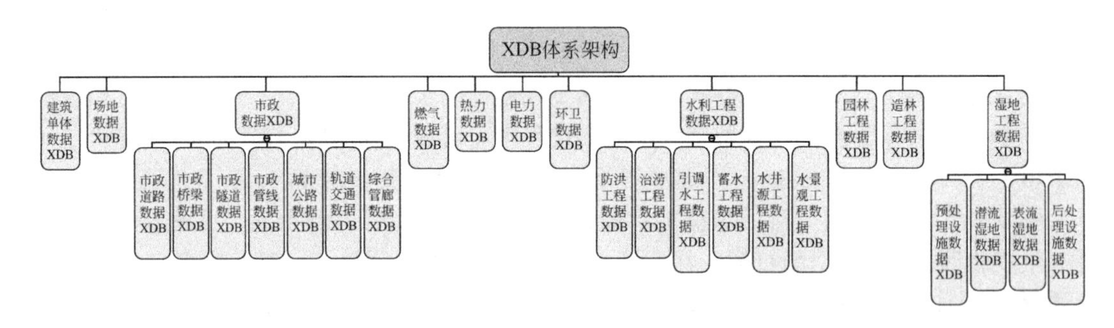

图5-28　雄安新区XDB的体系架构

(2) XDB数据架构

XDB的基本单位是元素，元素描述了数据集中一条模型数据所包括的内容，如一个门构件为一个元素，一个墙构件为一个元素。元素主要包括了基本属性数据、专业属性数据、扩展属性数据、显示几何等。元素之间的相互关联关系用模型关联关系来描述，如楼层与构件的关联关系、组与构件的关联关系等，其数据架构如图5-29所示。

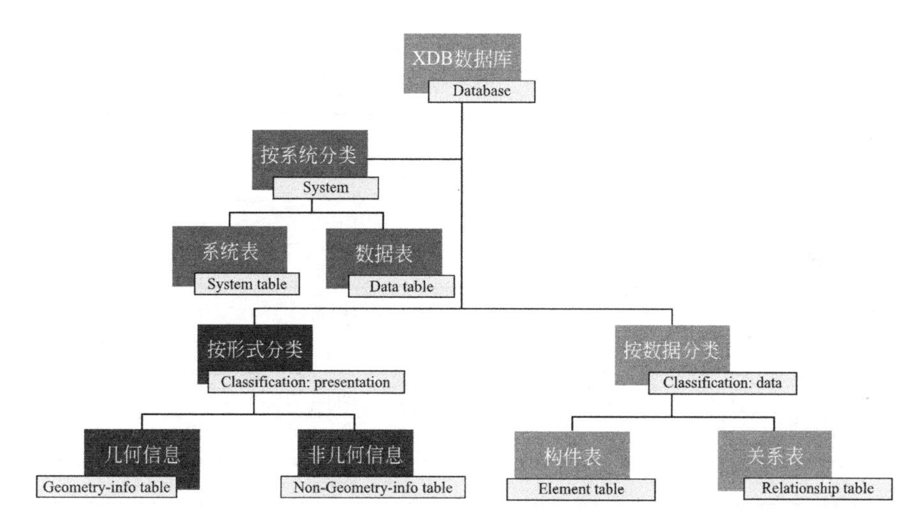

图5-29 雄安新区XDB的数据架构

在雄安新区规划建设BIM管理平台上交付的报建审查文件中，模型文件与XDB文件为主要交付文件，其他结果文件可以用作辅助文件。其中XDB文件信息数据应包括：XDB信息、XDB内部数据信息、XDB引用文件信息、XDB字典表，如表5-45~表5-48所示。

表5-45 XDB信息表

字段名称	字段描述	字段类型	是否可空
id	项目中ID	long	否
guid	对象唯一ID	string	否
userlable	备注	string	是
softwareName	模型生成软件名称	string	否
softwareNo	模型生成软件版本	string	否
verticesUnitType	顶点单位	enum	否

表5-46 XDB内部数据信息表

字段名称	字段描述	字段类型	是否可空
id	项目中ID	long	否
guid	对象唯一ID	string	否
userlable	备注	string	是

续表

字段名称	字段描述	字段类型	是否可空
versionName	XDB版本名称	string	否
versionNo	XDB版本编号	string	否
xdbType	XDB类型	enum	否

表 5-47　XDB 引用文件信息表

字段名称	字段描述	字段类型	是否可空
id	项目中ID	long	否
guid	对象唯一ID	string	否
userlable	备注	string	是
name	名称	string	否
type	类型	string	否
version	版本	string	否
domain	专业	enum	否
storeyId	楼层id	long	是
content	内容	binary	否

表 5-48　XDB 字典表

字段名称	字段描述	字段类型	是否可空
id	项目中ID	long	否
guid	对象唯一ID	string	否
userlable	备注	string	是
name	名称	string	否
value	值	string	否
enumName	描述	string	否

（3）XDB校验内容架构

XDB数据文件最核心的作用是校验数据信息。根据《雄安新区规划建设BIM管理平台数字化交付数据标准》，制定了13项校验规则，自检工具按照这些规则，对XDB数据进行逐项校验，得出通过或不通过的结论，并生成校验报告，提供给XDB数据开发人员，为评价分析XDB数据符合需求的程度以及存在的问题和需要改进的方面提供参考和依据。需要校验的XDB类型包括建筑单体、总图、地上道路、地下道路、市政管线、综合管廊、管线工程、公路。图5-30列出了13项校验规则以及每种规则适用的XDB类型（√代表需要校验，×代表不校验）。

5.4.4　XDB数据标准的特点

雄安新区通过自主创新，支持各类BIM软件，公开数据库，并统一数据标准，建立基于BIM技术、模型交付标准及评估标准体系，将各种主流软件生成的BIM模型统一为XDB

XDB类型 / 校验规则	建筑单体	总图	地下道路	地上道路	市政管线	综合管廊	管线工程	公路
坐标范围校验	√	√	√	√	√	√	√	√
表结构校验（表不存在）	√	√	√	√	√	√	√	√
空表校验	√	√	√	√	√	√	√	√
几何校验	√	√	√	√	√	√	√	√
空值校验	√	√	√	√	√	√	√	√
枚举校验	√	√	√	√	√	√	√	√
唯一性校验	×	√	×	×	×	×	×	×
构件与几何关系校验	√	√	√	√	√	√	√	√
构件与组关系校验	×	×	×	√	√	√	√	√
构件与楼层关系校验	√	×	×	×	×	×	×	×
链接XDB路径校验	×	√	×	×	×	√	×	×
数据有效性校验	√	√	√	√	√	√	√	√
其他（道路编号/管廊编号与所属道路/管廊信息不一致）	×	×	×	√	×	√	×	√

图 5-30　XDB 类型与校验项目

格式审查模型，并对模型权限进行分级和标记，且不能被篡改，XDB数据标准特点可总结为图5-31所示的三个方面。

（1）自主创新

雄安新区在国内率先提出了贯穿数字城市与现实世界映射生长的建设理念和方式，并自主构建了以XDB为代表的一整套数据标准体系，实现了从核心引擎到上层应用的完全国产化，技术自主可控。基于国产自主安全体系，探索规建管应用级数据和平台的全开放试点，满足不同人群对平台的需求。在目前各行业应用端软件核心引擎基本为外国持有的情况下，基于这套完全自主的数据标准（数据格式），可以从根本上确保平台数据集合的

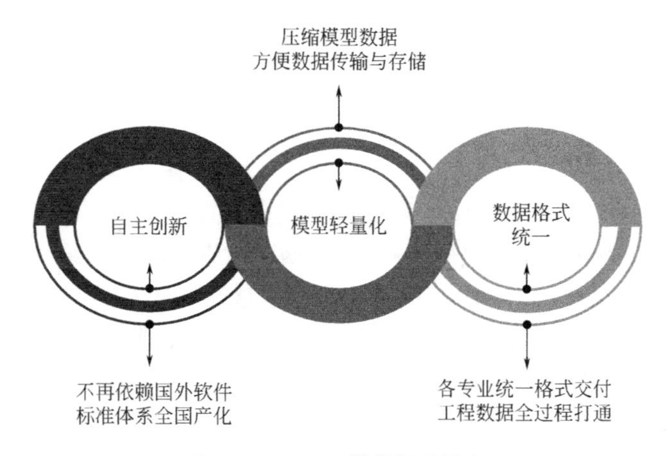

图 5-31　XDB 数据标准特点

数据安全问题。且在国内BIM/CIM领域实现了全链条应用突破，具有领先性与示范性。平台各系统的运行稳定可靠，将助力雄安数字孪生城市进一步完善提升。

另外，为验证数据的准确性，雄安规划建设局专门定制开发数据导出XDB校核程序，对数据进行批量查验。其中重要建筑指标通过服务器自行运算得出，人为干预很少，真正实现了BIM数据的自动审批。

（2）模型轻量化

雄安新区在XDB的功能设计考虑到模型数据能够实现轻量化，以更加方便后续传输和储存这一需求，故将从BIM软件中导出的结果采用.xdb文件的形式保存。首先相对于xml文件来说，.xdb文件以json为内核，表格数据显得更加整洁，通过SQLite等软件即可方便查看导出数据，同时json作为轻量级数据格式在编写、传输以及解析时都非常高效，涉及模型数据的传输时，以该格式储存的数据通过压缩技术能够节约传输模型带来的带宽成本。雄安新区以.xdb作为中间文件，编写模型轻量化导出程序，以压缩模型数据，减少图像引擎在解析文件时内存的占用量，实现BIM模型的轻量化，并确定了该中间文件的保真性。雄安新区的XDB数据库存储可以采用通用的数据库格式文件，例如SQLite、MySQL等，以.xdb文件的形式实现了XDB数据的持久化存储及交换，并在数据交换过程中，保证了数据安全性和数据完整性。

（3）数据格式统一

BIM应用的核心是信息的传递与利用，涉及不同参与方、不同设计专业、不同项目阶段以及不同软件之间的数据交换与协同。BIM文件是空间对象与数据之间的桥梁，必须在统一的编码、存储与交换标准下，才能发挥其最大的作用。雄安新区以XDB这一开放且唯一的数据格式，统一了各行业数据格式，涵盖规划、地质、建筑、市政、园林绿化、城市家具等多领域，保证了各专业交付成果中统一的名称标记、统一的数据标记、统一的单位、统一的坐标体系，实现了多软件共享格式、多领域公开应用，全面提升平台的灵活度、适用性和安全性。

雄安新区明确以XDB作为雄安新区规划建设BIM管理平台的统一交付标准，用公开、标准的数据库格式记录各行业交付的BIM数据，以保证后续应用中对BIM数据的无损读取，并明确了BIM模型所需填写的所有数据条目，以此支撑新区数字化、智能化工程建设审批制度改革的推进实施。结合XDB数据转换标准，实现了新区规划建设管理BIM0–BIM5六个BIM阶段数据的全流程打通，为数字空间现实化和现实空间数字化制定准绳。

5.4.5 XDB标准未来发展展望

雄安新区以XDB标准创造性地实现了覆盖城市建设全领域、贯穿城市运营全流程、横跨多个软件的公开格式（交换格式），解决了城市建设流程中多维度多领域建设数据与信息集合后的数据交互难题。同时，雄安新区基于这套XDB标准，建立新区建设全流程BIM管理平台，且创新完善了适应BIM管理平台的审批监管制度，结合雄安新区工程建设项目审批制度改革，初步建立了覆盖工程各专业、建设各阶段的BIM管控指标和审批监控流程，确保从“一张蓝图绘到底”到“一张蓝图干到底”。但是，随着项目审批工作的深化，也遇到了一些深层次问题需要予以破解，故对XDB标准提出以下展望。

（1）提高法律效力

根据现有法律法规的规定和工作习惯，建设项目规建管的依据还是传统的平面图纸，因此有的管理部门仍然只审查平面图纸，设计、施工单位不愿去制作模型文件与.xdb等BIM文件，或者是应付了事，致使新区虽制定了XDB交付标准，但由于不具有法律效力，缺乏强制性，也没有得到很好的执行，从而导致报送数据标准仍难以统一。这不仅在传输及整合时费时费力，还使最终形成的BIM文件产生不必要的误差，进而可能给建设项目质量带来隐患，影响数字孪生城市法定空间数据底板的沉淀。

另外，XDB标准中对于设计、施工、竣工及运维管理等各环节中各方建立的BIM文件相关责任、权限尚不明确。在使用传统平面图纸时，设计、施工、竣工各方责任显示在各自图纸上，各方基本无交叉。而BIM平台是一个共享、互动和动态的系统，建筑设计、施工和运营的协同高度紧密，前一个环节的数据往往为后一个环节所利用和添加，致使BIM文件在传递过程中，模型文件与.xdb文件制作修改的权限、责任界限模糊。

（2）提高标准质量要求

XDB标准已实现了常用BIM软件格式的统一，但尚未做到对所有BIM软件的普遍适用，XDB标准与其对应的插件工具应进一步加以完善，实现与更多软件的对接，以促进建设项目各方在统一的数据标准基础上进行有效的数据交互，从而真正做到雄安新区乃至全国BIM文件的格式统一与普遍应用。

与XDB标准对应的XDB插件在一定程度上实现了模型文件的轻量化，且对于含10万个三角片以下的模型文件轻量化实现效果很友好，这满足了绝大多数项目模型的轻量化需求。但部分复杂异构模型中构件三角片总数可能会超过10万个，XDB插件虽能实现对这类模型文件的轻量化，但由于顶点数量多，涉及三角片多，导致分析计算时间较长，压缩效率变慢，这会在该类项目.xdb文件的导出与项目的审批过程中浪费较多的时间成本。

另外，XDB标准中的数据结构是把同一级别的构件类型放在了相同级别的文件夹下，但该级别文件夹下还未进行更为翔尽的树状结构分级处理。储存项目信息的数据库应严格按照树状结构分级处理的，且包含多个级别，同一个级别应是在同一种分类体系下按照相同逻辑而得到的，譬如IFC标准中包含从下到上依次是资源层、核心层、交互层、领域层四个层次，每层中都包含一系列的信息描述模块，并且每个层次只能引用同层次和下层的信息资源，而不能引用上层的资源，当上层资源发生变动时，下层是不会受到影响的。对于XDB标准，希望将来能够将其编码数据信息进行分层次逐渐细化，以用于更便捷地指导后续的工作。

雄安新区承担着中央赋予的打造推动高质量发展的全国样板、建设现代化经济体系的新引擎的政治任务。因此，新区应该紧紧抓住XDB标准的法定化与质量要点，积极探索，提高XDB标准质量，并大力推进XDB标准在BIM软件领域的使用率，力争在全国率先制定实施BIM管理平台地方行政规章，以此实现BIM平台的全面有效应用，一方面为新区建设提供更有力的制度保障，另一方面也为全国提供BIM应用雄安经验。

第6章 雄安数字建造案例

6.1 雄安绿博园雄安馆主体工程

6.1.1 工程概况

（1）总体概况

雄安绿博园工程位于雄安新区容城县东侧，容城北侧，于2020年12月1日开工。雄安馆是绿博园工程中建筑面积最大的工程，建筑面积约5.1万m^2（含地下面积约2.6万m^2）包括酒店部分和展区部分，如图6-1所示。该工程整体为超异形建筑物，以起伏连续的屋顶形式形成统一的建筑整体，保持场地原有肌理及氛围，同时提高场地内的空间品质。雄安馆建成后将为园区提供游客接待、展示、餐饮商业、住宿等功能。

图6-1 雄安馆整体效果图

（2）工程重难点

工程计划开工日期为2020年12月1日，计划于2021年4月30日完工。其中，雄安馆建筑面积约5.1万m^2（含地下面积约2.6万m^2），需在146个工作日内完成，同时整个绿博园工程投资额仅有5.1亿元，由于工程结构复杂且主要施工时间在冬季，并完整覆盖春节假期，使得工程工期和成本非常紧张。

雄安馆是一个异形建筑，如图6-2所示，其构件（如屋顶、墙体、梁等）都是弧形的，这种不规则形状降低了计算的速度，并且需要单独定位浇灌，增加了成本，对于施工进度是一项较大的挑战。其次，工程屋顶需要种绿植，防水等一系列工艺需要做多次防水试验才能保障工程达到标准，加大了施工难度。

此外，工程时间横跨春节，且受疫情影响，给劳动组织造成一定困难。

图 6-2　雄安馆整体轮廓示意图

6.1.2　BIM应用前期准备

（1）BIM应用目标

1）深化设计

利用BIM技术进行各专业深化设计及管线综合，形成全专业的深化设计BIM模型，并进行综合协调，提高深化设计质量和效率。

2）施工模拟

利用BIM模型的可模拟性，对复杂施工技术方案、节点、施工工序和施工进度进行模拟，进行可视化交底，提高施工技术、安全、质量、进度管理能力。

3）动态管理

实施基于BIM的智慧工地动态管理，选择较为成熟的基于BIM的管理平台，收集整理工程动态管理信息。

4）增强竞争力

以自有BIM团队为主力，增强在施工领域BIM技术应用方面的竞争力，实现工程、集团公司两级的BIM应用能力持续增长。

（2）BIM应用重难点与解决方案

1）对曲面屋顶精确建模

雄安馆采用曲面屋顶结构，此结构节点复杂、难以预判施工材料量，利用BIM技术对曲面屋顶进行三维绘制，相较于传统CAD图纸可以更加直观地展现出构造效果，从而对曲面屋顶的结构能更加理解，且基于BIM模型能形成相应的材料明细表，方便后期分隔曲面、施工下料。

2）对异形构件批量建模

利用Autodesk公司的可视化编程插件Dynamo通过Python脚本可视化编程读取图纸高程点，批量生成结构柱模型，大幅度提高建模速度及准确性。

3）对现场坐标准确读取

雄安馆工程弧线多，定位难，且易出错，利用Dynamo的参数化，直接读取结构柱坐标建模，实现数字化，便于现场复核定位坐标的准确性，避免反复查看图纸，可以提高现场的施工效率。

（3）BIM实施标准

BIM标准是建筑行业建立标准语义以及数据信息交流的规则，可以让各参建方在建筑周期内共享信息资源，提高业务协作的能力。BIM标准能有效地促进BIM技术进一步应用和不断发展，提高我国在建筑工程方面的管理水平与建筑工程的质量。工程整体按照《雄安新区规划建设BIM管理平台数据交付标准》《雄安新区民用建筑工程BIM模型成果技术导则》《雄安新区规划建设BIM管理平台信息挂载手册》与《雄安新区规划建设BIM管理平台XDB自检工具使用说明》进行建筑信息建模以及数字化交付，助力数字雄安建设。

其中，《雄安新区规划建设BIM管理平台数据交付标准》对雄安馆建设过程中的BIM模型成果、图纸成果、设计说明成果等工程交付内容的要求进行了明确，确保了雄安馆规划、设计、施工等阶段管理数据的互通和共享，提高了雄安馆工程信息技术应用效率和效益。《雄安新区民用建筑工程BIM模型成果技术导则》规定了雄安馆三维模型的各设计阶段建模内容及详细程度、各类图元属性及工程属性等内容，确保了三维模型成果的统一性、完整性和准确性，指导工程实现模型数据的施工全过程管理。《雄安新区规划建设BIM管理平台XDB自检工具使用说明》对雄安馆模型导出后的XDB检查工具进行了介绍，并明确了使用要点，保障了工程实施过程中建筑模型与XDB文件展示内容的一致性。

同时，相关BIM标准的颁布推动了雄安新区建设工程BIM应用，在相关标准的指导下，雄安新区的BIM应用水平不断提高，为全国工程建设BIM应用起到了示范性的作用。《雄安新区规划建设BIM管理平台数据交付标准》明确了雄安新区BIM管理平台成果交付要求，并划分出BIM应用的BIM0–BIM5共6个阶段；对雄安新区规划设计、施工、运维三个阶段各类构件的属性包括指标计算、属性描述、建筑功能类别、城市家具分类等进行了明确；《雄安新区民用建筑工程BIM模型成果技术导则》对雄安新区民用建筑工程建模详细程度等级进行了划分，并对民用建筑三维模型工程属性定义、图元属性定义进行了明确；《雄安新区规划建设BIM管理平台信息挂载手册》对BIM管理平台的信息挂载格式进行了明确，推动了雄安新区CIM数据的标准化管理。

6.1.3 BIM应用实施过程

（1）BIM建模

首先，工程BIM团队统一了多专业协同建模规则，利用Revit软件建立工程样板文件，在制作工程样板文件时，基本采用多段轴网绘制，以支撑曲线异形构造，然后建筑、结构、机电、幕墙及其他专业工程师根据施工图信息建立三维模型，以实现建筑复杂造型和异形构件的精确建模。图6–3为雄安馆BIM模型负一层轴网图，横向轴网主要分四部分，

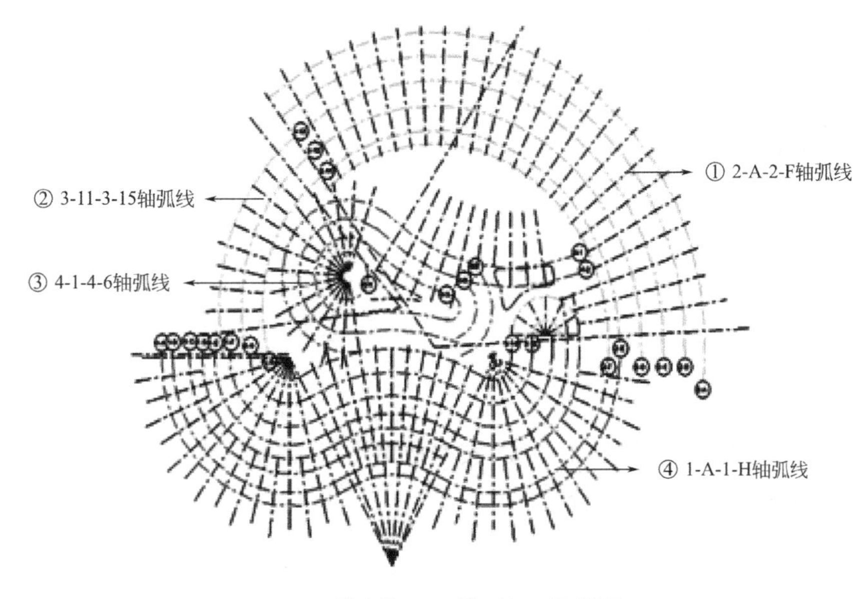

图 6–3 雄安馆 BIM 模型负一层轴网图

2–A–2–F轴弧线、3–11–3–15轴弧线、4–1–4–6轴弧线以及1–A–1–H轴弧线，纵向轴网为横向轴网各段弧线的半径。

在建模过程中，BIM团队应用开源可视化编程插件Dynamo读取图纸中结构柱的中心位置，继而实现批量生成，提高了建模效率，且相较于传统建模方式，Revit建模批量导出明细表可以提高材料统计精度。此外，该工程弧线较多，难以按照常规井字格定位，根据弧线的圆心半径定位给现场施工带来很大的难度，且容易出错。Dynamo具有参数化的特点，可以直接读取结构柱坐标建模，实现数字化，便于现场复核定位坐标的准确性，避免反复查看图纸，提高了现场的施工效率。图6–4为结构柱坐标示意图。

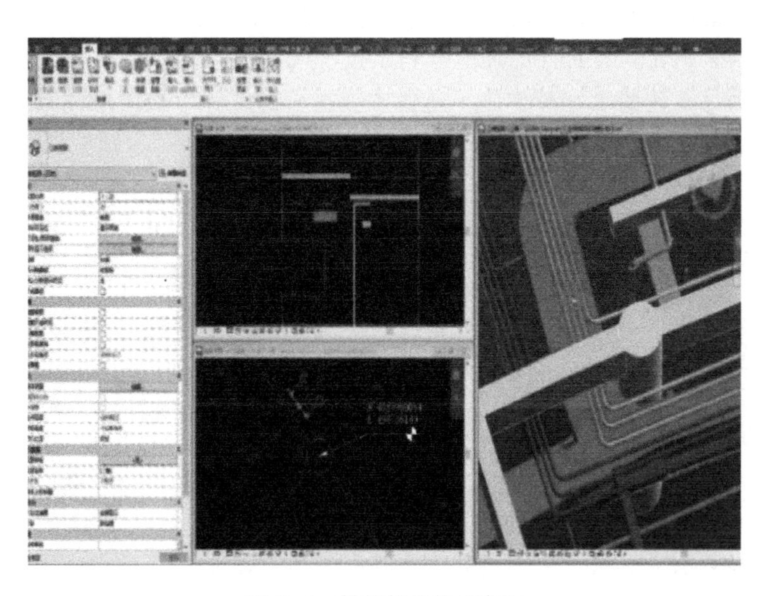

图 6–4 结构柱坐标示意图

在建模过程中，工程BIM团队对检查出的图纸信息错误及时进行了汇总记录，形成问题报告文档，并在施工前与设计院进行沟通，大大降低了工程修改成本，减少了工期延误，保证了工期紧张情况下工程的顺利进行。

（2）BIM应用

1）深化设计

① 二次结构深化设计

在深化设计阶段，工程BIM团队应用Dynamo插件进行了曲面排砖，根据曲面的线性分割，找到了砌块排布的最优方法，直接指导现场施工，有效解决了异形曲面墙体施工下料难的问题。

② 综合管线深化设计

综合管线碰撞调整与优化排布是BIM技术在管线深化设计中的主要应用功能。雄安馆本身空间布局复杂，异形构件、各专业管线繁多，管线之间、管线与结构构件之间容易发生碰撞，致使施工困难，且易造成二次施工，延误工期。工程团队应用BIM软件将建筑、结构、机电等专业模型整合，依据各专业要求进行了碰撞检查，并根据碰撞报告对各管线进行调整和避让，对设备和管线进行综合布置，在施工前解决了可能出现的问题。传统的管线碰撞检查效率低，出错率高，工作烦琐，该工程应用BIM技术可以直观看到各管线间的碰撞关系，快速定位碰撞点，有效解决了上述问题，保证了工作效率和质量。图6–5为管线构件碰撞问题示例，此处立管、雨水管、送风管多处撞梁，且出庭外庭院处空间不足。图6–6为碰撞问题报告示例。

此外，传统的管线深化往往受制于施工的先后顺序，前期施工专业将管线排布在最上层，各施工单位依次进行，这种方式不仅给后期施工专业带来较多麻烦，而且管线排布往往杂乱无章，严重影响美观要求。该工程应用BIM技术对综合管线进行了优化排布，并对一些排布方案进行了比选。例如图6–7的设计方案一，桥架贴梁，风管置于最下方，这种排布方式桥架翻弯少，整体更加美观，但是后期施工、检修不方便；图6–8的设计方案二为风管贴梁，桥架在最下方，此时桥架翻弯较多，但净高提高了5cm，后期施工、检修方便，整体较美观。BIM模型的直观表达有利于技术人员对不同方案进行优缺点比较分析，便于施工方在满足工艺要求和减少施工造价中寻找平衡点，以确定最优方案，节约成本，提高效率。

图6–5　南部展厅碰撞问题示意图

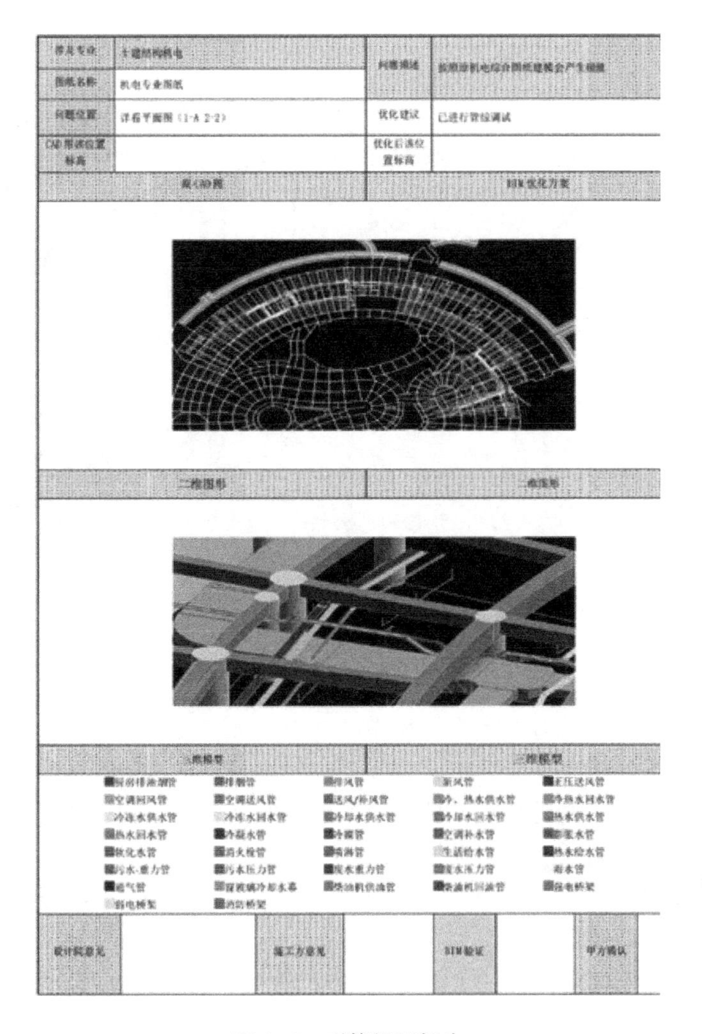

图 6-6　碰撞问题报告

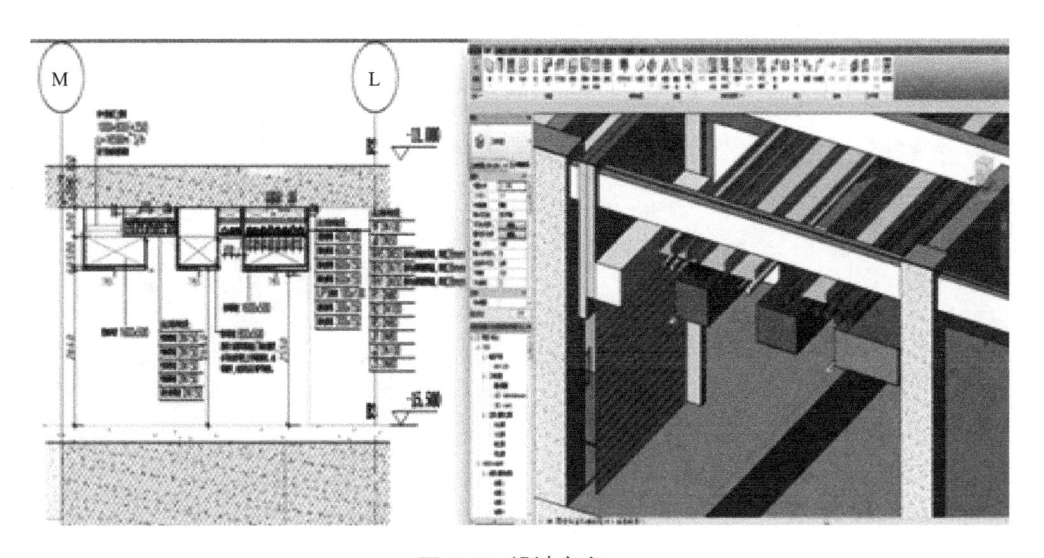

图 6-7　设计方案一

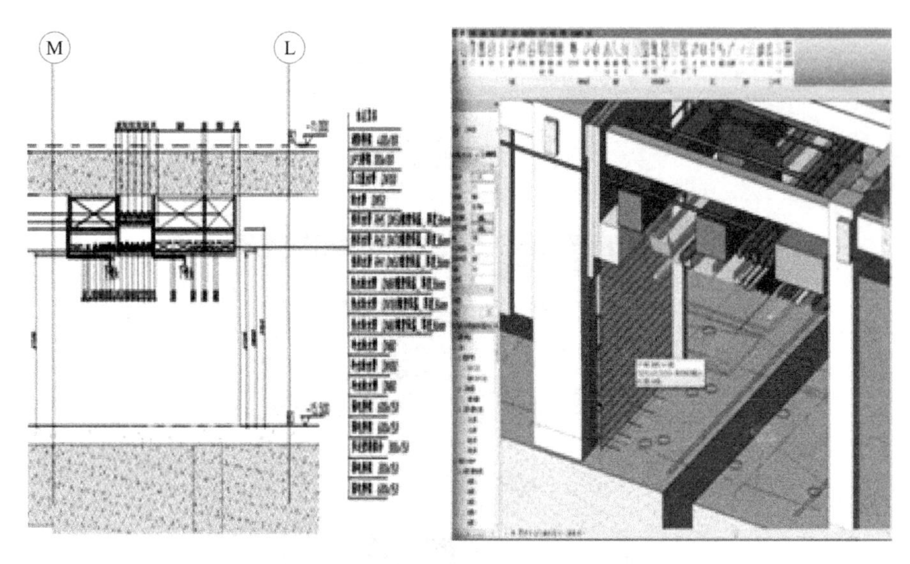

图 6-8 设计方案二

2）施工模拟

① 场布模拟

异形场馆综合性强，布置要素多，场布的合理性可直接决定施工的效率与成本。该工程BIM团队按照场区布置方案和图纸，建立了临时设施及场地布置模型，通过BIM软件体验场地的整体布局，检验构件摆放、施工机械器具的合理性，并初步进行了场内运输搬运模拟、场地平面协调、安全疏散方案模拟等。

其中，混凝土结构施工阶段布置有五台塔式起重机（臂长70m两台，臂长60m、75m、80m各一台），对五台塔式起重机工程应用Autodesk Navisworks软件，输入实际的塔式起重机参数与塔式起重机工作覆盖面，进行了塔式起重机进场和塔式起重机同时作业的模拟。经模拟，确定了塔式起重机尾部与周围建筑物及其他外围施工设施之间的安全操作距离、两台塔式起重机之间的最小架设距离、多台塔式起重机之间覆盖面有交叉时群塔的最优施工方式等，验证了机械进出场和位置安排的合理性以及方案措施的可行性，提高了技术交底的可视性以及施工现场的工作效率。图6-9为塔式起重机工作模拟图，图6-10为塔式起重机工作现场图。

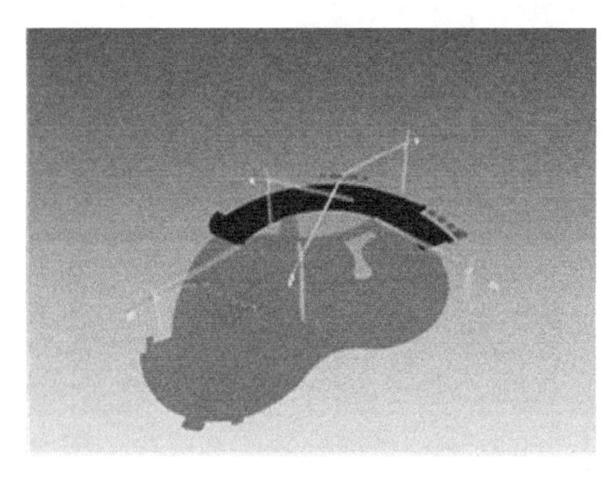

图 6-9 塔式起重机工作模拟图

图 6-10 塔式起重机工作现场图

② 进度模拟

雄安馆主体施工阶段分4个施工段共计36个流水段，现场安排两个施工队同时施工第一和第二施工段，如图6-11所示，高峰期施工人数可达2000人左右，不同施工段由不同的施工队伍同时施工时，容易出现工作面交叉情况，且进度管理困难。该工程在模拟施工的过程中，导入了工程实际工程流水线，提前进行工程流水段作业进度模拟，极大地增强了对工程进度的管控力度，对模拟中发现的流水段作业交叉面问题也提前进行了优化解决。

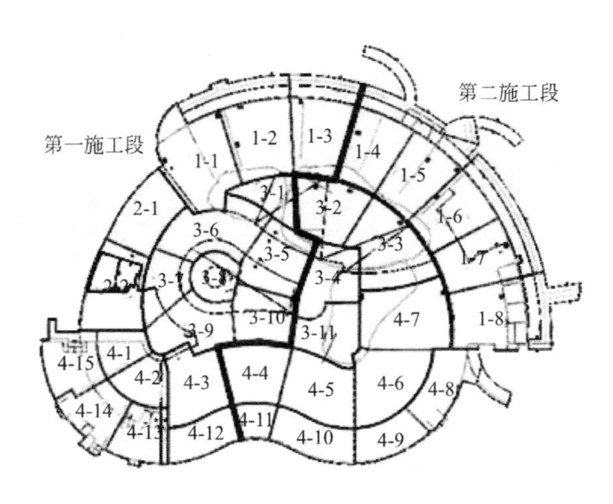

图6-11 施工流水段划分图

同时，工程通过无人机航拍，从垂直、倾斜等不同角度采集影像，然后采用倾斜摄影技术建立施工现场的三维实景模型，与模拟实际进度的BIM模型进行比较分析，生成数据，提出预警，有效确保了施工进度。图6-12、图6-13为同一时间的无人机航拍图与进度模拟图。

3）智慧工地

雄安园工程选用了较为成熟的基于BIM的管理平台，以收集整理工程动态信息，加强智慧工地管理，如图6-14所示。平台提供了录入、编辑、查询工程基本信息的功能，可以查

图6-12 无人机航拍图

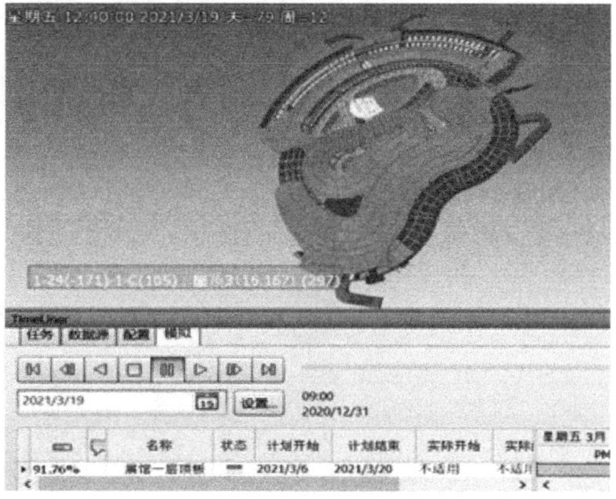

图6-13 进度模拟图

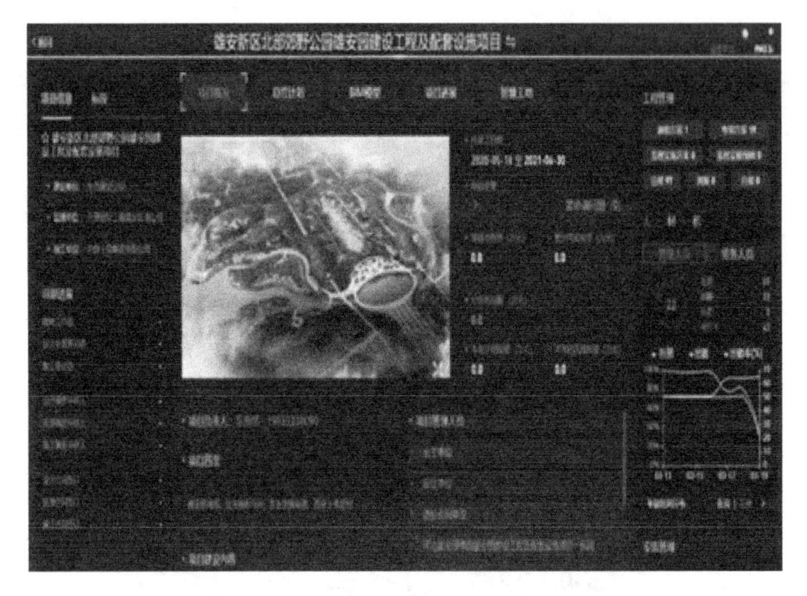

图 6–14　BIM 管理平台

询和展示工程相关文件信息，可以对各功能模块进行信息统计，可接收多种数据来源，并可进行数据分析，统计、分析结果可生成图表、报表等以便于展示、汇报和分享。

① 人员管理

该工程采用现场进出人员实名制管理，通过人员实名制管理系统，采集施工人员姓名、身份证号、生物识别信息（人脸）、岗位技能证书、工种、培训情况、所属企业、违规操作记录等基本信息，并通过实名制考勤系统对人员考勤情况进行统计记录。同时，工程部大门口和生活区各布置了一套三进三出通道，工地出入口布置了一个LED屏，实时显示现场人员情况，如图6–15所示。此外，管理系统支持人员定位功能，通过经纬度和高度定位获取人员作业面信息，可以快速响应工人的应急呼救；支持轨迹查询功能，可通过“以脸搜脸”跨区域进行人员轨迹查看。

图 6–15　人员管理 LED 屏

② 物资管理

工程BIM管理平台提供物资台账在线管理功能、物资进场验收功能等，并且该工程要求设备材料生产企业对其生产的设备材料在显著位置进行唯一性标识。在实施过程中，工程团队积极尝试和推广二维码标识的应用，创新了物资管理模式。设备材料使用二维码标识是提升建筑信息化管理的重要举措，结合BIM技术的信息整合优势，有效实现了建筑信息化管理、精细化安装、标准化施工，提高了物资管理效率。

③ 环境管理

施工现场环境管理平台可以展示绿色施工平面布置，提供检测数据统计、分析和检索功能。工程实施过程中，工程团队在施工扬尘重点区域设置了三个扬尘监测点、三个噪声监测点、三个小气候监测点，实现了与防尘控制设备联动以及预警。图6-16为扬尘检测管理和气象管理示意图。

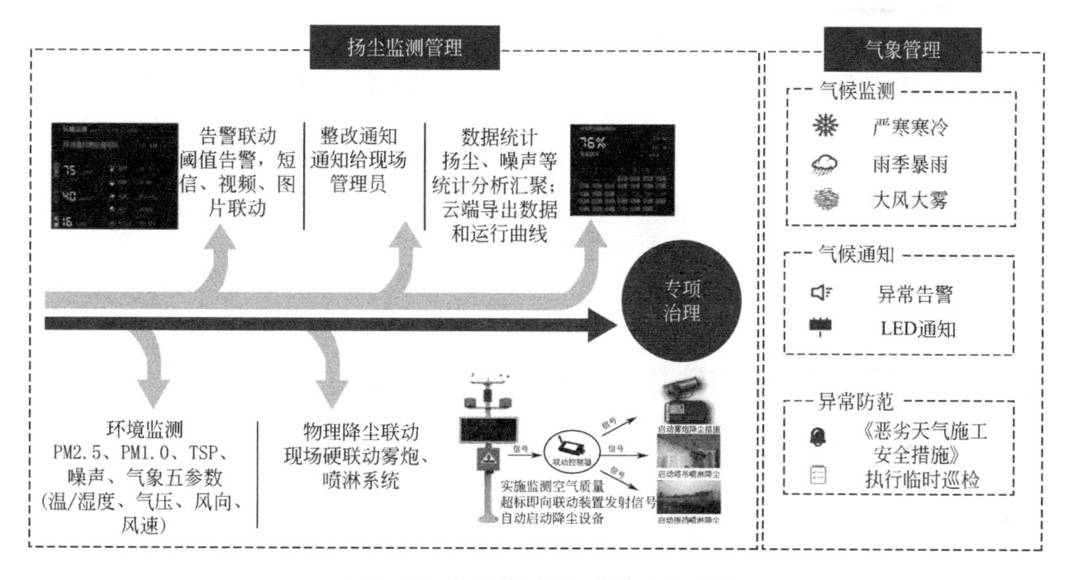

图6-16 扬尘检测和气象管理示意图

④ 绿色安全文明管理

做好绿色安全文明施工对雄安绿博园重点工程至关重要。施工前，工程部对场地内的各类临时设施进行了统计，并且联合生产厂家，进行构件分拆、建立标准化模型，实现了工厂化生产、模拟构件拆装和回收再利用，图6-17为临时设施图。现场围挡、大门、门禁；各类抗噪声、防污染和文明施工教育设施；以及灯箱、标识牌、托油盘、钢箱路面等构件均实现了标准化。此外，工程团队利用BIM软件进行了临时设施和办公区布

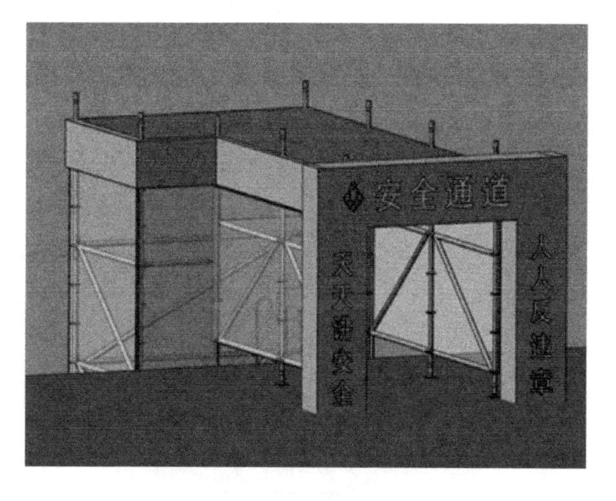

图6-17 临时设施图

置等的精准模拟，直观展现现场布局，验证各个区域使用功能的实现情况，预防安全死角。

6.1.4 BIM应用总结

（1）BIM技术应用效果

绿博园雄安馆工程通过BIM技术的深度应用，很好地实现了工程施工全过程管理的可视化、标准化和信息化，显著保障了工期，提高了施工质量与管理效率。在该工程中，BIM技术应用效果首先表现在工程团队应用Revit进行参数化建模，对超异形建筑进行了精准建模，应用Dynamo插件批量建模、参数化建模，提升了建模效率，对结构柱定位进行了有效复核；其次，应用BIM技术进行深化设计、施工模拟以及智慧工地动态管理，有效解决了复杂造型建筑施工困难且容易造成二次施工的难题，保障了工程在紧张工期下的合理进度；最后，该工程全面实行和验证了雄安标准，可为数字雄安的建设实施提供经验借鉴。

（2）展望与思考

雄安新区是国家重大历史性战略选择，是千年大计、国家大事，在推动其数字孪生城市建设、"生态雄安"建设的过程中必然会面对一系列挑战。BIM技术是对建筑领域带来革新的技术，可以提高建筑业精细化管理水平，提升建筑行业的经济效益，促进节能减排，在参建各方共赢的情况下，减少社会资源浪费。所以雄安在其基建发展过程中，应具有前瞻性，积极应用BIM技术进行合理优化和资源配置，积极采用雄安BIM标准进行建设，努力打造"数字雄安"，引领带动我国城市建设更上一层楼。

6.2 雄安绿博园雄安馆装修工程

6.2.1 工程概况

绿博园雄安馆是绿博园工程中建筑面积最大的工程，其装修工程也将会是本项目的重中之重，其中雄安馆区域包括酒店部分和展区两部分，场馆内造型奇特，要求装修精细美观。雄安馆的异形建筑物在赋予了建筑美感的同时，也给装修工程的设计与施工带来了极大挑战。雄安馆将酒店和展区通过流畅的弧形结构与装饰美感统一为一个整体，提高了场地内的空间品质，其建成不仅可以提供外来人员接待、餐饮、住宿等功能，也能推动雄安新区的经济发展。

6.2.2 BIM应用方法

该工程在进行装修工程BIM建模的过程中，根据不同构件的特点，采取不同的软件及插件建模。

表6-1 装修工程建模及建模工具

装修工程建模内容	建模工具
蘑菇状装饰柱建模	Revit + Dynamo
异形穹顶建模、六边形天花吊顶建模	Grasshopper插件
其他装修构件建模	Revit软件

装修工程建模及对应使用工具，如表6-1所示。其中蘑菇状装饰柱建模、异形穹顶建模及六边形天花吊顶建模相比于其他部分建模较困难，构件的几何较复杂，所以采用可视化编程工具建模。以下针对表6-1中异形穹顶建模、蘑菇状装饰柱建模及六边形天花吊顶建模进行详细介绍。

（1）异形穹顶建模

异形穹顶是由GRC挂板组成的不规则曲面，此处建模根据GRC挂板规格，运用Grasshopper可视化编程对穹顶曲面进行网格划分，如图6-18所示，具体编程节点如图6-19所示，提取并摊平每块挂板下料图，检验挂板排布合理性，应用于辅助施工下料。

图6-18　穹顶网格划分图

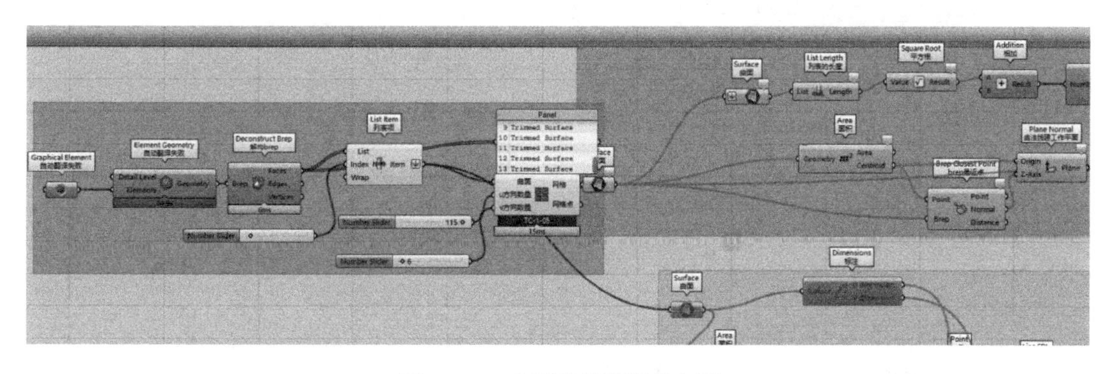

图6-19　穹顶建模编程节点图

（2）蘑菇状装饰柱建模

蘑菇状装饰柱为典型的异形装修构件，由装饰条等距竖向环绕在柱的周围，整体形如蘑菇，如图6-20所示，此处用Dynamo解决该建模难点。根据蘑菇状装饰柱的几何特点，编写Dynamo脚本，通过控制关键参数生成正确尺寸构件。具体建模操作步骤如下：首先在体量中绘制柱轮廓，然后在输入端分别选择轮廓线，填写程序输入端参数；最后通过电池组内算法，得到正确尺寸参数的蘑菇状装饰柱装饰条，其效果如图6-21所示，蘑菇状装饰柱建模思路如图6-22所示，图中展示了运用Dynamo进行蘑菇状装饰柱建模在输入端、中间节点及输出端控制的关键参数。最后通过放样对装饰柱上方外圈轮廓建模。

图 6-20　蘑菇状装饰柱

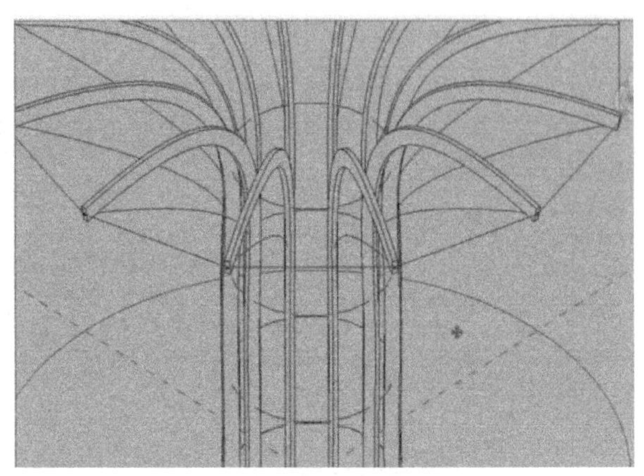

图 6-21　蘑菇状装饰柱装饰条模型

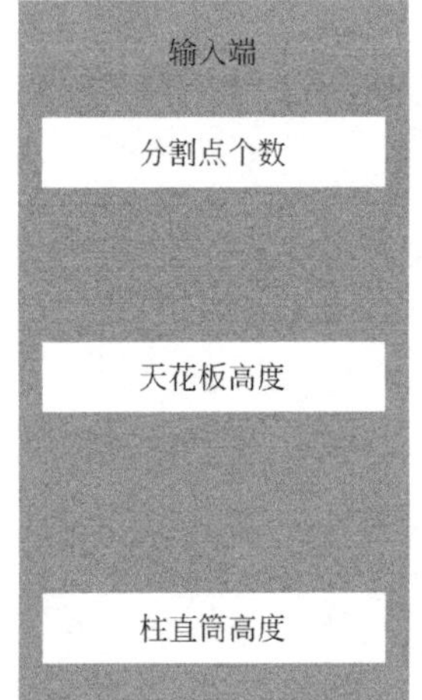

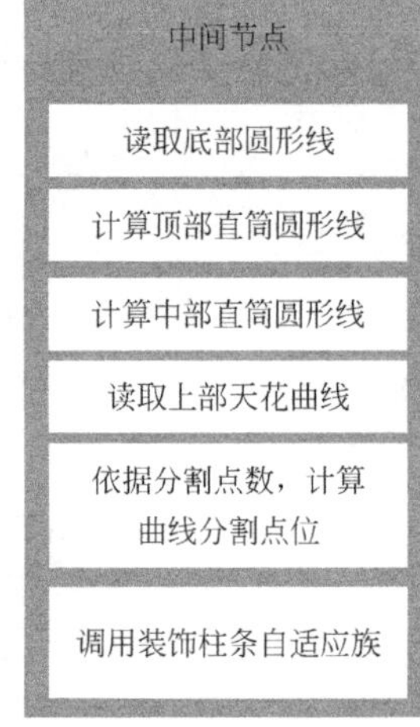

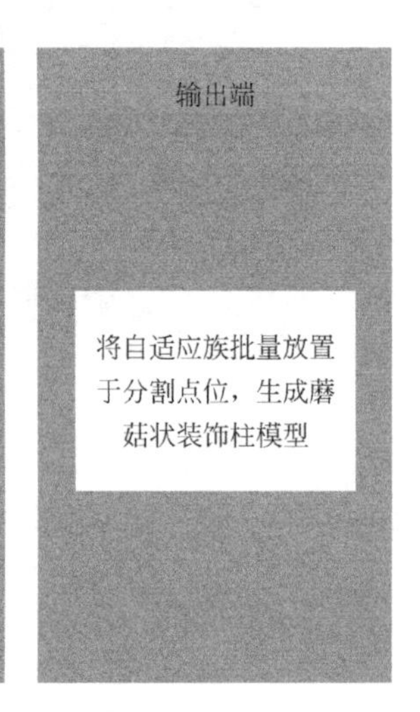

图 6-22　蘑菇状装饰柱建模思路

（3）六边形天花吊顶建模

六边形天花吊顶是由如图6-23所示的单元组成的双层构件，采用具有强大异形建模能力的Grasshopper插件建模。

Grasshopper插件与Dynamo的参数化建模方式类似，运用节点连接的方式实现数据处理和传递。在运用该插件进行六边形天花建模的过程中，首先导入天花的轮廓线，拾取边界线，然后应用后续电池算法，在边界线内进行单元模型分割，通过中间程序制作出理想模型，模型如图6-24所示，最后通过RIR（Rhino.inside for Revit）插件做到Grasshopper与Revit交互。如图6-25所示为六边形天花吊顶建模思路。

图 6-23　六边形天花吊顶组成单元

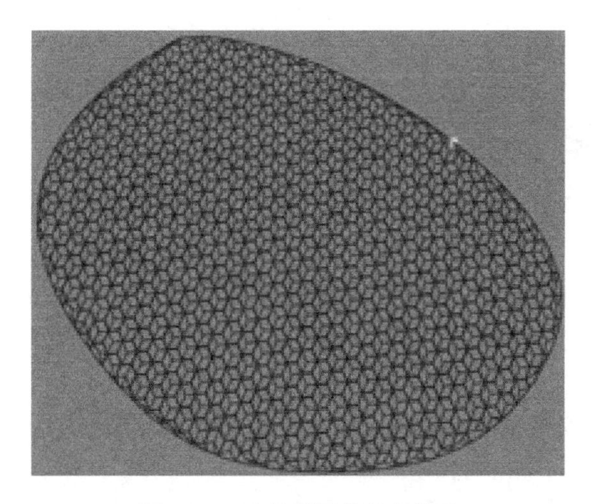

图 6-24 六边形天花吊顶模型

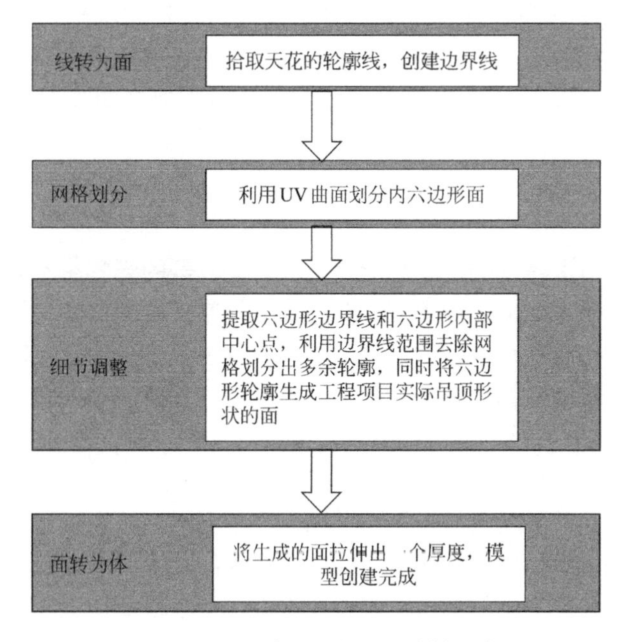

图 6-25 六边形天花吊顶建模思路

6.2.3 BIM应用总结

本书研究了运用多种参数化建模工具创建绿博园雄安馆装修工程复杂构件，得出了以下结论：①利用Dynamo可以实现异形穹顶及蘑菇状装饰柱建模，利用Grasshopper插件可实现复杂程度较高的六边形天花建模，建立的模型提供给构件加工方，经参数化信息提取实现构件精准制作以适应工程。本书中对绿博园雄安馆装修工程复杂构件建模的具体解决方案，可为其他异形装修工程建模提供一定的参考价值。②经过对可视化编程工具Dynamo及Grasshopper的运用实现了多种复杂构件建模，结合构件的特点可得，Dynamo可解决大量重复的建模工作，Grasshopper可解决复杂程度较高的建模工作。

6.3 雄安白洋淀码头改造工程

6.3.1 工程概况

（1）工程简介

白洋淀码头改造工程位于雄安新区白洋淀旅游码头区景区，位于原有码头内部，拟建设场地位于雄安新区安新县城东侧，白洋淀边，有道路通往安新县城，交通便利，地理位置优越。设计区位于安新县城东北部，设计面积5.5km^2，内河道3.5km，场地整体可分为酒店区、停车场、老码头和湿地景观区四部分。

该工程包括白洋淀码头生态科技展示馆、游客中心A、服务中心B+C四栋单体建筑及白洋淀码头绿化、景观、道路提升工程，总用地面积9993m^2，总建筑面积10550m^2，地上建筑面积7150m^2，地下建筑面积3400m^2，其中，生态科技展示馆（一苇阁）所在的雄安驿14地块用地面积6046.3m^2，总建筑面积6650m^2，游客服务中心A、B、C所在的F05-08-01地块用地面积3946.7m^2，总建筑面积3900m^2；计划开工日期为2020年4月20日，竣工日期为2020年8月18日，工期120日历天。

（2）工程特征

1）人文特点

白洋淀继承宋代引水灌溉的民生功能，承载解放战争的光彩，不断满足巩固边防、屯田供粮需求，兼具民生与军事，历史积淀深厚。依据新时期的科学规划，白洋淀新码头及相应配套服务设施北移，助力水环境治理；基于BIM技术建造的万年轴广场响应了白洋淀的历史。白洋淀正逐步加强其城市滨水生态绿地、公共开放空间以及环起步区生态堤等公共服务功能。

2）生态特点

白洋淀是中国华北平原最大的淡水湖，同时也是海河流域大清河水系中游的缓洪滞洪区，承担着9条河流的洪水调蓄。芦苇是白洋淀的特色产物，该工程选用芦苇铺设建筑屋顶，反映了建筑的地方性。同时，该工程依托水系，将场地塑造成包含九流入淀、围埝景观、淀泊风光三大主题的微缩白洋淀体验区，融合了观赏游乐、洪水调蓄、文化展示等功能。

3）建筑特点

建筑生态科技展示馆在造型上采用台基、架构、屋顶的三段式特征，分别对应三大展览主题；形态上以“天圆地方”回应中国传统文化；平面布局特征参照隆兴寺摩尼殿，回应了积淀轴与起点轴；建筑主体及门斗成十字形空间，主次分明，两侧向景观张开，形成良好的建筑景观关系。在结构上综合了木结构、钢结构两种形式。

游客服务中心造型似三叶扁舟，呈现出停泊在淀上的船屋意向。两个芦舫（游客服务中心B/C）以一种相互呼应的诗意形态呈现，配合着较大的抚水轩（游客服务中心A）共同塑造出了微缩白洋淀景观。三个游客服务中心的建筑外立面主要采用玻璃幕墙；屋面采用铝镁锰金属屋面，外覆芦苇屋面；地面则采用金磨石。

（3）工程重难点

该工程重难点主要有需大面积换填土、工期紧，不同专业间施工顺序混乱，异形结构多、模架施工困难，基础施工难度高，机电设备布设难度较大。

白洋淀芦苇台地土壤含水量随着土壤深度的增加，土壤肥力较差，需依据规范换土。另外，土质松软使得对基础有更高要求，景观桥等工程底板下均布灌注桩基础，共计420余颗桩，施工难度较大。

该工程工期较紧，现场布置紧凑，两个施工区同时施工时现场交通和施工组织困难、物料需求量大、机械种类和数量多，相互干涉较为严重。此外，该工程多在雨期施工，存在较多不可预见的工期制约因素。因此，工期控制是该工程的难点之一。

该工程涉及建筑、土建、管线、电气照明、绿化工程等多个专业，专业交叉施工作业频繁，为避免工序混乱影响工程进度，合理安排不同专业的施工顺序是重点之一。基于前述情况，铺装工程易被污染，应关注施工中二次搬运及成品保护以确保工程质量。

该工程异形结构多，部分模板现场加工和支架搭设有一定困难。为完成异形结构施工并确保安全，采用加工订制覆膜异形木模板，在施工前组织相关人员召开技术研讨专题会，编制有针对性的模架施工方案。游客服务中心和科技展示馆内部的异形屋顶预留机电管线空间狭小，设备安装难度大。

6.3.2 BIM应用前期准备

（1）BIM实施标准

该工程依据《雄安新区市政工程数据编码对象技术导则》《雄安新区市政工程BIM模型成果技术导则》《中国雄安集团BIM标准体系园林分册》《雄安新区规划建设BIM管理平台计算规则》等标准进行工程实施，助力于雄安城市数字化建设。

《雄安新区市政工程数据编码对象技术导则》规定了该工程的数据对象编码的技术要求，包括工程勘测、设施、设备等BIM对象的编码规则和实施程序。该工程的工程建设BIM管理系统的编码对象共计三种，依次为勘测对象、设施对象、设备对象。

《雄安新区市政工程BIM模型成果技术导则》规定了该工程的BIM模型建设的技术要求，包括模型的分类原则、模型特征信息和编码、设计信息模型建模范围和深度等级要求、设计信息模型图元属性定义、设计信息模型工程属性定义、施工信息模型创建、施工信息模型共享等方面的内容。

《中国雄安集团BIM标准体系园林分册》是以数字雄安建设和集团管理需求为导向，以雄安集团建设管理工作为范围，规范和引导设计、施工、运维全过程建筑信息模型应用，提升工程信息化水平，提高信息应用效率和效益。该工程在该标准体系的指导下施工，包括绿化工程、园路与广场铺装工程、园林建筑、构筑物工程、给水排水工程、电气工程等专业，其他工程类可根据自身工程特点参照执行。

该工程建筑高度、建筑面积、容积率、场地标高的确定参照《雄安新区规划建设BIM管理平台计算规则》，其中建筑高度是从新堤堤顶计算至建筑檐口。

（2）BIM解决方案

针对工程工期紧、异形结构多、模架施工困难、基础施工难度高、机电设备布设难度较大等特点，为保质保量完成工程目标，该工程中针对工程重难点的BIM解决方案如下。

1）BIM应用于工期策划

针对工期紧的情况，制定BIM应用流程体系图。借助BIM技术制定符合工程的应用体系，对不同阶段进行相应的BIM技术应用，使之能有序合理展开实施，同时结合BIM4D施工模拟软件进行工序预演，使工程管理人员能直观了解工程各专业间同时施工作业进展情况，在满足质量、管理、安全等多维度条件下，有序提前完成工程。

2）BIM应用于基础施工

针对基础施工难度大的情况，制定Civil 3D地质分析图与Civil 3D土方开挖计算图。工程部根据地形勘察数据，结合BIM技术，对三维地质模型，包含地形地貌、地层岩性、水文地质、不良地质体等进行可视化分析，帮助工程合理对其均匀灌注桩基础，同时结合BIM土方开挖软件Civil 3D对现场回填区域进行精准算量，提供不同区域换填土方工程量，减少工程实施过程中发生的大量土方浪费。

3）BIM应用于异形结构施工

针对异形结构多，模架施工困难的情况，制定工序演练图。采用加工订制覆膜异形木模板的方式，通过BIM三维可视化模架工序演练，施工前，组织相关人员召开技术研讨专题会，编制有针对性的模架施工方案，使之工程解决异形结构多的问题。

4）BIM应用于机电系统布设

针对机电系统布设难度较大的情况，制定管线碰撞及净高分析图。工程部通过BIM软件（Revit、Tekla），提前搭建完整的模型，结合建筑结构及钢结构等专业模型，按照相关规范，对其进行管线深化，提前解决管线碰撞、净高不足等问题。

6.3.3 BIM应用实施过程

BIM技术在该工程的规划、设计和施工过程中发挥了重要作用，以下分别从BIM模型的创建、分析与应用两方面具体说明BIM技术的应用。模型的分析与应用主要体现在地质环境分析、空间检测、钢结构深化、物料统计、可视化交底和BIM的创新应用六个方面，由此可看出BIM技术在整个工程的发现问题、解决问题和优化方案的过程中发挥了极大优势。

（1）BIM模型创建

该工程中创建的BIM模型主要有工程地形地貌、建筑和园林景观三部分，具体内容可见表6–2。

表6-2 建模内容

建模内容	模型细节
工程地形地貌	工程地形、工程水系、工程道路、堤坝
建筑	生态科技展示馆，游客服务中心A、B、C，码头、露天游泳池
园林景观	绿植、万年轴广场、桥梁、市政管线、人造水系

1）工程地形地貌模型的建立

该工程使用Civil 3D软件构建三维地质模型，如图6–26所示。首先利用不规则三角网和等高线数据形成地形曲面，通过曲面提取实体功能将地质层曲面围合，进而形成地质层实体，并对其进行测量、三维地形处理土方计算和场地规划等操作。将整理结果生成DWG文件导入至Revit软件中作为创建地形表面的基础，绘制出地形、水系、道路和堤坝等模型，如图6–27所示，综合体现出该工程对工程场地的整体规划。

图6–26　Civil 3D 构建的三维地质模型

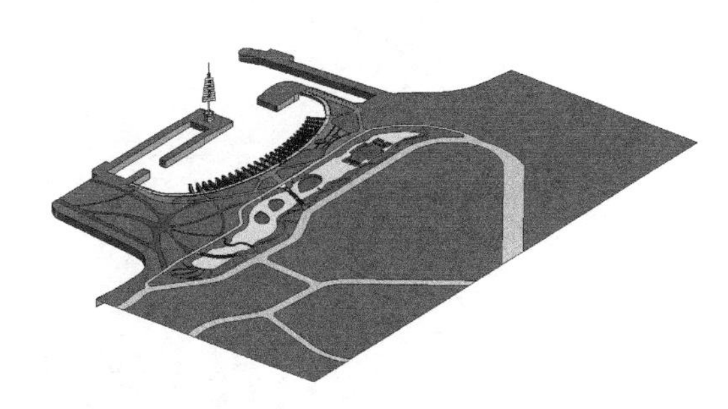
图6–27　Revit 构建的场地规划模型

2）建筑模型的建立

由于生态科技展示馆采用钢木框架–混凝土剪力墙混合结构，故分别使用Tekla和Revit构建钢结构模型及建筑专业模型，如图6–28（a）、（b）所示。然后，将Tekla模型文件转换为IFC文件并导入Revit软件，检查调整后形成生态科技展示馆的整体模型，如图6–28（c）所示，其中土建部分以半透明形式显示。由于游客服务中心采用木框架–混凝土剪力墙混合结构，故可直接使用Revit软件对其建筑、结构、机电等专业进行建模，如图6–29所示。其中，一些异形构造模型可使用“放样融合”等命令实现。

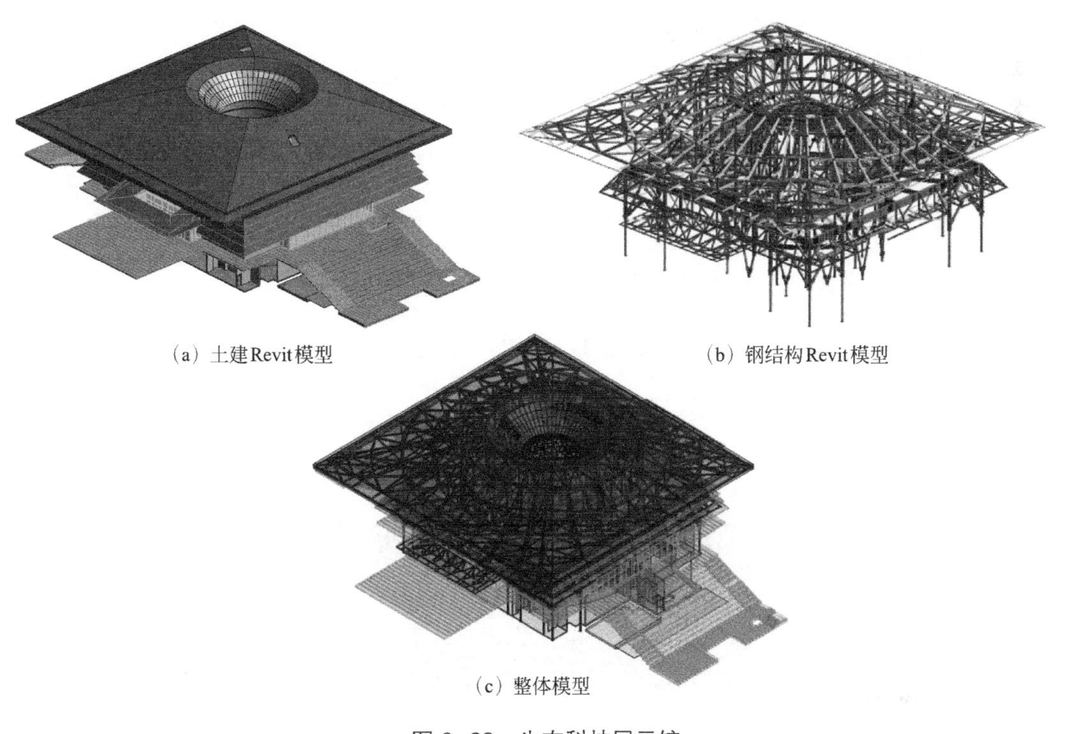
（a）土建Revit模型

（b）钢结构Revit模型

（c）整体模型

图6–28　生态科技展示馆

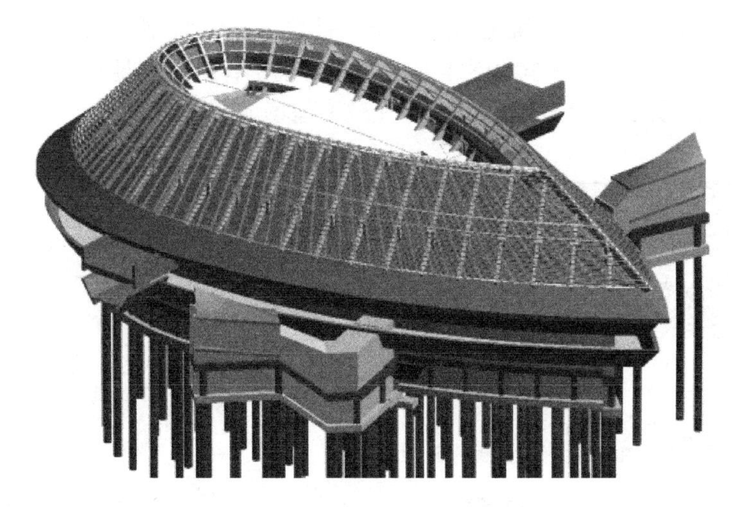

图 6–29　游客服务中心 A 模型

3）园林景观模型的建立

建立园林景观模型的一个烦琐工作是植被的建模。在建模时，首先利用CAD的“提取数据”功能分别提取了140种树木类型的绝对坐标值并依次进行数据处理，以实现对树木的准确定位。然后，调取Revit内部植物族库与该工程树木类型比对，制作缺少的植物族，以使该工程所需的树木类型完备。最后，通过Dynamo Palyer运行程序脚本直接弹出用户界面窗口，输入读取表格路径、工作簿名称、选用植物族类型名称等参数，批量生成植物族，如图6–30所示。园林景观其他部分模型如图6–31所示。

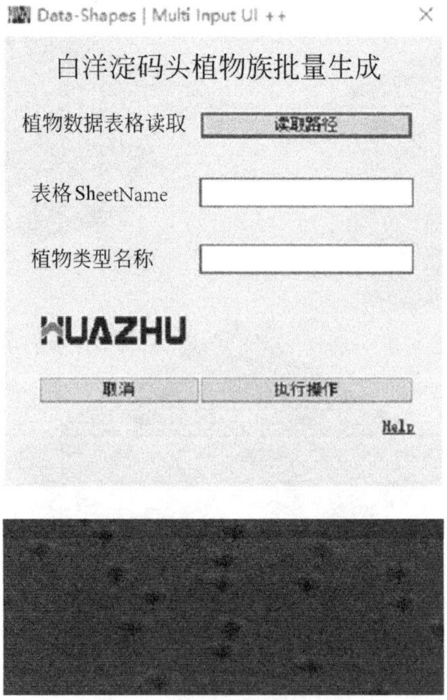

图 6–30　植物族的批量生成

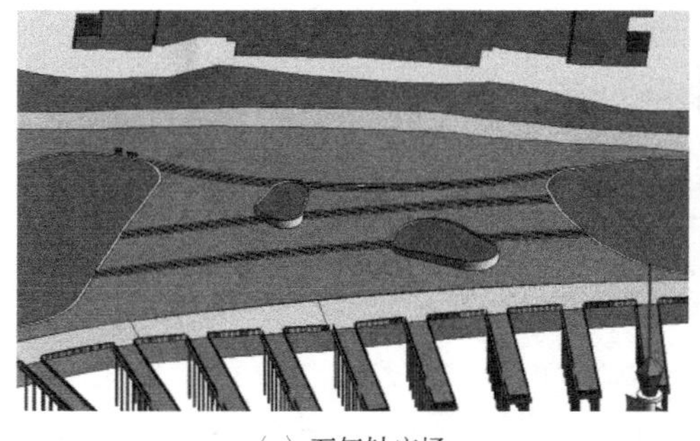
（a）万年轴广场

（b）桥梁

（c）市政管线和人造水系

图6-31 园林景观其他部分模型

（2）BIM模型分析与应用

该工程应用BIM技术逐个解决了遇到的重难点问题，主要从以下几个方面简要概述具体应用方式及取得的成效。

1）地质环境分析

该工程在施工前充分利用Civil 3D软件对施工场地进行布局与土方量计算，在避免后期施工过程中安全隐患发生的同时，尽可能平衡土方挖填量，以节省成本。

① 场地布局

利用Civil 3D分析工程所处的地形地貌、地层岩性、水文地质和不良地质体等信息进而生成相应的地层面，以了解地层发育起伏情况，提前规避工程场地布局不合理的问题，为工程整体布局的确定提供决策依据。

② 土方量计算

利用Civil 3D对不同开挖回填区域进行精细计算，并对土方的调运路线进行探索和分析，力求达到土方挖填平衡，从而节省土方成本。具体操作，以地质勘察单位提供的地形方格网数据为初始数据源，以设计地形数据为最终数据源，叠加分析两个数据源形成的曲面即可得到场地的挖填方量，如图6-32所示。工程管理人员根据所得到的各区域土方挖填量，结合工程场地布局，设计出最优土方运输方案，提高对成本管控的效率和精度。

2）空间检测

由于该工程的复杂程度远大于某一个单体建筑，在室内室外、地上地下等区域均存在管线密集和碰撞的情况，同时又要满足业主的净高要求，故利用BIM软件对其进行整体的空间检测。

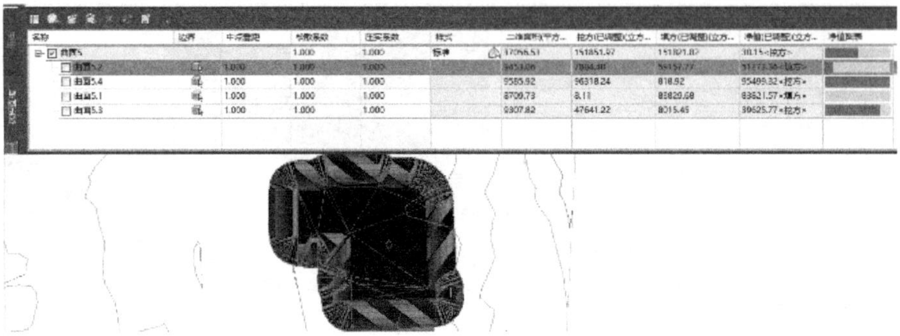

图 6-32　Civil 3D 土方量计算（局部）

利用Revit软件整合各专业的BIM模型并分别对建筑外部和内部进行空间检测。外部主要针对地下市政管线的碰撞检查，如图6-33所示；内部则是对机电管线之间、机电与建筑等专业之间碰撞问题的深化，如图6-34所示。发现各专业模型的碰撞问题后，将碰撞位置进行标记和记录，并导出对应的碰撞报告，经各专业设计人员综合考虑后对模型进行进一步的优化设计，减少在实际安装过程中发生冲突的情况，避免二次返工和材料的浪费。

图 6-33　建筑外部地下市政管线的碰撞分析

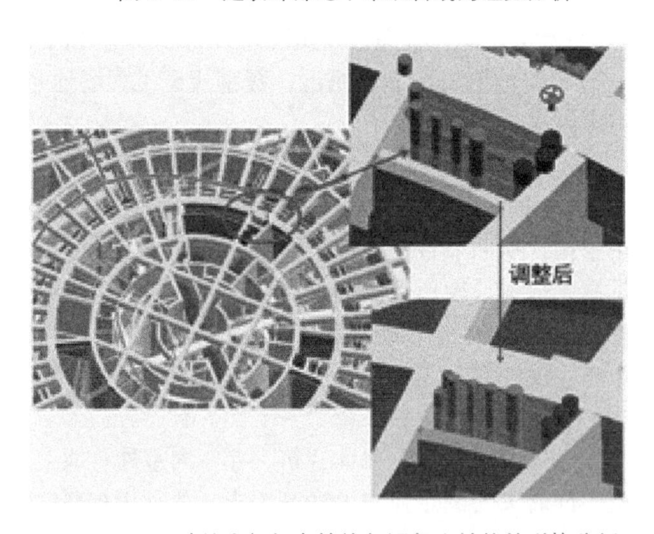

图 6-34　建筑内部机电管线与混凝土结构的碰撞分析

3）钢结构深化

该工程利用Tekla软件对建立的钢结构模型中的钢结构节点及型钢混凝土结构的钢筋节点进行分析和优化，导出深化后的节点施工图纸，从而解决钢结构节点种类多、连接复杂、倾斜钢柱定位困难的问题。利用软件中与钢结构加工厂数据对接的功能，将导出的下料单直接与工厂对接，方便工厂准确制造钢结构构件。

为避免施工阶段因构件应力、应变的大幅度变化引发安全事故，利用Midas Gen有限元软件对钢结构进行力学性能分析，计算出构件最大应力与变形，如图6-35所示；利用Midas Gen对不同位置的不同构件进行吊装工况的验算，如图6-36所示；并进行吊装施工过程的仿真模拟，找出合适的吊点以及对吊机进行合理布局，确保施工方案的可行性与施工过程的安全性，如图6-37所示。

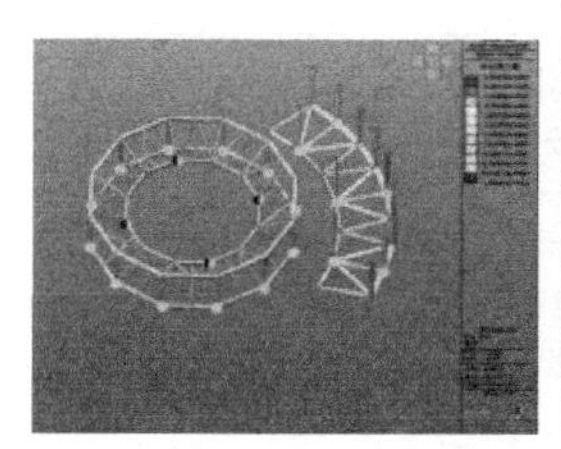
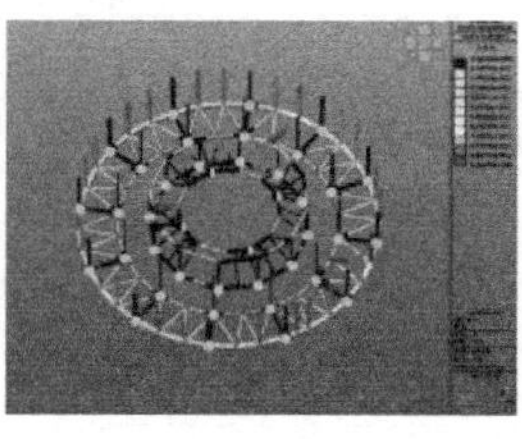
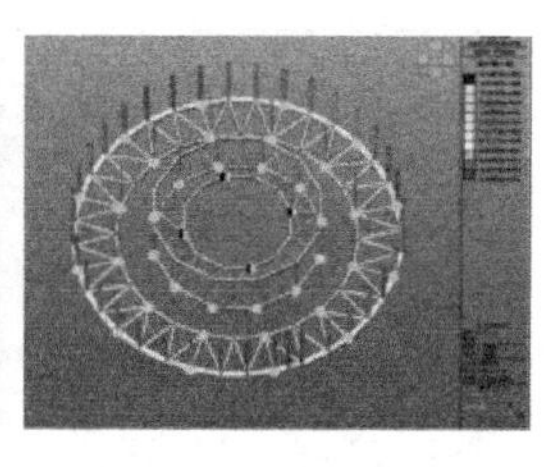

图6-35　对钢结构进行力学性能模拟

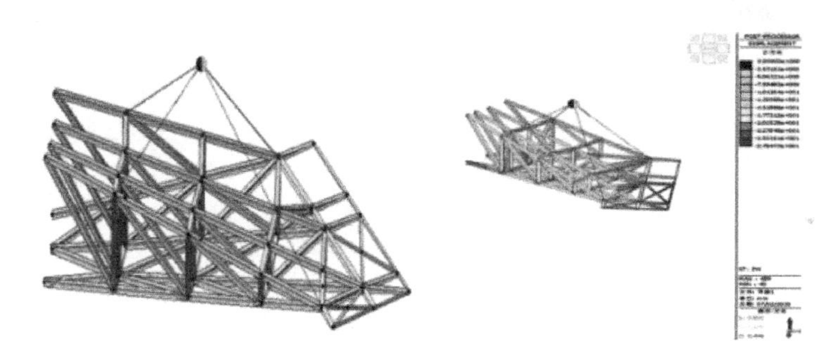

图6-36　对钢结构进行吊装工况验算

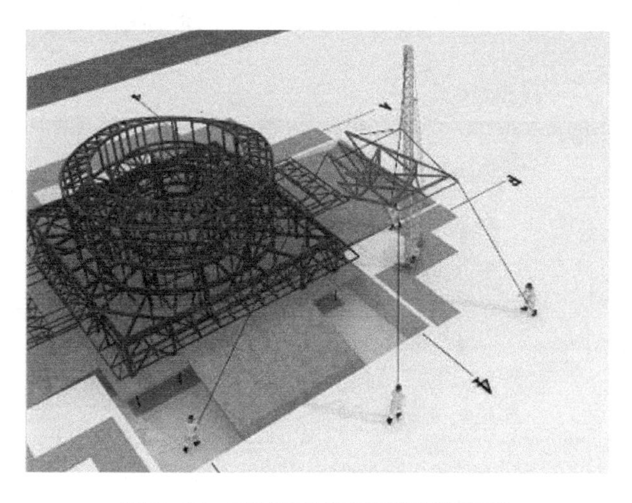

图6-37　对钢结构进行吊装过程模拟

4）物料统计

该工程具有极为庞大的工程量，倘若利用传统的物料统计，会消耗大量的人工，且经常出错，设计方案出现变动后也将导致物料统计数据的失败。利用BIM技术，可实现在BIM模型创建的同时，工程量与之同步生成，且易保证工程量信息与设计方案的一致性。

该工程利用Tekla和Revit中统计报表的功能，精确统计模型的工程量，如钢用量、混凝土、钢筋、管线等，如图6-38所示。将BIM模型和生成的工程量信息上传至数据库，工程其他人员能够快速准确地调用相关数据。一方面为工程造价提供准确的数据资料，节省计算的时间和成本；另一方面利用对物料统计为现场的施工备料提供准确的依据，从而对工程进度、工程质量等方面进行严格把控，合理分配物料，提高工作效率。

<BaseQuantities(柱)>

A	B	C	D	E
IfcGUID	Length(BaseQuanti	OuterSurfaceArea	NetVolume(BaseQ	NetWeight(BaseQu
1VXhe40002j34sC	1550 mm	0 m^2	0 m^3	40 kg
1VXhe40002hp4s	1550 mm	0 m^2	0 m^3	40 kg
1VXhe40000Hp4s	5650 mm	2 m^2	0 m^3	147 kg
1VXhe40000GZ4s	5202 mm	2 m^2	0 m^3	135 kg
1VXgK00000IJ4sC	289 mm	0 m^2	0 m^3	0 kg
1VXgK00000HJ4s	289 mm	0 m^2	0 m^3	0 kg
1VXgK00000GJ4s	289 mm	0 m^2	0 m^3	0 kg
1VXgK00000FJ4s	289 mm	0 m^2	0 m^3	0 kg
1VXgK00000EJ4s	289 mm	0 m^2	0 m^3	0 kg
1VXgK00000CJ4s	289 mm	0 m^2	0 m^3	0 kg
1VXgK00000Ap4s	289 mm	0 m^2	0 m^3	0 kg
1VXgK000009p4s	289 mm	0 m^2	0 m^3	0 kg
1VXgK000008p4s	289 mm	0 m^2	0 m^3	0 kg
1VXgK000007p4s	289 mm	0 m^2	0 m^3	0 kg

图6-38　柱工程量

5）可视化技术应用

利用Navisworks对生态科技展示馆和游客服务中心等模型进行施工过程4D模拟且用于可视化交底，如图6-39所示。这不仅让施工人员直观了解各个施工工艺和施工顺序，还能够令管理人员及时把握每个场馆的施工进度信息，根据现场情况随时调整工程进度以便更合理管控现场资源。

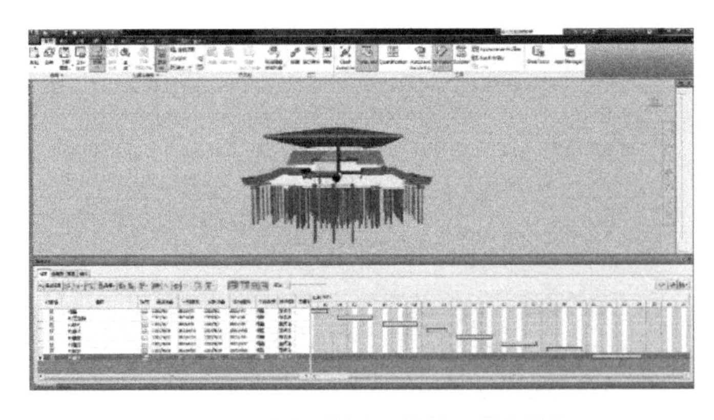

图6-39　生态科技展示馆施工进度模拟

利用Lumion对工程整体及各单体建筑模型进行不同时节的渲染和不同场景下的漫游制作，生成相关的图片和视频，如图6-40所示。通过镜头漫游可直观查看效果逼真的三维模型，可对竣工后的全景进行仿真展示，提升工程的吸引力。

图6-40 工程夏季整体渲染效果

6）创新应用

BIM技术在该工程中的创新应用在于利用Dynamo可视化编程实现BIM编码的批量录入。BIM标准体系规定了雄安新区生态工程（园林）数据对象编码的技术要求，包括生态工程工程勘测、设施、设备等BIM对象的编码规则和实施程序。该工程通过Excel处理编码规则信息，筛选符合雄安要求的编码数据，结合Revit中可视化编程插件Dynamo读取Excel编码信息，并自主研发出批量录入编码的方法，如图6-41所示。该方法通过高效快捷录入，使得整个编码过程用时仅48h，比传统人为手工录入提高了10倍的工作效率。

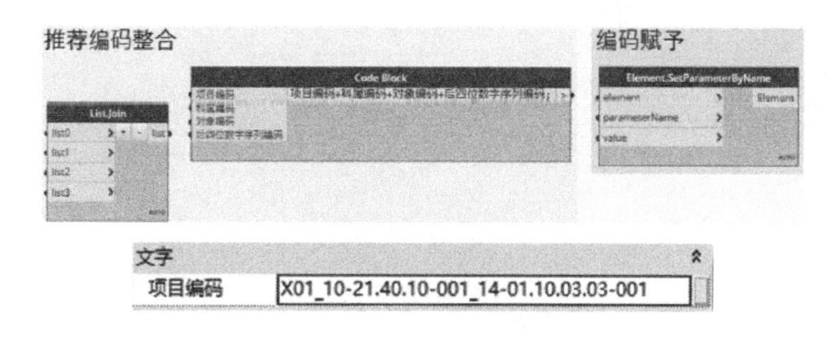

图6-41 编码整合并赋予模型

6.3.4 BIM应用总结

该工程集成了水工码头、公共建筑、风景园林三种业态，是BIM技术应用的创新性探索。在雄安新区建设标准的指导下，以工程为导向将BIM技术应用于工程建设各环节，并取得了一定成效。该工程中的BIM技术应用主要体现在以下几个方面：①利用Civil 3D、Revit、Tekla、Dynamo等软件建立了工程地形地貌模型、建筑模型和风景园林模型，有利于工程的整体规划、布局。②利用Midas Gen、Navisworks、Lumion等软件实现了地质环境分析、建筑内外部的空间检测、钢结构深化、施工过程4D模拟及不同场景漫游等功能，有利于确保施工方案的可行性、施工过程的安全性。③利用Dynamo可视化编程实现了BIM编码的批量录入，极大提高了工作效率。

综上所述，BIM技术的应用协调了工程特征，满足了工程建设的进度、安全、协作等需求，体现了雄安新区的高标准建设要求，为BIM技术应用于同类工程提供了成功的实践经验和参考。

6.4 雄安容东环卫综合体

6.4.1 工程概况

（1）总体概况

雄安新区容东片区环卫设施北停车场工程是服务区域较大的综合配套设施工程，位于容东片区D社区北侧，面积约9117m^2，总建筑面积14352.5m^2。主要建设内容包括环卫车辆停车场、职工工作生活相关的配套设施以及其他功能性区域。停车场服务于容东片区东侧一半区域环卫车辆的停放，停车规模不少于55辆。职工工作生活相关的配套设施包括管理配套用房以及职工休息区。功能性区域包括维修保养车间、融雪剂车间、大型垃圾拆解中心和环教展示中心，其中融雪剂车间的融雪剂储存、搅拌能力需满足容东片区一半区域至少一次融雪剂的储存量，大型垃圾拆解中心每天应至少能处理4t垃圾，环教展示中心则用于展示雄安新区环卫规划建设的创新发展理念，宣传垃圾分类和资源化处理的新理念。工程整体效果图及各区域分布如图6-42所示（停车场位于地下）。

图6-42 整体效果图及各区域分布

（2）工程重难点

1）质量环保要求高

该工程是雄安新区第一座垃圾处理综合体，在雄安生态内属于重点工程，雄安新区政治影响大，故该工程从拟建之日起就受到了极大的社会关注。同时，雄安新区的政治重要性和该工程的重要性给工程建设带来了很高的质量和环保标准，对文明施工和绿色施工的要求也极高。

例如，混凝土结构的抗渗要求、钢筋保护层的厚度要求以及机电设备管线安装、末端器具安装的质量要求均很高；在环保层面，土方开挖运输防止扬尘以及节约用电等是重点，绿色施工的标准高、责任重；此外，该工程对新材料、新工艺、新技术的验收标准也有很高的要求。

2）工程场地狭小，运输困难

工程在S333省道北侧约300m位置，临时道路仅有一条，周边安置房、绿化等多家施工单位工程紧邻，共用一条道路，给运输造成一定影响，极易拥堵，且施工占地红线内均有建筑物和构筑物，材料摆放和加工场地狭小紧张，对空间安排要求很高。

3）交叉施工及同步施工频繁

在地下室结构施工阶段，防水、钢筋加工及运输、机电水暖和工艺设备预留预埋等交叉施工；在二次结构施工期间，装饰施工、幕墙安装、钢结构涂装和机电水暖安装等交叉施工。多专业交叉施工频繁，且三个标段同步组织施工，极易相互影响。

4）基坑施工要点多

该工程基坑按深度可分为三个部分，分别为2.9m、13.3m和9.7m，其中13.3m和9.7m部分属于深大基坑，危险性较高，所以深基坑的安全把控是该工程的重点。此外，该工程基坑要经历冬雨两期施工，既要做好雨期施工的排水和挡水准备，又要做好冬期施工的保温和抗冻措施，基坑的防水抗冻是该工程技术管理的要点。

5）深化设计量大面广

该工程需要对外墙面以及机电管线等进行深化设计，力求满足功能要求的同时排布美观大方。同时该工程中的钢结构、楼梯、连接走廊、厨房和精装修等均需要进行二次设计，以致该工程深化设计工作量巨大且覆盖面较广。

6.4.2 BIM应用前期准备

（1）BIM工作目标

该工程力图使用BIM技术辅助施工全过程精益化管理，实现建筑在施工阶段的进度、成本、质量、安全等的统筹管理和综合把控；全面实行和验证雄安系列BIM标准，实现工程施工全过程的标准化管理。根据具体的工程重难点，通过BIM软件进行碰撞检查、深化设计、施工模拟等，优化原设计方案，切实有效解决施工技术难题，实现施工方案技术和经济效益的最优化。

（2）BIM实施标准

BIM实施标准是保证BIM技术顺利有效应用的重要基础，雄安系列BIM标准是推进BIM技术在雄安新区广泛应用，统一雄安新区BIM技术应用要求，维护数据存储与传递的安全性，提高信息技术应用效率和效益的基础。容东片区环卫设施工程BIM应用整体按照

《雄安新区规划建设BIM管理平台数据交付标准》（试行2.0版）（建筑篇）、《雄安新区市政工程数据对象编码技术导则》与《雄安新区市政工程BIM模型成果技术导则》实施。

《雄安新区规划建设BIM管理平台数据交付标准》（试行2.0版）（建筑篇）对环卫设施建设过程中的BIM模型成果、图纸成果、设计说明成果等工程交付内容的要求进行了明确，确保了环卫设施规划、设计、施工等阶段管理数据的互通和共享，提高了环卫设施工程信息技术应用效率和效益。

《雄安新区市政工程数据对象编码技术导则》规定了该环卫设施工程的BIM数据对象编码的技术要求，包括工程勘测、土建、设备等BIM对象的编码，为BIM建设管理系统及后续运维管理所需的WBS对象、电子文件夹、文档、组织机构、人员等对象的编码规则和实施程序提供依据。

该环卫设施工程在成果交付，构件分类、命名、表达，模型表达等方面严格遵循以上标准和导则，并对其进行了验证，实现了工程的标准化和体系化。

6.4.3 BIM应用实施过程

BIM技术在该工程的规划、设计和施工过程中均发挥了重要作用，以下分别从BIM模型的创建与整合以及对模型的应用两方面具体说明BIM技术在该工程中的应用。

（1）BIM模型创建与整合

雄安容东片区环卫设施北停车场工程统一使用Autodesk Revit 2018版本软件进行建模，建模步骤大致可分为制作工程样板文件、创建模型与模型整合。

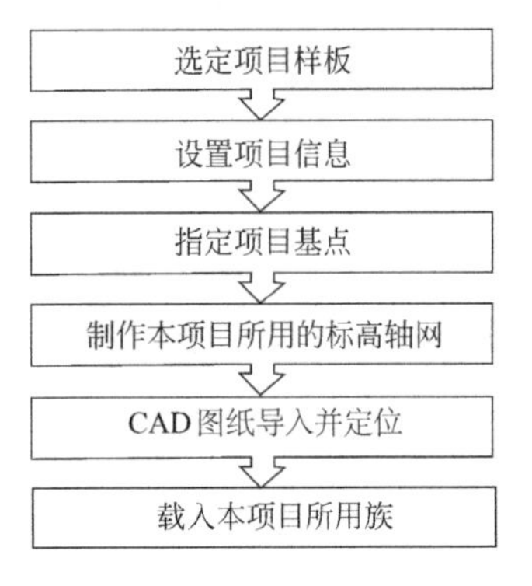

图6-43 工程样板制作流程

1）制作工程样板

BIM模型的制作需基于一个工程样板文件，不同专业在统一的工程样板文件中建模，以便后期对BIM模型进行整合分析和深化设计等。但由于Revit中自带样板文件存在出图不符合我国规范、部分设置项不能满足该工程各专业需求等缺陷，故需制作适用于该工程的工程样板，具体操作流程如图6-43所示。

2）创建模型

该工程模型创建可分为土建模型和机电模型两大部分。其中，土建模型包含停车场和相关的配套设施，如图6-44所示；机电模型包含消防水管、给水管、热力管线、电力电缆、电信电缆及预留管等管线，以及消防、照明、通风、监控等设备，如图6-45所示。

在建模过程中，为提高建模速度，该工程使用了基于Revit的橄榄山快模插件，通过拾取CAD底图不同图层，实现墙、柱、梁、板、喷淋管道等构件的批量快速生成，并可批量完成对应参数的调整，使建模效率成倍提高。

3）模型整合

BIM模型包含工程中各个专业所有构件信息，故需在不同专业创建完模型后，利用模型链接将不同专业的模型在工程样板中整合为一体，并保证整体模型合规，进而将该工程所有CAD形式的二维图纸升级为三维效果模型，如图6-46所示，以便能够在设计环节中预判工程竣工后的初步效果。在此基础上，对BIM模型进行分析应用和深化设计，才能使

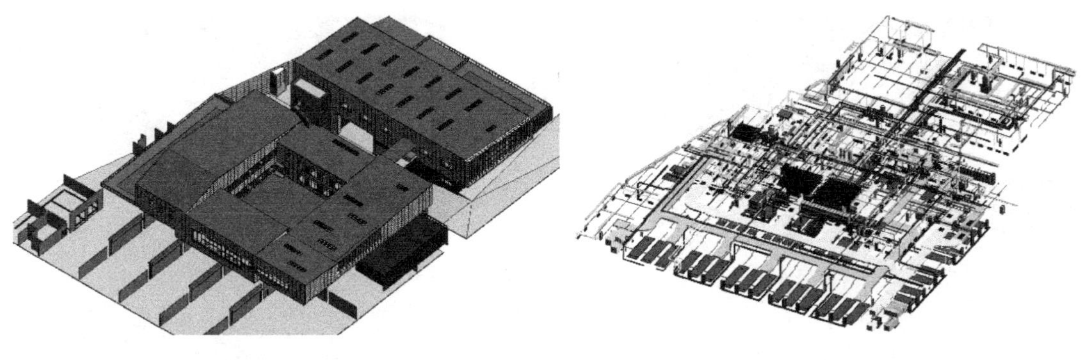

图6-44 土建模型　　图6-45 机电模型

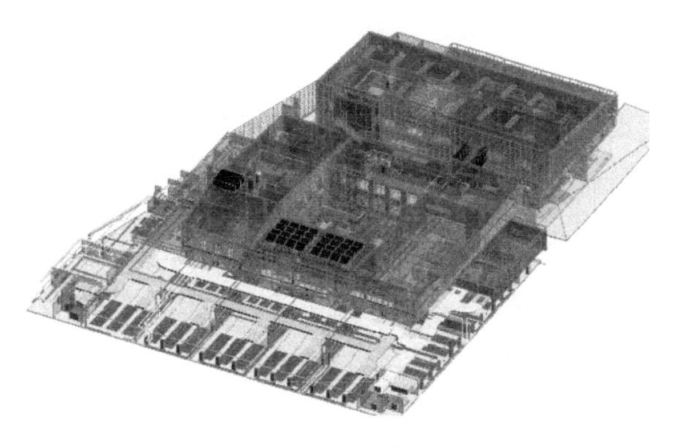

图6-46 模型整合

BIM技术在工程中发挥出最大效益。

（2）BIM技术应用

1）多专业协同设计

① 碰撞检查

碰撞检查是BIM技术最普遍实用的应用点，该工程在施工前进行了碰撞检查，利用三维的直观视角快速定位到碰撞位置，并生成了冲突报告，如图6-47所示。每条碰撞信息包括碰撞类型、构件ID等，双击碰撞点链接即可查看碰撞的具体三维情况，进而进行模型的优化调整，图6-48为机电管线碰撞调整前后对比图示例。

冲突报告

冲突报告项目文件: I:\B-比目鱼\00雄安\02雄安容东\雄安停车场BIM各专业汇总_09.12\雄安容东-工艺-20210520.rvt
创建时间: 2021年5月27日 16:04:33
上次更新时间:

	A	B
1	风管管件：圆形弯头 - 节 - 法兰：除臭-4分段：ID 345453	容东片区环卫-通风+排烟-B1-20210520.rvt：风管管件：内外弧形矩形弯头：标准：ID 16130
2	风管：圆形风管：除臭管：ID 348509	容东片区环卫-通风+排烟-B1-20210520.rvt：风管：矩形风管：镀锌钢板_法兰：ID 1528808
3	风管：圆形风管：除臭管：ID 550005	容东片区环卫-通风+排烟-B1-20210520.rvt：风管：矩形风管：镀锌钢板_法兰：ID 1573478
4	风管管件：圆形弯头 - 节 - 无法兰：除臭-4分段：ID 550008	容东片区环卫-通风+排烟-B1-20210520.rvt：风管：矩形风管：镀锌钢板_法兰：ID 1573478
5	风管：圆形风管：除臭管：ID 556766	容东片区环卫-通风+排烟-B1-20210520.rvt：风管：矩形风管：镀锌钢板_法兰：ID 1478486
6	风管：圆形风管：除臭管：ID 576695	容东片区环卫-通风+排烟-B1-20210520.rvt：风管：矩形风管：镀锌钢板_法兰：ID 1575401
7	风管附件：蝶阀 - 圆形 - 手柄式：350-除臭 - 标记 26：ID 576699	容东片区环卫-通风+排烟-B1-20210520.rvt：风管：矩形风管：镀锌钢板_法兰：ID 1575401
8	风管：圆形风管：除臭管：ID 576700	容东片区环卫-通风+排烟-B1-20210520.rvt：风管：矩形风管：镀锌钢板_法兰：ID 1575401

图6-47 冲突报告示例

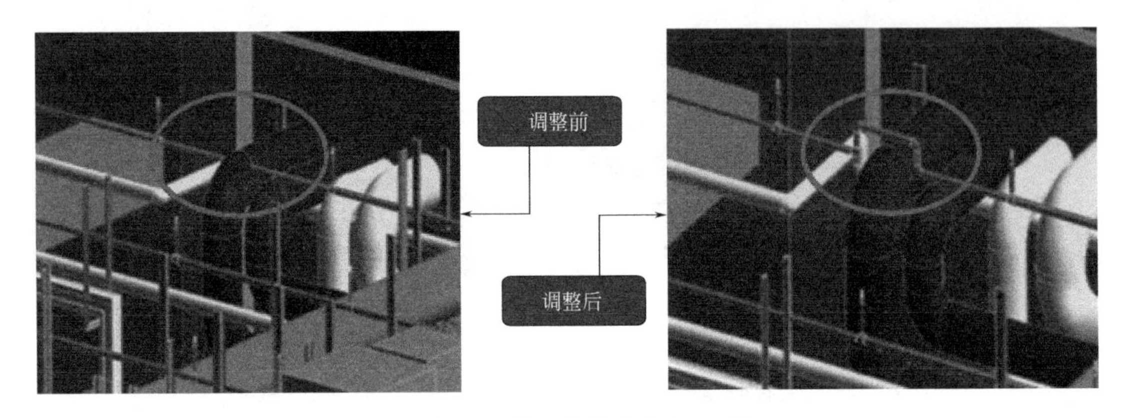

图 6-48　碰撞调整前后对比图示例

通过调整和图纸变更洽商，在施工前完成碰撞调整，避免了二次返工和材料浪费，大幅度提高施工效率。

② 净高分析

通过BIM多专业综合建模来模拟工程预建造，更加直观准确地表现出每个房间区域的净高，并进一步对其优化。根据各区域设计的净高要求和各管线排布方案，利用Revit、建模大师等BIM工具对BIM模型中各个区域进行分割、命名，并设置好不同区域对净高的不同要求，最后直接运行检测，即可生成净高分析报告和对应的优化方案，如图6-49所示。

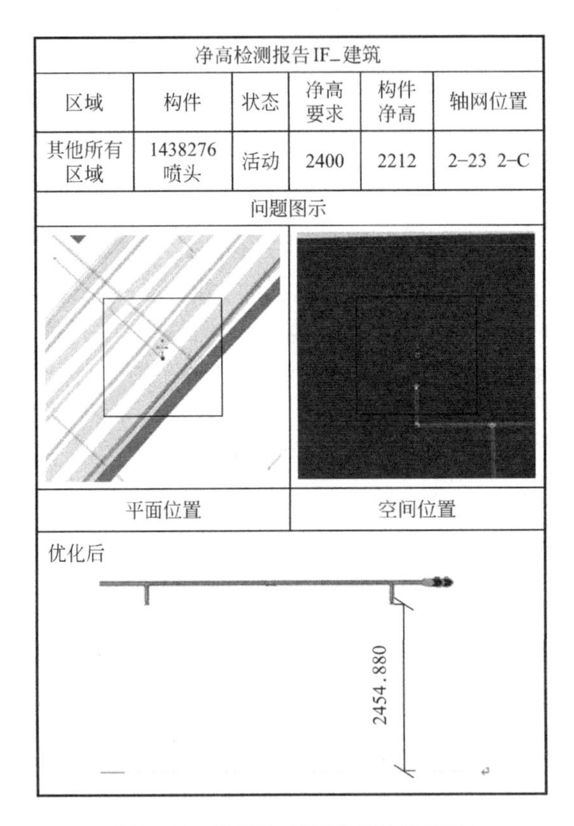

净高检测报告IF_建筑

区域	构件	状态	净高要求	构件净高	轴网位置
其他所有区域	1438276 喷头	活动	2400	2212	2-23 2-C

问题图示

平面位置　空间位置

优化后

图 6-49　净高分析报告及优化方案

对各区域净高进行分析，可提前发现不满足净高要求和设计不合理的部位，并与相关设计方及时进行沟通和调整，从而避免后期设计变更，节约成本。

2）幕墙深化设计

该工程在建筑外墙面深化设计中，工程BIM人员利用Revit软件创建了幕墙系统模型（图6-50），对外立面干挂空心陶土板进行了预先排版，将其排列得整齐对缝，同时，这一过程也可以发现图纸中存在的错误，提前进行调整。

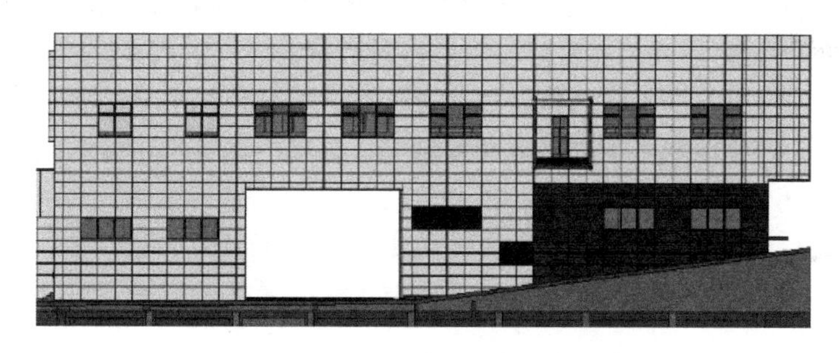

图6-50　外饰面砖排布BIM模型

其中，结合现场施工情况，工程BIM人员对反坎、门槛、门洞等进行了深化处理，同时设置了陶土板规格与灰缝尺寸，而且在施工前模拟了多种排布方式，通过比较选择最优方案，实现现场的精准投料，进行合理的切砖与排布，减少碎砖量。此外，该工程在BIM模型中统一了标注样式、填充样式、出图规则等，导出CAD建筑平面布置图如图6-51所示。

运用BIM技术优化排砖，实现工程精细化管理，大大提高了排砖效率，节省了技术人员运用传统CAD排砖的大量时间，同时也避免了不必要的材料浪费，节约成本。

3）施工模拟

① 现场布局模拟

场地狭小，运输道路紧张给工程的空间安排和安全管理带来了一定的挑战。该工程采用BIM技术进行了施工现场布局的仿真模拟，提前发现与规避布局问题，不断检验现场布局的科学性和合理性，构建出完善的施工场地布置方案，有效提升了施工现场的有序性和

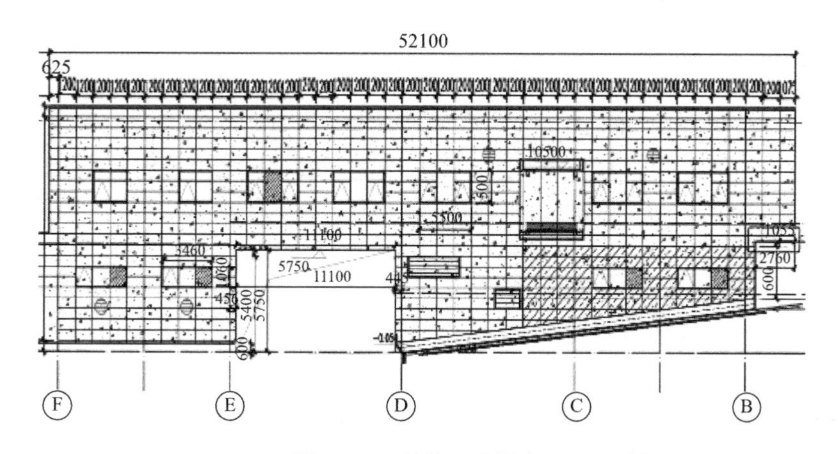

图6-51　外饰面砖排布CAD图纸

安全性。

此外，该工程提前制定了当月的材料和机械使用计划，根据模拟方案合理规划施工机械和材料的进场时间、路线和放置场地，减少了进场车辆拥堵的情况，降低了现场的空间冲突，进而降低了因场地布局不合理而发生安全隐患的几率。

② 基坑施工模拟

深基坑施工是该工程的难点，也是该工程安全把控的重点。工程BIM人员采用BIM技术绘制了基坑模型，并且对基坑施工进行了施工模拟。基坑模型如图6–52所示，具体方案是应用Revit软件绘制基坑BIM模型，然后将其转换为.nwf格式文件，利用Navisworks软件对施工过程进行模拟。基于这两款软件，在土方开挖前模拟出开挖各阶段的工况，从而找到最优出土路径，合理安排施工机械和劳动力，在施工前实现了深基坑土方开挖方案的优化。

此外，基坑施工模拟可以让现场工作人员更加了解工程的情况，做到实时管控，有效解决工序间的制约问题，避免窝工现象；提前发现危险源并及时采取有效措施，保证基坑施工的安全。

图 6–52　基坑模型图

③ 进度模拟

该工程多专业交叉施工频繁，且三个施工段同时施工，极易相互影响，延误工期。工程BIM人员将Revit模型导入Navisworks软件的工作工时表里，形成具有时间数据的4D模型以直观展示施工进程，实现进度动态管理，进度模拟界面截图如图6–53所示。

基于BIM技术以及工程情况确定出的进度计划预测方案包含各项施工工序开展顺序、持续时间以及各施工工序之间的关系等，施工方基于此开展工作，可使各项施工安排更加科学合理，保证施工各节点按时完成的同时还有助于达到最小资源消耗和最大工程效益。

4）工程量统计

在建模过程中，工程中的工程量计算可与BIM模型同步生成，基于BIM模型对混凝土、钢筋、机电管线等按照楼层、施工区域统计用量（图6–54），并根据清单规范和地方定额工程量计算规则，进行工程量计算分析，快速输出计算结果，生成工程量清单，从而大大减少了烦琐的人工操作和潜在错误，易于实现工程量信息与设计方案的完全一致，为工程设计概算、施工图预算、招标工程量清单编制等工作提供有力支持。

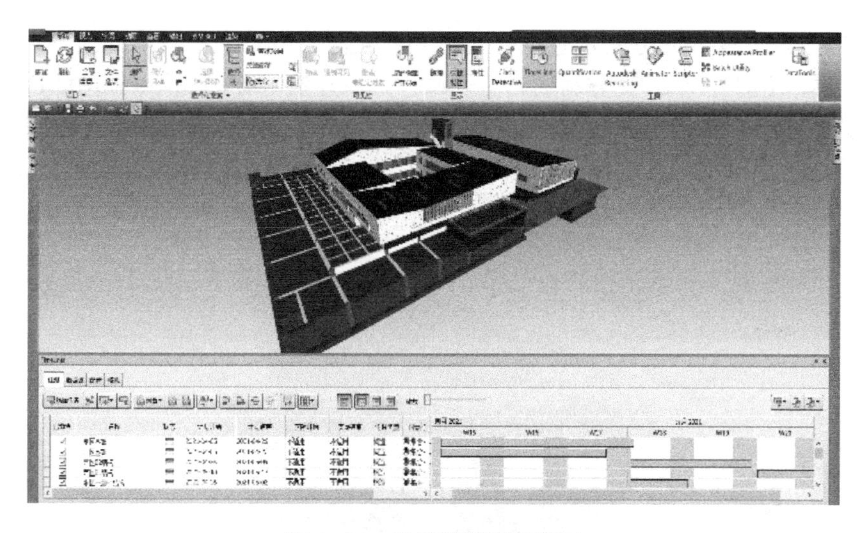

图 6–53 进度模拟界面截图

<机电设备明细表>

A	B	C
族	类型	合计
PAM加药装置	暖通水设备-加药机	1
PAM加药输送泵	PAM加药输送泵	1
PAM加药输送泵	PAM加药输送泵	1
中燃油过滤器	标准	1
中燃油过滤器	标准	1
冲洗水泵	标准	1
冲洗水泵	标准	1
冷却污水泵	标准	1
出料口	出料口	1
初沉池排泥泵	初沉池排泥泵	1
初沉池排泥泵	初沉池排泥泵	1
加药桶	加药桶	1
加药桶	加药桶	1
原水提升泵	标准	1
原水提升泵	标准	1
双轴剪切式破碎机	双轴剪切式破碎机	1
叠螺式污泥脱水机	标准	1
吨袋破袋器	吨袋破袋器	1
吨袋破袋器	吨袋破袋器	1
喷淋泵	标准	1
喷淋泵	标准	1
外排潜水泵	标准	1
外排潜水泵	标准	1
射流循环泵	标准	1
射流循环泵	标准	1
射流循环泵	标准	1
射流曝气器	标准	1

图 6–54 机电设备工程量示例

另外，BIM技术可以通过工程算量提高整体施工水平，即从工程进度、成本、工程质量等多个方面来表现工程量。如根据BIM模型计算得出的工作量进行人员分配，合理划分施工段，一定范围内进行流水施工，减少工序间歇的窝工现象。这大幅度提高了人员的工作效率和施工质量，避免了人员重复利用和工程造价重复计算。

5）绿色建设

该工程在建设过程中积极采用BIM技术进行日照、扬尘、用电用水等的模拟，以实现全过程绿色施工，环保建设。

图6-55为该工程日光分析示意图，通过BIM软件分析日照因素对建筑的影响，可以完善建筑设计、施工方案，充分利用自然资源，减少建筑能耗。此外，利用BIM技术，可以在动态数据库中清晰地了解建筑物的日用水量和日用电量，及时找出用水、用电不合理的原因并采取适当措施对其进行调整。

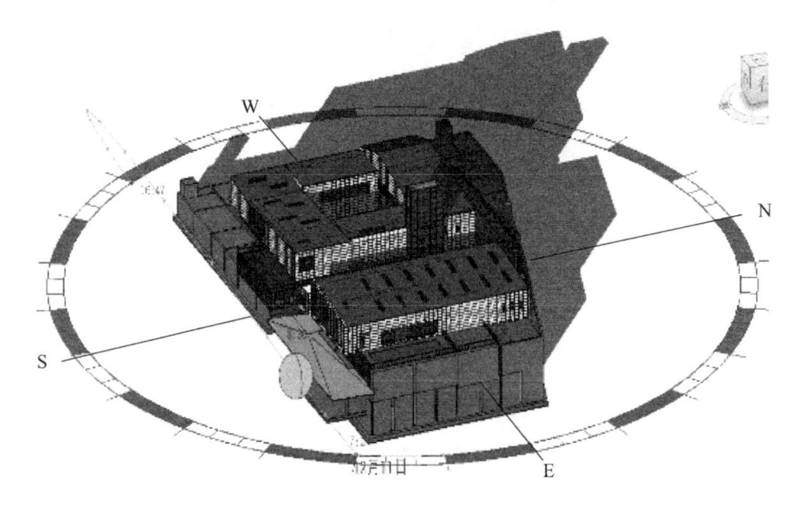

图6-55　日光分析示意图

6）创新应用

该工程中的基坑属于深大基坑，危险性较高，为有效保证深大基坑支护工程施工的进行质量，基坑边坡利用土钉进行施工支护。该工程利用BIM技术自主研发出对土钉进行碰撞检测和具体位置优化的相关编程，以确保施工过程的安全性和可行性。

根据设计图纸利用Revit软件工具制作基坑阳角支护模型，通过Dynamo可视化编程工具运行相应的程序脚本（图6-56）检测出土钉的碰撞位置，同时可在程序中导出初步

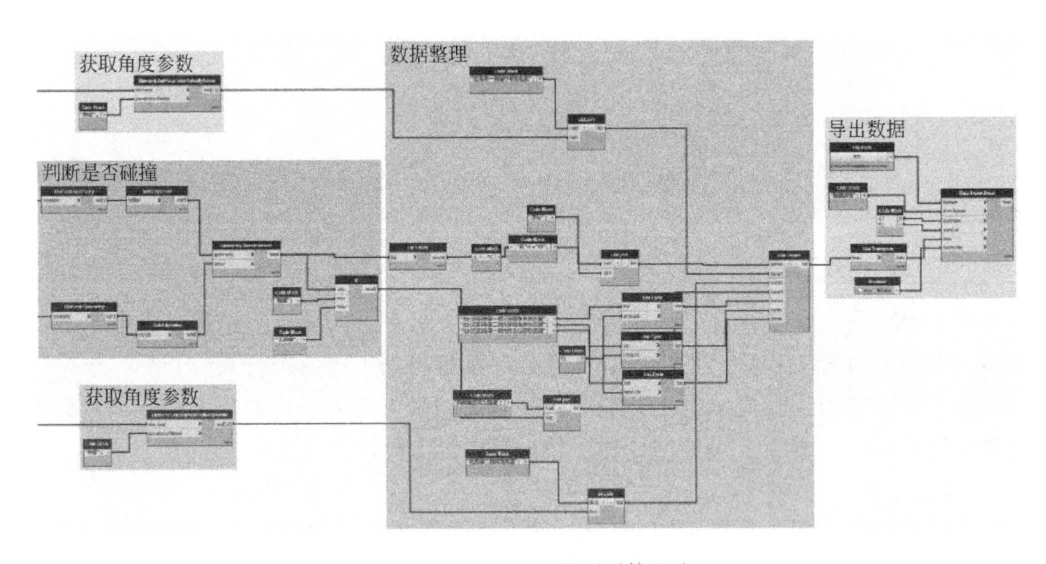

图6-56　Dynamo检测碰撞程序

数据报告表单。依据《建筑地基基础工程施工质量验收标准》GB 50202-2018中规定土钉墙支护质量检验应符合土钉孔倾斜度≤3°，并根据导出的初步数据报告表单在Dynamo中自主开发出土钉倾角优化程序，发现土钉碰撞位置后在Dynamo中直接运行对应脚本（图6-57），通过数据与模型的联动，即可调整碰撞土钉的倾角数据和模型，并导出优化后的数据表单，实现对相关土钉成孔倾角的快速批量优化（图6-58），从而大大节省时间和人力，确保施工安全，提高工作效率。

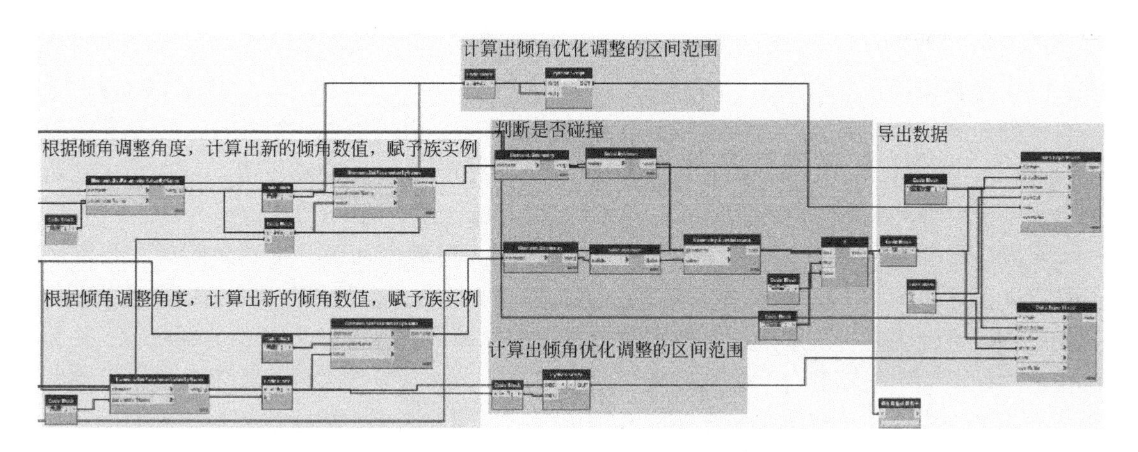

图6-57　Dynamo倾角优化程序

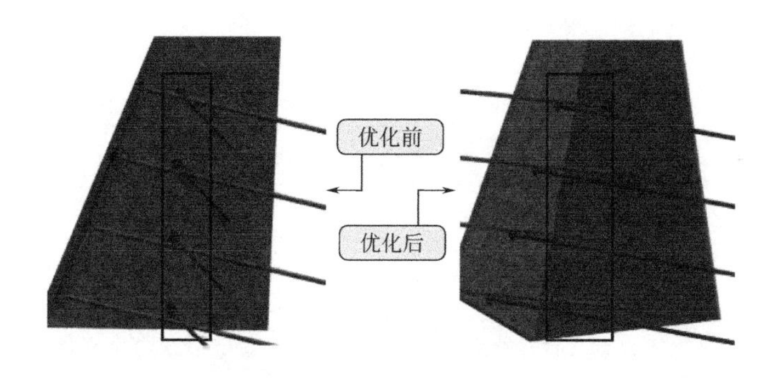

图6-58　土钉批量优化前后对比

6.4.4 BIM应用总结

容东片区环卫设施北停车场工程通过BIM技术的应用，有效实现了工程施工全过程管理的可视化、标准化和信息化，提高了施工质量与管理效率，确保了施工安全性。在该工程中，BIM技术应用效果主要表现在对机电管线等的碰撞检查和净高分析，及时进行优化调整，减少返工；对外饰面陶土板进行优化排布，减少材料浪费；对现场布局、深基坑以及工程进度进行模拟，解决场地狭小，安全隐患大等问题；对工程量进行有效统计，减少失误，提高效率；积极响应绿色安全文明施工，保证高标准、高要求、绿色安全文明建设；结合BIM+可视化编程的创新应用，对深大基坑的土钉倾角和位置进行优化，以确保基坑施工质量，提高效率。

作为雄安新区第一座垃圾处理站，该工程在建设过程中充分发挥了BIM工具的积极作用，并且全面实行和验证了雄安标准，可为数字雄安的建设实施提供经验借鉴。

6.5 雄安金湖公园

6.5.1 工程概况

（1）总体概况

金湖公园是雄安新区目前在建体量最大的民生工程，总占地面积约248hm^2（不含市政道路面积），东西长约3.2km，南北长约2.9km，公园绿地宽100~500m不等。其中仿古建筑35处，桥梁9座，水系面积243054m^2，乔木约2.3万株，灌木约4.6万株。

金湖公园工程主要分为三个区，由西向东分别为澄碧安和区、金湖映晖区、长河图画区，如图6–59所示。澄碧安和区是为金湖公园周边居住人群提供日常休闲活动的场所。金湖映晖区设计内容有滨水走廊、亲水花台、古树忆梦等，是金湖公园的景观核心，较为集中的水域空间集运动健身、森林休闲、剧场展演、登高观景等多种功能于一体，是滨湖活力空间的聚集地。长河图画区北邻创意孵化中心，南部面水，形成较为独立的园中园片区。南北向市政道路将三个区分隔，形成园中园内多个不同主题但相互关联的整体[333]。

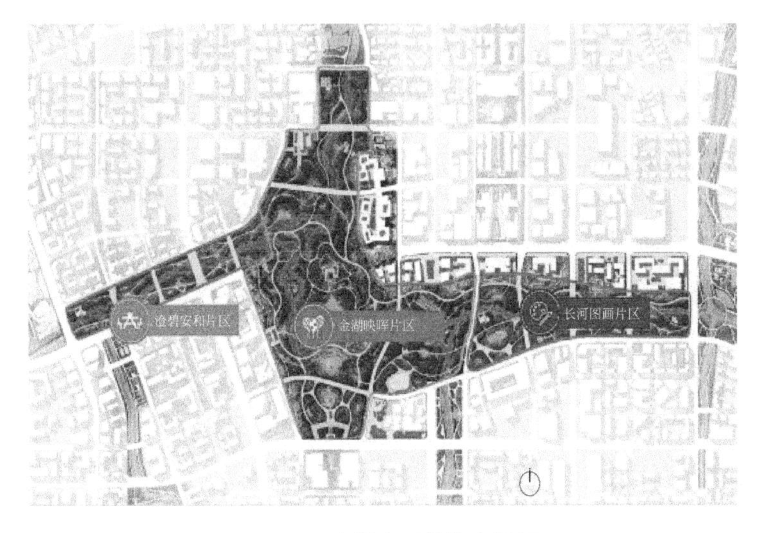

图6–59 金湖公园整体布局图

（2）工程重难点

金湖公园是雄安新区最大的人工湖公园，土方挖填量大，挖方110万m^3，填方90万m^3，并且填方后地形的恢复也具有一定的困难。在建设过程中，景观桥和主干道的市政桥同时建设，频繁的交叉施工加大了工程协调的难度，对工程进度安排提出了更高的要求。仿古建筑种类多样，建筑工艺要求高，并且要与自然景观有效结合，对整体性要求高，因而增加了施工的难度。

6.5.2 BIM应用前期准备

（1）BIM应用重难点

1）园林BIM模型创建难

金湖公园工程构筑物及建筑物种类多、风格多、数量多，主要包括仿古建筑、观光桥梁、设施小品和植被绿化等。工程工作人员对现代建筑的BIM应用已有一定经验，但需要与该工程大量园林要素的BIM模型创建以及BIM应用进行一定的融合。由于园林施工需要，该工程对模型的细节要求很高，所以在该工程的实施过程，探索应用符合该工程园林景观需求的BIM技术是一大难点。

此外，植被绿化建模应用部分也具有很大的难度，该工程的植物种类繁多、数量巨大，含乔木约2.3万株，灌木约4.6万株，且要种植在面积广阔的金湖公园的各个区域内，这给工程BIM工作人员带来了一定的挑战。

2）碰撞检查注意事项多

园林景观工程的碰撞检查与其他建设工程具有一定的区别，需要注意的事项相对更多。在金湖公园工程的建设过程中，不仅要考虑建筑物专业内及不同专业的碰撞，更要重点做好各景观与管线、建筑物等的碰撞检查，尤其是植被的根部与铺设管道的碰撞检查。金湖公园体量大，植被众多，对地下的管道铺设具有严重影响，因此碰撞检查复杂并且工作量巨大。基于BIM技术进行碰撞检查，可以极大提升碰撞检查效率，提前发现问题，很大程度上减少施工图中的错误，极大减少已建工程出现返工的情况，节约施工成本。

3）可视化要求高

金湖公园工程作为园林类工程，对建成后的园林整体展现效果具有较高的要求，工程建成后展示元素包括植被景观、园林夜景、灯光效果、喷泉等。

植被作为该工程的重要组成部分，也是园林展示效果的核心元素之一，需要着重进行布置。基于BIM实现植被的虚拟种植、实现植被的四季变化可视化、未来成长可视化，昼夜可视化，对园林的植被设计、整体效果展示有重要意义。植物景观三维可视化的首要条件是进行数字信息模拟，该工程植物形态及种类样式繁杂，植被布置数量众多，这给金湖公园景观的高要求可视化带来一定的难度。

（2）BIM实施标准

BIM标准是建筑行业实现数据集成利用和互操作的重要工具，BIM标准的核心目标是使信息自由有效地在工程全生命周期不同阶段和不同参与者之间传递使用，BIM标准的制定和合理有效应用能够不断提升行业生产效率和质量，为建筑产业带来巨大变革。金湖公园工程BIM应用整体按照《雄安新区市政工程BIM模型成果技术导则》，《雄安新区市政工程数据对象编码技术导则》与《中国雄安集团BIM标准体系－园林分册（四分册）》实施。

6.5.3 BIM应用实施过程

金湖公园需要建模的要素非常复杂，涵盖了地形地貌、公园水系、亭台楼阁、设施小品、花草树木等多种园林要素，以及支撑和连接园林的市政管线、道路桥梁等。

（1）BIM建模

1）地形地貌

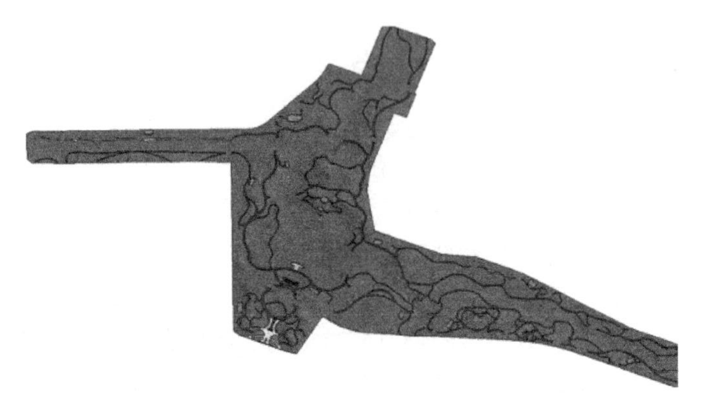

图 6-60　金湖公园地形 Revit 模型

金湖公园是全人工开挖的人造公园，总占地面积大，约248hm^2，地形地貌复杂，含人工湖、假山和各式各样标高不一的仿古建筑及桥梁，其人工整理的地形土方工程量难以根据图纸计算得出，故应用BIM技术，根据等高线图纸在Revit中直接建立有厚度等属性的地形BIM模型（图6-60）。依据模型原地形标高和设计地形标高两者间的差额，即可得到土方量的情况，便于后期土方挖填等。

2）仿古建筑

金湖公园拟建仿古建筑众多，包含阁楼、水榭、廊架、景观桥等。该工程应用Revit软件对各仿古建筑进行了细致建模，并将其与周边场地环境放在一起进行景观效果查看，以保证与自然环境色调的有机协调。

其中定安阁为清代仿古建筑，为保留其古朴韵味且与周边景观协调，模型颜色采用了仿古褐色，且这些色彩信息均附着在Revit模型中（图6-61为定安阁Revit模型）。同时，应用BIM技术还能为各景观桥与周边场地进行标高衔接提供很好的操作环境，为桥台两边景观锥坡的衔接，道路纵坡的衔接等提供技术支持。不仅如此，公园中迎曦桥的建设还利用BIM技术对高程、坐标等重要参数进行了定位的核对，并通过参数化设置准确地表达了拱轴线与九孔设计，迎曦桥Revit模型如图6-62所示。

图 6-61　定安阁 Revit 模型

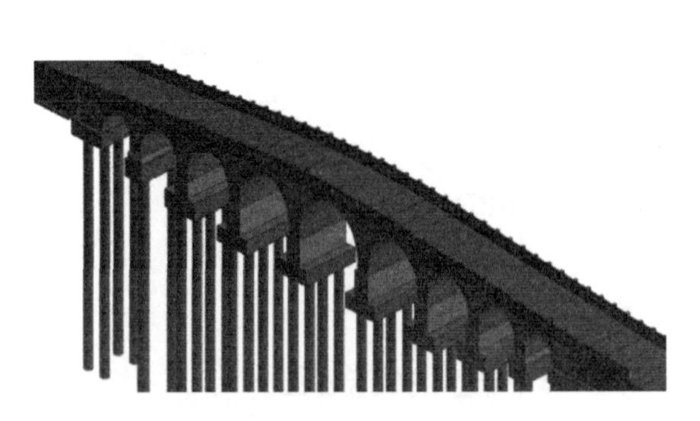

图 6-62　迎曦桥 Revit 模型

3）设施小品

金湖公园的设施小品包含室内外的栏杆扶手、灯具、指示牌和垃圾桶等。这些设施小品的造型各异，但都是由标准体块组合而成，均由Revit进行建模，运用其参数化引擎控制空间几何参数与类型参数。完成各类设施小品族模型的创建后，通过Dynamo插件实现批量放置。首先，在CAD中完成定位坐标数据的提取，然后进行数据处理，完成此类准备工作后，通过Dynamo插件读取处理后的数据文件以及工程基点，进行相应的坐标运算，最后点击运行，实现设施小品族的批量放置。图6–63为Dynamo插件实现垃圾桶族批量放置的方法。金湖公园的设施小品均按照实际的产品尺寸进行建模，并在模型中赋予了详细属性信息，便于后期生产加工。图6–64为部分设施小品Revit模型。

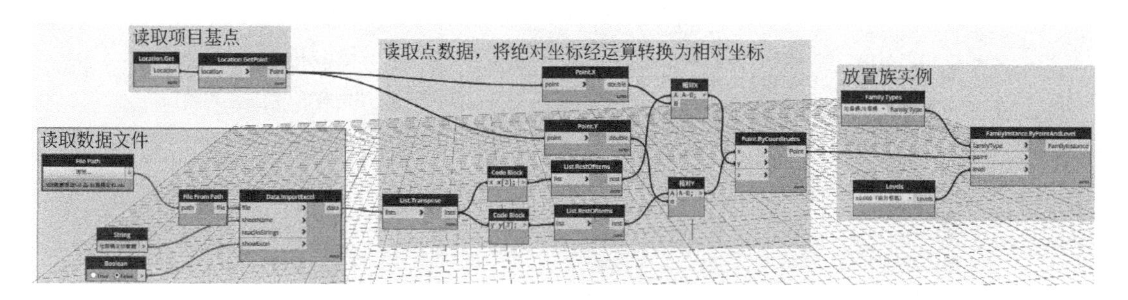

图 6–63 垃圾桶族批量放置方法

图 6–64 设施小品 Revit 模型

4）花草树木

金湖公园花草树木众多，植物族的创建与编码的赋予是该工程的重点与难点。植物族模型包含的几何信息有高度、蓬径、胸径、分支点、土球大小等，非几何信息包含植物拉丁名、代码、植物类别、成本、地域、施工种植要求、应用区域、设计建议、版本等。

在进行植物族模型创建时，首先，BIM工程团队通过CAD内置的“提取数据”功能，对140种树木类型分别提取绝对坐标值，并依次对其进行数据处理（图6–65）。然后调取了公司内部植物族库，与该工程树木类型进行比对，将缺少的植物族重新制作，根据该工程所需的树木类型整理完备。最后，结合Dynamo Palyer运行程序脚本对各植物进行了批量生成，用户界面窗口如图6–66所示，其中读取表格路径、工作簿名称、选用植物族类型名称为输入参数项。此程序脚本直接调用提取表格数据，调用对应植物族放置到正确坐标。该工程植物种类众多，需要多次执行程序，并生成多个工程文件。

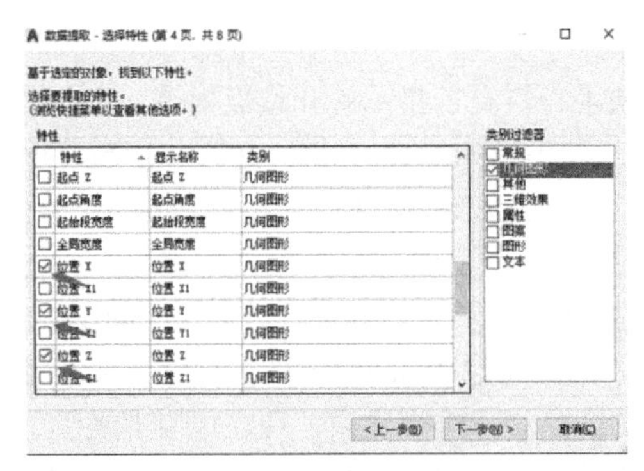

位置 X	位置 Y	工程坐标X(mm)	工程坐标Y(mm)
493394.788	4325458.632	4325458632	493394788
493401.355	4325460.843	4325460843	493401355
493400.498	4325465.835	4325465835	493400498
493395.216	4325467.119	4325467119	493395216
493392.646	4325464.267	4325464267	493392646
493398.642	4325456.636	4325456636	493398642
493270.83	4325020.573	4325020573	493270830
493270.183	4325024.941	4325024941	493270183
493274.544	4325023.748	4325023748	493274544
493405.352	4325464.267	4325464267	493405352
493410.512	4325467.05	4325467050	493410512
493273.459	4325016.811	4325016811	493273459
493391.29	4325456.065	4325456065	493391290
493365.446	4325449.141	4325449141	493365446
493364.072	4325453.489	4325453489	493364072
493359.148	4325443.42	4325443420	493359148
493374.494	4325453.032	4325453032	493374494

01白皮松A.xls
01白皮松B.xls
01白皮松C.xls
01柏树C.xls
01暴马丁香.xls
01北京丁香.xls
01北美红枫.xls
01侧柏A.xls
01侧柏B.xls
01侧柏C.xls
01臭椿.xls
01刺槐.xls
01杜梨.xls
01杜仲.xls
01二乔玉兰.xls

图 6-65　数据提取及数据处理图

图 6-66　程序脚本批量生成界面

编码赋予可以使植物分类清晰，功能应用明确，有助于植物模型在施工中的功能识别与使用。该工程编码的赋予主要分为编码数据整理以及可视化编程一键生成编码两个阶段。

首先工程BIM团队根据《中国雄安集团BIM标准体系－园林分册（四分册）》整理了编码数据，总结归纳出符合雄安编码逻辑的数据源，如图6-67所示，一级为工程码、二级为植物科属码、三级为对象码，分列于Excel表格不同工作簿。

表编码	大类	中类	小类	细类	一级	二级	三级	四级
10	4				园林植物			
10	4	10				乔木		
10	4	10	3				常绿乔木	
10	4	10	3	3				云杉
10	4	10	3	6				白皮松
10	4	10	3	9				罗汉松
10	4	10	3	12				华山松
10	4	10	3	15				桂花
10	4	10	3	18				
10	4	10	6				落叶乔木	
10	4	10	6	3				银杏
10	4	10	6	6				国槐
10	4	10	6	9				刺槐
10	4	10	6	12				桃树
10	4	20				灌木		
10	4	20	3				常绿灌木	
10	4	20	3	3				铺地柏
10	4	20	3	6				大叶黄杨
10	4	20	3	9				
10	4	20	3	12				
10	4	20	3	15				
10	4	20	6	18				
10	4	20	6				落叶灌木	
10	4	20	6	3				山荆子
10	4	20	6	6				榆叶梅
10	4	20	6	9				黄刺梅
10	4	20				草木地被		
10	4	20	3				一年生	

图 6-67　编码数据源

然后在制作的程序输入端中，选择需要赋编码的模型，读取上述表格数据路径，并将读取到的数据进行一一筛选，输入编码对应的各项数字值。其中，对于多个同类型植物，根据模型所在坐标值，进行编号序列码的顺次排序，该工程采用自北向南、自西向东的方式依次编号，程序输入端界面如图6-68所示。最后，进行编码整合并赋予模型，如图6-69所示。

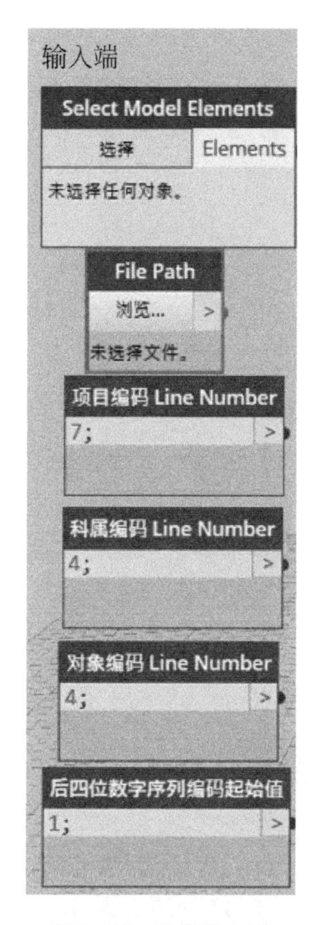

图6-68 程序输入端

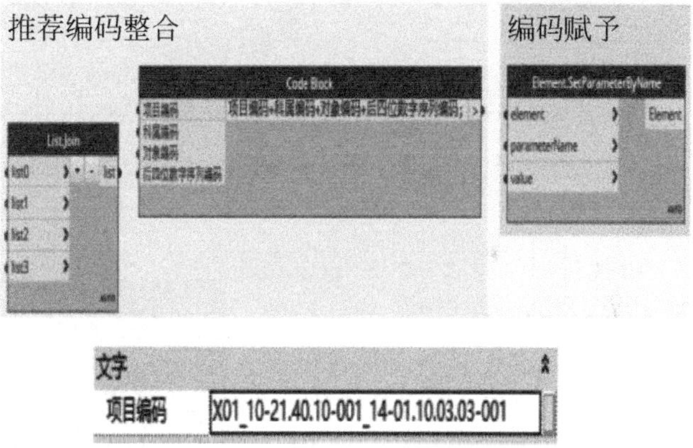

图6-69 编码整合

(2) BIM应用

1) 碰撞检查

园林参数化模型完成合模后利用Revit软件进行了碰撞检查，该工程主要检查各分部模型之间是否存在冲突碰撞，大致从园区景观构筑物基础与场地预设管线、园区内绿植土球与场地预设管线（图6-70）两类进行检查。应用BIM技术进行碰撞检查，可以有效降低因冲突问题造成的返工问题，间接降低了工程成本。

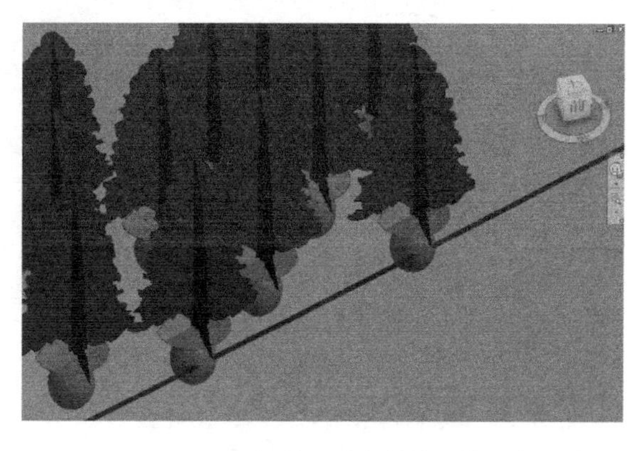

图6-70 园区绿植土球与管线碰撞示意图

2）园林道路铺装统计

金湖公园道路曲折，铺砖种类多、数量大、花纹及造型复杂且需要和地形相贴合，统计难度大。该工程应用Revit明细表进行了园路铺装的统计，有效提高了铺砖统计的精度及效率，图6-71为整理得到的部分园路铺装统计表，可以清晰看出公园用砖种类多的程度。

名称	长度m/面积m²	铺装地砖材料及规格	工程量	备注
汀步	79.32	800*400*50青石板	199	
		400*400*50青石板	199	
二级园路	646.52	600*300*150黄金麻花岗岩	2156	
		100*100*50芝麻黑花岗岩小料石	16681	
		100*100*50芝麻白花岗岩小料石	22112	
三级园路	375.56	100*100*100芝麻黑花岗岩小料石	22534	
节点2	278.1	600*300*50芝麻黑花岗岩	773	
	854	1200*30*80深灰色PC预制混凝土	1282	
		1200*30*80浅灰色PC预制混凝土	546	
		1200*30*80白色PC预制混凝土	546	
	120	600*300*50芝麻黑花岗岩荔枝表面	667	
节点3	16	120厚芝麻灰花岗岩台阶表面烧毛	16m²	
	31.8	100厚芝麻黑花岗岩压顶表面抛光	31.8m²	
	50.6	600*300*50黄金麻花岗岩荔枝面	282	
	9	100*100*50浅灰色小料石表面烧毛	900	
	0.9	100*100*50浅灰色小料石表面烧毛	90	
	5	600*300*50深灰色花岗岩表面烧毛	28	
	142	100*100*50浅灰色小料石表面烧毛	14200	
	15	600*300*50黄金麻花岗岩荔枝面	84	
节点5(广场)	253	600*300*150黄金麻花岗岩表面烧毛	844	分幅一
	253	150*150*50灰色PC混凝土砖	9542	
	253	300*300*50白色PC混凝土砖	4772	
	253	600*600*50白色PC混凝土砖	1194	
	253	600*600*50黑色PC混凝土砖	1193	
	432	600*300*150黄金麻花岗岩表面烧毛	720	分幅二
	7.2	600*300*50黄金麻仿石混凝土（道牙）	288	
		600*300*50黄金麻仿石混凝土（路中）	432	
	570	300*300*50深灰色仿石混凝土	4606	
	100	100*100*50芝麻黑花岗岩石材表面抛光（喷泉）	10000	
	26	600*600*600芝麻黑花岗岩表面抛光（喷泉）	73	
	26	600*200*20芝麻黑花岗岩贴面（水池）	130	
	26	600*300*100芝麻黑花岗岩表面抛光（水池）	44	
	3	芝麻黑花岗岩表面抛光（水池）	3m²	
	31	600*600*40芝麻黑花岗岩表面抛光（水池）	87	
	11	芝麻黑花岗岩整形弧形加工（水池）	11m²	

图6-71　园路铺装统计表

3）可视化

该工程应用BIM可视化软件对园林各景观的风貌进行了生动形象的展现，包括不同角度、不同季节的古建、绿化、喷泉和景观桥等，呈现程度和可观赏性高，有利于施工前对园林景观整体性的把控与调整。基于此，业主方可以清晰直观地了解金湖公园的预建风貌；设计方在设计时可以实时查看设计效果，并根据要求进行实时调整，既可以节省时间，又可以避免人力的浪费。图6-72为园林部分景色春景和冬景的可视化图。

图6-72　春景和冬景可视化图

此外，利用BIM模型三维可视化的特性，向现场工人进行技术交底，直观明了。该工程植物繁多，BIM技术人员通过精确数据的模型建设，完整的施工动画模拟，虚拟了各植物的种植过程，确保向施工人员传达施工工艺的准确性与及时性。图6–73所示为塔式起重机吊装绿植模拟。此外，工程还进行了园路铺装、混凝土浇筑、园路铺装细节做法等模拟，以实现三维可视化交底，保证实际施工与设计的一致性。

图 6–73 塔式起重机吊装绿植模拟

6.5.4 BIM应用总结

金湖公园工程作为多元化的公共活动空间类工程，工程体量大，涉及的建设工程种类众多。结合工程特点，BIM技术的应用在工程建设中发挥了重要作用。主要应用包括：通过BIM工具进行古建筑、小品、桥梁等的建模，从而提升设计效率，保证施工质量；基于BIM的碰撞检查，有效解决了植被布置与地下管道的碰撞问题；基于BIM的可视化模拟，积极调整植被景观、园林夜景、灯光的布置，提升工程的整体展示效果。作为当下为数不多的BIM技术在园林类工程的应用工程，该工程在建设过程中充分发挥了BIM工具的积极作用，对其他在建园林类工程具有较强的借鉴意义。

6.6 雄安容东综合管廊工程

6.6.1 工程概况

（1）工程简介

雄安容东片区是雄安新区先期启动建设的片区之一，位于容城县城以东、启动区和津雄高速以北、津保铁路以南、张市村以西，规划用地面积12.7km²。容东片区共分为A、B、C、D、E、F、G，共7个社区。该工程设计为雄安新区棚户区改造容东片区（B、C社区）安居工程配套给水管网系统工程（一期）主管廊管线部分，包含E1路、S333路、N2路和N3路主管廊内输水、给水、再生水管线、燃气管线及电缆管线的施工图设计。

雄安容东综合管廊工程包含土建系统与机电系统。其中，土建系统主要包含廊体和相关的配套设施，机电系统主要包含消防水管、给水管、热力管线、电力电缆、电信电缆及DN300预留管等管线，以及消防、照明、通风、监控等自身设备和专用的支吊架[334]。

（2）工程重难点

该管廊工程的重难点为管线定位困难、工程算量困难、回填土算量困难。其主要原因为工程所处地形复杂，有许多弯道和坡度，管线随地形变化，传统方式无法准确定位管线以及精确计算管线长度，工程算量困难；该工程由于地质情况复杂，在垂直方向上，呈现较为稳定的黏性土、粉土及砂土的旋回沉积，在水平方向上，各土、岩层分布厚度、土、岩质特征有一定变化，场地大，工程规划用地面积12.7km^2，地表凹凸不平，地势由东南向西北逐渐升高，最高处地面高程可达26m，最低处地面高程仅6m，采用传统方式进行场地回填土工程算量比较困难。

6.6.2 BIM应用前期准备

（1）BIM实施标准

该管廊工程依据《雄安新区市政工程数据编码对象技术导则》《雄安新区市政工程BIM模型成果技术导则》《雄安新区规划建设BIM管理平台（一期）数字化交付数据标准》《雄安新区规划建设BIM管理平台信息挂载手册》与《雄安新区规划建设BIM管理平台XDB自检工具使用说明》等标准进行工程实施，同时助力雄安城市数字化建设，为后期雄安CIM平台建设提供了建筑模型。

《雄安新区市政工程数据编码对象技术导则》规定了该管廊工程的BIM数据对象编码的技术要求，包括工程勘测、土建、设备等BIM对象的编码，为BIM建设管理系统及后续运维管理所需的WBS对象、电子文件夹、文档、组织机构、人员等对象的编码规则和实施程序。

《雄安新区规划建设BIM管理平台（一期）数字化交付数据标准》中明确规定了此综合管廊的校验规则，自检工具按照这些规则，对该管廊工程的XDB数据上传进入CIM平台进行逐项校验，得出通过或不通过的结论，并生成校验报告。相关专家对报告进行核查，对工程实际信息与报告中不一致的地方进行修正，并将其反馈给XDB数据提供方。规划管理部门对修正后的校验报告进行核查，核查工程信息是否符合相关标准，以及工程信息详细程度能否导入CIM平台。

《雄安新区规划建设BIM管理平台信息挂载手册》中明确规定了该管廊工程全寿命周期各阶段工程信息的BIM管理平台上挂载方式与准则，指导工程各参与方通过BIM管理平台协作共建管廊工程，对工程的全寿命周期各阶段实现动态、实时的跟踪与监控。

《雄安新区规划建设BIM管理平台XDB自检工具使用说明》中明确规定了自检工具用于导入管廊工程的XDB数据文件、校验基本数据信息、浏览模型数据等。自检工具按照《雄安新区规划建设BIM管理平台（一期）数字化交付数据标准》中的检验规则对该管廊工程的XDB数据进行逐项校验，以此得出管廊工程中存在的问题以及需要改进的地方。

该管廊工程自工程分解、分类、编码以及上交严格遵循以上标准，对标准进行了验证，实现了工程标准化、体系化。

（2）BIM解决方案

针对管线定位困难、工程算量困难、回填土算量困难的工程重难点，BIM技术的应用可以有效解决这些问题，提升工程施工整体效率，降低施工风险，保质保量完成工程目标。该工程中针对工程重难点的BIM解决方案如下。

1）BIM应用于管线定位

针对管线定位困难的问题，利用Autodesk公司的可视化编程插件Dynamo通过电池组及Python脚本可视化编程读取图纸高程点批量生成管线及设备结构模型，从而避开市政地下已有管线，且降低施工安全风险。

2）BIM应用于工程算量

针对工程算量问题，利用BIM技术模型进行工程量自动化统计，形成工程量统计表，辅助进行施工下料，较传统方式更加迅速、快捷、准确。

3）BIM应用于回填土算量

针对回填土算量困难的问题，通过BIM技术可以根据场地模型和软件内部的运算逻辑计算得出场地回填土量，有效解决此问题。

6.6.3 BIM应用实施过程

该管廊工程中BIM技术的应用集中于模型的创建、基于模型的技术应用以及施工过程的管理应用三方面，在发现问题、解决问题、优化方案等方面发挥了极大优势。

（1）基于BIM的模型创建

雄安新区容东管廊工程的模型创建分为土建模型和机电模型两大部分。其中，土建系统包含廊体和相关的配套设施，见图6-74；机电系统包含消防水管、给水管、热力管线、电力电缆、电信电缆及DN300预留管等管线，以及消防、照明、通风、监控等自身设备和专用的支吊架。

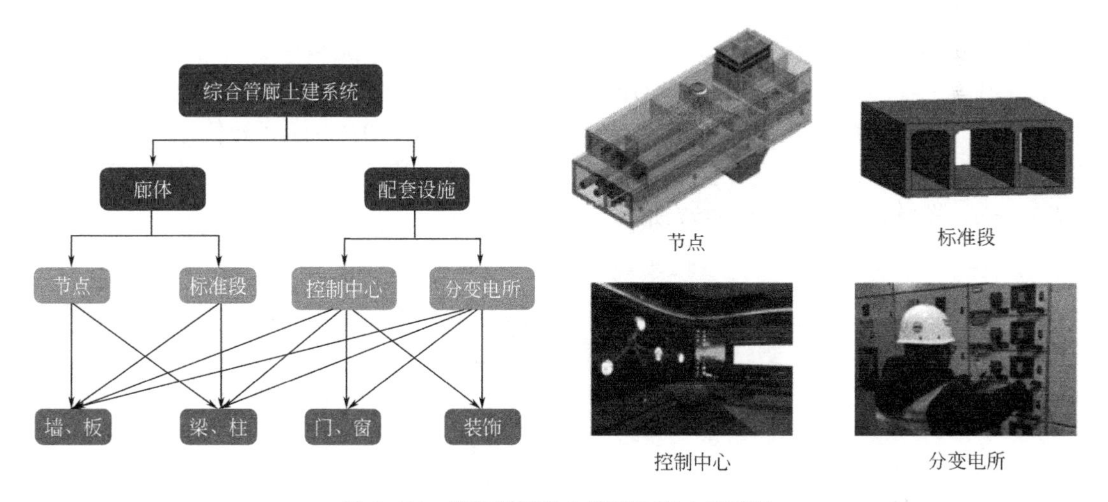

图 6-74 雄安新区容东管廊工程土建系统

基于BIM的模型创建以Autodesk Revit软件为主要建模工具，结合Dynamo可视化编程可基于既定工作逻辑批量处理数据、设置参数进而缩减工作量并简化建模过程。在进行全过程精确建模时，将管廊变形缝作为分隔段，并合理划定建模范围，完善管廊施工工艺相关建筑物、钢筋、墙梁等结构部件的模型创建。

1）土建模型的创建

该工程土建模型的创建主要包括廊体的节点和标准段，廊体标准段具体细节见表6–3和图6–75。以下展开分析土建模型的创建过程以及BIM技术应用优势。

表6-3　廊体标准段具体细节

名称	构件级别	构件内容
标准段	主体构件	顶板、底板、中板、底板下素混凝土垫层、侧墙、中隔墙
	附属构件	防火隔断、管廊内素混凝土垫层、集水坑盖板、预埋、吊环
	次要构件	外防水、沉降缝、施工缝

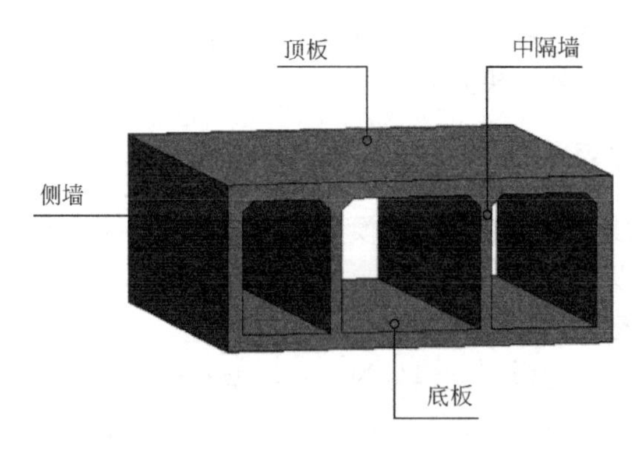

图6–75　主体构件构造

① 工程样板的制作

由于Revit自带样板存在出图不符合规范、部分设置项不能满足专业需求等缺陷，需制作适用该工程的工程样板。具体操作，输入“东距”“北距”“方位角”信息，选用相对坐标的方法进行坐标定位，以指定工程基点坐标；在±0.000标高处使用多段轴网沿管廊走势做出中心设计线，并绘制需要的标高、轴网，以便于校核空间数据和模型定位（图6–76）。样板制作流程如图6–77所示。

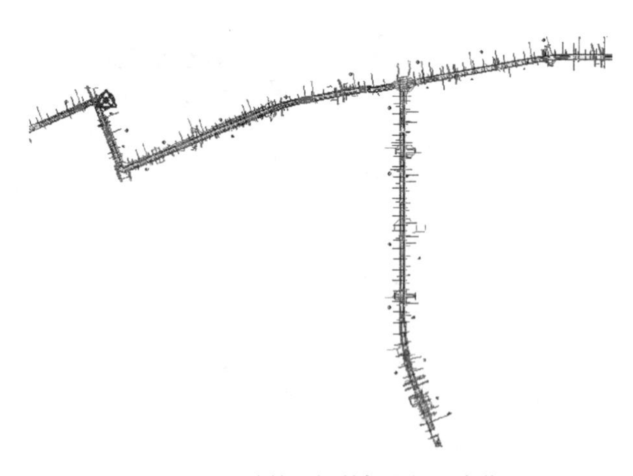

图6–76　校核空间数据和模型定位

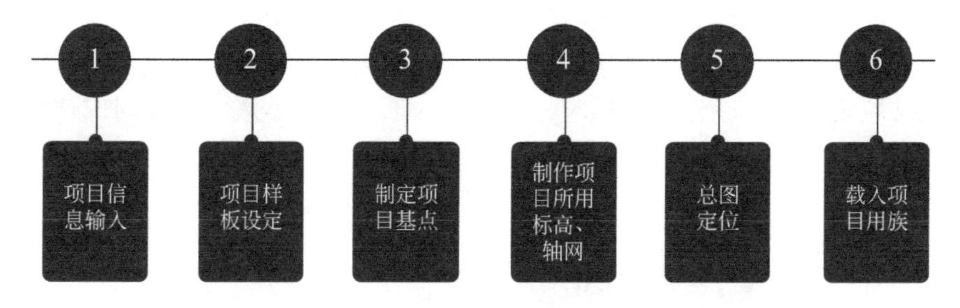

图 6-77　土建专业工程样板制作流程

② 工程数据的收集与提取

管廊为三维线性工程，三维空间线数据的收集与提取为制作参数化族奠定基础，故信息数据的准确性将直接影响模型的空间定位。

该工程中，收集数据的渠道为设计图纸，内容以空间几何信息为主；提取数据的方式为借助CAD直接提取图纸的三维数据信息。

③ 标准段模型的创建

首先依据收集的标准段横断面信息利用Revit确定公制轮廓族的主控参数，以参照面为定位基准图元添加参数开始绘制公制轮廓组。然后新建公制框架族并载入轮廓族，通过“放样融合”命令生成实体模型，形成参数化嵌套族，见图6-78，为创建参数化模型做准备。

族类型

类型名称(Y):

搜索参数

参数	值	公式
尺寸标注		
截面宽度	17200.0	=
截面高度	4400.0	=
顶板厚度	400.0	=
底板厚度	400.0	=
侧墙厚度	400.0	=
隔墙厚度	300.0	=
燃气舱宽度	2100.0	=
电力舱宽度	2800.0	=
能源舱宽度	5900.0	=
腋角宽度	150.0	=
腋角高度	150.0	=
综合舱宽度	3600.0	= 截面宽度 - 2 * 侧墙厚度 - 4 * 隔墙厚度 - 2 * 电力舱宽度 - 燃气

（a）参数化嵌套族参数编辑

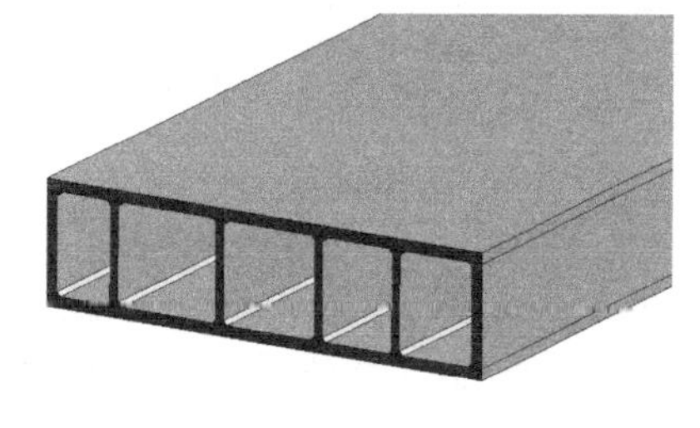

（b）参数化嵌套族模型

图 6-78　参数化嵌套族

借助Dynamo开源可视化编程软件读取并筛选所需工程数据后生成三维空间点并连线，在标准段对应的空间位置调用参数化嵌套族生成族实例。将收集的数据复制到对应参数上完成模型的批量生成，实现对模型的高效维护和使用。

④ 节点工程模型的创建

节点工程是管廊工程实施中的重点，设计中的难点。为应对管廊节点中运维人员及各种管线的流线冲突问题，保证人员的通行和管线的衔接，需加高、加宽交叉节点结构并设置夹层。

在Revit中依据设计图纸制作一层节点结构族和夹层节点结构族文件。该工程中一层

结构节点与标准段构造相同，可直接与标准段一起生成，但对于开洞较多或差异较大的节点，应考虑重做其模型；对于结构相对简单且制作后需要多次应用的夹层节点结构族，可制作参数化夹层模型，在制作较困难时，可以直接通过系统族墙、板在对应位置上进行绘制（图6-79）。

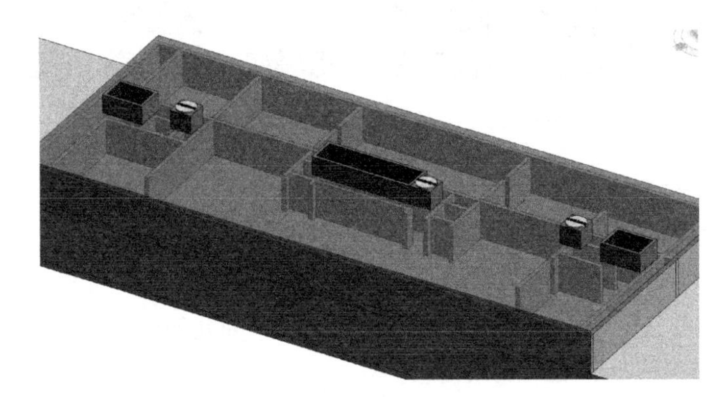

图6-79　复杂参数化夹层模型的制作

可利用Dynamo制作较简单的参数化夹层模型。软件可准确定位节点，完成主管廊口与支管廊口的契合连接，并达到施工标准的要求。此外，Dynamo中的参数化更改引擎可实现自动协调，即修改节点参数后输出的模型也随之变化，大大提高了工作效率。

⑤ 钢筋的参数化设计

借助Dynamo实现钢筋参数化设计的关键是能够根据曲线生成钢筋的节点，并通过节点编写创建钢筋的程序，进而实现批量配筋。

该工程中，将Revit与Dynamo结合批量生成了底板、顶板、侧墙、隔墙的两面钢筋网和拉结筋，有效避开了Revit配筋的局限性，此方法也适用于其他复杂异形钢筋模型的创建。以下以底板为例简要介绍钢筋的参数化设计。

在Revit中打开要生成钢筋的工程文件，启动Dynamo并编辑节点，见图6-80，计算出上下钢筋网主筋与分布筋的数量后再划分相关曲线即可生成钢筋模型。需要注意，对拉结筋线型的获取需要在钢筋网上定位并经过一系列的列表数据排序和计算，见图6-81。如此，在Revit三维视图中便可获得清晰的三维实体，如图6-82所示。

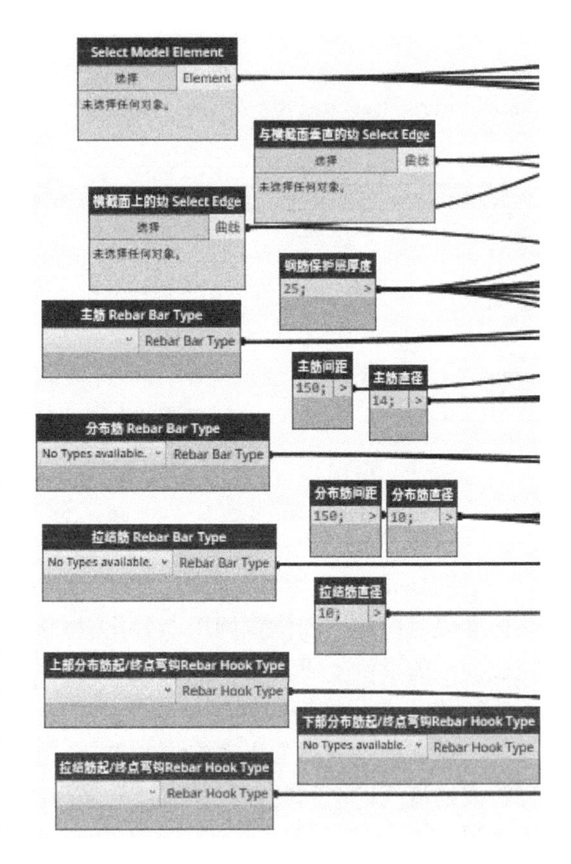

图6-80　各节点输入端设置

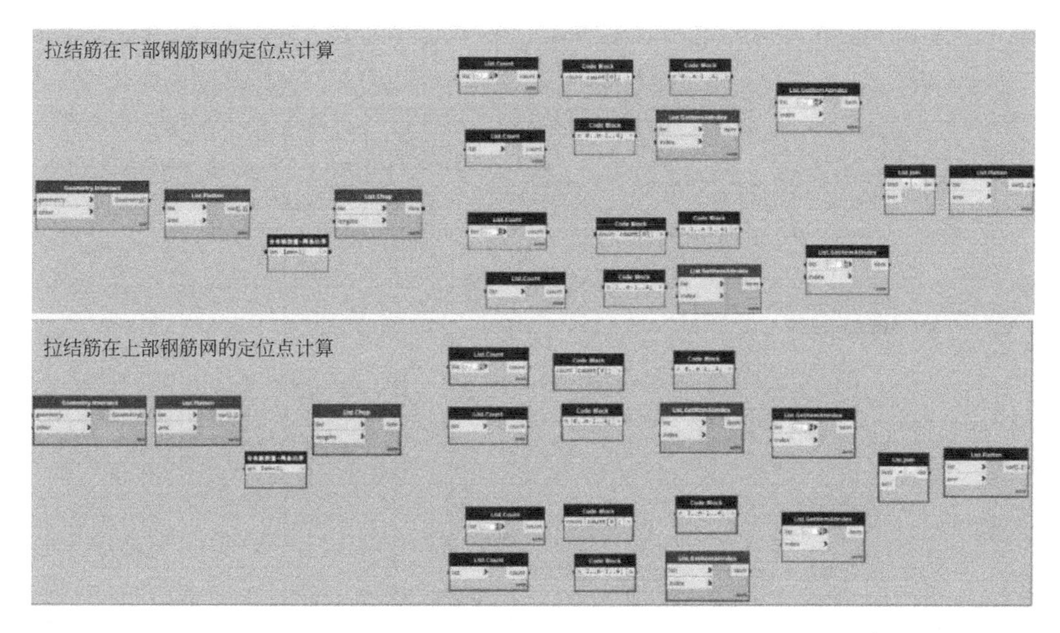

图 6-81　拉结筋上下钢筋网的定位点计算

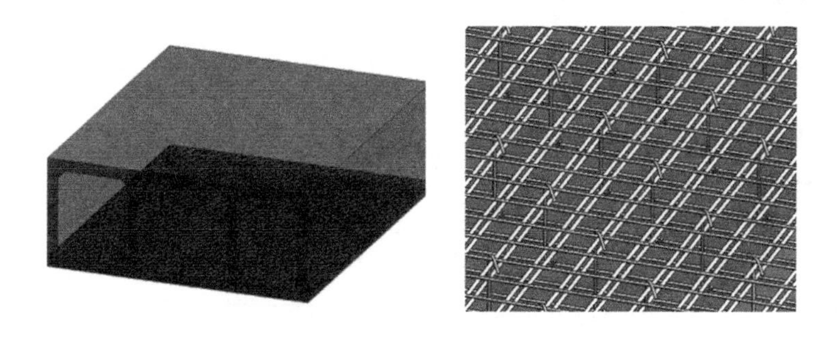

图 6-82　钢筋三维实体

⑥ 构件编码的添加

土建模型中的编码规则遵循《雄安新区市政工程数据编码对象技术导则》，其中对具体施工对象的编码规则采用分类码编码规则，编码规则如图 6-83 所示，例如底板的编码可表示为 Q01_01-01-056。该工程利用 Dynamo 可视化编程，读取数据路径，选择赋予编码的模型对象，输入编码对应的各项数字值。进而将读取数据进行一一筛选，为编码整合提供条件。同时，根据选取模型获取所在坐标值，进行编号序列码的顺次排序。最后进行编码整合，并将编码赋予模型，如图 6-84 所示。

2）机电模型的创建

该工程机电模型的创建主要分为工程样板与所需设备族类型的制作，设备、管线及附件模型的批量生成、支吊架模型批量生成三个阶段。

① 工程样板与所需设备族类型的制作

机电模型需要给水排水、暖通、电气三个专业来分别创建，因此需分专业创建工程样板并载入或新建各自所需族类型，详见表 6-4。

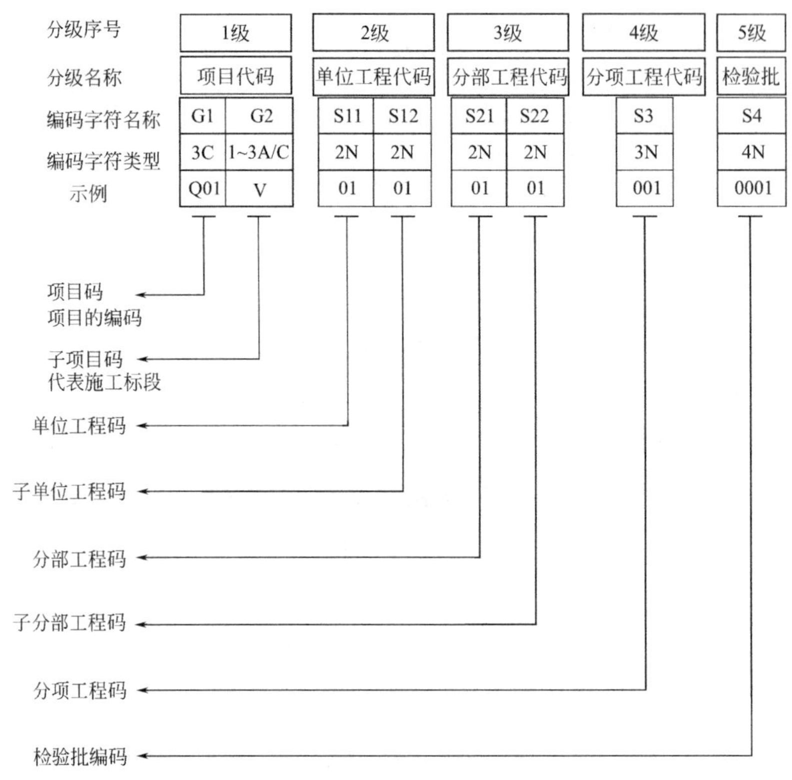

（a）土建模型编码结构

056	底板
057	侧墙
058	中隔板
059	顶板

（b）部分分项工程代码示例

图 6–83　土建模型编码规则

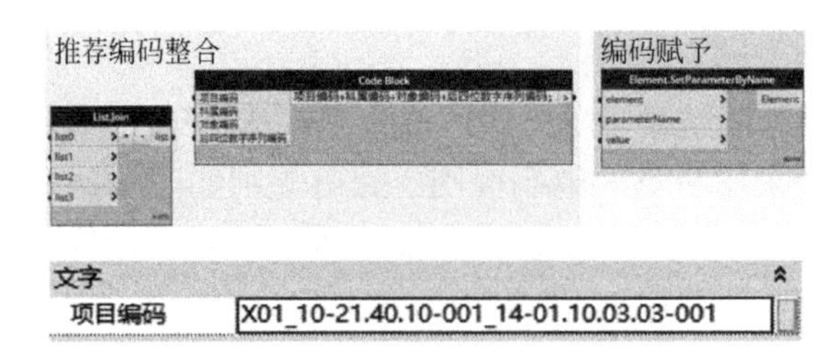

图 6–84　编码整合并赋予模型

表 6-4　各专业工程样板所需族类型

专业类型	族类型
给水排水与消防系统	各类给水排水管道、管道泵、阀门、各类管道连接件及消防设施等
暖通系统	各种尺寸的风管、管件、风机、散流器、阀门、消声器等管道设备
电气系统	管廊内部各类用电设备、通信设备、监控设备等

需注意，各专业工程样板应与建筑工程样板的标高轴网、文字样式、标注符号等相统一，便于后期各专业模型的整合和团队之间模型的通用。机电各专业工程样板的制作流程见图6-85。

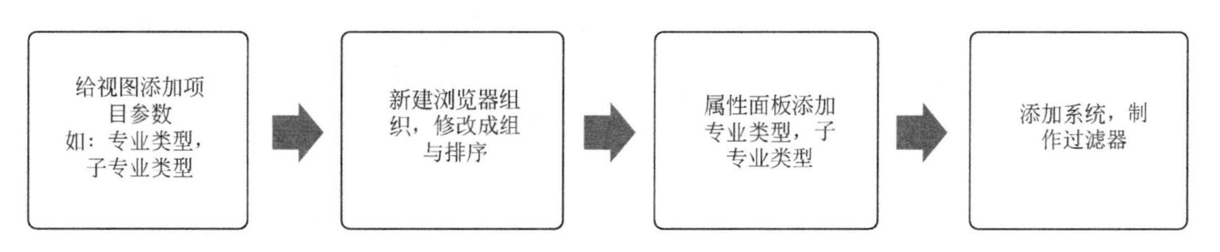

图 6-85　机电各专业工程样板的制作

② 设备、管线及附件模型的批量生成

可结合Revit MEP与Dynamo开源可视化编程软件以图形式电池组的编程方式批量生成设备、管线和相关附件模型。

机电模型的创建过程是首先利用CAD加工处理相关图纸，提取X、Y、Z数据信息用于复核定位，再载入各系统所需设备的族类型，依据工程数据分割三维空间线，生成族实例，设置参数。

在该工程管廊中的管线及相关附件模型的创建中，首先利用Dynamo将已有的管道空间定位数据转化为Line，通过Pipe.ByLines节点将其转化为Revit中的管线模型。如果管线的线性走向与三维空间线相符，则可以直接将三维空间线进行向量偏移；如果管线内部出现坡度变化，则需重新提取管线的三维线性数据。再运用Elbow.ByMEPCurves和Tee.By3MEPCurves节点生成弯头和三通模型。最后，从图纸中提取附件插入点坐标数据信息，经过程序内部运算后通过MEPFitting.ByPointsAndCurve节点生成附件模型，完成机电专业中管线及附件模型的批量生成，如图6-86所示。

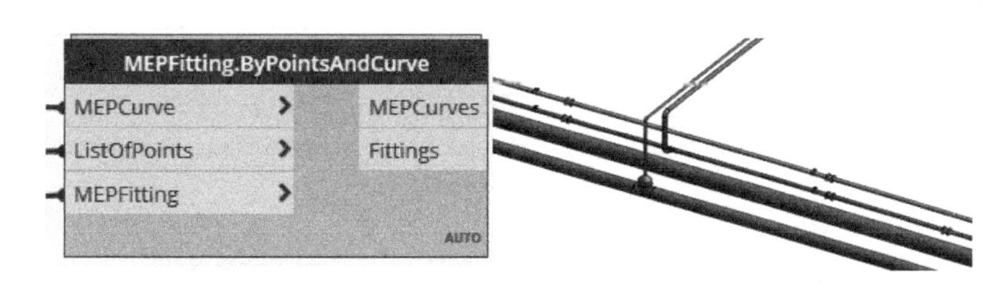

图 6-86　支吊架模型的批量生成

③ 支吊架模型批量生成

由于该工程涉及管线类型较多，需在综合排布后布置支吊架确定最终排布方案，优化管道路径。支吊架模型批量生成过程如下。

首先，利用Revit制作该工程所需的参数化电缆支架族；然后，利用Dynamo处理数据的程序脚本计算出三维空间线，进行平移后再等分找点；最后，调用参数化电缆支架族，依据空间点坐标放置族实例并设置参数值。如此，实现支吊架模型的批量生成，如图6-87所示。此方法适用于其他管廊内部构件的线性放置。

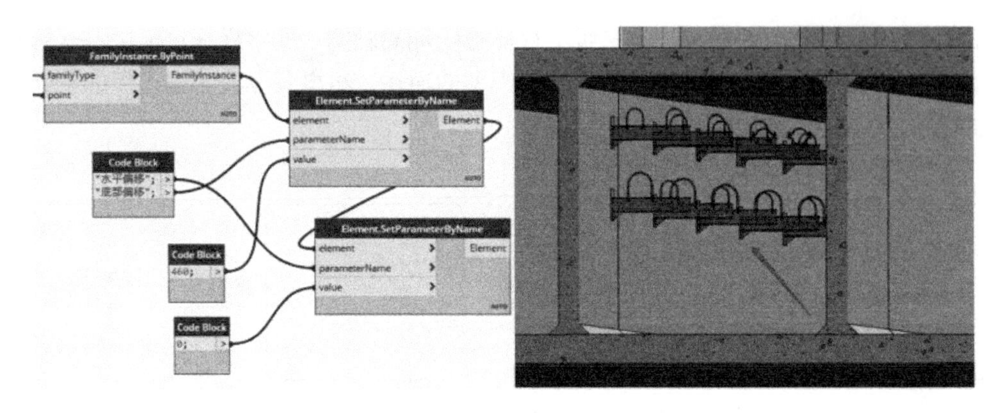

图 6-87　支吊架模型的批量生成

④ 设备编码的添加

机电模型中的编码规则遵循《雄安新区市政工程数据编码对象技术导则》。具体编码内容由前缀码、工程码、功能建筑物码和设备对象码组成，编码方式可利用Dynamo可视化编程实现。

（2）基于BIM的技术与管理应用

1）基于BIM的技术应用

① 碰撞检查及调整

在实际建造前利用所建模型确定不同属性管线的颜色，明确管线材质、管径尺寸等信息，利用Navisworks软件对综合管线进行碰撞检查，暴露空间冲突关系，得出包含图像导引和相关碰撞管道ID号等信息的碰撞报告。基于此，各专业人员可对所有碰撞按重要性分级，按碰撞类型分类，并对碰撞点进行调整（图6-88），进而合理排布吊架、桥架、管线等以优化设计，完成BIM管线综合模型（图6-89）。如此，提前发现并解决了管道、管线及附属设施之间存在的冲突问题，从而达到降本增效的目的。

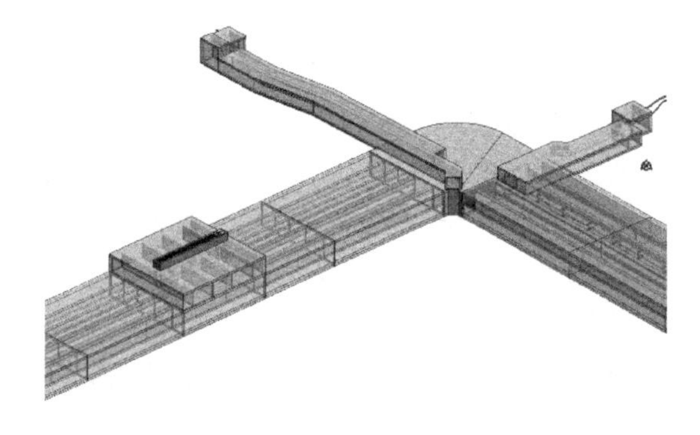

图 6-88　工程部分管廊模型

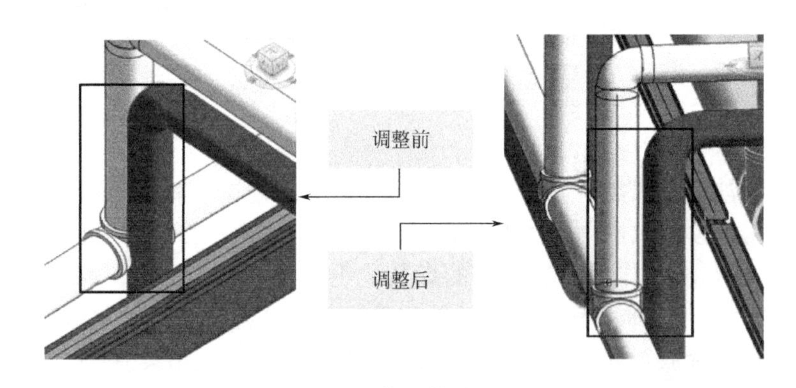

图 6-89　碰撞调整前后对比

② 方案优化

首先，利用Revit、Navisworks等BIM软件设计调整模型并接入进度数据进行施工过程模拟。基于模拟结果验证各方案在施工工艺、施工顺序等方面的合理性，并判断能否直观准确反映设计意图，协助处理复杂作业空间关系，解决空间冲突问题。最后在科学比选与合理优化后确定最终方案，以保障方案的周密性、可行性和经济性。此外，该工程建立了基于BIM技术的施工方案库，提高了施工方的编制效率和质量。

③ 精细工程量

基于所建模型，可批量导出统计管线长度、钢筋数量、混凝土下料、钢筋绑扎等多类明细表单明确工程信息以指导施工，如管道明细表提取了各类管线的尺寸、数量等信息，见图6-90。如此，切实提高了工作效率，减少了材料损耗，也为计价、采购等工作提供了数据基础。

<管道明细表>

A	B	C	D	E	F
系统类型	族与类型	材质	尺寸	长度	合计
冷凝水系统					
冷凝水系统	管道类型：UPVC-粘接-空调凝结水排水	UPVC	50 mm	5000	1
冷凝水系统	管道类型：UPVC-粘接-空调凝结水排水	UPVC	50 mm	5000	1
冷凝水系统	管道类型：UPVC-粘接-空调凝结水排水	UPVC	50 mm	5000	1
冷凝水系统	管道类型：UPVC-粘接-空调凝结水排水	UPVC	50 mm	5000	1
冷凝水系统	管道类型：UPVC-粘接-空调凝结水排水	UPVC	100 mm	930	1
冷凝水系统	管道类型：UPVC-粘接-空调凝结水排水	UPVC	50 mm	960	1
冷凝水系统	管道类型：UPVC-粘接-空调凝结水排水	UPVC	50 mm	960	1
冷凝水系统	管道类型：UPVC-粘接-空调凝结水排水	UPVC	50 mm	960	1
喷淋系统					
喷淋系统	管道类型：内外热镀锌钢管-喷淋	内外热镀锌钢管	150 mm	3171	1
喷淋系统	管道类型：内外热镀锌钢管-喷淋	内外热镀锌钢管	40 mm	1942	1
喷淋系统	管道类型：内外热镀锌钢管-喷淋	内外热镀锌钢管	40 mm	317	1
喷淋系统	管道类型：内外热镀锌钢管-喷淋	内外热镀锌钢管	150 mm	3156	1
喷淋系统	管道类型：内外热镀锌钢管-喷淋	内外热镀锌钢管	32 mm	1530	1
喷淋系统	管道类型：内外热镀锌钢管-喷淋	内外热镀锌钢管	50 mm	292	1
喷淋系统	管道类型：内外热镀锌钢管-喷淋	内外热镀锌钢管	25 mm	397	1

图 6-90　工程量明细表

④ 三维可视化交底

该工程将施工BIM三维模型通过可视化设备放置在屏幕，通过交流屏幕分解施工过程，并讲解技术参数对施工人员进行技术交底，如图6-91所示，实现了设计图纸、施工设计以及其他专项方案、分部分项工程的三维可视化交底，解决了技术方案细化程度不

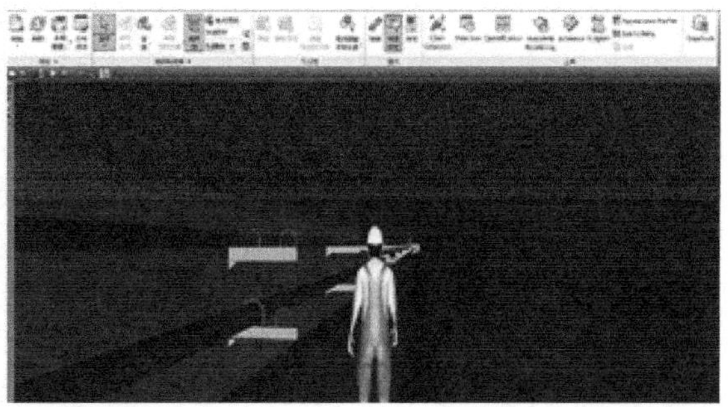

图 6-91　三维可视化交底

够、交底不明确、效果不直观等问题。将各种结构图、细部详图、钢筋排布等以三维方式展现，工程效果或施工过程以视频或动画方式呈现，能够使工程技术人员和施工人员更好地了解设计意图、各关键节点的工艺方法、质量标准、安全注意事项等。

2）基于BIM的管理应用

①安全质量管理

该工程采用云平台的安全质量管理模式，利用移动端协助质量安全管理措施的实施与核查。通过移动端与云端协同平台的一体化应用，进而实现现场管理从粗放式向精细化、集成化和信息化的转变。具体来讲，手机、iPad等移动端用于辨别危险源和发现质量问题，记录并反馈至BIM云端。BIM云端作为信息的中转处理平台，面向责任人接收、查看问题，并反馈相应的整改方法。如此，形成从发现问题到解决问题全过程的闭合管理机制，有助于提高现场安全质量管理水平。

②进度管理

将BIM模型与施工进度计划相链接，即将空间信息与时间信息整合在一个可视的4D（3D+Time）模型中，动态模拟各施工区的流水作业，如图6-92所示，进而直观对比模拟进度与实际进度。如此，可精确反映整个建筑的施工状态，便于管理人员随时查看进度信息，及时调整施工进度，进而合理安排施工任务和设备使用，降低人员的窝工率和机械的闲置率，提高施工效率。

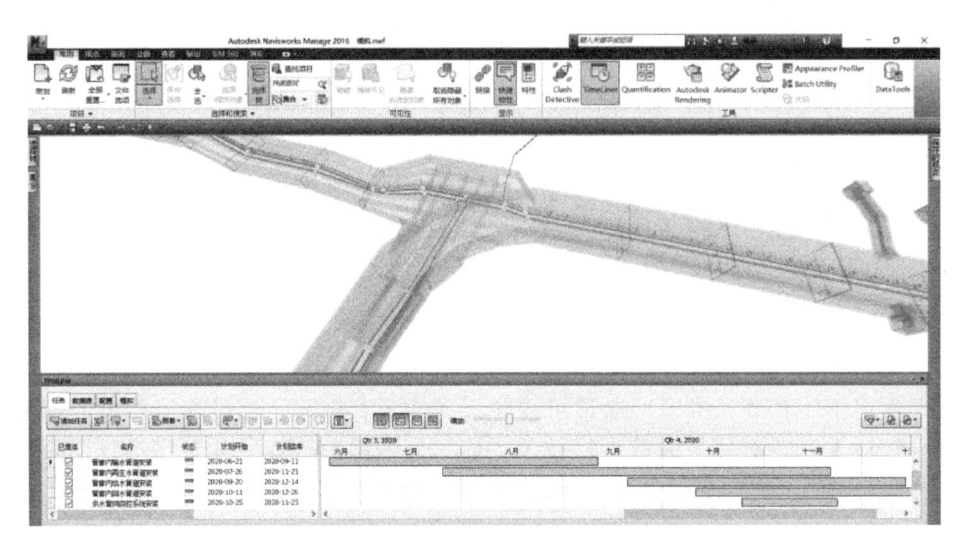

图6-92　进度模拟

③资料管理

基于BIM云平台，依据该工程参建方与主管部门、各专业类别等分别创建文件夹管理相关资料，实现文档从创建到终止使用的全过程信息化管理，也便于参建方之间、部门之间、人员之间的信息交流。在具体的工程实施中，工作人员可将图纸等资料上传至云平台并与模型建立关联，施工现场可通过二维码扫描快速获取构件相关信息，可自定义获取、查看资料的权限，解决了传统的资料管理中存储分散、权限控制不清、因人员调动相关经验无法延续等问题。

④ 物资管理

该工程根据施工需求，利用BIM模型分析每个阶段施工工作对于物资的需求并提取物资信息，可协助物资采购工作的开展，确保物资供应满足实际施工需求。该工程中，基于过程模拟得到并导出各阶段所需物资，将物资信息与模型构建关联实现物料可追踪，在平台中注册登记所有机械设备并生成管理二维码，实现了一机一证全过程覆盖的可追溯式管理，见图6-93。此外，借助Dynamo完成了对各模型单元的批量编码，实现了编码与物料的唯一对应，便于物资管理。

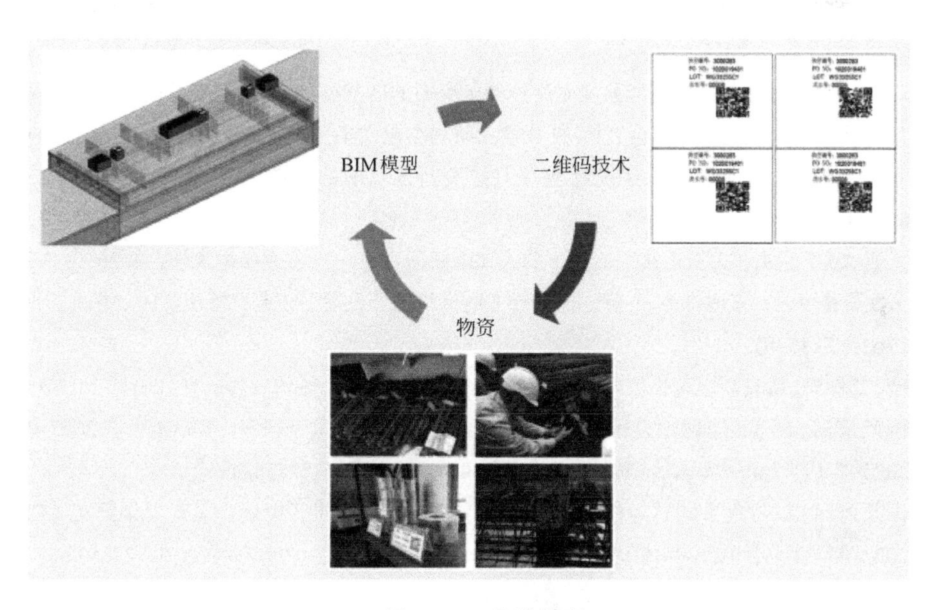

图6-93　物资管理

6.6.4　BIM应用总结

该管廊工程基于自身工程特点，坚持高标准、高要求、高水平建设，在工程前期以雄安新区建设标准为主要指导制定了BIM技术应用方案，在工程中后期将BIM技术应用于技术操作和管理操作中，借助BIM技术优势提升了工程水准。该工程中的BIM技术应用主要体现在以下几个方面：①综合利用Revit与Dynamo可视化编程软件创建了土建模型和机电模型，用于集成工程信息，指导施工。②基于BIM技术实现了管综碰撞的检查、调整以及虚拟施工，用于提前发现问题并解决。③基于BIM云平台实现了高效及时的团队交互与协作，用于提升安全质量、工程进度、资料等的管理水平。

综上所述，BIM技术的应用助力了该工程在建设水平、工程进度、团队协作等多方面的综合提升，响应了雄安新区的高标准建设要求，为雄安新区打造智能城市信息管理中枢奠定基础，也为BIM技术在管廊工程中的应用提供了经验借鉴。

参考文献

[1] 本书编写组 . 党的十九大报告辅导读本［M］. 北京：人民出版社，2017.

[2] 苏晓静，丁煦诗 . 探索国家级新区规划建设新路［J］. 中国建设信息化 . 2021（16）:44-45.

[3] Tatiane. 中国特色的尺度重构工具——国家级新区［EB/OL］.（2020-02-29）［2022-07-25］. http://www. https://zhuanlan.zhihu.com/p/109551035.

[4] 何永义，刘淼，李安福 . 国家级新区建设经验与路径比较研究及对合肥滨湖新区的借鉴和启示［J］. 新丝路（下旬），2016（10）:25-26.

[5] 李道勇，李林 . 国家新区发展经验及对南沙新区交通的借鉴思考［C］// 新型城镇化与交通发展——2013 年中国城市交通规划年会暨第 27 次学术研讨会论文集 . 中国城市规划学会，2014:586-595.

[6] 侯景新，石林 . 国家级新区建设经验及对雄安新区发展的思考［J］. 现代管理科学，2017,（8）:24-26.

[7] 光元婴 . 基于北京"大城市病"治理下的人口疏解研究［D］. 北京邮电大学，2020.

[8] 孙久文，张可云，安虎森等 ."建立更加有效的区域协调发展新机制"笔谈［J］. 中国工业经济，2017（11）:26-61.

[9] 周瑜，刘春成 . 雄安新区建设数字孪生城市的逻辑与创新［J］. 城市发展研究，2018，25（10）:60-67.

[10] 中国政府网 . 图表：规划建设雄安新区要突出七个方面的重点任务［EB/OL］.（2017-04-01）［2022-7-19］. http://www.gov.cn/xinwen/2017-04/01/content_5182836.htm.

[11] 中国政府网 . 以习近平同志为核心的党中央关心河北雄安新区规划建设五周年纪实［EB/OL］.（2022-03-31）［2022-7-19］. http://www.gov.cn/xinwen/2022-03/31/content_5682786.htm.

[12] 人民网 . 为什么说雄安新区是千年大计［EB/OL］.（2019-10-18）［2022-7-19］. http://politics.people.com.cn/n1/2019/1018/c429373-31406824.html.

[13] 韩雪 . 雄安新区发展功能定位研究［D］. 中共中央党校，2019.

[14] 中国新闻网 ."数字雄安"雏形已现，智慧之城"妙不可言"［EB/OL］.（2022-07-06）［2022-07-19］. https://www.chinanews.com.cn/gn/2022/07-06/9796846.shtml.

[15] 周瑜，刘春成 . 雄安新区建设数字孪生城市的逻辑与创新［J］. 城市发展研究，2018，25（10）:60-67.

[16] 中国雄安官网 . 雄安新区在全国率先实现数字城市与现实城市全域同步建设［EB/OL］.（2022-07-19）［2022-7-20］. http://www.xiongan.gov.cn/2022-07/19/c_1211668357.htm.

[17] 腾讯网 . 雄安新区"一中心四平台"基本建成，"数字雄安"云端大放异彩［EB/OL］.（2022-04-23）［2022-7-20］. https://new.qq.com/omn/20220423/20220423A0AIN100.html.

[18] 人民雄安网 ."黑科技"助力雄安实现施工全过程视频监控，将推广"不见面"监管［EB/OL］.（2022-05-12）［2022-7-20］. http://www.rmxiongan.com/n2/2022/0512/c383557-35264982.html.

[19] 周瑜，刘春成 . 雄安新区建设数字孪生城市的逻辑与创新［J］. 城市发展研究，2018，25（10）:60-67.

[20] 袁烽，尼尔·里奇 . 建筑数字化建造［M］. 上海：同济大学出版社，2012.

[21] 王征，丁烈云 . 建设项目管理数字化初探［J］. 建筑，2001（7）:38-41.

[22] 丁烈云 . 数字建造导论［M］. 北京：中国建筑工业出版社，2020.

[23] 温雅婷，余江，洪志生等 . 数字化转型背景下公共服务创新路径研究——基于多中心—协同治理视角［J］. 科学学与科学技术管理，2021，42（3）:101-122.

[24] 董伟 . 城市智能交通系统的发展现状与趋势 [J] . 科技资讯，2022，20 (10) :31–33.

[25] 夏陈红，翟国方 . 基于智慧技术的综合防灾规划体系框架研究 [J] . 规划师，2021，37 (3) :13–21.

[26] “洞见”数字孪生城市 [N] . 中国建设报，2019–12–30 (006) .

[27] 殷鹏，戎彦珍，杨天开等 . “双基建”融合发展加速数字孪生城市建设 [J] . 通信企业管理，2022 (4) :58–60.

[28] 吴志强，甄峰，吴晓莉等 . “智慧城市 : 反思探索得失”主题沙龙 [J] . 当代建筑，2020 (12) :6–13.

[29] 吴志强，王坚，李德仁等 . 智慧城市热潮下的“冷”思考学术笔谈 [J] . 城市规划学刊，2022 (2) :1–11.

[30] 华为 . 数字孪生城市 : 新型城市治理模式探索 [EB/OL] . (第 31 期 数字政府特辑) [2022–07–21] . https://e.huawei.com/cn/publications/cn/ict_insights/ict31–digital–government/focus–all–element–convergence/exploration–of–new–urban–governance–model.

[31] 张洋 . 基于 BIM 的建筑工程信息集成与管理研究 [D] . 清华大学，2009.

[32] 向卫国 . 新城区集群市政工程 BIM 技术应用研究 [D] . 中国铁道科学研究院，2020.

[33] 林佳瑞，张建平 . 我国 BIM 政策发展现状综述及其文本分析 [J] . 施工技术，2018，47 (6) :73–78.

[34] 小筑教育 . BIM 相关国家政策汇总 [EB/OL] . (2021–06–24) [2022–07–20] . https://zhuanlan.zhihu.com/p/103352154.

[35] 张梦琪，李晓虹，熊伟 . BIM 技术的发展现状与前景展望 [J] . 价值工程，2018，37 (6) :212–213.

[36] 冯大阔，肖绪文，焦安亮，刘会超 . 我国 BIM 推进现状与发展趋势探析 [J] . 施工技术，2019，48 (12) :4–7.

[37] 周明 . 物联网应用若干关键问题的研究 [D] . 北京邮电大学，2014.

[38] 搜狐 . 物联网的概念、基本架构及关键技术 [EB/OL] . (2018–08–23) [2022–7–21] . https://www.sohu.com/a/249464391_100256334#.

[39] 刘永浩 . 物联网导论 [M] . 北京 : 科学出版社，2017.

[40] 齐世霞 . 物联网技术研究现状 [J] . 数码世界，2019 (04) :221.

[41] 知乎 . 物联网发展现状与发展趋势初探 [EB/OL] . (2016–12–22) [2022–08–09] . https://zhuanlan.zhihu.com/p/24515720.

[42] 寇亮 . 物联网感知层安全防御技术研究 [D] . 哈尔滨工程大学，2019.

[43] Müge Tetik，Antti Peltokorpi，Olli Seppänen，Jan Holmström. Direct digital construction: Technology—based operations management practice for continuous improvement of construction industry performance[J]. Automation in Construction，2019，107 (C) .

[44] Shih–Ming Chen，F.H. (Bud) . Griffis，Po–Han Chen，Luh–Maan Chang. Simulation and analytical techniques for construction resource planning and scheduling [J] .Automation in Construction，2011，21.

[45] Numan Khan，Ahmed Khairadeen Ali，Si Van–Tien Tran，Doyeop Lee，Chansik Park. Visual language–aided construction fire safety planning approach in Building Information Modeling [J] . Applied Sciences，2020，10 (5) .

[46] 薛延峰 . 基于物联网技术的智慧工地构建 [J] . 科技传播，2015，7 (15) :64，156.

[47] 毛志兵 . 推进智慧工地建设 助力建筑业的持续健康发展 [J] . 工程管理学报，2017，31 (5) :80–84.

[48] 丘涛 . 智慧工地建设的数据信息协同管理研究 [D] .华南理工大学，2019.

[49] 鲍继春，唐海洋 . BIM+ 智慧工地的项目管理模式探究 [J] . 智能建筑与智慧城市，2020 (10) : 61–

62，65.

[50] 王旭东，陆惠民.智慧工地政策分析及推广研究[J].工程管理学报，2021，35(6):7-12.

[51] Grieves M W. Product lifecycle management: The new paradigm for enterprises [J]. International Journal of Product Development, 2005, 2(1-2): 71-84.

[52] Grieves M. Virtually perfect: Driving innovative and lean products through product lifecycle management [M]. Florida: Space Coast Press, 2011.

[53] Grieves M W. Virtually intelligent product systems: Digital and physical twins [J]. Complex Systems Engineering: Theory and Practice, 2019: 175-200.

[54] Piascik R, Vickers J, Lowry D, et al. Technology area 12: Materials, structures, mechanical systems, and manufacturing road map [M]. Washington, DC: NASA Office of Chief Technologist, 2010.

[55] 陈启鹏.面向数字孪生的自动化产线制造过程状态监测关键技术研究[D].贵州大学，2021.

[56] 陶飞，张萌，程江峰，等.数字孪生车间——一种未来车间运行新模式[J].计算机集成制造系统，2017，23(01):1-9.

[57] 肖凯元.船舶直管生产线关键工位数字孪生技术研究[D].哈尔滨工程大学，2020.

[58] Xuemin Sun, Jinsong Bao, Jie Li, et al. A digital twin-driven approach for the assembly-commissioning of high precision products [J]. Robotics and Computer Integrated Manufacturing, 2020, 61.

[59] Zhifeng Liu, Wei Chen, Caixia Zhang, et al.Intelligent scheduling of a feature-process-machine tool supernetwork based on digital twin workshops [J]. Journal of Manufacturing Systems, 2021, 58:157-167.

[60] Jun Yan, Zhifeng Liu, Caixia Zhang, et al. Research on flexible job shop scheduling under finite transportation conditions for digital twin workshop [J]. Robotics and Computer-Integrated Manufacturing, 2021, 72.

[61] Lianhui Li, Bingbing Lei, Chunlei Mao.Digital twin in smart manufacturing [J]. Journal of Industrial Information Integration, 2022, 26.

[62] Fei Gao, Bingzhe He.Power supply line selection decision system for new energy distribution network enterprises based on digital twinning [J]. Energy Reports, 2021, 7(7):760-771.

[63] ON-HYOK J.Urban changes in the fourth industrial revolution era and digital twin based smart city planning model [J].Journal of Urban Policies, 2018, 9(3): 89-108.

[64] 中国信息通信研究院.数字孪生城市研究报告(2018年)[R/OL].(2018-12)[2021-05]. http://www.caict.ac.cn/kxyj/qwfb/bps/201812/P020181219312264715970.pdf.

[65] Zhihan Lv, Anna J. Gander, Haibin Lv. Digital twins of sustainable City [J]. Reference Module in Earth Systems and Environmental Sciences, 2022.

[66] 丁华，杨亮亮，杨兆建，王义亮.数字孪生与深度学习融合驱动的采煤机健康状态预测[J].中国机械工程，2020，31(7):815-823.

[67] 曹宏瑞，苏帅鸣，付洋，等.基于数字孪生的航空发动机主轴承损伤检测与诊断方法[P].陕西省:CN110530638B，2020-10-27.

[68] 魏一雄，郭磊，陈亮希，张红旗，胡祥涛，周红桥，李广.基于实时数据驱动的数字孪生车间研

究及实现［J］. 计算机集成制造系统，2021，27（2）:352-363.

［69］ 焦勇，包龙杰. 数字孪生技术优化制造业企业的决策机制研究——基于数字经济技术层面的考察［J］. 现代管理科学，222（2）:60-67.

［70］ 陆剑峰，夏路遥，张浩，徐萌颖. 制造企业数字孪生生态系统的研究与应用［J/OL］. 计算机集成制造系统 :1-28［2022-07-21］.http://kns.cnki.net/kcms/detail/11.5946.TP.20220613.1649.021.html.

［71］ 周瑜，刘春成. 雄安新区建设数字孪生城市的逻辑与创新［J］. 城市发展研究，2018，25（10）:60-67.

［72］ 陶飞，刘蔚然，张萌，等. 数字孪生五维模型及十大领域应用［J］. 计算机集成制造系统，2019，25（1）:1-18.

［73］ 中国信息通信研究院. 数字孪生城市研究报告（2019 年）［EB/OL］.（2019-10）［2021-05］. http://www.caict.ac.cn/kxyj/qwfb/bps/201910/P020191011522620518262.pdf.

［74］ 中国信息通信研究院. 数字孪生城市白皮书（2020 年）［EB/OL］.（2020-12）［2021-05］. http://www.caict.ac.cn/kxyj/qwfb/bps/202012/P020201217506214048036.pdf.

［75］ 中国信息通信研究院. 数字孪生城市白皮书（2021 年）［EB/OL］.（2021-12）［2022-07］. http://www.caict.ac.cn/kxyj/qwfb/bps/202112/P020211221479204345807.pdf.

［76］ 阿里云研究中心. 城市大脑探索"数字孪生城市"白皮书［EB/OL］.（2021-01）［2021-05］. https:// max.book118.com/html/2021/0120/8041125140003040.shtm.

［77］ 中国电子技术标准化研究院. 数字孪生应用白皮书 2020［EB/OL］.（2021-03）［2021-05］. https://www.sohu.com/a/454113815_765932.

［78］ 中国电子技术标准化研究院发布《城市数字孪生标准化白皮书（2022）》［EB/OL］.（2022-01-10）［2022-07-22］. https://www.digitalelite.cn/h-nd-2541.html.

［79］ 百度百科. 地理信息系统（GIS）［EB/OL］.（2018-10-27）［2022-07-22］. https://zhidao.baidu.com/question/339441975.html.

［80］ Khemlani L. Autodesk university 2007［EB/OL］. http:// www. Aecbytes. com / newsletter /2007 / issue _ 91. ht-ml，2007.

［81］ Xu X， Ding L， Luo H， et al. From building information modeling to city information modeling［J］. Journal of Information Technology in Construction，2014，19: 292-307.

［82］ 吴志强，甘惟. 转型时期的城市智能规划技术实践［J］. 城市建筑，2018（3）: 26-29.

［83］ 张永民. 从智慧城市到新型智慧城市［J］. 中国建设信息化，2017（3）:66-71.

［84］ 党安荣，王飞飞，曲葳，韩雯雯，田颖. 城市信息模型（CIM）赋能新型智慧城市发展综述［J］. 中国名城，2022，36（1）:40-45.

［85］ 河北新闻网. 深刻认识规划建设雄安新区的重大意义［EB/OL］.（2017-04-07）［2022-07-26］. http://hebei.hebnews.cn/2017-04/07/content_6413652.htm.

［86］ 中国雄安官网. 河北省第十三届人民代表大会常务委员会公告［EB/OL］.（2021-07-29）［2022-07-25］.http://www.xiongan.gov.cn/2021-07/29/c_1211265978.htm.

［87］ 中国雄安官网. 雄安行政区划［EB/OL］.（2022-02-07）［2022-07-26］.http://www.xiongan.gov.cn/2022-02/07/c_129769136.htm.

［88］ 中国雄安官网. 河北雄安新区起步区控制性规划［EB/OL］.（2020-01-15）［2022-07-26］. http://www.xiongan.gov.cn/2020-01/15/c_1210440042.htm.

［89］ 百度百科. 中国雄安集团有限公司［EB/OL］.（2017-07-18）［2022-7-28］. https://baike.baidu.

com/item/ 中国雄安集团有限公司 /22693856.

[90] 中国雄安官网 . 中国雄安集团 [EB/OL] . (2018-04-04) [2022-7-28] . http://www.xiongan.gov.cn/2018-04/04/c_129840330.htm.

[91] 中国雄安集团官网 . 中国雄安集团组织架构 [EB/OL] . (2018-04-27) [2022-7-28] . http://www.chinaxiongan.com.cn/gywm/index.shtml#3.

[92] 中国雄安官网 . 中共河北雄安新区工作委员会河北雄安新区管理委员会印发《关于完善雄安集团法人治理结构和现代企业制度的意见》的通知 [EB/OL] . (2020-07-16) [2022-7-28] . http://www.xiongan.gov.cn/2020-07/16/c_1210705185.htm.

[93] 中国雄安官网 . 中国雄安集团公共服务管理有限公司招聘公告 [EB/OL] . (2022-02-16) [2022-7-28] .http://www.xiongan.gov.cn/2022-02/12/c_1211567321.htm.

[94] 中国雄安集团官网 . 中国雄安集团首页 [EB/OL] . (2018-04-27) [2022-7-28] . http://www.chinaxiongan.com.cn/index.shtml.

[95] 中国雄安官网 . 中国雄安集团水务有限公司招聘公告 [EB/OL] . (2022-07-02) [2022-7-28] . http://www.xiongan.gov.cn/2022-07/02/c_1211663412.htm.

[96] 中国雄安官网 . 35 名！中国雄安集团招聘专业技术管理人员[EB/OL].(2022-03-05)[2022-7-28]. http://www.xiongan.gov.cn/2022-03/05/c_1211596544.htm.

[97] 中国雄安官网 . 雄安新基建 : 集约共享 标准先行 [EB/OL] . (2020-10-20) [2022-7-28] .http://www.xiongan.gov.cn/2020-10/20/c_1210848782.htm.

[98] 中国雄安集团官网 . 数字办赋能数字城市公司第二次会议[EB/OL].(2022-06-23)[2022-7-28]. http://www.chinaxiongan.com.cn/2022/06/28/991649.html.

[99] 中国雄安集团官网 . 数字城市公司集中建设管理信息化项目调度会 [EB/OL] . (2022-06-28) [2022-7-28] .http://www.chinaxiongan.com.cn/2022/06/28/991652.html.

[100] 中国雄安集团官网 . 新区数字办赋能 点燃数字城市公司新动能 [EB/OL] . (2022-05-30) [2022-7-28] .http://www.chinaxiongan.com.cn/2022/05/30/991540.html.

[101] 中国雄安官网 . 雄安新区智慧工地建设导则 [EB/OL] . (2022-07-24) [2022-7-28] . http://www.xiongan.gov.cn/1210718718_15955806456891n.pdf.

[102] 中国雄安官网 . 河北雄安新区管理委员会关于印发《雄安新区物联网终端建设导则（道路）》等8项智能城市建设标准成果的通知 [EB/OL] . (2022-07-24) [2022-7-28] . http://www.xiongan.gov.cn/2020-07/24/c_1210718718.htm.

[103] 中国雄安官网 . 河北雄安新区信息化项目管理办法(试行)[EB/OL].(2021-04-15)[2022-7-28]. http://www.xiongan.gov.cn/2021-04/15/c_1211111903.htm.

[104] 百度百科 . 雄安新区建设，总书记心中的“千年大计” [EB/OL] . (2022-03-31) [2022-07-28]. https://baijiahao.baidu.com/s?id=1728766553579810577&wfr=spider&for=pc.

[105] 新浪新闻 .《河北雄安新区规划纲要》编制纪实 [EB/OL] . (2018-04-26) [2022-07-28] . https://news.sina.com.cn/c/xl/2018-04-26/doc-ifztkpin8179417.shtml.

[106] 搜狐 .《河北雄安新区总体规划（2018—2035 年）》解读 : 蓝图已绘 未来可待 [EB/OL] . (2019-01-13) [2022-07-28] . https://www.sohu.com/a/288675013_100170731.

[107] 中华人民共和国中央人民政府 . 国务院关于河北雄安新区总体规划（2018-2035 年）的批复（国函 [2018] 159 号） [EB/OL] . (2019-01-02) [2022-07-28] . http://www.gov.cn/zhengce/

content/2019-01/02/content_5354222.htm.

［108］中华人民共和国中央人民政府．《河北雄安新区启动区控制性详细规划》和《河北雄安新区起步区控制性规划》开始公示［EB/OL］.（2019-06-01）［2022-07-28］. http://www.gov.cn/xinwen/2019-06/01/content_5396749.htm.

［109］中国雄安官网．一图速览丨河北雄安新区启动区控制性详细规划［EB/OL］.（2020-01-17）［2022-7-28］. http://www.xiongan.gov.cn/2020-01/17/c_1210442503.htm.

［110］中国雄安官网．雄安新区智能交通专项规划编制工作启动［EB/OL］.（2018-10-17）［2022-7-28］. http://www.xiongan.gov.cn/2018-10/17/c_129973056.htm.

［111］中国雄安官网．河北省将高起点高标准编制《雄安新区智能交通专项规划》［EB/OL］.（2019-04-23）［2022-7-28］. http://www.xiongan.gov.cn/2019-04/23/c_1210116418.htm.

［112］中国雄安官网．河北雄安新区党工委管委会党政办公室关于印发《河北雄安新区旅游高质量发展“十四五”规划》的通知［EB/OL］.（2022-07-23）［2022-7-28］. http://www.xiongan.gov.cn/2022-07/23/c_1211669860.htm.

［113］河北新闻网．《河北雄安新区旅游发展专项规划（2019-2035年）》编制完成［EB/OL］.（2019-10-18）［2022-7-28］.http://zhuanti.hebnews.cn/2019-10/18/content_7498408.htm.

［114］中国雄安官网．河北雄安新区农业产业结构调整专项规划（2021-2025年）［EB/OL］.（2021-08-06）［2022-7-28］.http://www.xiongan.gov.cn/2021-08/06/c_1211321045.htm.

［115］河北省财政厅．雄安新区印发《河北雄安新区农业产业结构调整专项规划（2021-2025年）》［EB/OL］.（2021-08-11）［2022-7-28］.http://czt.hebei.gov.cn/xwdt/zhxw/202108/t20210811_1454363.html.

［116］中国城市规划设计研究院．中国城市规划设计研究院组织框架［EB/OL］.［2022-7-28］. http://www.caupd.com/survey.html#survey4.

［117］中国雄安集团．雄安城市规划设计研究院有限公司［EB/OL］.（2022-02-02）［2022-7-28］. http://www.chinaxiongan.com.cn/2022/02/02/991120.html.

［118］雄安郊野公园总体规划设计丨北林地景［EB/OL］.（2022-07-14）［2022-7-28］.http://www.archina.com/index.php?g=works&m=index&a=show&id=13379.

［119］储金龙．论数字城市及其对城市规划的影响［J］．苏州城市建设环境保护学院学报（社科版），2002，（01）:16-21.

［120］微信公众号．雄安新区勘察设计协会简介［EB/OL］.（2022-06-13）［2022-07-25］. https://mp.weixin.qq.com/s/AjG1e-VmSqr6ZuAIUO90MA.

［121］中国雄安官网．关于联合印发《河北雄安新区工程建设项目招标投标领域严重失信主体名单管理暂行办法》的通知［EB/OL］.（2022-06-10）［2022-07-26］. http://www.xiongan.gov.cn/2022-06/10/c_1211655534.htm.

［122］中国雄安集团电子招标采购交易平台．雄安站枢纽片区综合管廊（一期）工程机电部分施工招标公告［EB/OL］.（2020-06-24）［2022-07-26］. https://www.xabidding.cn/#/trade-info/detail?id=1182¬iceType=1&trade CustomFlag=1&isFz=0.

［123］中国雄安集团电子招标采购交易平台．雄安商务服务中心项目一标段施工总承包招标公告［EB/OL］.（2019-11-25）［2022-07-26］. https://www.xabidding.cn/#/trade-info/detail?id=289¬iceType=1&tradeCustomFlag=1&is Fz =0.

［124］中国雄安集团电子招标采购交易平台．雄安新区容东片区施工期间内部给水管线配套水表井工程

施工项目公告［EB/OL］.（2019-09-18）［2022-07-26］. https://www.xabidding.cn/#/trade-info/detail?id=138¬iceType=1&tradeCustomFlag=1&isFz=1.

［125］中国雄安官网.河北雄安新区管理委员会关于印发《雄安新区工程建设项目招标投标管理办法（试行）》的通知［EB/OL］.（2019-01-11）［2022-07-27］. http://www.xiongan.gov.cn/2019-01/11/c_1210036583.htm.

［126］中国招标投标协会.关于联合发布《雄安新区工程建设项目标准招标文件》（2020年版）的通知［EB/OL］.（2020-09-01）［2022-07-27］. http://www.ctba.org.cn/list_show.jsp?record_id=279226.

［127］黄天航，李晶，冯晶等."块数据"在智慧城市建设及治理中的理论内涵、构建思路与应用机制［J］.城市发展研究，2022，29（05）:26-31.

［128］张庆民.我国工程咨询管理与创新研究［D］.天津大学，2009.

［129］魏德君.数字新基建下的全过程工程咨询变革探索［EB/OL］.（2022-03-30）［2022-07-20］. http://jjgh.xhu.edu.cn/b0/41/c5042a176193/page.htm.

［130］王甦雅，钟晖.基于"1+N"项目管理思维的全过程工程咨询分析［J］.建筑经济，2019，40（03）:5-8.

［131］田立平.全过程工程咨询组织管理研究［D］.哈尔滨工业大学，2019.

［132］中国雄安官网.河北雄安新区容东管理委员会全过程造价咨询机构选取比选公告［EB/OL］.（2022-04-03）［2022-7-25］. http://www.xiongan.gov.cn/2022-04/03/c_1211632297.htm.

［133］陈文杰.浅谈工程咨询单位在雄安新区建设中如何发挥好作用［J］.中国工程咨询，2017，（07）:13-15.

［134］李纪宏.积极发挥工程咨询机构在雄安新区规划建设中的扛鼎作用［J］.中国工程咨询，2019（2）:77-81.

［135］长城网.总投资约14亿雄安绿博园雄安园将启动建设［EB/OL］.（2022-03-10）［2022-7-28］. http://xiongan.hebei.com.cn/system/2020/03/09/100227865.shtml.

［136］北京市工程咨询有限公司.走进北资［EB/OL］.（2022-08-02）［2022-8-2］.http://becc.com.cn/p1/fzlc.html.

［137］瑞和安惠项目管理集团.集团简介.集团简介［EB/OL］.（2022-08-02）［2022-8-2］. http://www.ruihepm.com/JtWeb/jianjie.aspx.

［138］天津国际工程咨询集团有限公司［EB/OL］.（2022-08-02）［2022-8-2］. http://tiecgc.com/cate/370.html.

［139］京东智能城市［EB/OL］.京东城市简介.（2022-08-02）［2022-8-2］. https://icity.jd.com/aboutUs.

［140］中移系统集成有限公司（雄安产业研究院）.公司介绍［EB/OL］.（2022-08-02）［2022-8-2］. https://www.hotjob.cn/wt/XAYJY/web/index/aboutUs?columnId=100001.

［141］杨永康.科创综合服务中心项目封顶［EB/OL］.（2022-07-03）［2022-8-2］. https://www.sohu.com/a/562891846_163278.

［142］中钢招标有限责任公司.公司简介［EB/OL］.（2022-08-02）［2022-8-2］. http://tendering.sinosteel.com/aboutus/#part3.

［143］北京双圆工程咨询监理有限公司.双圆概括［EB/OL］.（2022-08-02）［2022-8-2］. http://www.syjl.com/page/index#ab02.

[144] 雄安绿研智库.建筑师讲述:雄安商务服务中心绿色设计的“前世今生”[EB/OL].(2022-08-02)[2022-8-2].https://mp.weixin.qq.com/s/xuH0Or5xaweN7e1TlChUEA.

[145] 深圳市建筑科学研究院股份有限公司.企业介绍[EB/OL].(2022-08-02)[2022-8-2].https://www.szibr.com/about-introduction/.

[146] 新形势下招标代理机构的创新转型——立足自身,创新发展,打造全过程工程咨询服务提供商[J].中国工程咨询,2018(01):93-98.

[147] 中国土木工程学会建筑市场和招投标研究分会.解读《全过程工程咨询导则》[EB/OL].(2019-12-19)[2022-07-29].http://123.57.212.98/file_center/files/1576748003098.pdf.

[148] 央视网.习近平主持召开中央全面深化改革委员会第三次会议强调 激发制度活力激活基层经验激励干部作为 扎扎实实把全面深化改革推向深入[EB/OL].(2018-07-06)[2022-07-28].http://news.cnr.cn/native/gd/20180706/t20180706_524293465.shtml.

[149] 北京日报.雄安新区“1+N”规划体系基本建立 白洋淀将恢复至360平方公里[EB/OL].(2019-01-14)[2022-07-28].http://www.jjckb.cn/2019-01/14/c_137741951.htm.

[150] 国务院.国务院关于印发打赢蓝天保卫战三年行动计划的通知[EB/OL].(2019-09-17)[2022-07-28].https://www.mee.gov.cn/zcwj/gwywj/201807/t20180704_446068.shtml.

[151] 中华人民共和国自然资源部.国务院办公厅关于促进全民健身和体育消费推动体育产业高质量发展的意见[EB/OL].(2019-09-17)[2022-07-28].http://f.mnr.gov.cn/201912/t20191220_2490930.html.

[152] 中华人民共和国水利部.中共中央办公厅、国务院办公厅印发《加快推进教育现代化实施方案(2018-2022年)》[EB/OL].(2019-02-23)[2022-07-28].http://www.mwr.gov.cn/zw/zgzygwywj/201902/t20190223_1108309.html.

[153] 中华人民共和国自然资源部.近日,中共中央、国务院印发了《国家综合立体交通网规划纲要》[EB/OL].(2021-02-24)[2022-07-28].http://f.mnr.gov.cn/202102/t20210227_2615478.html.

[154] 中华人民共和国自然资源部.中共中央 国务院关于深入打好污染防治攻坚战的意见[EB/OL].(2021-02-24)[2022-07-28].http://f.mnr.gov.cn/202111/t20211108_2702412.html.

[155] 中华人民共和国生态环境局.中共中央 国务院印发《黄河流域生态保护和高质量发展规划纲要》[EB/OL].(2017-10-08)[2022-07-28].https://www.mee.gov.cn/zcwj/zyygwj/202110/t20211009_955779.shtml.

[156] 中华人民共和国交通运输部.国务院关于印发“十四五”现代综合交通运输体系发展规划的通知[EB/OL].(2022-01-19)[2022-07-28].https://xxgk.mot.gov.cn/2020/jigou/zhghs/202201/t20220119_3637245.html.

[157] 中华人民共和国文化和旅游部.中共中央办公厅 国务院办公厅印发《关于进一步加强非物质文化遗产保护工作的意见》[EB/OL].(2019-02-23)[2022-07-28].https://zwgk.mct.gov.cn/zfxxgkml/fwzwhyc/202108/t20210812_927120.html.

[158] 新区.关于促进国家级新区健康发展的指导意见[EB/OL].(2015-04-15)[2022-07-29].http://fzxq.fuzhou.gov.cn/zz/xxgk/fgwj/201509/t20150925_1686198.htm.

[159] 中华人民共和国交通运输部.交通运输部办公厅 天津市人民政府办公厅 河北省人民政府办公厅关于印发《加快推进津冀港口协同发展工作方案(2017-2020年)》的通知.[EB/OL].(2017-07-17)[2022-07-28].https://xxgk.mot.gov.cn/2020/jigou/syj/202006/t20200623_3313903.html.

[160] 中华人民共和国中央人民政府 . 发展改革委：在企业债券领域进一步防范风险加强监管和服务实体经济 [EB/OL] .（2017-08-16） [2022-07-29] . http://www.gov.cn/xinwen/2017-08/16/content_5218007.htm.

[161] 中华人民共和国自然资源部 . 国土资源部规划司负责人解读《关于加强城市地质工作的指导意见》[EB/OL] .（2019-09-07） [2022-07-29] . https://www.mnr.gov.cn/gk/zcjd/201709/t20170907_2364907.html.

[162] 中华人民共和国工业和信息化部 . 三部门关于重点区域严禁新增铸造产能的通知 . [EB/OL] .（2019-07-25） [2022-07-28] . https://www.miit.gov.cn/zwgk/zcwj/wjfb/zbgy/art/2020/art_e56fd9acfdbb4567b2a78fd7b0d6dced.html.

[163] 中华人民共和国生态环境部 . 关于印发《京津冀及周边地区 2019-2020 年秋冬季大气污染综合治理攻坚行动方案》的通知 [EB/OL] .（2019-10-11） [2022-07-28] . https://www.mee.gov.cn/xxgk2018/xxgk/xxgk03/201910/t20191016_737803.html.

[164] 水利发展研究中心 . 水利部关于高起点推进雄安新区节约用水工作的指导意见 [EB/OL] .（2022-05-24） [2022-07-28] . https://www.waterinfo.com.cn/xsyj/zcjw/zycm/202205/t20220524_34360.html.

[165] 雄安新区官网 . 交通运输部关于河北雄安新区开展智能出行城市等交通强国建设试点工作的意见 [EB/OL] .（2020-07-04） [2022-07-28] . http://www.xiongan.gov.cn/2020-07/04/c_1210687651.htm.

[166] 中华人民共和国国务院新闻办公室 .《京津冀及周边地区工业资源综合利用产业协同转型提升计划（2020-2022 年 ）》[EB/OL] .（2022-05-24） [2022-07-28] . http://www.scio.gov.cn/xwfbh/xwbfbh/wqfbh/42311/43346/xgzc43352/Document/1684147/1684147.htm.

[167] 中华人民共和国国家发展和改革委员会 . 解读《关于加快天津北方国际航运枢纽建设的意见 》[EB/OL] .（2020-08-03） [2022-07-29] . https://www.ndrc.gov.cn/xxgk/jd/jd/202008/t20200803_1235498.html?code=&state=123.

[168] 中华人民共和国国家发展和改革委员会 . 国家发展改革委、教育部、人力资源社会保障部 启动实施教育强国推进工程 [EB/OL] .（2021-05-20） [2022-07-29] . https://www.ndrc.gov.cn/xxgk/jd/jd/202105/t20210520_1280975.html?code=&state=123.

[169] 中华人民共和国交通运输部 . 雄安新区 60 项标准支撑高品质交通运输发展[EB/OL].（2021-11-23） [2022-07-28] . https://www.mot.gov.cn/jiaotongyaowen/202111/t20211123_3627481.html.

[170] 保定本地宝 .《河北雄安新区总体规划（2018-2035 年）》文件解读 [EB/OL] .（2019-01-21） [2022-07-28] . http://bd.bendibao.com/news/2019121/5549.shtm.

[171] 中华人民共和国国务院新闻办公室 . 河北省人民政府印发关于河北雄安新区建设项目投资审批改革试点实施方案的通知 [EB/OL] .（2019-04-01） [2022-7-29] .http://www.scio.gov.cn/xwfbh/xwbfbh/wqfbh/39595/40536/xgzc40542/Document/1655518/1655518.htm.

[172] 河北省住房和城乡建设厅 . 关于印发《河北省在冀建筑业企业招标投标信用评价管理暂行办法》的通知 [EB/OL] .（2019-05-24） [2022-08-01] http://zfcxjst.hebei.gov.cn/zhengcewenjian/guifanxingwenjian/201905/ t20190529 _247563.html.

[173] 中国政府采购网 . 河北严惩政采恶意串通和合同转包行为 [EB/OL] .（2020-01-14） [2022-08-01] http://www.ccgp.gov.cn/zcdt/202001/t20200114_13754886.htm.

[174] 雄安新区官网 . 强化“黑名单”惩戒！河北建筑业构建信用监管机制 [EB/OL] .（2020-06-07） [2022-08-01] http://www.xiongan.gov.cn/2020-06/07/c_1210649790.htm.

[175] 雄安新区官网 . 河北省“十四五”规划《纲要》: 加快推进启动区、起步区和重点片区建设 [EB/OL]. (2021-05-31) [2022-08-01] http://www.xiongan.gov.cn/2021-05/31/c_1211180432.htm.

[176] 雄安新区官网 . 河北印发最新规划文件 支持雄安新区建设国家级产业园 [EB/OL]. (2021-09-13) [2022-08-01] http://www.xiongan.gov.cn/2021-09/13/c_1211367916.htm.

[177] 雄安新区官网 . 河北加大对住房城乡建设领域违法行为查处力度 [EB/OL]. (2021-09-14) [2022-08-01] http://www.xiongan.gov.cn/2021-09/14/c_1211369389.htm.

[178] 雄安新区官网 .《河北省制造业高质量发展“十四五”规划》出台 [EB/OL]. (2022-03-01) [2022-08-01] http://www.xiongan.gov.cn/2022-03/01/c_1211591299.htm.

[179] 雄安新区官网 .《河北省对外开放“十四五”规划》解读 [EB/OL]. (2022-02-16) [2022-08-01] http://www.xiongan.gov.cn/2022-02/16/c_1211574339.htm.

[180] 雄安新区官网 . “十四五”时期, 形成雄安新区率先突破、各市梯次发展的“无废城市”集群 [EB/OL]. (2022-04-29) [2022-08-01] http://www.xiongan.gov.cn/2022-04/29/c_1211642325.htm.

[181] 长城网 .《河北省土地管理条例》6 月 1 日起施行 凸显十大亮点 [EB/OL]. (2022-04-22) [2022-08-01] http://hebfb.hebei.com.cn/system/2022/04/22/100931067.shtml.

[182] 河北省自然资源厅（海洋局）. 事关不动产登记！河北发布最新方案 [EB/OL]. (2022-04-20) [2022-08-01] http://zrzy.hebei.gov.cn/heb/gongk/gkml/zcwj/zcjd/10715912870685052928.html.

[183] 河北省自然资源厅（海洋局）.《河北省加强土地储备监管若干规定》政策解读 [EB/OL]. (2022-04-25) [2022-08-01] http://zrzy.hebei.gov.cn/heb/gongk/gkml/zcwj/zcjd/10716283295873110016.html.

[184] 雄安新区官网 . 河北规范县级国土空间总体规划数据库建设 [EB/OL]. (2022-07-15) [2022-08-01] http://www.xiongan.gov.cn/2022-07/15/c_1211667489.htm.

[185] 中国质量新闻网 . 河北省出台规范雄安新区建设工程监理行为的六条措施 [EB/OL]. (2022-07-14) [2022-08-01] https://www.cqn.com.cn/fangchan/content/2022-07/14/content_8843011.htm.

[186] 雄安新区官网 . 河北省推进“交地即交证”“交房即交证”改革 [EB/OL]. (2022-07-21) [2022-08-01] http://www.xiongan.gov.cn/2022-07/21/c_1211669019.htm.

[187] 百度百科 . 河北雄安新区管理委员会 [EB/OL]. (2017-06-21) [2022-8-1]. https://baike.baidu.com/item/ 河北雄安新区管理委员会 /21497317.

[188] 法律法规数据库 . 计算机信息网络国际联网安全保护管理办法 [EB/OL]. (2011-01-08) [2022-08-01]. https://flk.npc.gov.cn/detail2.html?ZmY4MDgwODE2ZjNjYmIzYzAxNmY0MGRkYTNkZDA4MmY%3D.

[189] 法律法规数据库 . 中华人民共和国计算机信息系统安全保护条例 [EB/OL]. (2011-01-08) [2022-08-01]. https://flk.npc.gov.cn/detail2.html?ZmY4MDgwODE2ZjNjYmIzYzAxNmY0MTI4ZGVhNDFhNWI%3D.

[190] 法律法规数据库 . 中华人民共和国国家安全法 [EB/OL]. (2015-07-01) [2022-07-29]. https://flk.npc.gov.cn/detail2.html?MmM5MDlmZGQ2NzhiZjE3OTAxNjc4YmY3ZTA2NzA4MmY%3D.

[191] 法律法规数据库 . 中华人民共和国数据安全法 [EB/OL]. (2021-06-10) [2022-08-01]. https://flk.npc.gov.cn/detail2.html?ZmY4MDgxODE3OWY1ZTA4MDAxNzlmODg1YzdlNzAzOTI%3D.

[192] 中华人民共和国中央人民政府 . 中共中央 国务院关于进一步加强城市规划建设管理工作的若干意见 [EB/OL]. (2016-02-21) [2022-08-01]. http://www.gov.cn/zhengce/2016-02/21/content_5044367.htm.

[193] 中央政府门户网站 . 中华人民共和国国民经济和社会发展第十三个五年规划纲要 [EB/OL].

（2016-03-17）［2022-08-01］. http://www.gov.cn/xinwen/2016-03/17/content_5054992.htm.

［194］中央政府门户网站 . 国家信息化发展战略纲要［EB/OL］.（2016-07-27）［2022-08-01］. http://www.gov.cn/xinwen/2016-07/27/content_5095336.htm.

［195］中央政府门户网站 . 关于加快推进“互联网 + 政务服务”工作的指导意见［EB/OL］.（2016-09-25）［2022-08-01］. http://www.gov.cn/gongbao/content/2016/content_5120694.htm.

［196］中央政府门户网站 .“十三五”国家信息化规划的通知［EB/OL］.（2016-12-17）［2022-08-01］. http://www.gov.cn/zhengce/content/2016-12/27/content_5153411.htm.

［197］中华人民共和国中央人民政府 . 国务院办公厅关于促进建筑业持续健康发展的意见［EB/OL］.（2017-02-24）［2022-08-01］. http://www.gov.cn/zhengce/content/2017-02/24/content_5170625.htm.

［198］中央政府门户网站 . 新一代人工智能发展规划［EB/OL］.（2017-07-20）［2022-08-01］. http://www.gov.cn/zhengce/content/2017-07/20/content_5211996.htm.

［199］中华人民共和国中央人民政府 . 国务院办公厅印发《关于以新业态新模式引领新型消费加快发展的意见》［EB/OL］.（2020-09-21）［2022-08-01］. http://www.gov.cn/xinwen/2020-09/21/content_5545432.htm.

［200］国家乡村振兴局 . 国务院关于新时代支持革命老区振兴发展的意见［EB/OL］.（2021-02-20）［2022-08-01］. http://nrra.gov.cn/art/2021/2/20/art_1461_186895.html.

［201］中华人民共和国中央人民政府 . 国务院办公厅关于加强城市内涝治理的实施意见［EB/OL］.（2021-04-08）［2022-08-01］. http://www.gov.cn/gongbao/content/2021/content_5605102.htm.

［202］人民网 . 中共中央关于制定国民经济和社会发展第十四个五年规划和二〇三五年远景目标的建议［EB/OL］.（2021-07-20）［2022-08-01］. http://zhs.mofcom.gov.cn/article/zt_shisiwu/subjectcc/202107/20210703176009.shtml.

［203］中华人民共和国中央人民政府 . 国务院关于支持北京城市副中心高质量发展的意见［EB/OL］.（2021-11-26）［2022-08-01］. http://www.gov.cn/zhengce/content/2021-11/26/content_5653479.htm.

［204］中华人民共和国中央人民政府 . 国务院关于印发“十四五”数字经济发展规划的通知［EB/OL］.（2022-01-12）［2022-08-01］. http://www.gov.cn/zhengce/content/2022-01/12/content_5667817.htm.

［205］中华人民共和国中央人民政府 . 国务院办公厅关于印发城市燃气管道等老化更新改造实施方案（2022-2025 年）的通知［EB/OL］.（2022-06-10）［2022-08-01］. http://www.gov.cn/zhengce/content/2022-06/10/content_5695096.htm.

［206］中华人民共和国住房和城乡建设部 . 住房和城乡建设部规章库［EB/OL］.（2022-08-02）［2022-08-02］. https://www.mohurd.gov.cn/dynamic/rule/library.

［207］知乎 . 中国智慧城市主要政策［EB/OL］.（2022-08-02）［2022-08-02］. https://zhuanlan.zhihu.com/p/419338211.

［208］知乎 .BIM 相关国家政策汇总［EB/OL］.（2022-08-02）［2022-08-02］. .https://zhuanlan.zhihu.com/p/103352154.

［209］中国雄安官网 . 河北省推动县域特色产业集群数字化转型［EB/OL］.（2020-07-10）［2022-08-03］. http://www.xiongan.gov.cn/2020-07/10/c_1210695698.htm.

［210］中国雄安官网 . 河北雄安新区管理委员会关于印发《雄安新区多功能信息杆柱建设导则》等 6 项第二批智能城市建设标准成果的通知 .（2021-01-01）［2022-07-29］. http://www.xiongan.gov.cn/2021-01/01/c_1210959746.htm.

[211] 中国雄安官网.《雄安新区数字道路分级标准》等7项第三批智能城市建设标准.(2021-08-16)[2022-07-29].http://www.xiongan.gov.cn/2021-08/16/c_1211331499.htm.

[212] 中国雄安官网.雄安新区规划建设BIM管理平台(一期)顺利通过终验[EB/OL].(2020-11-16)[2022-08-04].http://www.xiongan.gov.cn/2020-11/16/c_1210888595.htm.

[213] 中国雄安官网.雄安新区规划建设BIM管理平台启动建设[EB/OL].(2019-09-17)[2022-08-04].http://www.xiongan.gov.cn/2019-09/17/c_1210282586.htm.

[214] 筑龙学社.BIM+GIS+IoT着力打造规建管一体化雄安质量[EB/OL].(2021-11-03)[2022-08-04].https://bbs.zhulong.com/106010_group_3000048/detail43364448/.

[215] 赛文交通网.以雄安新区规划建设BIM管理平台项目为例[EB/OL].(2021-01-04)[2022-08-04].https://zhuanlan.zhihu.com/p/341687027.

[216] 人民网.雄安新区物联网统一开放平台项目[EB/OL].(2021-10-28)[2022-08-04].https://baijiahao.baidu.com/s?id=1714823032570630189&wfr=spider&for=pc.

[217] 中移物联网.中国移动助力雄安新区建设统一物联网开放平台,破解传统智慧城市建设瓶颈难题[EB/OL].(2020-12-12)[2022-08-04].https://mp.weixin.qq.com/s/ZjF6Dm1JPSv7cokKJJ1VOQ.

[218] 达实智能.精品案例|物联网技术加持——雄安新区的智慧中心[EB/OL].(2021-04-22)[2022-08-04].https://mp.weixin.qq.com/s/Q5JmD4kqpcXBUGWDQMsFPg.

[219] 李登峰.雄安新区孝义河河口湿地水质净化工程物联网系统设计[J].中国设备工程,2020(08):216-218.

[220] 耿丹,李丹彤.智慧城市背景下城市信息模型相关技术发展综述[J].中国建设信息化,2017(15):72-73.

[221] 数字雄安CIM平台.平台架构[EB/OL].(2022-08-08)[2022-8-8].http://xaxcsz.com/#/home.

[222] 秦潇雨,杨滔.智能城市的新型操作平台展望——基于多层场景学习的城市信息模型平台[J].人工智能,2021(05):16-26.

[223] 杨滔,张晔珵,秦潇雨.城市信息模型(CIM)作为"城市数字领土"[J].北京规划建设,2020(06):75-78.

[224] 河北省人民政府.河北省人民政府关于印发河北省数字经济发展规划(2020-2025年)的通知[EB/OL].(2020-04-23)[2022-8-8].http://yjs.hebei.gov.cn/news/zxzc/2020-04-23/423.html.

[225] 数据库.百度百科[EB/OL].(2020-04-23)[2022-08-08].https://baike.baidu.com/item/数据库/103728.

[226] 王功明,关永,赵春江,王蕊.面向对象数据库发展和研究[J].计算机应用研究,2006,(03):1-4,34.

[227] What is an Object-Oriented Database[EB/OL].(2020-02-24)[2022-08-08].https://study.com/academy/lesson/what-is-an-object-oriented-database.html.

[228] 《数据库百科全书》编委会.数据库百科全书[M].上海:上海交通大学出版社,2009.

[229] Oracle.图形数据库主题[EB/OL].(2022-08-08)[2022-08-08].https://www.oracle.com/cn/autonomous-database/what-is-graph-database/.

[230] 林子雨.大数据技术原理与应用(第二版)[M].北京:人民邮电出版社,2017.

[231] Oracle.大数据介绍[EB/OL].(2022-08-08)[2022-08-08].https://www.oracle.com/cn/big-data/what-is-big-data/.

［232］刘禹．大数据有大智慧［EB/OL］．光明日报［EB/OL］．（2012-04-17）［2022-08-08］．https://www.cas.cn/xw/zjsd/201204/t20120417_3556914.shtml.

［233］Barwick H.The "four Vs" of Big Data, Implementing Information Infrastructure Symposium［EB/OL］．［2012-10- 02］.http ://www.computerworld.com.au/article/396198/ iiis _four _vs _big _data/.

［234］IBM.What is big data［EB/OL］．［2012-10-02］.http :// www-01.ibm.com/software/data/bigdata/.

［235］Big data［EB/OL］．［2012-10-02］.http ://en.wikipedia.org/ wiki/Big _data.

［236］刘智慧，张泉灵．大数据技术研究综述［J］.浙江大学学报（工学版），2014，48（06）:957-972.

［237］孟小峰，慈祥．大数据管理：概念、技术与挑战［J］．计算机研究与发展，2013，50（01）:146-169.

［238］中国智能城市建设与推进战略研究项目组．中国智能城市信息环境建设与大数据战略研究［M］．杭州：浙江大学出版社.2016.

［239］左力艳．"透明雄安"数字平台初步建成．中国矿业报［EB/OL］．（2020-09-27）［2022-08-08］．https://www.mnr.gov.cn/dt/dzdc/202009/t20200917_2558357.html.

［240］思科公开报告．思科全球云指数：预测和方法，2015-2020年白皮书［R］．思科公司，2021.

［241］王伟．云计算原理与实践［M］．北京：人民邮电出版社，2018.

［242］工业和信息化部．云计算发展三年行动计划（2017-2019年）［N］．中国电子报．2017-04-14，（3）.

［243］许子明，田杨锋．云计算的发展历史及其应用［J］．信息记录材料，2018，19（08）:66-67.

［244］Hamdaqa M，Tahvildari L. Cloud computing uncovered: A research landscape［J］. Advances in Computers，2012，86:41-85.

［245］周文博．云计算系统的形式化建模与验证方法研究［D］．吉林大学，2021.

［246］丁春涛．基于边缘计算的图像判别特征提取方法研究［D］.北京邮电大学，2021.

［247］百度百科．边缘计算［EB/OL］．（2022-08-08）［2022-08-08］．https://baike.baidu.com/item/边缘计算/9044985#5.

［248］付强．云计算与边缘计算协同发展的相关探讨［J］．中国设备工程，2022，（12）:218-220.

［249］环球网．2035年自动驾驶汽车总量将达5400万辆［EB/OL］．（2014-01-03）［2022-08-08］．https://auto.huanqiu.com/article/9CaKrnJDNf8.

［250］Greenberg A，Hamilton J，Maltz D A，et al.The cost of a cloud:Research problems in data center networks［J］.ACM Sigcomm Computer Communication Review，2009，39（1）:68-73.

［251］Beloglazov A，Abawajy J，Buyya R.Energy-aware resource allocation heuristics for efficient management of data centers for cloud computing［J］.Future Generation Computer Systems，2012，28（5）:755-768.

［252］Sverdlik Y.Here's how much energy all US data centers consume［OL］．［2016-12-03］.http:www.datacenterknow ledge.com/archives/2016/06/27/heres-how-much-energy-allus-data-centers-consume/.

［253］Worthington S.Chinese data centers use enough electricity for two countries［OL］．［2016-12-03］．https:datacenternews.asia/story/chinese-data-centers-use-enough-electricity-twocountries/.

［254］Sharma M，Arunachalam K，Sharma D.Analyzing the data center efficiency by using PUE to make data centers more energy efficient by reducing the electrical consumption and exploring new strategies［J］．Procedia Computer Science，2015，48:142-148.

［255］Gao Yongqiang，Guan Haibing，Qi Zhengwei，et al.Service level agreement based energy-efficient resource management in cloud data centers［J］.Computers& Electrical Engineering，2014，40（5）:1621-1633.

［256］施巍松，孙辉，曹杰，张权，刘伟．边缘计算：万物互联时代新型计算模型［J］．计算机研究与发展，

2017，54（05）:907-924.
[257] 崔佳 . 云计算与边缘计算 [J] . 电子技术与软件工程，2020（10）:159-160.
[258] 中国雄安官网 . 河北雄安：打造“城市大脑” [EB/OL] .（2021-04-21）[2022-08-08] . http://www.xiongan.gov.cn/2021-04/21/c_1211120207.htm.
[259] 东方财富网 . “雄安云” 已基本建成！ [EB/OL] .（2022-07-28）[2022-08-08] . https://caifuhao.eastmoney.com/news/20220728172518300711500.
[260] 施巍松，张星洲，王一帆，张庆阳 . 边缘计算：现状与展望 [J] . 计算机研究与发展，2019，56（01）:69-89.
[261] 中兴通讯 . 智能雄安 5G 新基建 中国电信携手中兴通讯打造国内首个城市级应用边缘计算节点 [EB/OL] .（2020-06-08）[2022-08-08] . https://www.zte.com.cn/china/about/news/20200608C3.html.
[262] 雄安官网 . 智慧灯杆一杆多用，服务区专设科技展厅 [EB/OL] .（2021-06-14）[2022-08-08] . http://www.xiongan.gov.cn/2021-06/14/c_1211200284.htm.
[263] 中国雄安官网 . 雄安城市智慧能源管控系统 CIEMS 精彩亮相第六届世界互联网大会 [EB/OL] .（2019-10-21）[2022-08-08] . http://www.xiongan.gov.cn/2019-10/21/c_1210319757.htm.
[264] 边缘计算产业联盟（ECC）与工业互联网产业联盟（AII）. 边缘计算与云计算协同白皮书[R].2018.
[265] 中国雄安官网 . 河北雄安新区管理委员会印发《关于全面推动雄安新区数字经济创新发展的指导意见》的通知 [EB/OL] .（2022-08-06）[2022-08-08] . http://www.xiongan.gov.cn/2022-08/06/c_1211673859.htm.
[266] 张路 . 区块链技术驱动的供应链金融信用机制研究 [D] . 首都经济贸易大学，2020.
[267] 姚中原，潘恒，祝卫华，斯雪明 . 区块链物联网融合：研究现状与展望 [J] . 应用科学学报，2021，39（01）:174-184.
[268] 雄安区块链实验室 . 自主可控的区块链底层平台 [EB/OL] .（2022-08-10）[2022-08-10] . http://www.xaicif.org.cn/sys/.
[269] 中国雄安官网 . 雄安新区产业互联网平台赋能产业转型升级 [EB/OL] .（2022-03-29）[2022-08-10] . http://www.xiongan.gov.cn/2022-03/29/c_1211625984.htm.
[270] 中国雄安官网 . 五年拔节生长 数字智能雄安已初成 [EB/OL] .（2022-04-06）[2022-08-10] . http://www.xiongan.gov.cn/2022-04/06/c_1211633539.htm.
[271] 中国雄安官网 . 雄安新区：区块链护航 数字技术改变生活 [EB/OL] .（2022-05-24）[2022-08-10] . http://www.xiongan.gov.cn/2022-05/24/c_1211650204.htm.
[272] 中国雄安官网 . 区块链：构建未来城市大脑“穹顶”——站在雄安看前沿（三）[EB/OL] .（2020-12-22）[2022-8-10] . http://www.xiongan.gov.cn/2020-12/22/c_1210941390.htm.
[273] 中国雄安官网 . 雄安集团搭建区块链资金管理平台 [EB/OL] .（2021-08-17）[2022-08-10] . http://www.xiongan.gov.cn/2021-08/17/c_1211334183.htm.
[274] 褚乐阳，陈卫东，谭悦，等 . 重塑体验：扩展现实（XR）技术及其教育应用展望——兼论“教育与新技术融合”的走向 [J] . 远程教育杂志，2019，37（01）: 17-31.
[275] Sepehr Alizadehsalehi，Ahmad Hadavi，Joseph Chuenhuei Huang. From BIM to extended reality in AEC industry [J] . Automation in Construction，2020，116.
[276] Paul Milgram，Fumio Kishino. A Taxonomy of Mixed Reality Visual Displays [J] . IEICE Transactions

on Information and Systems，1994，12（2）: 1321–1329.
[277] Microsoft 官网 . 什么是混合现实 [EB/OL] .（2022–06–11）[2022–08–03] . https://docs.microsoft.com/zh–cn/windows/mixed–reality/discover/mixed–reality.
[278] Sepehr Alizadehsalehi，Ahmad Hadavi，Joseph Chuenhuei Huang. From BIM to extended reality in AEC industry [J] . Automation in Construction. 2020，116.
[279] 北京朝阳文化产业网 . 国内首款自主研发的虚拟设计协同工作平台发布 [EB/OL] .（2013–11–09）[2022–08–04] . http://www.chycci.gov.cn/news.aspx?id=4111.
[280] The Wild 官网 . VR collaboration for the building industry [EB/OL] . [2022–08–04] . https://thewild.com/.
[281] Marianna Kopsida，Ioannis Brilakis. Real–time volume–to–plane comparison for mixed reality–based progress monitoring [J] . Journal of Computing in Civil Engineering，2020，34（4）.
[282] José L. Hernández，Pedro Martín Lerones，Peter Bonsma，et al. An IFC interoperability framework for self–inspection process in buildings [J] . Buildings，2018，8（2）.
[283] Oh–Seong Kwon，Chan–Sik Park，Chung–Rok Lim. A defect management system for reinforced concrete work utilizing BIM，image–matching and augmented reality [J] . Automation in Construction，2014，46: 74–81.
[284] 北京华锐视点公司网站 .VR 建筑施工安全培训系统 [EB/OL] .（2019–02–11）[2022–08–03] . https://www.vrne w.com /index/index/particulars/id/19.html.
[285] vGIS 官网 .High–accuracy Augmented Reality for BIM，GIS，and 3D Scans [EB/OL] . [2022–08–04] . https://www.vgis.io/.
[286] 郭容昱，姚峰峰，李胜龙，等 . 城市级三维建模综合技术在雄安东西轴线综合工程规划中的研究应用 [J] . 住宅与房地产，2021（20）:71–77.
[287] 中国工信产业网 . 河北移动首个 5G+ 边缘计算智慧工地在雄安新区投入使用 [EB/OL] .（2020–03–30）[2022–08–05] . https://www.cnii.com.cn/rmydb/202003/t20200330_164962.html.
[288] 建标库 [EB/OL] .（2022–08–10）[2022–08–10] . http://www.jianbiaoku.com/.
[289] 顾明 . 构建中国的 BIM 标准体系 [J] . 中国勘察设计，2012（12）:46–47.
[290] 杨青云 . BIM 建模标准架构研究 [D] . 南昌大学，2019.
[291] 中国政府官网 . 住房和城乡建设部 工业和信息化部 中央网信办关于开展城市信息模型（CIM）基础平台建设的指导意见 [EB/OL] .（2020–06–29）[2022–08–08] . https://ebook.chinabuilding.com.cn/zbooklib/bookpdf/probation?SiteID=1&bookID=134215.
[292] 中国雄安官网 . 雄安新区举行智能城市建设标准体系框架和第一批标准成果发布会 [EB/OL] .（2020–05–10）[2022–08–08] . http://www.xiongan.gov.cn/2020–05/10/c_1210611834.htm.
[293] 中国雄安官网 . 河北雄安新区党工委管委会党政办公室印发《关于加强工程建设“四位一体”管理的意见（试行）》的通知 [EB/OL] .（2020–05–07）[2022–08–08] . http://www.xiongan.gov.cn/2020–05/07/c_1210607714.htm.
[294] 赛文交通网 . 以雄安新区规划建设 BIM 管理平台项目为例 [EB/OL] .（2021–01–04）[2022–08–08] . https://www.163.com/dy/article/FVGBKDF20511BDPV.html.
[295] 中国城市规划设计研究院官网 . 雄安 CIM [EB/OL] . [2022–08–09] . http://www.caupd.com/achievements/zaihou/detail/755.html.

[296] 田颖，杨滔，党安荣 . 城市信息模型的支撑技术体系解析 [J] . 地理与地理信息科学，2022，38（03）:50–57.

[297] 住房和城乡建设部 . 城市信息模型（CIM）基础平台技术导则 [EB/OL] .（2020–09–21）[2022–08–09] . http://www.gov.cn/zhengce/zhengceku/2020–09/25/5546996/files/8b001bb0d928490d9bbc36b13329ab29.pdf.

[298] 国家市场监督管理总局，中国国家标准化管理委员会 .GB/T 36625.2–2018 智慧城市 数据融合 第 2 部分 : 数据编码规范 [S] . 北京 : 中国标准出版社，2018.

[299] 李晶，杨滔 . 浅述 BIM+CIM 技术在工程项目审批中的应用 : 以雄安实践为例[J]. 中国管理信息化，2021，24（05）:172–176.

[300] 数字雄安 CIM 平台官网 . 数联空间，落地六大行业应用解决方案 [EB/OL] . [2022–08–10] . http://xaxcsz.com/#/home.

[301] 张正文，彭姣，孙树娟，李美茹，苑鲁峰 . 电网数字孪生管理平台的设计及实现[J]. 河北电力技术，2022，41（01）:8–11，59.

[302] 湖南省住房和城乡建设厅 . DBJ 43/T 012–2020. 湖南省 BIM 审查系统数字化交付数据标准（发布稿）[S] .

[303] 刘海生 . BIM 技术在房地产项目开发报建中的应用研究 [D] . 中国矿业大学，2020.

[304] 姜日鑫 . 基于 Revit 的 BIM 工具集的实现研究 [D] . 湖北工业大学，2020.

[305] 罗科庭，王苏，亓铁，马甜，侯笑，石祥 . BIM 技术在雄安绿博园雄安馆工程中的应用 [C] //2021 年全国工程建设行业施工技术交流会论文集（上册），2021:307–312.

[306] 张鹏，李笑男，孔维国，程菲雨，宋朋波，李梦璇 .BIM 技术在雄安新区白洋淀码头及周边环境施工中的集成应用 [J/OL] . 土木建筑工程信息技术 :1–9 [2022–08–12] .http://kns.cnki.net/kcms/detail/11.5823.TU.20211125.1929.030.html.

[307] 陈秋爽，李超，画龙，侯笑，李梦璇 .BIM 技术在雄安容东片区环卫设施北停车场项目中的应用 [J/OL] . 土木建筑工程信息技术 :1–9 [2022–08–12] .http://kns.cnki.net/kcms/detail/11.5823.TU.20211125.1823.010.html.

[308] 刘润之，刘明英，王建伟，侯笑，马甜，石祥 .BIM 技术在雄安新区金湖公园项目的应用 [J] . 土木建筑工程信息技术，2022，14（1）:112–118.

[309] 陈秋爽，李超，敖杰，程菲雨，宋朋波，李梦璇 .BIM 技术在雄安新区容东综合管廊项目中的应用[J]. 施工技术（中英文），2022，51（7）:74–79，84.